区块链技术与应用

陈韬伟　余益民　冯艳　主编

电子工業出版社.
Publishing House of Electronics Industry
北京·BEIJING

内 容 简 介

新一代信息技术的发展已成为数字经济增长的新引擎。在此背景下，区块链技术以其去中心化、防篡改、高度可扩展性等特点，成为各国技术创新与发展的重要推动力量，并逐步渗透至经济发展的各个领域。本书以区块链的产生、技术发展及应用为主线，系统介绍了区块链的关键技术，如 P2P 网络、隐私保护技术、共识算法和智能合约等。通过实际应用案例，从具体技术设计与实现角度，进一步分析和阐述了区块链作为一种全新的分布式存储技术与计算范式，如何与金融、电子政务、跨境贸易、医疗、物联网和人工智能等多领域融合，最终实现从技术创新到应用创新的"区块链+"时代。

本书理论与实际相结合，内容深入浅出、通俗易懂、重难点突出，适合经济类、管理类、商贸类本科及高职高专学生作为教材使用，同时也可以作为公务员、企业管理者、信息技术人员区块链技术与应用入门的参考用书或培训教材。

图书在版编目（CIP）数据

区块链技术与应用 / 陈韬伟，余益民，冯艳主编. —北京：电子工业出版社，2024.4
ISBN 978-7-121-47641-9

Ⅰ. ①区⋯　Ⅱ. ①陈⋯ ②余⋯ ③冯⋯　Ⅲ. ①区块链技术　Ⅳ. ①TP311.135.9

中国国家版本馆 CIP 数据核字（2024）第 068745 号

责任编辑：李筱雅
印　　刷：天津画中画印刷有限公司
装　　订：天津画中画印刷有限公司
出版发行：电子工业出版社
　　　　　北京市海淀区万寿路 173 信箱　邮编　100036
开　　本：787×1 092　1/16　印张：20.5　字数：525 千字
版　　次：2024 年 4 月第 1 版
印　　次：2024 年 4 月第 1 次印刷
定　　价：99.00 元

凡所购买电子工业出版社图书有缺损问题，请向购买书店调换。若书店售缺，请与本社发行部联系，联系及邮购电话：（010）88254888，88258888。

质量投诉请发邮件至 zlts@phei.com.cn，盗版侵权举报请发邮件至 dbqq@phei.com.cn。

本书咨询联系方式：（010）88254134 或 lixy@phei.com.cn。

编 委 会

序

  自 21 世纪以来，全球科技创新进入空前密集活跃的时期，以区块链为核心，融合云计算、物联网、人工智能、大数据及隐私计算的分布式技术治理体系发展迅猛，关键核心技术研发与应用不断取得突破，已延伸到数字政府、数字社会及数字经济建设的各领域。

  区块链不仅是信息技术的革新，更是人类社会治理的根本性革命。数据正在成为一种重要的生产力要素，区块链将从根本上改变产业链、供应链、价值链及数据链的融合方式，从而有效解决生产力与生产关系的健康协调发展问题。

  2019 年 10 月 24 日，中共中央政治局就区块链技术发展现状和趋势进行第十八次集体学习。习近平总书记在主持学习时强调，我们要把区块链作为核心技术自主创新的重要突破口，明确主攻方向，加大投入力度，着力攻克一批关键核心技术，加快推动区块链技术和产业创新发展。习近平总书记的重要讲话，深入浅出地阐明了区块链技术在新技术革新和产业变革中的重要作用，对区块链技术的应用和管理提出了具体要求。2021 年 6 月 7 日，《工业和信息化部 中央网络安全和信息化委员会办公室关于加快推动区块链技术应用和产业发展的指导意见》发布，明确提出区块链成为建设制造强国和网络强国，发展数字经济，实现国家治理体系和治理能力现代化的重要支撑。

  本书全面介绍了区块链技术的国内外研究与应用现状，系统阐述了数据分布式技术治理思想，以及区块链关键技术、区块链系统设计和工程实现，能够为区块链技术研究与项目建设提供有益的参考。

云南财经大学信息学院院长 余益民

2024 年 1 月

前　言

区块链技术已经成为当今世界科技领域的热点，也是新一代信息技术的重要组成部分，是 P2P 网络、加密技术、分布式一致性理论和智能合约等多种技术集成的新型分布式账本系统。

区块链技术起源于加密数字货币——比特币，在经历了近 15 年的发展后，区块链技术与应用已远远超出加密货币和比特币所代表的区块链 1.0 阶段。随着以太坊合并的完成，以代币经济为代表的 Web 3.0 新兴技术栈日趋完善，且形成了完整的产业全景，正是因为区块链具有去中心化、防篡改、高度可扩展性等特点，使得 Web 3.0 成为一种数字身份和数据自我可控可管的网络框架，最终将互联网从现在的信息互联网提升到价值互联网。

与此同时，区块链也进入 3.0 时代，与人工智能、大数据和云计算等新一代信息技术融合，构建了以现实社会为依托的各领域全方面的区块链技术应用生态，为跨境贸易、跨境物流和跨境支付等应用消除了信任壁垒、平台壁垒和技术壁垒；为各行业数据要素的流通提供了数据确权和安全、高效、可靠的交易技术基础；为分处不同信任域的参与主体提供了多因子数字身份的真实性验证。这一技术的应用价值体现在其提升了各行业数据共享互通与业务协同的效率，降低了运营成本和建立了多方信任，统一了共识的互信互认机制。

本书参考人力资源和社会保障部联合工业和信息化部制定的《国家职业技术技能标准—区块链工程技术人员（2021 年版）》中对区块链技术的专业能力要求和相关知识要求编写而成，具有如下特点。

本书充分考虑区块链技术概念多、更新快和创新应用广等特点，以比特币和以太坊开源区块链网络架构、核心技术和经济生态作为知识单元，科学合理安排内容，提升学生对区块链通识基础知识的认知和理解能力。

本书采用由浅入深的递进方式，首先，以区块链的发展历史演进作为主线，从区块链核心技术特点开始对比特币区块链技术、以太坊区块链技术和企业级区块链技术进行阐述；其次，本书以区块链投票系统作为应用开发实例对其进行详细讲解，使区块链工程开发人员了解和掌握 Web 3.0 的区块链开发流程；最后，通过两个具体应用场景，从学术理论和研究的角度为区块链技术的进一步研究提供参考。

本书在介绍区块链技术基本知识的基础上，增加了后量子密码、混合共识算法、隐私保护，以及国内外区块链技术在 NFT、元宇宙等领域的应用及产业发展趋势等内容，以确保教材内容的先进性。

为兼顾工程应用和理论研究的需求，作者与云南省科学技术院、昆明海关、昆明经济技术开发区和云南省标准化研究院等单位合作，通过对区块链在跨境无纸化贸易和政务信息资源共享领域的应用案例剖析，使研究人员更深层次理解区块链技术理论和面临的技术挑战。

本书内容丰富，安排合理，由浅入深，不仅可作为普通高等学校区块链工程、计算机科学与技术、金融科技等专业的参考资料，也可作为普通高等学校的通识讲义、区块链工程师和区块链爱好者的参考书与培训教材。

本书的编写获得了国家自然科学基金课题（No.61961042、No.71964037）、云南省科技厅重大科技专项计划（202202AD080011）、云南省科技厅建设面向南亚东南亚科技创新中心专项（202203AP140010）、昆明市科技局国际（对外）科技合作基地（GHJD-2022006）的资助，并得到云南财经大学信息学院各位老师的支持，参与本书编写和代码调试的有硕士研究生张晓东、王会源、王景艺、彭超、余厚辉、赵进一、任志鑫等同学，在此表示感谢。在本书的准备和编写过程中，我们参考了大量的书刊和网上资源，吸取了多方面的宝贵意见和建议，在此对相关作者深表感谢。限于编者水平，书中难免有疏漏和不当之处，敬请同行和读者批评指正。

目 录

第 1 部分 区块链导论

第2部分　区块链核心技术

第3部分　区块链开源平台

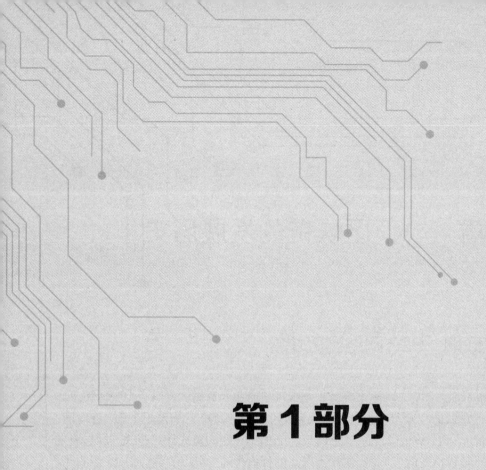

第1部分

区块链导论

第1章 区块链的发展历史

1.1 从互联网、P2P网络到区块链

区块链（Blockchain）是一种由多种技术集成创新而成的分布式网络数据管理技术，是一种新一代信息通信技术。它的出现被认为是继大型计算机、个人计算机、互联网、点对点网络（Peer-to-Peer Network，P2P网络）后的第五次颠覆式计算范式，标志着人类开始构建真正可以信任的互联网，实现点对点的价值传递。区块链技术通过去中心化、防篡改、高度可扩展性等特点，提高了价值交互的效率并降低了成本，有望为金融、科技、文化、政治等领域带来深刻变革。

随着数字经济的深入发展，区块链等新一代信息技术正日益融入经济社会的各个领域，并成为重组全球要素资源、重塑全球经济结构、改变全球竞争格局的重要力量。区块链技术具备多方共识、不可篡改、透明可追溯等特点，能够助力构建数字经济信任基础设施，形成产业链多方之间的分布式可信协作网络，推动更加强劲、绿色、健康的全球发展。

1.1.1 区块链技术发展综述

区块链作为比特币（Bitcoin）的技术支撑，最早出现在2008年中本聪（Satoshi Nakamoto）发表的"比特币：一种点对点式的电子现金系统"（Bitcoin: A Peer-to-Peer Electronic Cash System）中。文中详细描述了通过集成P2P网络协议、非对称加密、共识机制、块链结构、未花费的交易输出（Unspent Transaction Output，UTXO）账户模型等多种技术，建立了一套全新的、去中心化的、不需要信任基础的点对点交易体系，实现了多方可信、对等的价值传递。以2009年1月3日诞生的第一个区块——"创世区块"为起点，至今比特币交易的可实现性已经得到证明。2013年12月，Vitalik Buterin创建了以太坊（Ethereum）区块链平台，该平台除了可基于内置的以太币（Ether）实现数字货币交易，还提供了图灵完备的编程语言，以编写智能合约（Smart Contract），从而首次将智能合约应用到区块链中。以太坊的愿景是创建一个永不停止、无审查、自动

维护的去中心化的世界计算机。2015 年 12 月，Linux 基金会发起了超级账本 Hyperledger 开源区块链项目，旨在发展跨行业的商业区块链平台。企业级区块链超级账本项目（Hyperledger Fabric）是专门为企业级区块链应用设计的，与比特币和以太坊不同，它引入了成员管理服务，旨在满足更加复杂的商业逻辑，这标志着区块链技术的发展开始进入广泛创新应用阶段。根据比特币大会发布的《布雷顿森林体系 2015 白皮书》（Bretton Woods 2015 White Paper），区块链的发展可以划分为以下 3 个阶段。

（1）区块链 1.0：数字货币阶段。该阶段以比特币为代表，采用以可编程数字加密货币体系为主要特征的区块链模式，主要体现在比特币应用方面。区块链采用纯数学方法而不是依靠中心机构建立信任关系，使互不信任或弱信任的参与者之间能够维系不可篡改的账本记录。

（2）区块链 2.0：智能合约阶段。采用以以太坊生态为主要特征的区块链可编程金融系统模式，区块链技术被运用在金融或经济市场，延伸到股票、债券、期货、贷款、按揭、产权、智能资产等合约方面。

（3）区块链 3.0：超越金融领域的多行业应用阶段，进入可编程社会系统时代。区块链将主要应用在物联网、智能制造、供应链管理、司法、医疗、数字艺术、跨境贸易、跨境支付、跨境物流与跨境电子政务等领域，成为未来社会一种最底层的基础设施，涵盖社会生活的方方面面，真正实现跨链通信、多链融合的可信价值互联网。

从最早应用区块链技术的比特币，到最先在区块链引入智能合约的以太坊，再到应用最广的企业级区块链超级账本项目（Hyperledger Fabric），它们虽然在具体实现上各有不同，但在整体体系架构上存在着诸多共性。区块链平台整体可划分为 6 个层次，即网络层、共识层、密码层、数据层、智能合约层和应用层，如图 1-1 所示。

		比特币	以太坊	Hyperledger Fabric
应用层		比特币交易	DApp/以太币交易	企业级区块链应用
智能合约层	编程语言	Script	Solidity/Serpent	Go/Java
	沙盒环境	—	EVM	Docker
数据层	数据结构	Merkle树/区块链表	Merkle Patricial树/区块链表	Bucket树/区块链表
	数据模型	基于交易的数据模型	基于账户的数据模型	基于交易的数据模型
	数据存储	文件存储	LevelDB	文件存储
密码层		RSA、ECC、SHA、SM2、SM9等		
共识层		PoW	PoW/PoS	PBFT/SBFT
网络层		TCP-based P2P	TCP-based P2P	HTTP/2-based P2P

图 1-1　区块链体系架构

- **网络层**：区块链网络层的核心由基于 TCP/IP 的分布式 P2P 网络传输协议（如 Gossip 协议或泛洪搜索协议）构建，用于在节点间传输交易数据和区块数据，比特币和以太坊的 P2P 网络传输协议基于 TCP 实现，Hyperledger Fabric 的 P2P 网络传输协议则基于 HTTP/2 实现。

- **共识层**：共识层是确保区块链网络多方共管一致性的核心组件，决定了区块链系统的安全性、可扩展性和去中心化程度等特性。共识层主要的算法包括工作量证明（Proof of Work，PoW）共识算法和权益证明（Proof of Stake，PoS）共识算法、实用拜占庭容错（Practical Byzantine Fault Tolerance，PBFT）算法等。

- **密码层**：密码层包含确保区块链安全的关键密码协议，这些协议在区块链流程的完整性、信息的安全传播和区块链共识机制方面发挥着至关重要的作用。该层主要由公钥密码体系组成，如数字签名、哈希函数等。

- **数据层**：区块链数据层主要包括数据结构、数据模型和数据存储 3 个方面。在数据结构的设计方面，基于时间戳的数字公证服务证明区块的创建时间。区块链中每个区块包含区块头和区块体两部分。区块头存放 Merkle 根、前块哈希、时间戳等数据；区块体存放批量交易数据。在数据模型的设计方面，主要包括基于交易的数据模型和基于账户的数据模型。在数据存储的设计方面，通常按日志文件格式存储，由于系统需要大量基于哈希的键值检索（如基于交易哈希检索交易数据、基于区块哈希检索区块数据），所以索引数据和状态数据通常存储在 Key-Value 数据库中。

- **智能合约层**：智能合约是一种使用算法和程序编制的合同条款，它们可部署在区块链上，并按照规则自动执行数字化协议。与此类似，比特币脚本是嵌入比特币交易中的一组指令，由于指令类型单一、实现功能有限，其只能被视为智能合约的雏形。以太坊提供了图灵完备的脚本语言 Solidity2、Serpent3，以及沙盒环境以太坊虚拟机（Ethereum Virtual Machine，EVM），以供用户编写和运行智能合约。Hyperledger Fabric 的智能合约被称为 Chaincode，其使用 Docker 容器作为沙盒环境，并且 Docker 容器中包含一组经过签名的基础磁盘映像，以及 Go 语言与 Java 语言运行时的 SDK，以运行 Go 语言与 Java 语言编写的 Chaincode。

- **应用层**：比特币平台主要应用于比特币交易；而以太坊不仅支持以太币的数字货币交易，还支持去中心化应用程序（Decentralized Application，DApp）。DApp 是由 JavaScript 构建的 Web 前端应用，通过 JSON-RPC 与运行在以太坊节点上的智能合约进行通信。Hyperledger Fabric 主要面向企业级区块链应用，没有提供数字货币交易，其应用可基于 Go、Java、Python、Node.js 等多种语言的 SDK 构建，并通过 gPRC 或 REST 与运行在 Hyperledger Fabric 节点上的智能合约进行通信。

区块链网络技术并不是一种全新的技术，而是一个集成了密码学、分布式系统、博弈论等多种技术的新型组合技术。区块链是一种去中心化的技术，它能够在没有第三方权威机构的参与下，建立交易双方之间的可靠信任，实现可信的价值传输。因此，区块链被称为价值互联网或第二代互联网。

1. 互联网到 P2P 网络（1960—2001 年）

20 世纪 60 年代后半叶，以美国国防部（United States Department of Defense，DoD）为中心开始了通信技术的军事应用研究，希望即使在通信过程中遭遇敌方攻击和破坏，也可以通过迂回线路实现通信。为此，分组交换技术应运而生。1969 年，为验证分组交换的实用性，研究人员构建了一个由 4 个节点组成的高级研究计划局（Advanced Research Projects Agency，ARPA）网络，即 ARPANET。随着通信技术的发展，普通用户也加入 ARPANET 中，3 年内从 4 个节点发展为 34 个节点，这充分证明了基于分组交换的通信技术的可行性。ARPANET 不仅利用机构组成的网络进行分组交换实验，还进行了为互连计算机提供可靠传输的综合性通信协议的实验。20 世纪 70 年代前半叶，ARPANET 的一个研究机构提出了 TCP/IP，直到 1982 年，该协议的具体规范才被确定，1983 年，该协议成为 ARPANET 的唯一指定协议。

随着 1980 年 UNIX 系统的普及和互联网的扩张，ARPANET 开始使用 BSD UNIX 操作系统。20 世纪 80 年代，不仅局域网快速发展，UNIX 工作站也迅速普及，TCP/IP 网络得以广泛应用。在这种趋势下，基于 TCP/IP 的世界性网络——Internet 应运而生。

1989—1991 年，欧洲核子研究中心（European Organization for Nuclear Research，CERN）的蒂姆·伯纳斯·李开发了超文本链接文件服务，创办了万维网（Word Wide Web，WWW）。1993 年，第一个 Web 浏览器 Mosaic 诞生，自此商用互联网服务迅速发展，万维网的诞生为全球信息的交流和传播带来了革命性的变化，降低了互联网的连接成本，推动了互联网的快速普及。但是，随着互联网逐渐普及并深入人们的日常生活，人们需要更直接、更广泛的信息交流，以实现更多的资源和服务共享。普通用户希望能够全面参与到互联网的信息交流中，而计算机和网络性能的提升也使其具备了现实可能性。

在此背景下，1999 年，Napster 软件应用 P2P 网络协议允许对等用户不受任何干扰地进行上传和下载，短时间内吸引了 5 000 万名用户参与到 MP3 动态目录共享服务中。2001 年，加州程序员 Cohen 开发的 BitTorrent（BT）作为一款专门针对大容量文件的多点共享和分发协议，在数字音乐、娱乐和电影等流媒体，点对点通信，文件共享及系统处理多个领域得到广泛的应用。

区块链网络的核心技术要素是 P2P 网络技术，从上述 P2P 网络技术的发展来看，区块链网络是基于 TCP/IP 的 P2P 网络，实际上是 TCP/IP 模型中的最高层，即应用层，类似于 HTTP 和 SMTP。因此，区块链网络本质上是在以 HTTP 为代表的应用层上，基于分布式点对点的拓扑结构进行信息交互的。这也是以太坊提出的 Web 3.0 的基础。

（1）比特币的 P2P 网络基于 TCP 构建，采用集中式和分布式结构的混合式路由模式，主网默认通信端口为 8333，并建立连接认证"握手"通信过程，用来确定协议版本、软件版本、节点 IP、区块高度等。

（2）以太坊的 P2P 网络采用 Kademlia 算法实现 DHT 路由方案，其基于结构化 P2P

网络方式。以太坊的 P2P 网络是一个完全加密的网络，节点之间交互采用对称加密握手方式。该网络提供 UDP 和 TCP 两种连接方式，主网默认 TCP 通信端口为 30303，推荐的 UDP 发现端口为 30301。

2. 区块链中的密码学

密码学技术是区块链构建信任的基石，也是区块链技术的核心技术之一。它通过哈希函数、数字签名、可信时间戳、非对称加密和默克尔（Merkle）树等技术的组合应用来确保在无信任环境下数据的不可篡改性、完整性、不可抵赖性和可认证性。

20 世纪 70 年代，随着计算机科学的蓬勃发展，密码学成为一门新兴的学科。1976 年，Diffie 和 Hellman 提出了公钥密码的思想，标志着现代密码学的诞生，这一事件在国际密码学发展史上具有里程碑意义。自此，国际上已提出许多种公钥密码体制，如基于大整数因子分解的困难性问题的 RSA 密码体制、基于离散对数问题的公钥密码体制（ElGamal 密码体制）及椭圆曲线密码体制（Elliptic Curve Cryptography，ECC）等。

在区块链上，用户可以选择自己的私钥，并生成相应的公钥，该公钥对应记录在区块的地址上，公钥经过变换成为用户的交易地址。通常情况下，不同的记录对应不同的公钥/私钥对。用户使用公钥对消息进行加密，只有对应的私钥才能解密。同时，私钥可用于对自己的交易信息进行数字签名，其他用户可利用对应公钥验证消息的签名。

哈希函数是一种数学函数，它可以将任意长度的消息转换成固定长度的值，也被称为散列函数、杂凑函数或消息摘要。哈希函数于 1953 年问世，并在 1970 年蓬勃发展，在区块链技术中，哈希函数被广泛应用于地址生成、数字签名、Merkle 树等。目前，较为知名的哈希函数包括 MD 系列、SHA-1（Secure Hash Algorithm）系列、SHA-2 系列、RIPEMD 系列、Whirlpool 系列和国密算法 SM3 等。

Merkle 树是一种哈希二叉树，由 Ralph Merkle 于 1979 年发明。在 Merkle 树中，叶节点存储的是数据文件，而非叶节点存储的是其子节点的哈希值（Hash 值，通过 SHA-1、SHA-256 等哈希算法计算而来），这些非叶节点的哈希值被称为路径哈希值，可以用来确定某个叶节点到根节点的路径，叶节点的哈希值是真实数据的哈希值。由于采用了树形结构，其查询的时间复杂度为 $O(\log n)$，其中，n 是节点数量。在区块链中，用户可以通过区块头得到 Merkle 根和其他节点提供的中间哈希值来验证某个交易是否存在于区块中。此外，Merkle 树还支持简单支付验证（Simplified Payment Verification，SPV）协议。

3. 分布式一致性共识

从 20 世纪 90 年代开始，随着互联网的普及，分布式系统中的一致性问题变得越来越重要。然而，在互联网蓬勃发展前，一些有远见的科学家们早在 20 世纪 70 年代就开始在多路处理器级别上研究一致性模型。Leslie Lamport（图灵奖获得者）是早期进行分布式系统一致性研究的科学家，他在 1978 年的论文中提出了一个分辨分布式系统中事件因果关系的算法，后来人们把该算法称为 Lamport Timestamp 或 Lamport Clock。这个算法为后来的分布式系统一致性研究奠定了技术基础。

解决一致性共识问题需要满足进程在有限时间内结束（Termination），以及进程达到一致性（Agreement）和一致有效性（Validity）的要求。为解决上述问题，图灵奖获得者 Jim Gray 在 Leslie Lamport 的论文发表的同一年（1978 年）提出了"两阶段提交"（Two Phase Commit）的概念。这个概念成为后来的分布式系统中共识算法的基础。1999 年，Miguel Castro 和 Barbara Liskov 提出了实用拜占庭容错（Practical Byzantine Fault Tolerance，PBFT）算法，这个算法可以在异步网络中不保证进程终止的情况下解决拜占庭将军问题。

1990 年，Leslie Lamport 提出了适用于分布式系统的 Paxos 算法。这个算法是基于消息传递且具有高度容错特性的分布式一致性算法，能够解决在异步网络环境下，如何就某个值（决议）达成一致，这个算法成为分布式系统中的经典共识算法。

共识机制作为区块链系统的核心组成部分，已经从分布式系统进入区块链的共识阶段。在以比特币为代表的非授权网络中，节点加入和退出的动态性与不可预测性决定了共识协议的设计，决定了参与节点以何种方式对某些特定的数据达成一致，共识协议同时决定了区块链系统的性能及安全性。Paxos 算法主要是针对网络中可能出现的崩溃节点而设计的，而 PBFT 算法可以容忍某些拜占庭式的错误节点。

与分布式一致性共识相关的关键事件如下。

- 1982 年，Leslie Lamport 等人提出拜占庭将军问题，旨在解决在不可靠信道上消息传递的一致性问题。
- 1993 年，Cynthia Dwork 和 Moni Naor 提出了工作量证明机制，这是一种应对服务与资源滥用或阻断服务攻击的经济对策。
- 1997 年，英国密码学家亚当·贝克（Adam Back）独立提出用于哈希现金的工作量证明机制，并于 2002 年正式发表。
- 1999 年，马库斯·雅各布松（Markus Jakobsson）正式提出了"工作量证明"概念。这为后来中本聪设计比特币的共识机制奠定了基础。
- 2000 年，加利福尼亚大学的埃里克·布鲁尔（Eric Brewer）教授在"ACM Symposium on Principles of Distributed Computing"研讨会的特邀报告中提出了一个猜想，指出分布式系统无法同时实现一致性（Consistency）、可用性（Availability）和分区容错性（Partition Tolerance），最多只能同时实现其中两个。
- 2002 年，塞斯·吉尔伯特（Seth Gilbert）和南希·林奇（Nancy Lynch）在异步网络模型中证明了埃里克·布鲁尔的猜想，从而形成了 CAP 定理或布鲁尔定理。
- 2011 年 7 月，一位名叫"Quantum Mechanic"的数字货币爱好者在比特币论坛中首次提出了权益证明（PoS）共识算法。
- 2012 年 8 月，Sunny King 首次在点点币（Peercoin，PPC）中实现了 PoS，系统中具有最高赌注而不是最高计算能力的节点被授予簿记权，并且该赌注由特定数量的货币的所有权表示，被称为币龄或币日（Coin Days）。

- 2013 年 8 月，比特股（BitShares）项目提出了一种新的共识算法，即委托权益证明（Delegated Proof of Stake，DPoS）共识算法。
- 2013 年，斯坦福大学的迭戈·翁加罗（Diego Ongaro）和约翰·奥斯特豪特（John Ousterhout）提出了 Raft 共识算法。

4. 智能合约——区块链 2.0 时代

随着区块链技术与生态的发展，基于区块链的 DApp 呈现井喷的趋势，支撑 DApp 的底层技术是"区块链+智能合约"。智能合约与区块链的结合被普遍认为是区块链世界中一次里程碑式的升级。第一个结合了区块链与智能合约技术的平台——以太坊的诞生，被认为开启了区块链 2.0 时代。

"代码即法律"（Code is Law）这一概念并不是随着智能合约的出现而首次产生的。它最早出现于 20 世纪 90 年代互联网飞速发展时期。1994 年，计算机科学家和密码学家 Nick Szabo 首次提出"智能合约"概念，早于区块链概念的诞生。Nick Szabo 提出智能合约是"以数字形式指定的一系列承诺，包括各方履行这些承诺的协议"，但由于缺乏能够让它发挥作用的区块链，智能合约的想法一直未能实现。

当比特币区块链诞生后，比特币智能合约主要以脚本方式支持复杂交易，如担保交易、连带合同、第三方仲裁、多方签名等。然而比特币开发者对脚本做了诸多限制，例如，脚本采用了堆栈的方式执行；脚本中没有循环语句，不具备图灵完备的特性。目前，通过升级脚本功能，如通过使用 Simplicity 语言，在构建比特币智能合约方面，可以在保证安全性的同时实现比特币脚本的灵活性。

与比特币不同，以太坊中的智能合约是一段运行在区块链上的代码，该代码定义了合约的内容，合约的账户中保存了当前合约的运行状态。智能合约的设计语言 Solidity 是一种图灵完备语言，这意味着智能合约中可以包括循环。然而，智能合约中包括循环带来的问题是如何防止死循环。因此，在以太坊中执行智能合约需要支付一定的 Gas。在 EVM 中执行智能合约时，EVM 对执行指令进行了定价，每执行一条指令都需要消耗相应的 Gas，不同的指令由于其执行的复杂程度不同，所以消耗的 Gas 会有所不同。

1.1.2 区块链技术赋能数字经济

自 1969 年 ARPANET 诞生以来，互联网技术经历了 50 余年的发展，历经 3 次变革。第一次变革是全世界主流国家均接入了互联网，开启了全球互联互通的模式。第二次变革是自 1989 年万维网问世后，互联网应用进入了快速发展通道，实现了互联网应用的爆发。第三次变革的标志是 2009 年比特币的出现，在区块链技术的支持下，比特币颠覆了现有货币的交易模式，使加密数字货币的匿名交易在可信网络中都有"链"可查，同时保护了参与者的隐私。

区块链技术的意义在于可以构建一个更加可靠的价值互联网。从技术角度来看，区块链是一种由多方共同维护的、以块链结构存储数据的技术体系，使用密码学保证传输和访问安全，它能够实现数据一致存储、无法篡改、不可抵赖的目标。这种技术给世界带来了无限的遐想空间。随着全球对区块链的关注热度持续升温，全球主要经济体开始从国家战略层面对区块链技术及其发展趋势进行研究，并一致认为区块链技术的应用能够从根本上解决价值交换与转移中存在的身份真实性、数据所有权和跨信任域互信互认等问题。

此外，从经济社会角度来看，区块链经济已经开始萌芽。许多基于区块链的解决方案可以改善现有商业规则，构建新型的产业协作模式，提高协作流通的效率。无论是各国央行和各大商业银行，还是联合国、国际货币基金组织及许多国家政府研究机构，都对"区块链+"投入了极大关注。区块链能够为经济社会转型升级提供系统化的支撑。区块链技术的显著优势在于优化业务流程、降低运营成本、提升协同效率，这些优势已经在金融服务、供应链管理、知识产权、智能制造、社会公益及教育就业等社会各领域初步体现出来。因此，区块链技术赋能数字经济将更加真实可信，经济社会将由此变得更加公正和透明。

数字经济已经成为全球产业变革和经济增长的重要引擎，数字经济正在重构全球产业发展格局。作为数字经济的重要组成部分，区块链是数字经济发展的关键技术。与云计算、物联网、人工智能等其他技术不同，区块链的出现可以看作是调准、校正经济数字化进程的关键性底层技术架构。利用区块链技术可以打破数据孤岛，使数据资产安全、有效地流通和共享，真正实现数据的价值化。在这方面，传统的 IT 技术目前还没有成熟的解决方案，而区块链在数据的共识和治理方面具有巨大的价值。区块链技术赋能数字经济主要表现在以下 4 个方面。

（1）区块链为"新基建"提供服务的同时，"新基建"也将加快区块链基础设施的建设。随着工业互联网的快速发展，区块链与工业互联网的结合为区块链提供了新的应用场景。目前，在算力和存储方面，区块链还有待提高，但是计算中心、数据中心的建立提升了区块链的算力和存储能力。虽然我国的区块链技术发展很快，但是在底层技术上仍有待突破。大幅投入"新基建"加大了创新基础设施的建设，为区块链提供了技术研发平台。

（2）在数字经济下，区块链技术可以保障数据的安全流动。数据要素流通离不开数据确权及数据共享、共治，将区块链技术运用其中可以解决此类问题。在数据确权方面，通过签订智能合约，个人与企业基于技术信任签订数据授权合约，结合区块链技术的不可篡改特性，可以有效防止个人信息被复制、滥用。

（3）区块链与实体经济深度融合是我国在国际竞争中赢得主动的关键。通过区块链专项政策和相关扶持政策，推动区块链和实体经济深度融合，对提升工业生产效率、降低成本、提升供应链协同水平和效率，以及促进管理创新和业务创新具有重要作用。例如，在贸易融资方面，可以将海关、进出口企业、银行等部门的数据上链，实现内部信息共享，这样不仅可以保证进出口数据的安全，还可以为中小型企业应收应付账款的融资提供支持。

（4）区块链结合零知识证明、安全多方计算等密码技术可以提高个人隐私保护能力。在数据共享、共治方面，区块链通过特有的共识机制和密码学技术，可以使数据之间的主体相互信任。同时，通过区块链独有的链式结构和不可篡改特性，可以保障数字经济下数据的安全。在信任和安全得到充分保障的前提下，进一步推动数字经济下的数据要素流通。

1.2 从 Web 1.0、Web 2.0 到 Web 3.0

互联网 TCP/IP 的出现，解决了互联网发展初期异构网络之间的数据传输问题，通过采用标准数据传输协议，使数据传输更快，并降低了信息交换的成本。目前，我们使用的互联网应用仍然如此，即通过一个平台在互不信任的环境下充当可信服务的第三方服务提供商。因此，大多数用户的身份及数据在各种平台的服务器上集中存储和管理。这些服务器上的数据受到防火墙的保护，需要系统管理员来管理存储在服务器上的数据并保证其安全性。在这种集中管理的方式下，虽然平台经济模式可以说是一种前端的变革，但在后端，用户失去了对自我身份和数据的控制权。

因此，区块链网络被认为是下一代互联网，也就是所谓的 Web 3.0 时代的驱动力，它彻底改变了互联网上存储和管理数据的方式。通过 P2P 网络、密码学、共识机制和智能合约，它提供了一种由所有参与节点共同管理的通用状态层——可信价值互联网。这种方式实现了真正的 P2P 交易，这一切均源于比特币的出现。为了更好地理解 Web 3.0 和它带来的变化，让我们梳理一下互联网发展过程中万维网各阶段的形态和特点。

1.2.1 万维网的发展历史

互联网的出现使分属于不同地域的计算机实现了通信互联，而 Web 的发展则促进了互联网应用的爆发。Web 1.0 出现在 20 世纪 90 年代初，其主要特点在于用户通过浏览器获取信息，而 Web 2.0 更注重用户的交互。随着区块链技术的发展，身份和数据自主可控的 Web 3.0 进入人们生活的方方面面，这意味着互联网发展进入了一个崭新的阶段，Web 3.0 让互联网更智能，让人们的生活更轻松。Web 1.0、Web 2.0 和 Web 3.0 如图 1-2 所示。

1. Web 1.0：只读的 Web

1989 年，CERN 中由蒂姆·伯纳斯·李（Tim Berners-Lee）领导的小组提交了一个针对互联网的新协议和一个使用该协议的文档系统，该系统被命名为万维网（World Wide Web，WWW），目的是使全球的科学家能够利用互联网交流工作文档。该系统主要采用 HTML、URI、URL 和 HTTP 等技术，可以通过静态方式展示网页内容，这是万维网发展的第一阶段。然而，它只能被称为"只读"网络，因为 Web 1.0 内容是由极少数内容创建者通过通用网关接口（Common Gateway Interface，CGI）构建的超链接静态网页，并提供给用户浏览，而绝大多数用户只是内容的消费者。在这一阶段，网页由文本和图像内容构成，网站由集中式的 Web 服务器托管和维护，Web 前端技术主要包括 HTML、PHP、ASP、JSP。

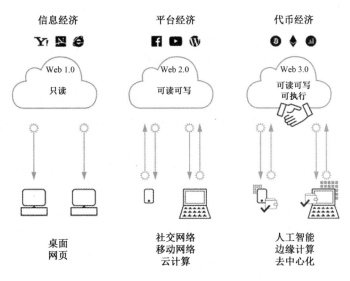

图 1-2　Web 1.0、Web 2.0 和 Web 3.0

从经济的视角看，1993—2004 年，Web 1.0 开启了信息共享和信息经济的时代，诞生了门户网站、聊天软件、BBS、电商购物网站等互联网应用。虽然出现了许多互联网大型企业，如微软、思科、英特尔、IBM 等，但 Web 1.0 本质上是一个内容分发网络（Content Delivery Network，CDN），大多数互联网应用只能做到信息的发布、共享和交互，很少能做到更深层次的价值挖掘。同时，网站上的广告也被禁止，主要是按页面浏览量向用户收费。因此，Web 1.0 的盈利模式始终是个难题，这个问题导致了第一次互联网泡沫的破裂。

2. Web 2.0：可读可写的社交网络

Web 2.0 的标志性事件是谷歌自 2003 年起陆续发表了关于 GFS、MapReduce 和 BigTable 的论文，解决了数据存储、计算和处理的成本问题。Web 2.0 时代是数据、计算和产品的工业化时代，慢慢形成了大数据技术及其生态体系，成为互联网业务的基石。随后的十几年里，在搜索、社交、地理服务和信息发布等领域出现了各种各样的互联网平台，这些平台利用自身在数据上的技术和规模优势，不仅通过精准推荐系统和广告实现了数据的价值，也通过数据、流量和场景的结合为传统行业带来了巨大的挑战；而随着智能手机的兴起，Web 2.0 进入了 App 时代，吸引终端用户贡献了互联网平台需要的大量数据，允许他们在社交媒体对话中彼此进行交互和协作，突出用户内容的共享性和创造性，因此，Web 2.0 已经从 Web 1.0 的"只读、以内容为中心的信息门户"转变为"可读可写可交互"并具有社交网络特征的万维网。

在 Web 2.0 的技术开发中使用了 Vue、Node.js、Angular.js 和 React.js 等前端框架，但 Web 2.0 的后端主要是以中心化云服务的互联网应用视角建设的。在互联网应用关闭、单点故障或受攻击的情况下，个人数据被存储于后端服务器中，极易导致用户数据的泄露、丢失、损毁，同时也会造成数据的垄断，使终端用户失去对自己身份和数据的控制权。

从经济学视角看，Web 2.0 属于典型的中心化平台经济，平台"一对多"聚合着生态各方。随着大数据算法、索引推荐等技术的不断优化，社交网络媒体变得更加智能和具有黏性，这种变化不仅加速了用户、数据的持续集中和沉淀，也加速了个人及企业在同一个社交平台的形成和壮大，交织出强大的社交网络图谱。以社交网络图谱为核心，Web 2.0 平台成为各类产品、服务及行业关键意见领袖（Key Opinion Leader，KOL）进行信息传递、价值布道、品牌建设、营销传播、粉丝互动、流量变现等的主战场。至此，"平台经济"成为 Web 2.0 的代名词，因为其中心化的特征，平台在资源、效率、用户流量等方面具有单边优势，并以其庞大的用户规模、强关联的社交关系、海量的大数据等为资源，假以各种智能新兴技术，被挖掘出巨大的商业价值，成就了如 Facebook、Twitter、微信等超万亿资金规模应用的商业帝国。

3. Web 3.0：数字化普及和网络连接价值

毋庸置疑，社交网络在 Web 2.0 时期发挥出了巨大的商业价值，但随着中心化特征愈加明显，用户丧失个人数据所有权、资源垄断扼杀小微创新、大数据算法"杀熟"等问题越来越受到谴责和质疑。随着以区块链技术为核心的比特币、以太币等加密货币的出现，去中心化和中心化之间产生了强烈的碰撞。2014 年，以太坊联合创始人 Gavin Wood 博士在文章"DApps：What Web 3.0 Looks Like"中提及了 Web 3.0 这个词。在 Web 3.0 中，数据存储在 P2P 网络的多个副本中。管理规则在协议中被形式化，并由所有网络参与者的"多数共识"保护，所有网络参与者都获得代币（Token）激励。如果说 Web 2.0 是一个前端革命，那么区块链作为 Web 3.0 的骨干，引入了一个在当前网络上运行的治理层，允许在去信任环境下通过一组协议重新构建互联网在后端的连接方式，将互联网的逻辑与计算机的逻辑相结合。

目前，Web 上的交互通用接口被设计为一组无状态的协议。例如，在 HTTP 超文本传输协议中，客户端与服务器端进行交互时，每个请求之间相互独立，没有依赖关系。服务器中没有保存客户端的状态，因此，客户端必须每次携带自己的状态去请求服务器。Web 3.0 的出现，一方面提供了安全可信的数字身份技术，这本质上是一种去中心化数字身份认证体系和一种用户隐私数据的使用方法，归还了用户数据身份主权；另一方面，数据的所有权和使用权均由用户授权决定，通过网络传输的数据将被完全加密。

Web 3.0 中的应用被称为去中心化应用程序（Decentralized Application，DApp），是运行在计算机 P2P 网络上的应用程序。DApp 的代码开源，核心部分的数据交互由部署在区块链上的开源智能合约完成，往往具备完整的激励机制，并且不受单个实体控制。因此，在某种程度上，区块链底层平台类比于 iOS 系统和 Android 系统，是各类 DApp 的底层生态环境，DApp 则类比于 App，也是区块链生态中的基础服务提供方。其开发核心主要是智能合约的开发，以 Ethereum 为例，所需的开发工具包括智能合约编程语言 Solidity、Web 3.0 库/Web3.js、开发框架 Truffle、钱包、DApp 浏览器、MetaMask 及数据存储等。

此外，继区块链 1.0、区块链 2.0 后，目前已开启区块链 3.0 时代，即可编程社会系统时代。区块链 3.0 代表的是解决了关键性技术难题的全领域生态级别的底层系统出现，以及区块链技术应用到各垂直行业的时代。这个时代的底层协议能够在保证去中心化、去信任中介的同时，保证商用级别的高性能。

区块链 3.0 的根本特征之一是区块链与大数据、云计算与人工智能等新一代信息技术的融合，通过对区块链技术的不断创新，深入经济社会的各个领域。在区块链 3.0 时代，各行业的区块链应用发生融合，形成以现实社会为依托的区块链生态体系，由区块链 2.0 时代的与行业相结合，转变为与社会相结合，进一步改变中国主要行业，推动银行、保险、医疗、能源、政府、制造、零售、电信和物流等行业启用新的业务模型。因此，Web 3.0 将作为下一代互联网的重要组成部分，解决目前互联网存在的建立信用、维护信用成本高的问题，从而实现自主权身份与数据的自我可控可管，最终将互联网从现在的信息互联网提升到价值互联网。

1.2.2　Web 3.0 技术堆栈

Web 3.0 这个概念最初由 HTTP 的发明者蒂姆·伯纳斯·李在互联网泡沫时期提出，是指一个集成的通信框架，互联网数据可以跨越各应用和系统实现机器可读。Web 3.0 通常也被称为语义网（Semantic Web）。到 2014 年，以太坊联合创始人、波卡链（Polkadot）创建者 Gavin Wood 重新定义了 Web 3.0，明确指出区块链技术可以基于无须信任的交互系统在各方之间实现创新的交互模式。到目前为止，Web 3.0 仍未有标准定义，但有如下一些基本关键词。

去中心化（Decentralization）：去中心化指去中心化服务器的 P2P 网络。在 Web 3.0 中，信息可以分散存储在多个位置。这将打破目前 Meta 和 Google 等互联网巨头对大量数据库的垄断，将更大的控制权交给用户。同时，各种功能日益强大的计算资源（包括手机、台式机、电器、车辆和传感器）生成的数据，将由用户通过分布式网络进行交易，保障用户对数据的所有权和控制权。

去信任化与无许可化（Trustless and Permissionless）：除了去中心化，Web 3.0 还将实现去信任化（网络将允许参与者直接交互，而无须通过受信任的中介机构）和无许可化（任何人都可以在没有管理机构授权的情况下参与）。因此，Web 3.0 的应用程序将在区块链或分散的 P2P 网络上运行，这些分散的应用程序被称为 DApps。

人工智能与机器学习（Artificial Intelligence and Machine Learning）：在 Web 3.0 中，

通过基于语义的 Web 概念和自然语言处理技术，计算机将能够理解人类语言。Web 3.0还将融合区块链和机器学习，提供可信的数据和计算来提高模型与参数的准确性，这是人工智能（AI）的一个分支。这些功能将使计算机在药物开发、新材料研发等领域产生更深远的影响。

连通性与无边界网络（Connectivity and Ubiquity）：随着 Web 3.0 的出现，信息和内容变得更加互联和无处不在，越来越多的日常设备连接到 Web，如物联网。纽约大学讲师和数字艺术家 Mat Dryhurst 表示，过去由于每个社群、网络平台政策不同，形成了信息的 Walled Garden（高墙花园），虽然使用户拥有自身数据，却无法随心所欲地交易、获取和使用；而在 Web 3.0 中，用户将真正拥有数据的控制权和所有权，释放数据资产的价值。

Web 3.0 的基础设施基于区块链技术，Gavin Wood 将 Web 3.0 的技术栈定义为由L0～L4 组成的 5 层架构系统，如图 1-3 所示。

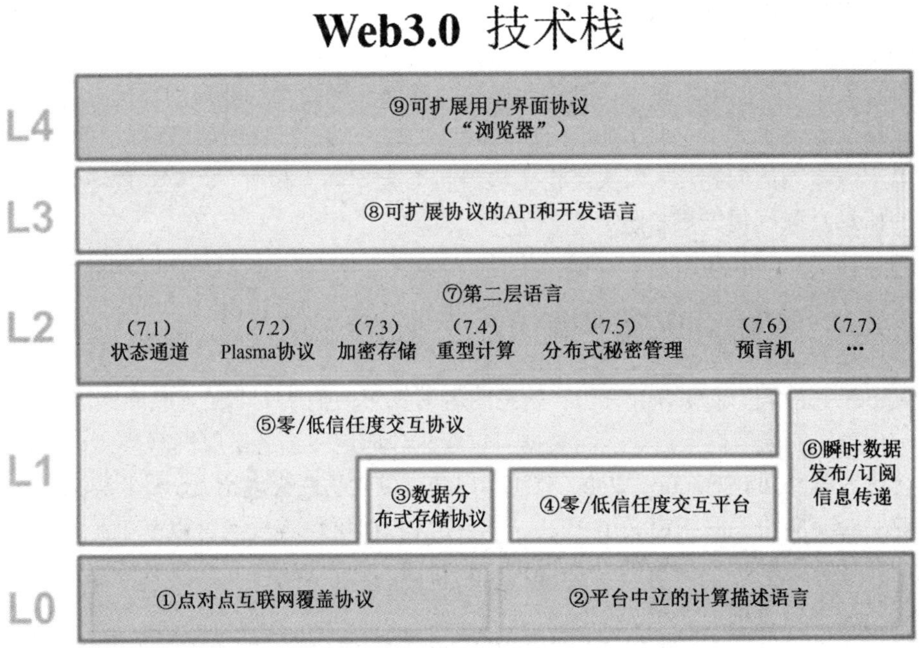

图 1-3　Web 3.0 技术栈

（1）Layer 0（L0）：基础设施和网络层，为 L1 层提供了 P2P 网络覆盖技术及与平台无关的标准化组件。

点对点互联网覆盖协议（P2P Internet Overlay Protocols）：一个允许节点以分散的方式进行通信的网络安全套件，主要有 DevP2P 和 LibP2P。

平台中立的计算描述语言（Platform-neutral Computation Description Language）：一种在不同物理平台（架构、操作系统等）上执行相同程序的方式，如 EVM、比特币账户模型（如 UTXO）和网络装配（WebAssembly，Wasm）虚拟机。

（2）Layer 1（L1）：区块链协议层，提供了底层区块链系统。

数据分布式存储协议（Data Distribution Protocols）：描述数据如何在去中心化系统的各节点之间分配存储和交换的协议，如 IPFS、Swarm 和 BigchainDB。

零/低信任度交互平台（Zero/Low-trust Interaction Platforms）：例如，Polkadot（波卡链）采用了一种异构跨链技术，由许多具有不同潜在特征的平行链组成，这使匿名或形式验证更容易实现，同时可以在同一时间段内处理更多交易，将交易分散在链中。波卡链确保这些区块链中的每个链都保持安全，并且它们之间的任何交易都得到忠实执行。此外，可以创建专用平行链（桥）来连接独立的链。

零/低信任度交互协议（Zero/Low-trust Interaction Protocols）：描述不同节点如何相互作用并信任来自每个节点的计算和信息的协议。大多数加密货币，如比特币和 ZCash，符合零/低信任度交互协议的定义，它们描述了节点参与协议需要遵循的规则。

瞬时数据发布/订阅信息传递（Transient Data Messaging）：描述了如何传输不打算永久存储的数据（如状态更新），以及如何让节点意识到其存在的协议，如 Whisper 和 Matrix。这些协议提供了快速传输短暂信息的能力，使节点可以快速、有效地响应数据变化。

（3）Layer 2（L2）：增强了 Web 3.0 协议栈中 L0 层和 L1 层的能力，主要提升了区块链的可扩展性、加密消息传输和分布式计算等功能。L2 层的解决方案由以下功能组成。

状态通道（State Channels）：状态通道的扩容原理主要基于链下交互和链上清算，它的主要目的是避免将每一笔小额交易都放在链上进行，只需要在通道内进行链下交易，将最终状态提交到链上即可，减轻了链上工作量。这样，在双方达成共识时，可快速完成清算，实现即时终结性。此外，由于通道内交易速度快、手续费低、隐私性强等特点，它能够提供更好的用户体验和扩展性。常见的状态通道扩容方式包括比特币的闪电网络（Lightning Network）和以太坊的雷电网络（Raiden Network）。这些网络使用智能合约创建了多方参与的支付通道，让参与者可以在通道内自由地进行交易。由于交易是在通道内完成的，因此速度快且手续费低，同时还提高了隐私性。只有在通道关闭时，最终的状态才会被提交到链上进行清算，这样可以显著提高链上交易的吞吐量。

Plasma 协议（Plasma Protocols）：Plasma 是一种区块链扩容技术，它使一系列智能合约通过在根链（如以太坊主网）上运行，形成一个可靠的分层和树状结构框架，将分布式运算规则 MapReduce 应用于区块链，从而提高区块链的可扩展性。这种扩容方式的思路是将计算任务由上一级分配给下一级执行。子区块提交计算需求，而上一级区块分配计算需求。Plasma 协议的实现方式有多种，包括 Loom 的 PlasmaChain 和 OmigeGO Plasma 等。通过 Plasma 协议可以实现更高的交易吞吐量和更低的交易费用。

加密存储（Encrypted Storage）：使用密码学对数据进行数学加密/解密，包括静态（存储在特定的计算机上）和动态（从一台计算机传输到另一台计算机）。例如，静态指的是加密存储，动态指的是加密传输（HTTPS 就是一种加密传输）。加密存储主要的案例是 Enigma 协议，它是一种具有强正确性和隐私保护的无许可 P2P 网络。

重型计算（Heavy Computation）：可以理解为在区块链场景下，如果需要进行大量的计算，可以通过链接算力资源构建分布式算力市场，这是运行计算任务并验证计算正确性的区块链网络。这方面的项目包括以太坊的 Golem 和 TrueBit。

分布式秘密管理（Distributed Secret Management）：分布式秘密管理对信息加密，同时对密钥进行分布式秘密共享管理，通过密钥分发机制只允许被授权方访问。典型案例为 NuCypher，这是一种分布式、去中心化的密钥管理系统，采用"代理重加密"技术提供数据加密和权限控制服务。

预言机（Oracles）：预言机是连接区块链和现实世界的重要工具，它可以将外部信息写入区块链中，实现数据互通，同时允许智能合约对不确定的外部世界做出反应。目前，ChainLink 和 Oraclize.it 是主要的预言机项目。

侧链是与以太坊兼容的独立区块链，具有自己的区块参数和共识模型。这些侧链通过双向桥连接到以太坊主链，使得在以太坊基础层部署的合约可以直接部署到侧链上。另一个热门方案是 Rollups，它通过绑定交易，以及在侧链上生成提交给主链的加密零知识证明（SNARK）来提供 L2 层的扩容方案。Rollups 有两种类型：ZK Rollups 和 Optimistic Rollups。ZK Rollups 虽然更快、更高效，但不能提供现有智能合约的简便迁移；Optimistic Rollups 支持 EVM 兼容的虚拟机（OVM），可以执行与以太坊上相同的智能合约。

（4）Layer 3（L3）：中间件层，即协议开发接口和可扩展库层。

在这一层，开发人员和程序员可以使用可扩展协议的 API 和开发语言轻松地进行程序开发，以构建更高级别的应用程序。这一层包括的语言有 Solidity、Vyper（用于 Ethereum）、Plutus（用于 Cardano）和 Rust（用于 Substrate）。此外，还提供了各种开发框架，使开发与区块链互动的应用更容易。例如，ethers.js、web3.js 和 oo7.js 等库可以帮助开发人员更轻松地与以太坊智能合约进行交互和调用。

（5）Layer 4（L4）：技术栈顶层，也被称为应用层，涵盖了可扩展用户界面协议，例如，DApp 浏览器、去中心化应用（DApp）、区块链客户端/钱包等均基于这一协议实现。

在 L4 层，普通用户可以通过 DApp 浏览器或区块链客户端与一个或多个区块链网络/应用进行交互，而无须了解具体的编程知识和技术细节。协议可扩展的用户界面包括诸多项目，例如：① Status 为以太坊网络上运行的开源信息传递平台，旨在成为一个可以与区块链网络/应用程序交互的移动端以太坊操作系统；② MetaMask 为以太坊开源钱包之一，为用户处理以太坊和 ERC-20 Token 之间的存储和交易转账，并允许用户在浏览器上安装插件，运行相关以太坊 DApps 并与以太坊区块链进行交互；③ MyCrypto 为开源的客户端工具，用于生成以太坊钱包，处理 ERC-20 Token 交易转账，以便更轻松地与区块链进行交互。

综上所述，在 Web 3.0 技术堆栈的构成中，L2 层由底层区块链架构组成，是构建公链，如 Bitcoin、Ethereum、Solana、Avalanche、Cosmos 等的重要技术支撑。Web 3.0 将以区块链为底层架构，以网络及运算、分布式数字身份、分布式存储与隐私计算为核心技术，实现数字身份、资产、数据三者的所有权与使用权的用户回归化，建立用户与平台建设者的平权协作关系，技术的演进将成为 Web 3.0 时代的确定性趋势。

随着 Web 3.0 技术的不断演进，Web 3.0 生态雏形初显，其应用基本覆盖了 Web 2.0 的所有领域，但在有效需求的发现与效率方面仍与 Web 2.0 有差距。虽然存在诸多问题，但 Web 3.0 的生态结构已逐渐成形，应用涉及游戏、社交、金融、数据等多个领域，与 Web 2.0 领域呈重合趋势。同时，连接 Web 2.0 与 Web 3.0 的混合型应用开始涌现，尤其体现在非同质化代币（Non-Fungible Token，NFT）与游戏领域。就发展路径而言，Web 3.0 的 L1 层主要以以太坊架构为主，一些新公链逐步兴起，L2 层主要呈现多点开花的多链并存应用格局。Web 3.0 生态结构如图 1-4 所示。

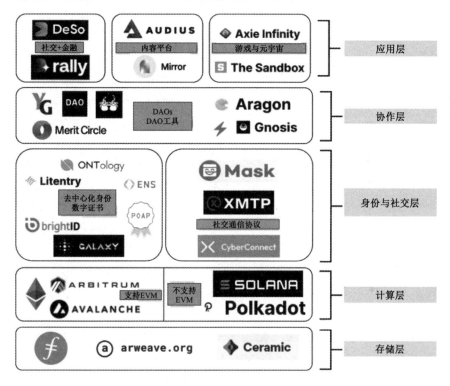

图 1-4　Web 3.0 生态结构

Web 3.0 的生态结构自底向上可分为存储层、计算层、身份与社交层、协作层及应用层。

在存储层，Web 3.0 为保证个人数字资产的绝对所有权，需要将数据进行去中心化存储，目前已有成熟方案，如 Filecoin、Arweave 等。同时，也出现了细分领域的解决方案，如针对智能合约状态存储的 Ceramic Network。

在计算层，Web 3.0 通过去中心化计算处理业务逻辑，主流解决方案为支持 EVM 的 Ethereum 和通过改进共识实现更高性能的 EVM 公链（如 BSC、Avalanche）。同时也出现了不支持 EVM 的解决方案，如使用 Wasm 虚拟机的 Polkadot、使用 Saber 共识算法的 Solana 等。

在身份与社交层，Web 3.0 为保证个人身份、个人社交关系的绝对所有权，需要去中心化身份、社交图谱、通信工具的解决方案。目前，此层有不少各具特色的方案，如域名服务ENS、提供去中心化的数字身份解决方案 Ontology、验证区块链地址唯一性的 BrightID、专注可验证数字证书系统的 POAP、制作社交图谱的 CyberConnect，以及作为 Web 3.0 地址间通信工具的 XMTP 等。

在协作层，Web 3.0 为保证社区对平台的控制权，需要去中心化的社区解决方案，去中心化自治组织（Decentralized Autonomous Organization，DAO）十分契合 Web 3.0 的社区控制与治理范式，此层有不少 DAO 工具协议，如投票协议 snapshot、一站式 DAO 解决方案 Aragon 等。

应用层又分为"社交+金融"、内容平台、游戏与元宇宙 3 个子模块，是 Web 3.0 技术栈的顶层应用，包括 DApp 浏览器、去中心化应用（DApp）、区块链客户端/钱包等。这些应用使普通用户可以和一个或多个区块链网络/应用进行互动（与今天普通用户在浏览器前端和网页互动一样），用户不需要具有相关的编程知识和了解实现的具体细节。常用的协议可扩展的用户界面项目包括 Status、MetaMask、MyCrypto 等。

在 Web 3.0 应用方面，内容平台是最契合的场景之一。Web 3.0 让创作者和消费者形成的内容社区在价值分配上得到话语权，从而抹除平台寻租成本，更直接地激励创作者，代表性的 Web 3.0 内容平台项目包括 Audius。还有一个重要的 Web 3.0 应用场景是 SocialFi。个人身份的绝对所有权使平台间的"围墙"不复存在，个人身份得到跨平台聚合，释放出大量真实、可验证的身份信息。因此，社交应用可以更高效地进行匹配和金融化。

游戏也是 Web 3.0 的重要应用领域。相比于传统游戏，Web 3.0 游戏拥有更完整的经济系统，以及更丰富的用户生成内容，并且在开放互通性方面也有了较大的进步。代表性的 Web 3.0 游戏项目有 Axie Infinity 和 The Sandbox。

"Web 3.0"与"Web 3"通常被视为同一概念，即基于区块链技术构建的未来去中心化互联网，实现去中心化金融（DeFi）、去中心化应用（DApp）等创新应用。

在某些背景下，这两个术语反映了不同的侧重点：

- "Web 3.0"倾向于表示互联网的第三个发展阶段，着眼于人工智能、区块链和物联网等技术实现去中心化、智能化，以及具有安全性和隐私性的下一代互联网。
- "Web 3"则倾向于表示去中心化网络的技术和协议，并强调区块链如何改变互联网的基础架构及用户与服务器之间的交互方式。

简而言之，Web 3.0 是未来互联网发展的重要方向，而 Web 3 是实现 Web 3.0 的重要技术方案。在本书中，为了避免术语使用中产生的歧义，我们统一采用"Web 3.0"这一术语表示构建一个安全、开放、自由和智能的互联网世界。

第2章　什么是区块链

要想真正了解什么是区块链，需要从区块链行业的典型应用——加密货币（Cryptocurrency）开始，对其相关的支撑技术、市场和未来等多个维度进行分析。加密货币也称加密资产，是以数字或虚拟方式存在并使用区块链与密码学技术来保护交易的一种数字货币或虚拟货币。它不由中心化机构发行或监管，而是使用去中心化系统发行，并采用分布式账本来记录和验证交易。由于不受政府干预或监管的影响，加密货币自诞生以来就具有较高的风险和投机性，且价格不稳定。各国对于加密货币的监管政策推陈出新，使得加密货币监管成为全球各主要经济体金融监管的热点。中国已经明确禁止加密货币在国内的发行、交易、投机及其他相关金融中介行为，特别是明确要求打击比特币交易及挖矿行为。因此，理解区块链不需要对加密货币的投资和交易有深入了解，而是需要了解区块链技术本身及其应用。区块链技术在金融、医疗、供应链管理等领域的应用已经取得了一定的成果，并得到各界的广泛关注和认可。理解区块链技术及其应用可以帮助我们更好地把握区块链的本质和未来的趋势。

2.1　区块链的定义与分类

区块链的诞生标志着人类开始构建真正可以信任的互联网。通过梳理区块链的兴起和发展我们可以发现，区块链引人关注之处在于其能够在网络中建立点对点、可靠的信任，使价值传递过程去除了第三方中介的干扰，既公开信息又保护隐私，既共同决策又保护个体权益，这种机制提高了价值交互的效率并降低了成本。

从经济学意义来看，区块链创造的这种新的价值交互范式基于"弱中心化"，但这并非意味着传统社会中各种"中心"的完全消失。未来，区块链将出现大量的"多中心"体系，以联盟链、私有链或混合链为主，区块链将进一步提高"中心"的运行效率，并降低其相当一部分成本。

从技术角度来看，区块链是在比特币技术的基础上提炼发展而来的一种新兴技术体系。在分布式账本、密码学、共识机制、智能合约等多技术融合架构的基础上，区块链是赋予自身公开透明、去中心化、不可篡改等特点的可信交易系统，由全网节点集体维护，为解决传统服务架构中的信任问题提供了新思路，在诸多领域都具有十分重要的研究和应用价值。

2021年，随着 Coinbase 上市、比特币交易所交易基金（Exchange Traded Fund，ETF）获批、比特币在萨尔瓦多成为法定货币等事件的出现，区块链从技术极客的圈子逐渐走向大众。在加密金融领域，比特币被越来越多的机构投资者认可，欧洲、美国等国家和地区的上市公司开始大量买入比特币；在去中心化金融（Decentralized Finance，DeFi）领域，DeFi 生态开始向其他公链溢出，Solana 等新公链相继崛起；另外，为了追求更好的流动性解决方案和更高的资金利用率，出现了 OlympusDao、Abracadabra 等 DeFi 2.0 项目；以永续合约、期权、合成资产和利率衍生品为代表的链上衍生品也开始崭露头角。

首先，在加密货币市场领域，NFT 被主流社会接纳并认可，Meme 币也成为加密货币市场上的热门话题；其次，DAO 开始兴起，ConstitutionDAO、OpenDAO 等引发社会热议；再次，2021年最火的词汇当属"元宇宙"，全球各大科技公司纷纷布局元宇宙赛道；最后，2021年区块链游戏"王者归来"，GameFi 打着 Play to Earn 的口号在市场上迅速崛起。

在加密技术领域，首先，Layer2 Rollups 扩容方案开始兴起，随着 zkEVM 的上线，ZK Rollups 逐渐成为市场主流；其次，随着多条高性能公链的崛起，跨链交互的需求迅速涌现；最后，Web 3.0 在 2021 年年底成为市场讨论的焦点，Web 3.0 最重要的特性是个人对平台或组织的治理权，以及个人对数据资产的所有权。

在监管政策方面，根据火币研究院的统计，自 2021 年以来，全球有超过 40 个主权国家和地区对加密货币行业采取了共计 151 项监管措施与指导，同比上升约 75%；其中，以中性政策为主，占统计政策的 59%，其次为积极类政策，占 23%，而消极类政策占18%。此外，稳定币、NFT、元宇宙、DAO 也成为政策制定者重点关注的领域。

2.1.1 区块链的定义

到目前为止，区块链还没有一个统一的定义，不同的组织或机构根据自己的理解与需求给出了不同的定义。下面列出几个标准组织和公司给出的定义。

（1）美国国家标准与技术研究所（National Institute of Standards and Technology，NIST）。区块链是带加密签名交易的分布式数字账本，账本以块的形式组成。在验证并进行共识决策后，每个合法的块都以密码学方式产生唯一标识符并链接到前一个块（使其防篡改）。如果区块中的数据被篡改，那么其标识符也会改变。因此，区块链共同维护分布式账本技术，使数据难以被篡改和网络难以被破坏，它提供了一种数字交互和服务的新范式，区块数据结构及其链接方式如图 2-1 所示。

（2）澳大利亚标准局。区块链是一个以公共和安全的方式记录与验证交易信息的数字平台。这种基于密码学的分布式解决方案能够重新定义交易和众多不同行业的信任基础，将消除交易对第三方"中间商"的需求。

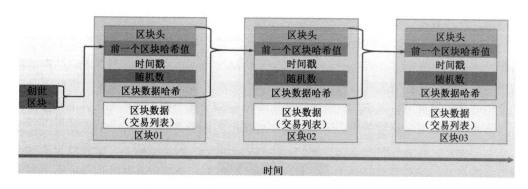

图 2-1　区块数据结构及其链接方式

（3）中国工业和信息化部。区块链是一种在对等网络环境下，通过透明和可信规则，构建不可伪造、不可篡改和可追溯的块链式数据结构，实现和管理事务处理的模式。需要注意的是，在本定义中，事务处理包括但不限于可信数据产生、存取和使用。

（4）IBM。区块链是一个共享的、不可篡改的账本，旨在促进业务网络中的交易记录和资产跟踪流程。资产可以是有形的（如房屋、汽车、现金、土地），也可以是无形的（如知识产权、专利、版权、品牌）。几乎任何有价值的东西都可以在区块链网络上进行跟踪和交易，从而降低各方的风险和成本。

（5）Gartner。区块链是一种分布式账本技术，它用来记录网络中的每一笔 P2P 交易，所有经过确认和证明的交易都基于时间序列记录在每个区块中，下一个区块始终指向前一个区块，形成一个链式结构，因此得名区块链。在区块链的执行声明中，我们可以通过编程来实现一些自定义的行为，以此实现各类上层应用的逻辑。

以上定义从不同的角度解释了"区块+链"的区块数据存储及链接形式，其核心是一种分布式账本技术，本质上就是一个可以在多个站点、不同地理位置或多个机构组成的网络中进行分享的资产数据库。下面列出"区块链技术发展现状与展望"一文给出的定义，具体如下。

（1）狭义区块链是按照时间顺序，将数据区块以顺序相连的方式组合而成的链式数据结构，并以密码学方式保证不可篡改和不可伪造的分布式账本。

（2）广义区块链是利用块链式数据结构验证与存储数据，利用分布式节点共识算法生成和更新数据，利用密码学的方式保证数据传输和访问的安全，利用由自动化脚本代码组成的智能合约编程和操作数据的全新的分布式基础架构与计算范式。

2.1.2　区块链的特点与分类

区块链技术是具有普适性的底层技术框架，可以为金融、经济、科技甚至政治等各领域带来深刻变革。按照目前区块链技术的发展脉络，区块链技术将经历以可编程数字加密货币体系为主要特征的区块链 1.0 模式、以可编程金融系统为主要特征的区块链 2.0 模式和以可编程社会为主要特征的区块链 3.0 模式。按照区块链的定义，区块链具有去中心化、时序数据、集体维护、可编程和匿名性等特点。

（1）去中心化。区块链数据的验证、记账、存储、维护和传输等过程均基于分布式系统结构，采用纯数学方法而不是中心机构来建立分布式节点间的信任关系，从而形成去中心化的可信任的分布式系统，与传统集中记账方式的不同之处在于整个网络不依赖一个中心化的硬件或管理机构。区块链的账本不存储于某个数据库中心，也不需要第三方权威机构来负责记录和管理，而是分散在网络中的每个节点上，每个节点都有一个该账本的副本，全部节点的账本同步更新。作为区块链的一种部署模式，公有链中所有参与节点的权利和义务都是均等的，系统中的数据块由整个系统中具有维护功能的节点来共同维护，任意一个节点停止工作都不会影响系统整体的运作。

（2）时序数据。区块链采用带有时间戳的链式区块结构存储数据，从而为数据增加了时间维度，具有极强的可验证性和可追溯性；同时，又通过密码学算法和共识机制保证了区块链的不可篡改性，进一步提高了区块链的数据稳定性和可靠性。

（3）集体维护。区块链系统的数据库采用分布式存储，任意一个参与节点都可以拥有一份完整的数据库备份，任意一个节点的损坏或失去都不会影响整个系统的运作，整个数据库由所有具有记账功能的节点来共同维护。一旦信息经过验证并添加至区块链，就会永久地存储起来，除非能够同时控制系统中超过51%的节点，否则单个节点对数据的修改是无效的。参与系统的节点越多，数据库的安全性就越高。此外，区块链系统采用特定的经济激励机制来保证分布式系统中所有节点均可参与数据区块的验证过程，并通过共识算法来选择特定的节点将新区块添加到区块链中，确保集体维护的透明性。

（4）可编程。区块链系统通常是开源的，代码高度透明，公共链的数据和程序对所有人公开，任何人都可以通过接口查询系统中的数据。区块链平台还提供灵活的脚本代码系统，支持用户创建高级的智能合约、货币或其他去中心化应用。例如，以太坊平台提供了图灵完备的脚本语言，以供用户构建任何可以精确定义的智能合约或交易类型。

（5）匿名性。由于节点之间的交换遵循固定的算法，其数据交互是无须信任的（区块链中的程序规则会自行判断活动是否有效），因此，交易对手无须通过公开身份的方式让对方对自己产生信任，这对信用的累积非常有帮助。区块链系统以用户公钥产生的地址做用户标识，不需要传统的基于公钥基础设施（Public Key Infrastructure，PKI）的第三方认证中心（Certificate Authority，CA）颁发数字证书来确认身份。通过在全网节点运行共识算法，建立网络中城市节点对全网状态的共识，间接地建立了节点间的信任。用户只需要公开地址，不需要公开真实身份，而且同一个用户可以不断变换地址。因此，在区块链上的交易不与用户真实身份挂钩，只是与用户的地址挂钩，具有交易的准匿名性。

（6）安全可信。区块链技术采用非对称密码学原理对交易进行签名，使交易不能被伪造；同时，利用哈希算法保证交易数据不能被轻易篡改，借助分布式系统各节点的工作量证明等共识算法来抵御和惩罚破坏者的攻击，保证区块链中的区块及区块内的交易数据不可被篡改和伪造，具有极高的安全性。此外，通过数学原理和程序算法，确保系统运作规则公开透明，实现交易双方在不需要借助第三方权威机构信用背书的情况下达成共识，能够在去信任的环境下自由安全地交换数据，使对人的信任变为对机器的信任，任何人为的干预都不起作用。

一般认为，区块链技术正处于区块链 2.0 模式的初期，股权众筹、DeFi、DAO 和 P2P 借贷等各类基于区块链技术的互联网金融应用相继涌现。然而，上述模式实际上是平行而非演进式发展的，区块链 1.0 模式的数字加密货币体系远未成熟，距离其全球货币一体化的愿景实际上还很远。区块链可分为四类：公有链（Public Blockchain）、联盟链（Consortium Blockchain）、私有链（Private Blockchain）和混合链（Hybrid Blockchain）。区块链的类别如表 2-1 所示。

表 2-1　区块链的类别

类型	特点
公有链	<ul><li>读写权限对所有人开放，公开透明，所有人都可以在公有链上发布和接收信息、交易、记账。</li><li>公有链是最早出现、目前应用最广泛的区块链，其代表有比特币区块链、以太坊等。</li><li>优点：① 所有交易数据公开、透明。虽然公有链上所有节点都是匿名加入网络的，但任何节点都可以查看其他节点的账户余额及交易活动；验证节点遍布世界各地，所有人共同参与记账，维护区块链上的所有交易数据。② 无法篡改。公有链是高度去中心化的分布式账本，几乎不可能篡改交易数据，除非篡改者控制了全网51%的算力。</li><li>缺点：① 低吞吐量。高度去中心化和低吞吐量是公有链不得不面对的两难境地。例如，最成熟的公有链（比特币区块链）每秒只能处理 7 笔交易信息（按照每笔交易大小为 250 字节来计算），高峰期能处理的交易数量就更少了。② 交易速度缓慢。低吞吐量必然带来缓慢的交易速度，比特币网络极度拥堵，有时一笔交易需要几天才能处理完毕，还需要缴纳数百元的转账费</li></ul>
联盟链	<ul><li>联盟链是若干个机构共同参与管理的区块链。每个机构都运行着一个或多个节点，其中的数据只允许系统内不同的机构进行读写和发送交易，并且共同记录交易数据。</li><li>每个区块的生成由所有预选节点共同决定。预选节点参与共识过程，其他接入节点可以参与交易，但不参与记账过程，可满足监管反洗钱（Anti Money Laundering，AML）和客户识别（Know Your Customer，KYC）的要求。</li><li>现阶段每秒 1 000 次以上的数据写入</li></ul>
私有链	<ul><li>仅使用区块链总账技术进行记账，封闭不公开，某一个组织或个人独享写入权限，改善可审计性，不完全解决信任问题，各节点参与者是严格限制和可控的，私有链比公有链和联盟链效率更快、更安全，读写权限能够控制某个节点。</li><li>优点：① 更快的交易速度、更低的交易成本。当链上只有少量节点时也具有很高的信任度，并不需要每个节点来验证一个交易。因此，相比于需要通过大量节点验证的公有链，私有链的交易速度更快，交易成本也更低。② 不容易被恶意攻击。相比于中心化数据库，私有链能够防止内部某个节点篡改数据，故意隐瞒或篡改数据的情况很容易被发现，发生错误时也能追踪错误来源。③ 能够更好地保护组织自身的隐私，交易数据不会对全网公开。</li><li>缺点：区块链是构建社会信任的最佳解决方案，"去中心化"是区块链的核心价值，而由某个组织或机构控制的私有链与"去中心化"理念有所出入，若私有链节点过于中心化，则其与其他中心化数据库没有太大区别</li></ul>
混合链	<ul><li>混合链融合了公有链和私有链各自的特点，构建了一种既满足成员可控性又兼顾开放性的安全区块链架构，确保能够以最佳方式与相关方合作。</li><li>混合链并不对所有人开放，每笔交易都可以保密，但仍可提供需要的共识验证机制，同时完全可定制的架构能够确保区块链的完整性、透明度和安全性。</li><li>优点：① 具有封闭的生态系统，实现信息的隐私保护，同时也具有灵活的可变性，可以根据需要改变混合链的规则。② 由于混合链中的节点对网络权限完全可控，所以能够有效抵御 51%的攻击。③ 交易成本低，效率高</li></ul>

2.2　区块链工作原理

区块链作为一种去中心化的 P2P 分布式账本和计算范式，从技术上解决了信任中心化模型带来的安全问题，通过密码学、哈希链和时间戳机制在保证价值传递的同时，也实现了数据的可追溯、不可篡改特性，共识机制和智能合约保证了数据的一致性和链上代码的自动执行。因此，区块链作为多种技术的融合，涉及较多的技术术语和相关概念，如果不加以厘清，那么很难理解区块链如何构建多方参与下的信用机制，实现其价值传递。

2.2.1　区块链术语

下面列出了目前与区块链相关的术语和解释。

1. 比特币（Bitcoin）

比特币是中本聪在 2008 年提出的一种加密货币。与以往的数字货币不同，这是一种即使没有特定的管理员也能够自动操作的分散式系统，自 2009 年起就一刻不停地运转到了今天。

比特币表示系统时，用大写字母开头，写作 Bitcoin；表示货币时，用小写字母开头，写作 bitcoin。另外，表示货币代码时写作 BTC。

2. 加密货币（Cryptocurrency）

加密货币是以数字方式或虚拟方式存在的一种货币，它利用密码学原理确保交易的安全性，并采用分布式账本技术记录交易过程。比特币在 2009 年成为第一个去中心化的加密货币，自此之后，数种类似的加密货币被创造，它们通常被称作比特币代替品（Bitcoin Alternative，Altcoin）。加密货币基于去中心化的共识机制，与依赖中心化监管体系的银行金融系统相对应。

3. 法币（Fiat Money）

法币也称法定货币，是国家以法律形式强制流通使用的货币。法定货币的价值来自拥有者相信货币具有购买力，但货币本身并无内在价值，与加密货币和虚拟货币相对应，如美元、欧元、日元等纸币。我国的法定货币是人民币，由中国人民银行发行。

4. 挖矿（Mining）/矿工（Miner）

所谓"挖矿"，就是在一段时间内对比特币的交易进行确认，并永久记录在区块链上，形成新的区块的过程，参与挖矿的人称为矿工。比特币矿工通过求解具有一定难度的数学问题，即通过工作量证明机制来验认交易和防止双重支付。由于每当产生新的区块时，矿工就可以获得作为报酬的比特币，因此这种激励机制鼓励系统中的参与者成为矿工，管理比特币网络。

5. 工作量证明（Proof of Work）

工作量证明最早被用来防止垃圾邮件，由 Cynthia Dwork 和 Moni Naor 在 1993 年提出。在发送邮件前，邮件发送方必须完成一定量的计算，如找到某个特定数学难题的解答。Adam Back 在 2002 年正式提出哈希现金（Hashcash）的概念，对工作量证明做出了改进，利用单向哈希函数实现工作量证明，即找到哈希函数原像才能完成工作量证明。比特币的出现将工作量证明运用到非授权网络的共识中，主要用来防止敌手制造假身份发动女巫攻击。

6. 区块链地址（Blockchain Address）

在加密货币中，地址是指实现货币接收与发送的随机字符串。地址由公钥加密技术生成，该技术将秘密密钥做成原始地址，只有秘密密钥的所有者及程序才可以使用相关货币。

7. 钱包（Wallet）

加密货币中的钱包是一种持有人用来实现虚拟保管和数字货币存储的软件程序。广义的钱包不仅可以保存加密货币，还可以保存操作加密货币所需的公/私钥。加密资产的交易都会记录在区块链上，所以加密货币钱包还具备如下特点。

（1）根据用户是否掌握私钥，可将钱包划分为中心化钱包和去中心化钱包。

中心化钱包：用户不持有钱包私钥，私钥由第三方或服务商代为托管，容易受到黑客攻击。

去中心化钱包：用户私钥自行持有，资产记录在区块链上，用户是真正的数字货币持有者，钱包只是帮助用户管理链上资产和读取数据的一个工具，去中心化钱包的资产风险主要来源于用户对钱包的管理不当。

（2）根据钱包是否接触网络，可将钱包划分为冷钱包和热钱包。

冷钱包：又称离线钱包，它采用与网络物理隔离的方式来使用，所以一般用一个断网的手机，或者平时不用的计算机来操作。常见的冷钱包有纸钱包、脑钱包、U 盘、硬件钱包、智能手表和其他智能存储硬件等。

热钱包：与冷钱包相反，热钱包是通过联网存储的钱包，因此也被称为在线钱包，它通常以 App 或网页的形式出现，一般由第三方或服务商开发完成。

一般来说，大多数用户比较热衷于使用热钱包，因为它使用起来比较方便，而使用冷钱包的一般是拥有庞大资产的用户，他们更注重减小黑客入侵的风险。

（3）根据钱包的去中心化程度，可将钱包划分为全节点钱包和轻节点钱包。

全节点钱包：将区块链上的所有数据同步到钱包中会占用很大的存储空间，使用起来也相对比较麻烦，所以大部分全节点钱包都是桌面钱包。

轻节点钱包：由于全节点钱包使用起来不方便，所以轻节点钱包诞生。轻节点钱包是依赖区块链网络中其他全节点的钱包，一般会运行一个全节点，同步所有数据，然后根据不同的钱包地址将数据进行划分，按需下发。

由于轻节点钱包的用户体验更为良好，特别是对区块链新手比较友好，并且它体积小，只占据少量空间，还能支持多种数字资产，所以大多数用户都会选择轻节点钱包。

（4）根据钱包的存在形式，可将钱包划分为软钱包和硬钱包。

软钱包：类似于 App 或计算机中的钱包软件，用户需要安装钱包软件客户端到计算机上或者安装钱包 App 到手机上，不需要再去购买额外的专门硬件设备。

硬钱包：也被称为硬件钱包，是一种将私钥安全地存储在隔离环境中的设备，以确保私钥的安全性。它通常被视为冷钱包的一种形式。相比之前提到的热钱包，硬钱包提供了更高级别的安全保障。

（5）根据是否支持多币种，可将钱包划分为单币种钱包、多币种钱包及全币种钱包。

单币种钱包：只为单一区块链数字资产服务的区块链钱包。因为它通常只支持单一区块链主链平台，所以也被称为主链钱包，一般由项目方或社区开发。

多币种钱包：支持多种区块链数字资产的钱包。多种区块链数字资产可以是一条区块链主链及围绕该主链协议设置的代币，也可以是多种区块链主链上不同的数字资产。

全币种钱包：支持所有类型的区块链主链数字资产和代币资产的区块链钱包。

全币种钱包目前还只是设想，因为数字货币是在不断增加的，现在暂时无法实现。随着区块链技术的进步及整个区块链生态系统的完善，我们相信全币种钱包终有一天会实现。

8. 区块（Block）

区块是区块链的基本单位，它汇总了许多交易。区块可以采用文件形式（如比特币）或数据库形式（如以太坊）来存储。当交易被上传至区块时，区块链网络将对该交易的有效性进行验证，并防止发生双花交易。

9. 哈希值（Hash/Digest）

哈希值或摘要是通过哈希函数将任意长度的输入（预映射）转换成固定长度的输出。这种转换是一种压缩映射，即哈希值的空间通常比输入的空间小得多。不同的输入可能会散列成相同的输出，因此无法通过哈希值确定输入值。简单来说，哈希函数是一种将任意长度的消息压缩为固定长度消息摘要的函数。在加密货币系统中，从区块的生成到地址的计算及数字签名等，都运用了密码学哈希函数。

10. 币/代币（Token）

币/代币是区块链经济激励的典型载体和表现形式，许多学者也将其翻译为通证。

在公有区块链系统中，内生代币的发行机制决定了区块链资产的分配机制。发行的代币通常包含多种属性，如股份、货币或商品等。

11. 资产（Asset）

利用区块链技术，除了可以对币和代币等货币进行管理，还可以将现实世界中的实物资产映射为数字化资产放在区块链上进行管理，并通过密码学技术完成对资产所有权的认定。

12. 交易（Transaction）

加密货币系统中的交易是指对币/代币、资产的转移。

通常，交易会附带作者的电子签名，以确保交易的发起者身份验证和交易数据的不可篡改性。

13. 区块高度（Block Height）

区块高度是指区块链中连接到主链上的区块数量，也就是连接在区块链上的块数。区块高度是区块的标识符之一，每个区块都有唯一的区块高度和区块头哈希值。区块头哈希值是通过对区块头进行两次 SHA-256 哈希计算得到的数值。区块头哈希值相当于为该区块设定了唯一的身份标识符，而区块与区块之间通过这个身份标识符进行串联，形成一个链式结构，该结构确保了区块链数据不可篡改。区块高度是该区块在区块链中的位置，但并不是唯一的标识符。虽然一个区块总是具有一个明确且固定的区块高度，但是其反过来并不一定成立，一个区块高度并不总是能够唯一标识一个单一区块。在区块链中，两个或更多的区块可能具有相同的区块高度，并且会争夺同一个位置。

14. 共识（Consensus）

共识也称"共识机制"，是通过特殊节点的投票，在很短的时间内完成对交易的验证和确认。

共识是区块链技术的重要组成部分，其目标是确保所有诚实节点保存一致的区块链视图，并满足两个性质：① 一致性。所有诚实节点保存的区块链的前缀部分完全相同。② 有效性。由某个诚实节点发布的信息终将被其他诚实节点记录在自己的区块链中。

15. 以太坊（Ethereum）

以太坊是一个开源的有智能合约功能的公共区块链平台，使用通过其专用加密货币以太币（Ether，ETH）提供去中心化的以太坊虚拟机来处理点对点合约。

以太坊的概念由程序员 Vitalik Buterin 受比特币启发后首次提出，大意为"下一代加密货币与去中心化应用平台"，在 2014 年通过 ICO 众筹开始得以发展。

16. 气体燃料（Gas）

在以太坊中，交易、执行智能合约或支付数据储存费用都需要消耗 Gas。Gas 用于计算工作量，存在于以太坊虚拟机内部。它既是对矿工打包区块的奖励，也能够通过这种机制阻止恶意程序执行无限循环等操作，以保证以太坊网络的正常运作。Gas 的设计是以太坊生态系统顺利运行的保证。

Gas Price：用户愿意为每个 Gas 支付的价格，单位为 Gwei。1 ETH = 1 000 000 000 Gwei。

Gas Limit：用户愿意为执行某个操作或确认交易支付的最大 Gas 量。

Gas Used：执行操作消耗的 Gas 总量。

17. 智能合约

智能合约是一种旨在以信息化方式传播、验证或执行合同的计算机协议。智能合约允许在没有第三方的情况下进行可信交易，这些交易可追踪且不可逆转。智能合约的概念于 1995 年由 Nick Szabo 首次提出。

智能合约的目的是提供优于传统合约的安全方法，并减少与合约相关的其他交易成本。

18. 去中心化应用（DApp）

去中心化应用（DApp）是指一类运行在分布式网络上的应用程序，参与者的信息被安全保护或匿名。DApp 是在底层区块链平台衍生的各种分布式应用，是区块链世界中的服务提供形式。DApp 之于区块链，类似 App 之于 iOS 和 Android。从以太坊角度来看，它是一个交易协议，是根据区块链上设定的条件来执行的一个合约或者一组合约。

在大多数情况下，由于部署在以太坊上的智能合约都可以自动分布式地持续执行，因此其可以作为 DApp 运行。区块链应用程序通过智能合约自动操作加密货币与资产，具备类似 DApp 的概念，是用区块链技术开发出来的应用程序的总称。

19. 主网（Mainnet）、测试网（Testnet）

主网是指发布和运行加密货币的稳定版本程序的正式网络。在开发区块链应用程序时，使用主网会产生一定的手续费，并且一旦部署程序就无法删除，因此为了避免不必要的成本和风险，开发者可以使用开发专用测试网。

以太坊有多个测试网，包括 Ropsten、Kovan 和 Rinkeby 等。由于挖掘在测试网上的货币也会产生成本，因此，推荐从发布网站或社区入手货币。另外，也可以在本地环境下构建独立的区块链网络（专用网）用于开发。

20. ERC20

ERC20 是指在以太坊上用来确定标准代币的技术规范。

以太坊请求评论（Ethereum Request for Comment，ERC）是以太坊技术标准协议，类似于因特网协议或文件格式等的评论请求（Request for Comments，RFC）。

ERC20 是 ERC 协议的第 20 版标准，定义了代币的名称和符号、总供应量、代币的方法等。符合 ERC20 标准的代币可以在符合 ERC20 标准的钱包等各种应用程序上使用，这为以太坊生态系统中的代币交换和互操作性提供了基础。

21. 时间戳（Time Stamp）

时间戳是表示日期与时间的字符串。一般为方便阅读以年月日来表示，但在程序中更多采用的是 UNIX 时间格式。

需要注意的是，应用在区块链上时，交易发起的实际时间和交易在区块上被接收后正式记录的时间未必总是一致的。

2.2.2　区块链工作流程

我们已经定义和描述了区块链，也介绍了相关的术语。现在，让我们来看看区块链到底是如何工作的，它的通用工作流程是什么。众所周知，区块链中的节点要么是创建新的区块并铸造加密货币（代币）的矿工，要么是对交易进行验证和数字签名的区块签名者。在区块链网络中必须做出的一个关键决定是，通过一种共识机制选出哪个节点将把下一个区块追加到区块链上。现在，我们将介绍区块链验证事务，以及创建和追加区块上链的过程。

区块链的基本工作流程如图 2-2 所示，我们能够大致了解用户如何发起一笔交易、验证，以及区块如何生成和进行上链的过程。

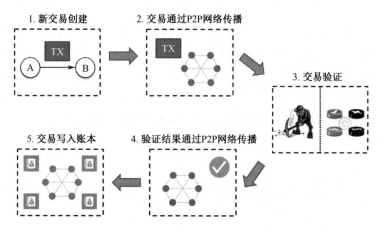

图 2-2　区块链的基本工作流程

（1）新交易创建。节点首先创建一笔交易，然后用其私钥对其进行数字签名。交易可以表示区块链中的操作，最常见的情况是用户之间的价值转移，也可能是触发智能合约的执行。交易的数据结构通常包含数值或状态字段、相关规则、源地址和目标地址，以及其他验证信息。一笔交易通常发生在两个或多个当事人之间。

（2）交易通过 P2P 网络传播。节点通常通过区块链 P2P 网络通信协议，如 Gossip 协议，将交易数据结构发送（广播）到参与共识的节点进行有效性验证，在广播交易前还将验证它是否有效。

（3）交易验证。参与共识的节点将交易池中高优先级的交易打包成区块，这些交易被区块链网络上称为矿工的特殊参与者接收并验证其有效性，然后共识验证过程开始。此过程通常被称为新区块的产生或创建过程。这时，每个矿工节点均想竞争成为新区块的唯一生成者。在公有链中，对于完成交易验证的获胜者，每个节点均有机会获得挖矿的奖励，这也是公有链加密货币的发行方式；同时，每一笔交易也需要支付一定的费用。由于加密货币存在较高的风险和投机性，甚至可能干扰现有货币政策，因此，我国政府拥抱区块链技术，但对加密货币采取严格的政策，禁止挖矿和加密货币的交易行为。

（4）验证结果通过 P2P 网络传播。一旦某个矿工解决了数学难题，验证结果通过 P2P 网络传播，并得到大多数矿工的最终验证，那么该交易会被视为已完成。通常，在像比特币这样的加密货币区块链中，解决数学谜题的矿工会获得一定数量的加密货币奖励。比特币系统规定每挖出 21 万个区块则奖励减半，到 2140 年，比特币将全部被挖出，矿工挖矿将没有奖励，完全靠交易的手续费得到奖励。

（5）交易写入账本。记账节点将新区块添加到主链，将它作为一个全新的区块通过哈希指针链接到自身节点的区块链副本中，形成一条从创世区块到最新区块的完整的、更长的链条，称为上链。随后，共识节点放弃之前对构建相同高度区块的计算，并进入下一轮区块上链的计算过程。区块链中存在硬分叉和软分叉，所谓软分叉是指兼容性分叉，区块链网络系统版本或协议升级后，旧的节点并不会意识到比特币代码发生了改变，并继续接受由新节点创造的区块，新老节点始终还是在同一条链上工作；硬分叉是指当比特币区块格式或交易格式（共识机制）发生改变时，未升级的节点拒绝验证已经升级的节点产生的区块，然后各自延续自己认为正确的链，因此分成两条链，例如，比特币为解决链上扩容进行的硬分叉将区块容量提升至 8MB，硬分叉后形成了比特币现金（BCH）区块链。

2.3 区块链与新一代信息技术的融合

2.3.1 新一代信息技术

从传统电子信息产业到新一代信息技术产业是产业的"代际变迁"。IDC（全球著名的咨询公司）把新一代信息技术产业称为"第三平台"。该公司认为，信息技术领域历经了三代不同的架构平台的发展。第一代信息技术（Information Technology，IT）平台普遍采用大型主机，时间跨度为 1985 年之前；第二代 IT 架构（Computers as Networks）则以个人计算机、互联网和服务器为主流，时间跨度为 1985—2005 年；自 2005 年起，新一代 IT 架构以云计算、移动互联网、大数据和社交网络为特征，被称为第三代 IT 平台，也被称为计算机数据中心架构。目前，第三代 IT 平台正在蓬勃发展中。据李国杰院士所述，新一代信息技术的"新"体现在网络互联的移动化和泛在化、信息处理的集中化和大数据化、信息服务的智能化和个性化上。与过去不同的是，新一代信息技术发展的热点不再是信息领域各分支技术的纵向升级，而是将信息技术横向渗透融合到制造、金融等其他行业中，从而提高生产效率和服务水平。因此，信息技术的研究方向也将从产品技术转向服务技术。

从全球两大知名 IT 市场调研公司 Gartner 和 IDC 于 2019 年发布的十大战略技术趋势名单来看（见表 2-2），其中一些技术是目前各国研究的热点，也可以说，这些技术在未来较长时间内都是创新及应用落地的主旋律。

表 2-2 Gartner 和 IDC 于 2019 年发布的十大战略技术趋势名单

序号	Gartner 报告	IDC 报告
1	自主设备（机器人、无人机、自动驾驶）	人工智能成为新的用户界面
2	增强分析（机器学习）	新的开发者阶层（数字化转型）
3	AI 驱动的开发（协助开发人员）	应用开发革命（微服务架构）
4	数字孪生（实体世界数字化）	数字化经济
5	赋权的边缘（边缘计算）	边缘计算快速成长
6	沉浸式体验[虚拟现实（VR）、增强现实（AR）、混合现实（MR）]	数字化创新爆发
7	区块链（去中心化信任）	更高的信任度（数据加密、自动化、区块链）
8	智能空间（智慧城市、智能家居、数字工厂等）	机构使用多云服务（混合云）
9	数字道德和隐私（大数据安全）	数字化原生 IT
10	量子计算（量子计算应用）	通过专业化实现的增长（量子计算机、SaaS）

据极客网的总结，两家 IT 市场调研公司提出的技术要点集中在 5 个方面，被称为 ABCDE，即 AI、Block Chain、Cloud Computing、Data Tech、Edge Computing，分别代表人工智能、区块链、云计算、数据科技和边缘计算这些最先进的实用技术生产力。这些技术正在不断重塑人们的生活、工作和学习等各方面，具有非常重要的意义。

在如表 2-2 所示的 Gartner 和 IDC 于 2019 年发布的十大名单中，均涵盖了多项与人工智能直接或间接相关的技术。例如，Gartner 的名单包括自主设备、增强分析、AI 驱动的开发、智能空间等，而 IDC 的名单包括人工智能成为新的用户界面、新的开发者阶层、应用开发革命等。这些变革都直接或间接地受到人工智能的影响。值得注意的是，在这些名单中，两家公司都强调了开发的重要性，但与过去简单的应用程序开发不同，现在的开发越来越依赖大量的推理和计算，需要更多的人工智能应用开发。

区块链技术在 Gartner 和 IDC 的名单中均受到关注，被视为解决信任度的关键。在 2018 年，Facebook 多次爆发数据泄露和滥用事件，引发全球范围内的大数据隐私泄露问题。这些事件暴露了数字经济时代数据安全面临的巨大挑战，使区块链技术在保护数字资产的安全和规范使用方面受到关注。随着超级互联网公司加速引入区块链技术解决底线问题，该技术的应用前景也将逐步涌现。

尽管云计算已经是较为成熟的技术，但它在 Gartner 和 IDC 的十大名单中仍然被赋予了重要的意义。可以说，几乎没有一项新兴技术的实现是不需要云计算的，或者说只有在云计算的支持下它们才能发挥最大的成效。例如，AI 应用的开发需要超大的算力和数据，而云计算是唯一的解决之道；区块链本身运行在云端，而专业或海量数据的收集、分析和处理更需要在云端实现。

数据科技是一个比大数据更动态的词汇，更能描述数据技术与当前经济的亲密关系。在 Gartner 和 IDC 发布的十大名单中，大数据或数据科技都没有单独列项，但它们的身影无处不在。作为 AI 三要素之一，数据与人工智能关系紧密；同时，在数字孪生、智能空间、数字化经济、数字化创新、数字化原生 IT 等方面，数据科技都是中流砥柱。

边缘计算是云计算的重要补充，也是各种物联网终端能力进化以支撑创新应用的关键。当前，物联网应用、自动驾驶、智能制造等是边缘计算常见的场景，这些场景需要考虑在有限的空间和功耗下具备强劲的算力，以实现层出不穷的创新功能，如全面向自动化、智能化迈进。同时，边缘计算与物联网紧密相关，先进的边缘计算技术可以让 IoT 更加智能和强大。

当然，从产业、行业的角度来看，与量子计算机和量子计算应用目前更多还只是停留在实验室的研究阶段相比，代表新一代信息技术的 ABCED 的确是更具普适性的技术趋势，且可以实际落地，值得大多数企业耕耘。一份来自华为的报告显示，以 ABCDE 为代表的新一代信息技术融合在未来将推动传统生产要素全面转向智能化生产要素，最终推动数字经济迈向智能经济。

2.3.2　区块链融合新一代信息技术的创新应用

从国内外区块链技术演进路径和发展趋势来看，区块链技术和应用的发展需要云边端计算、大数据、AI 等新一代信息技术作为基础设施支撑。同时，区块链技术和应用的发展对新一代信息技术产业发展具有重要的推动作用。区块链作为信任传递、规则协同的核心工具，通过与新一代信息技术的集成创新和融合应用，为探索各行各业和新技术结合的应用发展新方向提供了广阔空间。

1. 区块链与人工智能

区块链是新型的分布式数据库技术，而人工智能得以发挥效用和不断优化的重要基础便是数据，区块链技术可以解决人工智能应用中的数据可信度问题，使人工智能的发展更加聚焦于算法，而合理利用人工智能技术也可以提高区块链系统的智能化程度。在区块链与人工智能技术融合的过程中，可以由区块链负责在数据层提供可信数据，人工智能负责自动化的业务处理和智能化的决策，实现区块链的自动化、自治化和智能化。区块链的智能合约作为一段实现某种算法的代码，可以植入人工智能，使智能合约更加智能。人工智能依赖数据，通过区块链技术可以获得干净、准确的数据。如果各种人工智能设备基于统一的区块链基础协议注册、授权及管理并实现互联互通，或将人工智能引擎模型训练结果和运行模型存放在区块链上并确保其不被篡改，那么可以帮助人工智能提高受信任程度，降低人工智能应用遭受攻击的风险。另外，利用区块链分布式架构和激励机制，构建分布式可信人工智能联邦学习模型和技术架构，完成"数据不动模型动，数据可用不可见"的关键任务，可有效消除数据流通需求下的信任壁垒。

2. 区块链与大数据

一是链上数据的价值分析。随着区块链上数据规模的不断扩大，比特币账本已超过 300 GB，区块高度已达 63 万；以太坊账本已超过 800 GB，区块高度达 1 500 万。尽管区块链数据具有完整性，但由于其统计分析的能力较弱，需要结合大数据技术来推动区块链数据的精准分析和深度挖掘，以提升其价值和使用空间。

二是区块链确保大数据安全共享。在数据开放中，如何在保护个人隐私的前提下开放数据是一个主要难点和挑战。基于区块链的数据脱敏技术可以保证数据的私密性，为隐私保护下的数据开放提供了解决方案。

三是区块链驱动大数据的安全流通。利用区块链的可信任、安全、难以篡改等特性，可以充分释放数据要素的价值，有利于突破信息孤岛，推进数据增长和数据流通。区块链的可溯源性能够将数据的采集、交易、流通记录留存在区块链上，从而实现区块链数据交易的凭证化、资产化和证券化，发挥数据流动的价值。

3. 区块链与云计算

区块链技术体系的开发创新工作门槛较高，构建生态完整、安全性高的区块链研发和应用环境需要一定的计算成本与存储资源成本。云计算服务具有资源弹性伸缩、快速调整、低成本、高可靠性的特质，有利于快速、低成本地进行区块链开发和部署。区块链与云计算技术融合，将加速区块链技术成熟，推动区块链向更多应用领域拓展。亚马逊、IBM、微软、华为、阿里巴巴、百度、腾讯、京东等科技巨头都已经开始布局区块链即服务（Blockchain as a Service，BaaS），将区块链框架嵌入云计算平台，利用云服务基础设施的部署优势和管理优势，为开发者快速建立所需的区块链开发环境，提供基于区块链的搜索查询、交易提交、数据分析等一系列操作服务，帮助开发者更快地验证概念和模型，为开发者提供便捷、高性能的区块链生态环境和生态配套服务，支持区块链开发者的业务拓展及运营。

4. 区块链与物联网

物联网自身具有分布式特征，每个设备可以管理自己的角色、行为和规则，与区块链的分布式特征、P2P 网络和边缘计算相互契合。在物联网中，数据传输需要经过多个主体，如传感器、芯片、边缘计算、云服务、位置计算和智能调度等，而这些参与方的通信标准和认证方式都不同，因此存在数据难以互信的问题。区块链的去中心化特性和多方信任机制，能够解决物联网中心化网络管理模式带来的高成本、低性能和高风险问题，促进物联网的自我治理。将物联网设备放入区块链节点中进行管理，可以实现分布式存储和处理设备信息、状态信息与采集数据，提高设备鉴权、状态管理、数据采集存储处理和多设备协同的效率。同时，通过物联网技术能够解决物理资产与区块链数据映射的可信性问题，例如，使用电子标签或芯片加密技术，确保物理资产和数字资产之间有唯一的映射关系。此外，区块链智能合约为物联网边缘设备构建了一个可信的计算框架，通过区块链的激励机制提高边缘服务的积极性和可靠性，确保边缘服务器提供的服务是有效和安全的。这些方法和技术有助于实现对分布式物联网的去中心化控制，解决物联网多方主体间可信数据交换的问题，提高物联网设备的效率和安全性。

2.4　区块链技术的局限性和发展趋势

2.4.1　区块链的"不可能三角"

与很多分布式系统一样，区块链技术中也存在着"不可能三角"问题，即去中心化（公平性）、可扩展性和安全性不可能同时达到最优。据 Footprint Analytics 数据统计，截至 2022 年年初，累计已收录的公链数量为 86 条，对比 2021 年年初的 11 条，数量增长近 7 倍。其中，以太坊生态占据 96%的市场，其生态包括 DeFi、NFTs、GameFi 和 SocialFi 中数百个新的去中心化应用（DApp）。如此庞大的以太坊生态应用及区块链系统本身的特点导致了共识效率低、交易费用昂贵和恶意攻击等一系列问题，从区块链公链的发展可以看出，区块链的"不可能三角"问题是公链中不可回避的问题，即无法同时满足去中心化、可扩展性、安全性这三个目标。具体来看，这三个目标相互矛盾，满足了其中两个，第三个则无法满足，主流区块链比特币、以太坊都在"不可能三角"的某个特性上做了妥协。区块链的"不可能三角"如图 2-3 所示。

"不可能三角"是指去中心化（公平性）、可扩展性、安全性三者不可能同时达到最优

图 2-3　区块链的"不可能三角"

1. 满足去中心化和安全性则无法实现性能上的可扩展性

区块链的去中心化分布式账本在可追溯、防篡改方面具备安全优势，而去中心化意味着拥有大量参与区块生产和验证的节点，共识机制则提供了分布式系统中的数据一致性同步，实现了区块链的透明性，既满足了系统的去中心化，也保障了区块链系统的安全性。比特币采用 PoW 共识机制，其设计目标是每 10 分钟产生一个区块，就系统每秒事务处理量（Transaction Per Second，TPS，即衡量一个区块链系统性能最重要的指标之一，也称系统吞吐量）而言，比特币的 TPS 相当于每秒 7 笔交易。

2020 年，以太坊经过硬分叉后，区块链上的平均区块时间从 17.16 秒缩短到 12.96 秒，TPS 大约为每秒 15 笔，这是牺牲系统的执行性能实现的。此外，分布式账本在存储方面区块容量有限，比特币区块容量大小设定的上限为 1 MB。以太坊区块容量并不固定，主要由气体燃料（Gas）费所限定，平均大小为 21 345 KB。因此，区块链为提升出块速度也牺牲了其存储可扩展能力。由此可以看出，区块链在计算性能和存储性能方面均与中心化的系统有明显区别，使区块链不适用于高并发和高存储的业务场景。

2. 满足可扩展性和安全性则无法实现去中心化

在区块链技术的演化方面，除了以比特币为代表的公有链技术，还衍生了联盟链技术和私有链技术。联盟链技术只允许预设的节点进行记账，加入的节点需要申请和进行身份验证，这种区块链技术实质上是在确保安全和效率的基础上进行的"部分去中心化"或"多中心化"的妥协；而私有链技术的区块建立则掌握在一个实体手中，且区块的读取权限可以选择性开放，它为了安全和效率已经演化成为一种"中心化"的技术。

3. 满足可扩展性和去中心化则无法实现安全性

区块链去中心化即允许任何人查询所有的匿名交易记录,通过机器学习算法,可以分析和发现地址间的关联关系,获取交易记录背后的知识,破坏数据的机密性。同时,分布式账本为了提升区块的验证性能,舍去了对交易数据进行隐私保护的功能,导致区块链安全性的缺失。

2.4.2 区块链技术发展趋势

随着区块链技术栈朝着"高效、安全、去中心化"持续演化,围绕区块链"不可能三角"的局限性,区块链技术在密码学算法、P2P 网络、共识机制、智能合约、数据存储等核心技术上也在不断改进。在此过程中,区块链系统的运维管理、安全防护、跨链互通等扩展技术发展较快,且与其他信息技术融合趋势明显,行业焦点逐步由核心技术攻关转向以面向场景优化为主。

1. 区块链之核心技术

区块链核心技术的不断改进和优化,具体表现在以下几方面。

(1)P2P 网络深度优化。蚂蚁链推出了区块链传输网络(Blockchain Transmission Network,BTN),提升区块链节点的通信能力,加速区块链网络的数据传输;长安链发布自研 P2P 网络 Liquid 代替开源组件 LibP2P,提升了区块链系统的兼容性和通信效率。

(2)异步共识算法取得进展。中国科学院软件研究所张振峰团队与美国新泽西理工学院共同提出的国际上首个完全实用的异步共识算法——小飞象拜占庭容错(DumboBFT)算法,有望应用于实际生产环境。

(3)智能合约开发框架持续探索。例如,微众银行开发的区块链系统 FISCO-BCOS 采用了基于 Rust 的新型 Wasm 合约语言框架,探索智能合约新模式。

(4)混合共识机制技术。例如,Polkadot 采用 GRANDPA 和 BABE 这两种共识协议。这种混合共识机制不仅能够获得概率最终性(BABE 使验证节点可以确认新区块的生成机制),而且能够实现可证明最终性(GRANDPA 在没有逆转机会的规范链上具有普遍一致性)。

(5)混合密码算法。Mina Protocol 是由旧金山区块链创业公司 O(1) Labs 开发的一种轻量级区块链协议,旨在成为数据大小恒定的新型 Layer 1 区块链协议。Mina Protocol 的核心技术主要是递归零知识证明和其驱动的应用。Mina Protocol 使用了最新的密码学技术,通过开放的技术栈,任何公链都可以采用这一技术。

2. 区块链之跨链技术

由于区块链应用过程中采用了不同技术的底层基础链,所以现存各区块链之间的数据通信、价值转移面临着相互独立导致价值孤岛的现象。为实现链间的交易互信互认,跨链技术逐渐发展起来。跨链技术是区块链实现互联互通、提升可扩展性的重要技术手段。它既是区块链向外拓展和连接的桥梁，也是实现价值网络的关键。目前代表性的跨链技术如下。

（1）Ripple 公司主导并设计的实现跨链交易转账的跨账本协议（Interledger Protocol，ILP）。

（2）以锚定某种原链（主要是比特币区块链）为基础的新型区块链的侧链技术。

（3）为解决转账速度慢和网络拥堵问题而采取的链下支付技术，包括闪电网络和雷电网络。其中，闪电网络针对比特币，而雷电网络针对以太坊。

此外，无论是采用同构跨链方式还是异构跨链方式实现区块链之间的数据共享和业务协同，跨链技术都应该具备以下特点：高交易效率、良好的用户体验、低接入门槛、交易安全可靠及全程可跟踪。此外，跨链技术还应该支持除数字货币价值以外的账户和数据的跨链交互，以实现多链价值融通，满足区块链数据在不同链之间的无缝流转。

3. 区块链之链上链下技术

随着智能合约这种新的信任模式的产生，出现了一个新的技术挑战，那就是区块链系统与外部系统之间的连接性。大多数有价值的智能合约应用都需要获取来自外部关键数据源的链下数据，特别是实时数据和系统 API 数据，这些数据都不保存在区块链上。区块链受自身特殊共识机制的限制，无法直接获取这些关键的链下数据。目前代表性的技术如下。

（1）NDN Protocol 是 NDN Link 团队实现的一种基于 NDN 底层网络的去中心化的分布式存储数据聚合协议，其核心功能是作为去中心化的数据流量、数据价值的预言机，以及数据交易的撮合引擎，将现实世界的数据反馈给基于区块链的 DApp 和智能合约，打通现实世界与区块链世界数据连接的通道。简而言之，NDN Protocol 是一种采用基础设施中间件层的协议，为区块链提供合约调用更快、手续费用更低、更易于集成的基于分布式存储的数据预言机。

（2）分布式预言机：ChainLink 通过外部适配器可以将预言机连接至任意外部系统的 API。ChainLink 可以连接至银行支付系统、零售支付系统、后端系统、Web API、事件数据、市场数据和其他区块链等，还可以提供必要的开发者工具，实现任何一种预言机设计模式，如使用多个数据源、多个预言机、灵活的聚合方式、罚款及信誉判断服务等。

2.4.3　区块链技术前沿综述

随着数字经济的快速发展，数字经济已经从数据资源化利用阶段转向数据要素市场化配置与数据资源化利用相融合的新阶段。因此，围绕加强新一代信息技术融合基础设施创新能力，加速数字产业化、产业数字化进程，以构建新型产业链生态和多技术融合、多行业交互、多产业协同的可信链计算模型与关键技术为目标，区块链的技术研究前沿综述如下。

1. 基于新型数据结构的可控高性能区块链基础平台关键技术

研究基于有向无环图的支撑大规模高频次交易的共识算法、通信协议和分布式高可信存储机制等关键技术；研究区块链高扩展分片及多链技术，提升区块链的可扩展性；研究账户身份、交易数据、内容数据分离及数据隐私保护技术；研究跨链技术，实现不同链之间的无缝连接和高互操作性；研究声明式和图灵完备的智能合约技术，实现业务和流程的自动化处理；构建可支撑数据隐蔽传输、数据隐私保护、数据高可信存储共享等多应用场景业务生态的区块链技术平台。

设计以云边端"链网+云边端+隐私计算+自主数据"的新型可信链计算新范式作为数据要素流通的链网模型与技术架构，探索更广泛、更深入、多元化、多技术智能融合的链计算新经济服务模式。链计算作为下一代信息基础设施，以云边端为计算资源，通过价值区块链，将数据要素变成一种新型可计量的价值体现，促进数据共享、交易，以及数字资产的安全流通。最终将数据所有方、管理方、使用方，以及数据模型提供方、数据监管方等进行连接，实现数据要素安全、可信的跨域跨境数据流动，推动数据产业发展。

2. 支持异构多链互通的新型跨链体系关键技术

针对网络空间日益显现的跨链数据（价值）流通需求，研究新型跨链体系，构建横纵贯通、覆盖网络空间的价值互联网。具体包括：研究新型区块链跨链架构，支持多条同构/异构区块链间的数据（资产）流通与合约调用；研究应用层跨链互操作、链间跨链互操作、链下数据跨链互操作机制；设计跨链架构编程接口，屏蔽底层各条区块链的技术细节，支持开发人员快速构建跨链应用；研究安全高效的跨链数据传输与验证机制，定义跨链数据的格式规范，保证数据在区块链间的可信传递；研究跨链事务处理机制，设计无单点依赖的跨链数据（资产）流通与合约调用协议，保证在异常情况下数据（资产）流通与合约调用的原子性；研究跨链治理机制，设计跨链体系准入机制、权限机制、奖惩机制与监管审计方案；对跨链体系进行安全性分析，研究针对该体系的各类攻击及防范措施；在网络空间对抗等场景下开展试验测试。

3. 区块链软硬件协同可信一体化技术

针对区块链的快速部署和接入需求、数据隔离的安全需求及运行环境的自主可控需求，研究基于可信环境的区块链可信一体机技术，支持以可信一体机为载体的一站式节点创建、节点组网；研究区块链技术的可信执行环境，构建融合可信硬件基础设施、可信操作系统及可信区块链软件的可信链体系，保障执行环境的全程可信化；研究区块链软硬件一体化协同和适配技术，构建可信硬件基础设施、可信操作系统及可信区块链软件的紧耦合架构，实现三者的一体化强绑定机制；基于身份即标识的密码系统构建区块链一体化管理平台，实现对可信硬件基础设施、可信操作系统及可信区块链软件的统一管理。

4. 区块链底层关键密码技术

密码学算法是区块链的底层技术,区块链系统中使用的密码学算法决定了系统的安全强度与效率,使用的密码技术决定了区块链的安全与隐私功能。随着各国密码管理相关政策的出台,密码学算法及标准体系也逐步建立和完善,我国的国密算法是由国家密码局认定的国产密码学算法,通过核心密码部件复用的模式,形成模块化、可插拔、可复用的细颗粒度密码学算法可重构模型,并构建了融合国际密码学算法标准的多模式综合密码基础库。

然而,底层平台能提供的基础密码学算法和密码协议,对复杂应用需求的支撑力仍显薄弱,而多数技术方案仍然难以满足跨平台应用区块链的安全与效率要求。面对区块链应用领域的复杂化和高安全性能的要求,需要加强研究的技术包括:抗量子密码技术(如基于格的密码和基于多变量的密码)、新型身份认证机制、分布式密钥管理和隐私计算等。

第3章 区块链产业与趋势

3.1 区块链行业综述

3.1.1 加密货币市场的发展

1. eCash 电子现金与加密货币的繁荣

David Chaum 被公认为是数字现金的发明者、eCash 的创始人，也是密码朋克（Cypherpunk）运动最重要的先驱之一。1981 年，David Chaum 发表了论文 "Untraceable Electronic Mail, Return Addresses, and Digital Pseudonyms"，为匿名传播研究奠定了基础。1982 年，他在发表的另一篇论文 "Blind signatures for untraceable payments" 中提到了使用"盲签名"技术实现匿名的网络支付系统，主要为了防止网上转账被第三方（如银行、支付宝）追踪。1992 年，密码朋克会议在加利福尼亚州的旧金山举行，当时会议的参与者讨论并交换了关于密码学、计算机工程、数学乃至哲学的想法，尝试解决各类密码学的复杂问题。由于互联网的兴起，源于计算机网络的原生货币或数字货币是否能够在公平环境中破解双花问题成为密码朋克先驱探讨的问题。1990 年，David Chaum 首先尝试发明数字货币 DigiCash，其目标是利用新兴密码学技术来保护用户隐私，并解决双重支付问题。该数字货币系统的底层算法被称为 eCash。然而，DigiCash 公司在 1998 年破产了，越来越多的用户开始使用信用卡和 PayPal 等支付系统，尽管这些支付系统并不能真正保护用户的隐私。密码朋克们看到了这种失败，意识到 Chaumian eCash 有另一个以前被低估的弱点：数字货币不能依赖一家公司。如果数字现金想要获得蓬勃发展，必须实现真正的去中心化。在 2008 年金融危机爆发的第二年，即 2009 年 1 月 3 日，中本聪在芬兰赫尔辛基的一个小型服务器上首次构建并编译了一项开源代码，运行了 SHA-256 函数，并在当天 18 点 15 分创建了比特币世界的第一个区块。自从当时的 eCash 发展到如今的加密货币，比特币公司的市值已在全球公司市值中排名第 8 位，超过了众多知名企业，如英伟达、伯克希尔哈撒韦、TSMC、腾讯等。以太坊公司的市值排名也高达第 12 位，超过了 JPMorgan Chase、Visa 和三星等知名企业。

由于加密货币价格波动巨大，稳定币作为连接传统世界和加密世界的桥梁开始崭露头角。最早的稳定币是由泰达公司（Tether）在 2014 年发行的泰达币（USDT），它通过锚定法定货币的手段来维持币价的相对稳定，解决了数字货币与法定货币的冲突及流通效率问题。据 The Block 数据显示，2021 年，全球稳定币的发行量从 293 亿美元增长到 1 498 亿美元，年增长率达 411%。这表明越来越多的资金涌入加密市场，并且稳定币在加密市场中扮演着越来越重要的角色。

近两年来，DeFi 已走在区块链行业的创新前沿，DeFi 也被称为"开放式金融"。它由以比特币和以太币为代表的加密货币、区块链与智能合约结合而成。DeFi 以分布式账本为核心，是"区块链+金融"的结合体，其特点和服务包括：① 系统高度集成，登记、结算、支付、交易全都在链上完成；② 业务的统一无缝连接，数千种资产实现全球化跨链交割；③ 生态的开放包容，包括货币、证券、另类资产等。

据统计，2021 年各区块链上 DeFi 项目的总锁仓价值（Total Value Locked，TVL）从 219 亿美元增长到 2 491 亿美元，增长率约为 1 037%。以太坊仍然是 DeFi 的主要战场，但 BSC、Solana、Terra、Avalanche 等公链抓住了以太坊 2.0 短期难以上线和 Layer2 暂未获得大规模应用的宝贵时机，依靠手续费低、速度快、生态基金扶持等，吸引了 Curve、Aave、SushiSwap 等项目的跨链部署，也培育出了大量原生项目。2021 年，除了以太坊，部署在其他公链上的 DeFi 项目的 TVL 从 5.7 亿美元增长到 852 亿美元，一年间增长了近 150 倍。

此外，NFT 是近年来备受瞩目的领域，频繁创造出天价交易，成为各大媒体报道的焦点。据 NFTGO 数据显示，截至 2021 年 12 月 26 日，其收录的 NFT 总价值已达 103 亿美元，比年初翻了 168 倍。NFT 日均交易额也从年初的约 50 万美元急剧上涨到近期的约 5 000 万美元，增长了近百倍。

2. 加密货币相关重要事件

经过近 12 年的发展，比特币的价格和市值一路高涨，但多数国家仍对比特币持谨慎态度，将比特币等加密货币视为一种小众或非主流的产品。但从 2021 年起，比特币的资产定位发生了改变，欧洲、美国等国家和地区的上市公司开始大量购买比特币。

主要事件如下。

（1）美国 BTC 期货 ETF 获批上市，开启主流市场投资通道。2021 年 10 月 19 日，美国证券交易委员会（United States Securities and Exchange Commission，SEC）批准的首支 BTC 期货 ETF 在纽约证券交易所上市。该基金的全称为 ProShares Bitcoin Strategy ETF，基金代码为 BITO，投资标的是芝加哥商品交易所（Chicago Mercantile Exchange，CME）的比特币期货合约。ETF 作为一种投资工具，可以为投资者提供更加便捷的方式来获得比特币的投资收益，同时也降低了参与比特币市场的门槛。该 ETF 的上市也被视为加密货币市场迈向主流金融市场的重要一步，引发了广泛的关注和讨论。

（2）第一家加密货币交易所 Coinbase 在美股上市。2021 年 4 月 14 日，美国最大的加密货币交易所 Coinbase 以直接公开发行（Direct Public Offering，DPO）的方式在纳斯达克挂牌（代码为 COIN），成为全球第一个上市的大型加密货币交易所。与传统的 IPO

不同，DPO 直接向公众出售股份，而不是通过投资银行等中介机构，更具透明度和公开性。Coinbase 的上市标志着加密货币交易所进入了主流金融市场，也为整个加密货币行业注入了新的活力。

（3）萨尔瓦多成为全球首个将比特币列为法定货币的国家。2021 年 6 月，中美洲北部萨尔瓦多总统布克尔宣布将比特币定为法定货币，这项比特币法案得到了萨尔瓦多政府及议会执政联盟的支持。2021 年 9 月，法案正式实施，比特币和美元一起成为萨尔瓦多的法定货币，这是比特币第一次成为主权国家的法定货币。

（4）NFT 作品天价成交，成为焦点。NFT 因其独一无二、不可篡改的特性常被用于稀缺数字资产的确权，这个资产可以是游戏道具、数字艺术品、门票等诸多形式。2021 年，NFT 作为基础设施有力助推了 GameFi 和元宇宙（Metaverse）的发展。以 Beeple、Whisbe、Pak 为代表的一批艺术家的 NFT 作品受到热捧，Beeple 的作品 *Everydays：The First 5000 Days* 在拥有 250 多年历史的世界顶级拍卖行佳士得上拍出了 6 930 万美元的成交价（含佣金），创造了 NFT 艺术品的拍卖纪录。

（5）美国国会举行数字资产听证会。2021 年 12 月 8 日，美国众议院金融服务委员会（House Committee on Financial Services，HFSC）举行了一场题为"数字资产和金融的未来：了解美国金融创新的挑战和利益"的主题听证会。这场听证会旨在通过深入了解加密行业，并就监管规则展开讨论，使众议院成员对这个新兴领域有更深入的了解。

（6）中国数字货币电子支付（Digital Currency Electronic Payment，DCEP）走入世界经济体前列。数字人民币 E-CNY 正在稳步试点过程中，在 2021 年下半年有明显的提速。截至目前，已累计开立 1.23 亿个个人钱包，交易金额约 560 亿元人民币。下一步，中国人民银行将根据试点情况有针对性地完善数字人民币的设计和使用。具体措施包括：一是参考现金和银行账户管理思路，建立适合数字人民币的管理模式；二是继续提升结算效率、隐私保护、防伪等功能；三是推动数字人民币与现有电子支付工具间的交互，实现安全与便捷的统一；四是完善数字人民币生态体系建设，提升数字人民币的普惠性和可得性。这些措施将进一步促进数字人民币试点的稳步推进和发展，同时也将为未来数字货币的推广提供有益的经验。

（7）元宇宙兴起，Facebook 更名为 Meta。2021 年被称为"元宇宙元年"，"元宇宙"这一概念于 2021 年 Roblox 上市后迅速在网络中走红，但事实上，这个概念早在 1992 年就已经被提出。美国著名科幻作家尼尔·斯蒂芬森（Neal Stephenson）推出了自己的小说《雪崩》（*Snow Crash*），书中描述了一个平行于现实世界的网络世界，并将其命名为 Metaverse，小说中指出，所有现实世界中的人，在元宇宙世界中都有一个"网络分身"，这也是关于元宇宙最初的定义。Facebook、微软等不少互联网巨头纷纷加入"元宇宙"赛道。2021 年 10 月 29 日，Facebook 更是直接更名为 Meta，再次将元宇宙概念推向风口浪尖，市场情绪持续发酵。2022 年，《上海市培育"元宇宙"新赛道行动方案（2022—2025 年）》（以下简称《行动方案》）公布。《行动方案》明确，到 2025 年，上海"元宇宙"相关产业规模将达 3 500 亿元人民币，培育 10 家以上具有国际竞争力的创新型头部企业和"链主企业"，打造 100 家以上掌握核心技术、高能级、高成长的"专精特新"企业。

3.1.2　以太坊和比特币的发展之路

1. 以太坊的发展

以太坊自创立以来，已经运行了多年，但其性能已远远不能满足人们的要求。随着以太坊价格的攀升，使用以太坊需要的 Gas 费越来越高，甚至超过了总交易费用的 80%。因此，以太坊的 Layer2 技术应运而生。Layer2 技术通常被称为"链下解决方案"，相比之下，ETH2.0 则是"链上解决方案"的改造方案。然而，在众多的 Layer2 技术中，最具前途的是 ZK Rollups。

ZK Rollups 采用零知识证明技术 ZK-SNARK、ZK-STARK 和递归 SNARK，在实现了交易隐私的同时，也实现了链下复杂计算的证据生成和链上共识验证。这种技术路线极大地提高了以太坊的可扩展性。正如 Vitalik 所说，对以太坊而言，Rollups 是短中期（也可能是长期）唯一无须信任的可扩展性解决方案。因此，ZK Rollups 在以太坊生态中扮演着重要的角色，未来有望继续得到广泛应用和推广。

2022 年 7 月，在法国巴黎举行的年度以太坊社区会议上，以太坊共识算法的创始人 Vitalik Buterin 表示，以太坊正在朝着强化网络整体性能的目标进入 5 个阶段。如果将以太坊 2.0 的合并（The Merge）作为以太坊发展的第一阶段，那么之后的阶段包括 The Surge、The Verge、The Purge 及 The Splurge，最终实现以太坊每秒 10 万笔交易的系统吞吐量（TPS）。

因此，以太坊技术的不断更新和发展为以太坊生态体系提供了安全、可靠的基础平台，从而使以太坊衍生出各种应用，如 DeFi、GameFi、DAO 和 NFT 等。这些应用不仅提升了以太坊的商业价值，也成为了基础公链中最重要的应用生态系统。

2. 比特币的升级

自比特币第三次减半以来，整个加密市场在一整年内都繁荣不衰。除了比特币价格的上涨，还有两个方面值得关注。

（1）闪电网络作为比特币的第二层解决方案已经发展了 6 年，旨在提高比特币的交易速度、可扩展性和降低交易费用。自 2021 年年初以来，闪电网络容量呈指数级增长，目前已超过 3 100 BTC，较 1 月初增加了 190%。活跃节点数为 18 343，增长了 120%，活跃通道数为 79 150，增长了 110%。除了性能的提高，闪电网络在基础设施和应用场景上都有显著增长。除了线上服务的付款，闪电网络还可以用于日常生活。Arcane Research 数据显示，2021 年 9 月，闪电网络的用户数量达到 970 万人，商家支付和礼品卡等个人转账的使用量增长了 122%。越来越多的金融产品开始在闪电网络上运行，如衍生品交易市场 LN Markets 和 Kollider。未来，比特币小额支付可能出现在各种购物、音乐和视频付费中，闪电网络将在比特币的应用场景中发挥关键作用。

（2）2021 年 11 月 14 日，比特币迎来了 Taproot 软分叉升级，从 2018 年由 Gregory Maxwell 提出到激活经历了漫长的探讨，这被认为是"比特币在下一阶段的重要技术"。比特币区块链在创建时并没有考虑到智能合约，只有存储和转移比特币的功能。Taproot

升级有助于改善比特币区块链的这一缺陷。主要的 3 个比特币改进建议（Bitcoin Improvement Proposal，BIP）如下。

① Schnorr 签名（BIP340）提供了一种更隐私、更安全、更易验证的密码学签名，取代了原有的 ECDSA 签名，具有"密钥聚合"功能，节省了区块空间。

② Taproot（BIP341）提出了一种新的输出类型规则，即 Pay-to-Taproot（P2TR），通过实现默克尔抽象语法树（Merklized Abstract Syntax Tree，MAST）将交易执行条件仅提交给区块链，从而使得使用 Schnorr 签名的交易与链上单签名交易具有相同的外部表现。这种改变加强了比特币的匿名性、隐私性和可扩展性，同时也改变了区块的数据结构。

③ Tapscript（BIP342）为以上两个 BIP 更新了脚本编码语言，还使比特币未来的操作码更新变得更容易实施。

这 3 个 BIP 的实施能够提高比特币交易的隐私性和安全性，优化区块容量，降低交易费用。Taproot 升级是其中的一个关键改进，然而它在激活后并没有立即得到广泛应用。目前，区块链上的交易仍然同时使用 Schnorr 签名和 ECDSA 签名，需要几个月的时间才能完成全面升级。主要原因是所有节点需要完成升级，而且钱包类第三方应用还需要一段时间进行测试和改造。

比特币难以像以太坊那样实现智能合约功能，但 Taproot 升级表明比特币正在向需求端靠拢，为其带来更多可能性，具体如下。

① Schnorr 签名使比特币的侧链网络以低成本创建多重签名库，给侧链带来更大的发展空间。

② 多重签名也使 DeFi 协议部署在比特币的成本降低，未来可能出现更多的 DeFi 产品，甚至能否搭载更多功能的智能合约成为热议话题。目前，在比特币上的 DeFi 协议共有 25 个，与以太坊 DeFi 生态相比还差得很多。

③ 隐私性增强后，兼容 Taproot 的闪电网络将获得更广泛的应用。

因此，比特币技术也在不断更新和进行功能升级，以满足大规模交易和多种应用的需求。作为第一个加密货币的比特币虽然是具有极高波动性的资产，但投资者认为，从比特币的技术特点和全球货币的属性来看，无论是比特币矿工还是一般投资人，仍然保持着对比特币的热情。

3.2　区块链行业展望

3.2.1　国际区块链行业趋势

1. DAO 逐渐成为链上治理主流

DAO 是区块链技术中的一种组织形式，其目的是协同组织成员的利益，最终完成组织管理和决策。自 2021 年下半年以来，Constitution DAO 众筹竞拍美国宪法副本、OpenDAO 空投 SOS 等事件表明，DAO 正在逐步强化和深化，其影响正在逐步溢出到主流社会生活中。虽然 DAO 存在缺乏有效的协调机制和安全漏洞等缺陷，但 DAO 的自组织管理能力和对 DAO 资金的管理为各种实际应用提供了可信任的有效管理模式。

2. 跨链将成为多链时代下的基础设施

随着公链的不断增多，以及跨链市场需求的增加，Anyswap、Synapse Protocol 等多个跨链龙头项目诞生，各项目的总锁仓价值（Total Value Locked，TVL）均达数亿美元。可预见的是，随着高性能公链、L2 层网络的快速增加，安全、快速的跨链桥成为重要的基础设施之一。同时，跨链项目进一步向专业化、精细化方向发展，在跨链交易聚合、跨链收益聚合领域仍有一定的市场前景。此外，受制于公链性能的影响，未来的项目不会仅满足于开发 DApp，更会追求开发自己的公链，因此，通用跨链协议如 Cosmos、Polkadot 会迎来一段时间的增长期，这些协议生态上的优质项目均具有投资潜力。

3. DeFi 进入 2.0 时代

DeFi 迎来飞速发展，TVL 达 2 467.7 亿美元，以自动化做市商（Automated Market Maker，AMM）、借贷和聚合器为代表的 DeFi 项目成为市场热点。目前，以 OlympusDAO、Alchemix 为代表的 DeFi 2.0 项目均取得了巨大的成功，而在加密货币市场逐步转型的 2022 年，生存将成为各 DeFi 项目的第一需求，DeFi 2.0 凭借其在流动性、高收益性和创新性等方面的优势，更能适应快速变化的市场环境，届时我们将看到越来越多 DeFi 2.0 项目的出现。

4. CBDC 逐步推行，跨境支付成为重点

根据国际清算银行（Bank for International Settlements，BIS）近些年对全球 60 多家中央银行（以下简称"央行"）的调查显示，在过去 4 年里，越来越多的央行开始进行对央行数字货币（Central Bank Digital Currencies，CBDC）的研发工作，目前这一比例已达 86%。从使用场景和使用对象来看，央行数字货币又被分为通用型（零售型）和批发型；前者主要面向公众，后者主要在央行与金融机构之间使用，调查显示，零售型 CBDC 受央行的普遍欢迎，但目前大多数央行要么同时关注批发型和零售型 CBDC，要么将工作范围缩小到仅零售型 CBDC。目前，CBDC 在跨境支付方面的多边央行数字货币桥研究项目（Mulit-CBDC Bridge）受到各国的关注。CBDC 有助于减小跨境支付的风险和摩擦。2021 年 9 月 2 日，BIS 宣布与澳大利亚、马来西亚、新加坡和南非的央行联手测试 CBDC 在跨境支付中的使用。随着 CBDC 的不断落地成熟，这种跨境支付的安排很有可能取代当前以 SWIFT 为核心的全球跨境清算体系。

5. NFT 市场的繁荣与公链的快速发展

NFT 市场在过去一年中呈爆发式增长，目前市值达 87 亿美元，持有者达 107 万人，

已逐步被主流社会认可。根据市场发展的历史经验，NFT 下一步将向借贷/衍生品市场发展。然而，NFT 的特殊之处在于其定价较为困难，缺乏市场流动性。因此，要想发展 NFT 借贷/衍生品市场，必须先解决 NFT 定价问题，即开发 NFT 预言机/定价方案。由于以太坊拥堵、手续费昂贵等限制，NFT 底层支撑系统已经构建在其他公链之上。随着 Solana、Avalanche 等为生态建设推出激励基金，公链将进入快速发展时期。

6. 元宇宙生态的兴起

GamerDNA 的创始人兼美国作家、企业家和游戏设计师 Jon Radoff，将元宇宙的产业链划分为 7 个层次：体验层、发现层、创作者经济层、空间计算层、去中心化层、人机交互层和基础设施层。依据这一划分，目前参与元宇宙生态建设的包括传统科技巨头、软硬件基础设施服务商及基于区块链技术的去中心化加密社群 3 类主要参与者。其中，传统科技巨头凭借其巨大流量的初始禀赋，通过抢占体验层、发现层等进入元宇宙生态；软硬件基础设施服务商（如 VR 设备制造商、3D 技术供应商）通过空间计算、图像渲染和人工智能等技术，为医疗、教育、游戏等元宇宙终端应用场景提供了持续稳定的接入，并为用户提供智能化的辅助功能和个性化的沉浸式体验，加密社区主要利用去中心化基础设施平台来构建元宇宙生态系统，其中的关键是创作者经济层和去中心化层，这些层次为元宇宙提供了重要的基础设施，并吸引了越来越多的参与者加入元宇宙的建设中。

3.2.2   国内区块链产业发展趋势

区块链技术是中国新一代信息技术自主创新突破的重点方向，蕴含着巨大的创新空间，在芯片、大数据、云计算等领域，创新活动日趋活跃，创新要素不断积聚。区块链技术在各行各业的应用不断深化，将催生大量的新技术、新产品、新应用和新模式。目前，我国区块链行业正处于导入期，行业呈现两个主要特点：一是大型行业企业积极应用区块链技术来改进其自身业务，但仍以尝试为主，主要应用场景均为行业中的非核心业务，例如，中国平安、中国银联、蚂蚁金服等企业在区块链应用探索中仅限于非核心业务；二是以区块链技术服务为主的企业的业务发展大多处于起步阶段，产品技术体系和商业模式不够成熟，需求方对区块链的认识有待提高。区块链在司法存证、政务管理、民生服务、食品溯源、供应链管理等场景中已经形成一些应用案例，有待进一步优化和完善。

过去一段时间，我国联盟链产业形态和典型商业模式仍以销售软件产品及服务，或者参与信息化项目集成等方式为主。随着我国区块链产业基础、产业链条、产业环境和产业生态日益完善，区域级、行业级联盟影响力不断提升，区块链开源社区加速发展，区块链产业正在以源于传统软件产业却超越传统软件产业的发展之势，朝着联盟化、生态化的方向不断迈进。在此背景下，区块链产业及其应用发展趋势总结如下。

1. 区块链技术结合业务场景需求开展技术优化迭代成为下一步产业发展重点

为应对区块链技术大规模、深层次应用时代的到来，融合其他新型信息技术的"区块链+"日渐成为业界共识。区块链技术在各行各业的落地应用过程，也是区块链技术打破自身行业壁垒，与 5G、物联网、人工智能、大数据、云计算等新技术融合创新的过程。

2. 区块链应用围绕数据信任，脱虚向实深度服务产业发展，加速行业渗透速度

在实际应用中，无论是"+区块链"还是"区块链+"商业模式，更多展现的是在促进数据可信共享、构建可信协作体系等方面的核心价值，发挥其"价值互联网信任基座"的变革潜力，不断向与其技术特征相契合的应用领域实现水平化拓展。

3. 针对增量业务，区块链更多地发挥其作为"价值互联网信任基座"的变革潜力

产业界对"双碳"、"开放金融"、数字权属等新理念的关注度持续提升，牵引区块链技术由传统业务改造向创新业务赋能转变，为其大规模推广开辟新路径。区块链产业发展快速推进，技术赋能实体经济的路径和模式更为明晰，区块链基础设施化趋势渐显。此外，"区块链+"模式促使数字人民币（DCEP）、碳追溯、碳交易等新兴应用走入大众视野。不同于移动互联网传统意义的水平化产业视图，区块链首先向与其技术特征相契合的应用领域拓展，而后通过跨链互操作，实现底层平台层之间、应用层之间的互联互通。总体来看，区块链应用布局探索呈水平化渗透态势。

4. 我国企业主导的联盟链开源项目陆续启动，开源生态建设驶入快车道

随着区块链技术应用价值获得认可，着眼于产业长远发展，我国开源生态建设逐步引起业界重视，国内区块链企业主导的底层链、中间件、智能合约框架、跨链组件等开源项目陆续启动，相应的开源社区持续保持活跃，促进我国区块链开源生态走向繁荣。

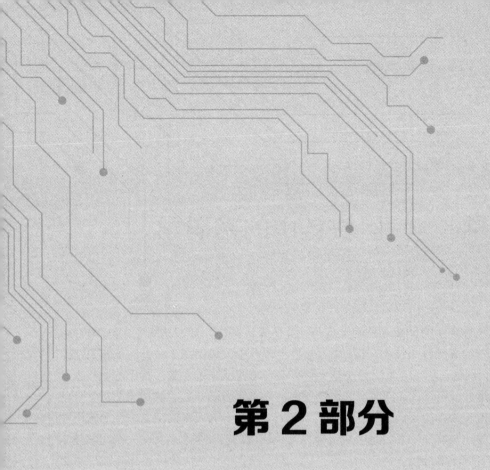

第2部分

区块链核心技术

第**4**章　区块链中的密码学

　　区块链是一种全新的分布式基础架构与计算范式。其中，分布式账本、共识机制、密码学是区块链的关键核心技术。在区块链的整个体系中大量使用了公开的加密算法来保证数据安全。例如，区块链系统主要基于数字签名与验证来确保数字货币的所有权及交易的不可伪造、不可否认。同时，区块链使用密码学手段防止数据被随意篡改，任何上链数据的修改行为都会导致整个链式结构被破坏。在基于区块链的交易中使用密码学技术保证数据安全与客户隐私，是区块链得以落地应用的必要条件。因此，密码学技术在区块链中有着广泛的应用。

　　本章将结合区块链对密码学相关基础知识进行介绍，包括对称密码体制、公钥密码体制、Hash 函数、数字签名技术及后量子密码。

4.1　引言

　　每当听到密码学（Cryptograph）这个词，首先让人想到的可能是应用程序登录密码、支付密码、网站的安全访问、银行应用程序或第二次世界大战中的密码破译，如针对德军 Enigma 加密机的破译，如图 4-1 所示。

　　从表面上看，密码学与现代电子通信似乎有着密不可分的关系。实际上，密码学是一门非常古老的学科，最早使用密码学的例子可以追溯到公元前 2000 年，当时古埃及还在使用没有标准密码规则的象形文字。此后，几乎所有有文字记载的文化中，密码学都以各种形式存在。

　　密码体制从原理上可分为两大类，即对称密码体制和公钥密码体制。对称密码体制的加密密钥和解密

图 4-1　Enigma 加密机

密钥相同。系统的保密性主要取决于密钥的安全性，与算法的保密性无关，即使用密文和加解密算法不可能得到明文。换句话说，算法无须保密，需要保密的仅是密钥。根据对称密码体制的这种特性，对称密码加解密算法可通过低费用的芯片来实现。密钥可由发送方产生，再经一个安全可靠的途径（如信使递送）送至接收方，或由第三方产生后安全、可靠地分配给通信双方。如何产生满足保密要求的密钥及如何将密钥安全、可靠地分配给通信双方是这类体制设计和实现的主要课题。密钥产生、分配、存储、销毁等问题统称为密钥管理，这是影响系统安全的关键因素，即使密码算法再好，若密钥管理问题处理不好，则也很难保证系统的安全性和保密性。

对称密码体制对明文消息进行加密的方式有两种：一种是明文消息按字符（如二元数字）逐位地加密，称为流密码；另一种是将明文消息分组（含多个字符），逐组地进行加密，称为分组密码。对称密码体制不仅可用于数据加密，也可用于消息的认证。

公钥密码体制是由 Whitfield Diffie 和 Martin Hellman 于 1976 年首先引入的。采用公钥密码体制的每个用户都有一对选定的密钥：一个是可以公开的，可以像电话号码一样进行注册公布；另一个是秘密的。因此，公钥密码体制又称为公钥体制。

公钥密码体制的主要特点是将加密能力和解密能力分开，因此可以实现多个用户加密的消息只能由一个用户解读，或一个用户加密的消息可由多个用户解读。前者可用于公共网络中实现保密通信，后者可用于实现对用户的认证。

4.2　对称密码体制

顾名思义，对称加密是指加密与解密过程的密钥是相同的。该类算法的优点是加解密效率（速度快、空间占用小）和加密强度都很高。缺点是所有参与方需要提前持有密钥，一旦有人泄露，则该加密过程不再具备安全性。对称密码体制也称为对称密钥（Symmetric-Key）、秘密密钥（Secret-Key）和单密钥（Single-Key）方案（或算法）。我们先通过一个非常简单的问题来介绍对称密码体制：假设两个用户 Alice 和 Bob 想通过一个不安全的信道进行通信（见图 4-2），"信道"这个术语看上去有点抽象，但它却是通信链路中最常见的术语，分有线和无线两种，如 Internet（互联网）、空气传播信道、Wi-Fi 信道，或者其他任何你可以想到的通信传输媒介。实际问题来自如图 4-2 所示模型中一个名叫 Oscar 的窃听者，他试图通过侵入 Internet 路由器或监听 Wi-Fi 通信的无线电信号来访问 Alice 和 Bob 的通信信道。这种未被授权的监听称为窃听。显而易见，在很多情况下，Alice 和 Bob 都更愿意避开 Oscar 的监听进行通信。如果 Alice 和 Bob 分别代表一个汽车制造厂的两个办事员，他们想传输一些关于公司未来几年计划发展的新汽车模型商业战略方面的机密文档，那么他们要保证这些文档不能落入竞争者所在公司或外国情报机构的手中。

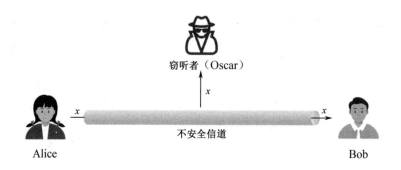

图 4-2　不安全信道通信模型

在这种情况下，对称密码学提供了非常强大的解决方案。在如图 4-3 所示的模型中，Alice 使用对称算法加密她的消息 x，得到密文 y；Bob 接收并解密该密文。解密过程与加密过程正好相反。这种方法的优势在于，如果选择的加密算法非常健壮，那么 Oscar 监听到的密文看上去将是杂乱无章且没有任何意义的。

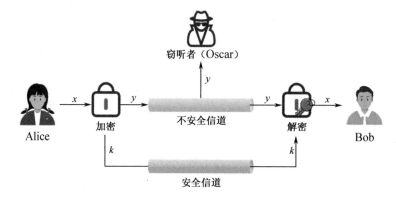

图 4-3　对称加密模型

图 4-3 中的变量 x、y 和 k 在密码学中都有专有的称谓，x 称为明文（Plaintext 或 Cleartext），y 称为密文（Ciphertext），k 称为密钥（Key）。所有可能由密钥组成的集合称为密钥空间（Key Space）。

在如图 4-3 所示的系统中，通常需要一个安全的信道在 Alice 和 Bob 之间分配密钥，它可以使用密钥分发协议，通过诸如人工密钥分发、可信第三方密钥分发或基于认证的密钥分发机制在 Alice 和 Bob 之间传输密钥。在所有这些情况下，密钥只需要在 Alice 和 Bob 之间传送一次，就能保护后续多个通信的安全。

这种情况中有一个非常重要且匪夷所思的事实，即它使用的加密算法和解密算法都是公开且已知的。如果将加密算法保密，那么这个系统将很难被破译。但有一点值得注意，证明某个加密方法是否健壮的唯一方法是将其公开，让更多其他的密码员对其进行分析。在一个可靠的密码体制中，唯一需要保密的就是密钥（Kerckhoffs 原则）。

1976 年以前的加密算法毫无例外都是对称算法，本节将介绍几种古典密码体制，以加深读者对对称密码的理解。但这些古典密码早已不能适应现在的数据安全需要，如今常见的对称加密方案有 AES（高级加密标准）、DES（数据加密标准）、国密算法 SM4、祖冲之密码等，感兴趣的读者可以阅读相关书籍。

4.2.1 数学基础

定义 4.1（模运算）假设 $x, y, m \in \mathbf{Z}$（其中，$\mathbf{Z}$ 是整数集合），并且 $m > 0$，则 m 除 x 余 y 可记为

$$x \equiv y \bmod m$$

该数学形式可称 x 与 y 模 m 同余，m 为模数。

定义 4.2（整数环）整数环 $\mathbf{Z}_m$ 由一个整数集合 $\{0, 1, 2, \cdots, m-1\}$ 及这些整数之间的两种运算"+"和"×"组成，并满足下列条件。

（1）封闭性：环内的任意两个数做"+"或"×"运算，结果仍然在群内。

（2）结合律：任意 3 个元素 $a, b, c \in \mathbf{Z}_m$ 做"+"与"×"运算，$(a+b)+c = a+(b+c)$ 和 $(a \times b) \times c = a \times (b \times c)$ 成立。

（3）分配律：环上的"+"与"×"运算满足分配律，即 $(a+b) \times c = a \times c + b \times c$。

（4）"+"运算单位元：对"+"运算存在一个元素 $0 \in \mathbf{Z}_m$，使得对任意一个元素 $a \in \mathbf{Z}_m$，都有 $a + 0 \equiv a \bmod m$；

（5）"×"运算单位元：对"×"运算存在一个元素 $1 \in \mathbf{Z}_m$，使得对任意一个元素 $a \in \mathbf{Z}_m$，都有 $a \times 1 \equiv a \bmod m$；

（6）"+"运算逆元：对任意一个元素 $a \in \mathbf{Z}_m$，都存在一个环中元素 $-a$，称 $-a$ 为 a 的逆元，当 $a + (-a) \equiv 0 \bmod m$ 时成立。

在整数环中，对"×"运算来说，元素的逆元不一定存在。但存在一个判断某个元素是否存在"×"运算逆元的方法：给定一个元素 $a \in \mathbf{Z}$，当且仅当 $\gcd(a, m) = 1$ 时，该元素在该整数环中存在"×"运算的逆元。其中，gcd 表示最大公约数，$\gcd(a, b) = 1$ 表示 a 与 b 的最大公约数为 1。也就是说，a 与 b 互质或互素。

4.2.2 恺撒密码

恺撒（Caesar）密码也称移位密码。移位密码本身非常简单，即将明文中的每个字母在字母表中移动固定长度的位置。例如，移位长度为 3，字母 A 将被字母 D 替换，字母 B 将被字母 E 替换，以此类推，原先字母表的后 3 个字母（X、Y 和 Z）会被前 3 个字母（A、B 和 C）替代，其原理如图 4-4 所示。

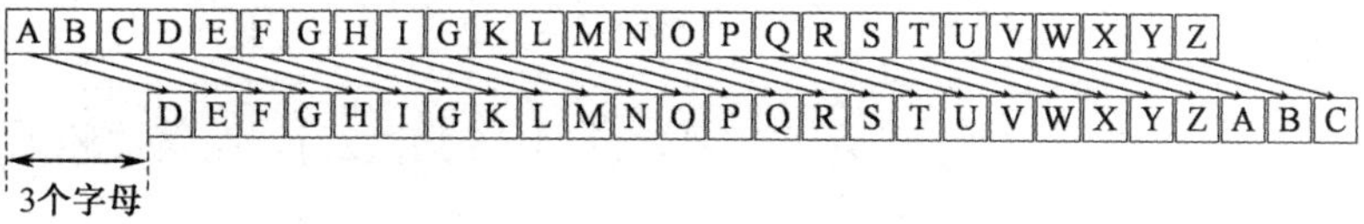

图 4-4 恺撒密码原理

现在，明文中的字母和密文中的字母都是环 $\mathbf{Z}_{26}$ 中的元素，恺撒密码中的字母编码如表 4-1 所示。

表 4-1 恺撒密码中的字母编码

A	B	C	D	E	F	G	H	I	J	K	L	M
0	1	2	3	4	5	6	7	8	9	10	11	12
N	O	P	Q	R	S	T	U	V	W	X	Y	Z
13	14	15	16	17	18	19	20	21	22	23	24	25

同时，由于大于 26 的移位是没有意义的（移动 27 位的结果与移动 1 位的结果相同，以此类推），所以密钥（移位的长度）也在 $\mathbf{Z}_{26}$ 中。移位密码的加密过程和解密过程如下。

> （恺撒密码）假设明文、密文及密钥分别为 $M, C, k \in \mathbf{Z}_{26}$，则
> 加密过程：$\mathrm{Enc}(M, k): C \equiv M + k \bmod 26$；
> 解密过程：$\mathrm{Dec}(C, k): M \equiv C - k \bmod 26$。

例 1 假设密钥 $k = 13$，明文为："HELLO"，转化为字母编码序列为 $(7,4,11,11,14)$，通过计算得到的密文序列为 $(20,17,24,24,1)$，因此，加密后的密文为 URYYB。解密过程与加密过程互逆。

4.2.3 仿射密码

移位密码的实际加密过程就是密钥的加法 $C \equiv M + k \bmod 26$。仿射密码的加密思路是将明文乘以密钥的一部分，然后再加上明文的剩余部分。仿射密码的加解密过程如下。

> （仿射密码）假设明文、密文与密钥分别为 $M, C, k \in \mathbf{Z}_{26}$，$k = (a, b)$，且满足条件 $\gcd(a, 26) = 1$，则
> 加密过程：$\mathrm{Enc}(M, (a, b)): C \equiv (aM + b) \bmod 26$；
> 解密过程：$\mathrm{Dec}(C, (a, b)): M \equiv a^{-1}(C - b) \bmod 26$。

例 2 假设仿射密码的密钥 $k = (7, 23)$，对明文"HELLO"进行加密，对密文"XTFOBW"进行解密。

解：（1）明文"HELLO"的字母编码序列为 $(7,4,11,11,14)$，对每一位字母进行加密。

以字母"H"为例，其加密过程为

$$\mathrm{Enc}(7, k) = (7 \times 7 + 23) \bmod 26 = 72 \bmod 26 = 20$$

加密后的字母编码序列为 $(20,25,22,22,17)$，通过查表可知，加密后的密文为"UZWWR"。

（2）密文"XTFOBW"的字母编码序列为 $(23,19,5,14,1,22)$，在整数环 $\mathbf{Z}_{26}$ 中，元素 7 的逆元为 15，对每一位字母进行解密。

以字母"F"为例，其解密过程为

$$\text{Dec}(5,k)=15\times(5-23)\bmod 26=15\times(-18)\bmod 26=4$$

解密后的字母序列编码为 $(0,6,4,13,2,24)$，通过查表可知解密后的明文为 "AGENCY"。

4.3　公钥密码体制

公钥密码体制也称非对称密码体制，加密的概念是在 1976 年由 Whitfield Diffie 和 Martin Hellman 在美国计算机会议上首先提出的，是现代密码学历史上一项伟大的发明。它在密码学上的贡献在于使用一对密钥（加密密钥和解密密钥），从解密密钥推出加密密钥是不可行的。因此，不要求通信双方事先传递密钥或有任何约定就能完成保密通信，并且密钥管理方便，可防止假冒和抵赖。在如图 4-5 所示的公钥密码体制中，加密密钥和解密密钥是不同的，分别被称为公钥（Public Key）和私钥（Private Key）。公钥可以根据私钥生成，私钥一般需要通过随机数算法生成。公钥一般是公开的，每个人都可获取；私钥一般是个人持有的，不允许被其他人获取。

非对称加密算法的优点是公私钥分开，不安全通道也可使用。在 1976 年后人们提出的众多算法中，只有 RSA、ElGamal 和 Rabin 算法既安全又实用。不过这些算法的缺点是处理速度（特别是生成密钥和解密过程的速度）通常比较慢，一般比对称加解密算法慢 2～3 个数量级；同时，加密强度也往往不如对称加密算法。

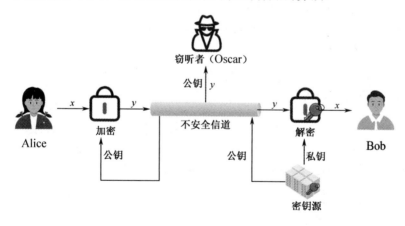

图 4-5　公钥密码体制

非对称加密算法的安全性往往需要基于数学问题来保障，目前主要基于大数质因子分解、离散对数、椭圆曲线等经典数学难题进行保障。如今，公钥密码体制代表的算法包括 RSA、Diffie-Hellman 密钥交换、ElGamal、ECC、SM2 等算法。

- RSA：该算法是第一个较完善的经典的公开密钥算法。RSA 是 1977 年由罗纳德·李维斯特（Ronald Rivest）、阿迪·萨莫尔（Adi Shamir）和伦纳德·阿德曼（Leonard Adleman）一起提出的。当时，他们三人都在麻省理工学院工作。RSA

是由他们三人姓氏首字母组合而成的，三人因此于 2002 年获得图灵奖。RSA 利用了大整数分解为质因子的计算难度，但目前还没有数学证明确认大整数质因子分解的难度与 RSA 加密算法的难度等价，同时，也不能排除存在未知算法在不进行大整数质因子分解的前提下解密的情况。

- Diffie-Hellman 密钥交换：该算法利用了离散对数无法快速求解的特性，可以在不安全的通道上，双方协商一个公共密钥，由 Whitfield Diffie 与 Martin Hellman 在 1976 年提出。这个机制的巧妙之处在于需要安全通信的双方可以用这个方法确定对称密钥，然后用这个对称密钥进行加密和解密。但是，这个密钥交换协议/算法只能用于密钥的交换，而不能进行消息的加密和解密。双方确定要用的密钥后，要使用其他对称密钥操作加密算法去实际加密和解密消息。

- ElGamal：该算法由 Taher Elgamal 设计，利用了在模运算下求离散对数困难的特性，是一种较常见的加密算法，基于 1985 年提出的公钥密码体制和椭圆曲线加密体系。该算法既能用于数据加密，又能用于数字签名，其安全性依赖于计算有限域上离散对数这一难题，常被应用在 PGP 等安全工具中。

- ECC：该算法为现代备受关注的算法系列，最早在 1985 年由 Neal Koblitz 和 Victor Miller 分别独立提出，利用了对椭圆曲线上特定点进行特殊乘法逆运算难以计算的特性。ECC 系列算法一般被认为具备较高的安全性，加解密计算过程往往比较费时。

- SM2（ShangMi 2）：该算法为国家商用密码算法，由国家密码管理局于 2010 年 12 月 17 日发布，基于椭圆曲线算法，加密强度优于 RSA 系列算法。

由于非对称加密算法的计算复杂度较高，所以一般适用于签名场景或密钥协商场景，不适用于大量数据的加解密场景。

4.3.1 数学基础

定义 4.3（群）群 G 由群元素及群上的运算"。"组成，记为 $(G, \circ)$ 且满足下列条件。

（1）**封闭性**：群内的任意两个元素做"。"运算，结果仍然在群内。

（2）**结合律**：任意 3 个元素 $a, b, c \in G$ 做"。"运算，$(a \circ b) \circ c = a \circ (b \circ c)$ 成立。

（3）**"。"运算单位元**：对于"。"运算，在群内存在一个单位元 1，使得任意一个元素 $a \in G$，都有 $a \circ 1 = a$。

（4）**"。"运算逆元**：对任意一个元素 $a \in G$，都存在一个元素 $-a$（或 a^{-1}）$\in G$，称 $-a$（或 a^{-1}）为 a 的逆元，则当 $a \circ (-a) = 0$ 或 $a \circ a^{-1} = 0$ 时成立。

（5）**交换群**：在满足以上条件的基础上，如果对所有的 $a, b \in G$ 都有 $a \circ b = b \circ a$，那么称群 G 为阿贝尔群或交换群。

定义 4.4（有限群）一个群 G 叫作有限群，假如这个群中元素的个数是一个有限整数 q，则该群记为 G_q；否则记为无限群。一个有限群中元素的个数称为这个群的阶，记作 $|G|$。

例 3 群 G 为 $\{0,1,2,3,4,5\}$，元素间的运算为模 6 加法，则 G 对模 6 加法运算成群，且该群是阶为 6 的有限群。但 G 对模 6 乘法运算不成群，因为群中元素 2、3、4 在模 6 乘法运算下不存在逆元。

定理 4.1 在集合 $\{m \mid m=0,1,2,\cdots,q-1\}$ 中，所有满足条件 $\gcd(m,q)=1$ 的元素 m，在模 q 乘法运算下形成阿贝尔群，记为 $\mathbf{Z}_q^*$，且单位元为 1。

证：（1）**封闭性：** 设 $a,b\in\mathbf{Z}_q^*$，$a=p_{a_1}^{e_{a_1}},p_{a_2}^{e_{a_2}},\cdots,p_{a_n}^{e_{a_n}}$ 的因子集合 $A=\{1,p_{a_1},p_{a_2},\cdots,p_{a_n}\}$，$b=p_{b_1}^{e_{b_1}},p_{b_2}^{e_{b_2}},\cdots,p_{b_i}^{e_{b_i}}$ 的因子集合 $B=\{1,p_{b_1},p_{b_2},\cdots,p_{b_i}\}$，$q=p_{c_1}^{e_{c_1}},p_{c_2}^{e_{c_2}},\cdots,p_{c_j}^{e_{c_j}}$ 的因子集合 $C=\{1,p_{c_1},p_{c_2},\cdots,p_{c_j}\}$，其中，$e_i\in\mathbf{Z}$，$i\in\mathbf{Z}_q^*$。由条件可知 $A\cap C=\{1\}$，$B\cap C=\{1\}$，所以，由 $a\cdot b$ 的因子集合 $A\cup B$ 与 C 的交集为

$$(A\cup B)\cap C=(A\cap C)\cup(B\cap C)=\{1\}\cup\{1\}=\{1\}$$

得到 $a\cdot b$ 与 q 互素，即 $\gcd(ab,q)=1$；若 $a\cdot b\equiv r\bmod q$，则有 $a\cdot b=kq+r$，k 为整数，若能证明 r 与 q 互素，则封闭性得证。设 $\gcd(ab-kq,q)=t$，因此 $t\mid(ab-kq)$ 与 $t\mid q$，所以 $t\mid ab$，得到 t 是 ab、q 的公因子，则 $t=1$，r 与 q 互素得证，所以封闭性满足。

（2）**结合律：** 对 $a,b,c\in\mathbf{Z}_q^*$，易得 $(a\cdot b)\cdot c\equiv a\cdot(b\cdot c)\bmod q$。

（3）**单位元：** 对任意 $\alpha\in\mathbf{Z}_q^*$，有 $\alpha\cdot1\equiv1\cdot\alpha\equiv\alpha\bmod q$。

（4）**逆元：** 对任意 $\alpha\in\mathbf{Z}_q^*$，因为 $\gcd(\alpha,q)=1$，所以根据辗转相除法可得

$$\begin{cases}a=t_1q+r_1\\q=t_2r_1+r_2\\r_1=t_3r_2+r_3\\\quad\vdots\\r_i=t_{i+2}r_{i+1}+1\end{cases}$$

其中，$t_i,r_i(i=1,2,3,\cdots)$ 为整数，进一步得

$$\begin{cases}r_1=a-t_1q\\r_2=q-t_2r_1\\r_3=r_1-t_3r_2\\\quad\vdots\\r_{i+2}=r_i-t_{i+2}r_{i+1}\end{cases}$$

将每一步迭代地代入后续式子，可以得到形如 $1=xa+yq$ 的式子。其中，x 与 y 都是整数，则可以得到 $xa+yq\equiv1\bmod q$，因此 $xa\equiv1\bmod q$ 成立，所以 a 的逆元存在。

（5）**交换律：** 对 $a,b\in\mathbf{Z}_q^*$，易得 $a\cdot b\equiv b\cdot a\bmod q$；定理 4.1 证毕。

定义 4.5（元素的阶） 群 $(G,\circ)$ 内某个元素 a 的阶 $\mathrm{ord}(a)$ 指的是满足以下条件的最小正整数 k，即

$$a^k=\underbrace{a\circ a\circ\cdots\circ a}_{k次}=1$$

其中，1 是群的单位元。

定义 4.6（循环群） 若群 G 包含拥有最大阶 $\text{ord}(a) = |G|$ 的元素 a，则称这个群为循环群。

群 G 中拥有最大阶的元素 m 被称为生成元，因为群中的每个元素 a 都可以写成这个元素的幂值，即 $a = m^i$，i 为整数值。

定理 4.2 对每个素数 p，$(Z_p^*, \cdot)$ 都是一个阿贝尔有限循环群。

证明参考定理 4.1。

定义 4.7（子群） 设 $(G, *)$ 是群，若 H 是 G 的非空子集，且 H 中的元素在运算 * 中是群，则称 H 为 G 的一个子群。

定理 4.3 设 G 是一个循环群，则该群内每个满足 $\text{ord}(a) = s$ 的元素 a 都能生成一个子群，且子群的阶为 s。

证： 假设循环群 G 的生成元为 g，则 $a = g^i$，i 为非负整数，$H = \left\{1, a, a^2, \cdots, a^p\right\}$ 是由元素 a 生成的最大集合，同样，$H = \left\{1, g^i, g^{2i}, \cdots, g^{pi}\right\}$，因此 $H \in G$，H 是 G 的子集。由于 $a^s = 1$，所以 $p = s - 1$，因为对任意的 $p \geqslant s$，都有 $a^p = a^{ks} a^r \in H$（k 与 r 都是非负整数，$r < s$）；若 H 是群，则其是 G 的子群。

（1）对任意整数 $0 \leqslant m < s$，$0 \leqslant t < s$，都有 $a^m, a^t \in H$，则对 $a^m a^t = a^{m+t}$，当 $m + t \leqslant s$ 时，显然有 $a^{m+t} \in H$；当 $m + t > s$ 时，有 $m + t = xs + r$（x, t 为非负整数），因此 $a^{m+t} = a^{xs} a^r \in H$，$H$ 对 G 上的运算封闭。

（2）结合律显然成立。

（3）单位元为 1。

（4）对满足 $m + t = s$（m, t 为非负整数）的元素 $a^m, a^t \in H$，a^m, a^t 为互逆元素，因为 $a^m a^t = a^s = 1$。

因此，H 对 G 上的运算成群，H 是 G 的一个子群，且该子群的阶为 s。

定理 4.4 假设 G 是一个有限群，则对 G 的每个子群 H，都有 $|H| \| |G|$。

证明涉及更复杂的数论知识，在此略去。

定理 4.5 设 G 是一个有限群，则对每个 $a \in G$，有

（1）$\text{ord}(a) \| |G|$。

（2）$a^{|G|} = 1$。

证：（1）根据定理 4.4，易证 $\text{ord}(a)$ 可以整除 $|G|$。

（2）根据（1），得 $|G| = k \cdot \text{ord}(a)$，$k$ 为正整数，所以 $a^{|G|} = (a^{\text{ord}(a)})^k = 1$。

定理 4.6 假设 G 为一个有限循环群，则下面的结论成立。

（1）G 中的生成元个数为 $\phi(|G|)$。

（2）如果 $|G|$ 是素数，那么对所有非单位元 $a \neq 1 \in G$ 都是生成元。

证：（1）设群 G 的生成元为 g，同时 $a = g^i$（i 为满足条件的最小正整数）也为本群的生成元。若能证明 i 与 $|G|$ 互素，则证明完成。

反证法：假设 $\gcd(i,|G|)=m>1$，则 $m|i,m||G|$，因此可得 $xm=i$ 和 $ym=|G|$（x 与 y 都是正整数），可知 $x<i,y<|G|$；因此 $yi=x|G|$，进一步得 $1=g^{x|G|}=g^{yi}=a^{y}$，与条件 $\mathrm{ord}(a)=|G|$ 矛盾。因此，$\gcd(i,|G|)=1$，可得：对群 G 的生成元 $a=g^{i}$ 来说，i 与 $|G|$ 互素，因此 G 中的生成元个数为 $\phi(|G|)$，得证。

（2）由证明过程（1）可得，对群 G 的生成元 $a=g^{i}$ 来说，i 与 $|G|$ 互素，则结论（2）得证。

定理 4.7 素数阶的群为循环群。

证明：设 $<G,>$ 为群，$|G|=p$（p 为素数）。设群里任意一个元素 $a\in G$，且 $a\neq e$，由 a 生成的集合 $H=\{e,a,a^{2},\cdots\}$，且 $|H|\neq 1$，易证 H 是 G 的子群。由定理 4.4 可知 $|H|\|p$，又因为 p 为素数，所以 $|H|=p$，群 $H=G$，因此，G 为由元素 a 组成的循环群。

定义 4.8（域） 域 F 满足以下条件。

（1）F 中的所有元素构成加法交换群。

（2）F 中除零元以外的所有元素构成乘法交换群。

（3）对两种群操作满足分配律，即对所有的 $a,b,c\in F$，都有 $a\times(b+c)=a\times b+a\times c$。

定义 4.9（有限域） 有限域（伽罗瓦域）指元素个数有限的域，元素个数称为有限域的阶。有限域的阶 q 为素数幂，即 $q=m^{r}$（m 为素数，r 为整数），记为 GF(q)。

欧几里得算法可被用于求解两个整数的最大公约数（gcd）问题。两个正整数 r_0 和 r_1 的 gcd 表示为 $\gcd(r_0,r_1)$。对小整数而言，gcd 的计算非常容易。例如，$r_0=84$，$r_1=30$，因式分解得

$$r_0=84=2\times 2\times 3\times 7$$
$$r_1=30=2\times 3\times 5$$

gcd 为所有公共质因子的乘积：$\gcd(r_0,r_1)=2\times 3=6$。然而，在公钥密码学中，使用的都是非常大的整数，因式分解通常是不可行的。所以，人们通常使用更有效的算法——欧几里得算法计算两个整数的 gcd。该算法表示为以下等式，即

$$\gcd(r_0,r_1)=\gcd(r_0-r_1,r_1)$$

通常假设 $r_0>r_1$，并且两个数均为正整数。

证明：设 $\gcd(r_0,r_1)=g$，由于 g 可以同时除以 r_0 和 r_1，则可以记 $r_0=gx$ 和 $r_1=gy$，其中 $x>y$，且 x 和 y 为互素的整数，即它们没有公共因子，因此可以证明 $x-y$ 与 y 也互素，可得

$$\gcd(r_0-r_1,r_1)=\gcd[g(x-y),gy]=g$$

欧几里得算法得证。

例 4 $\gcd(84,30)=\gcd(54,30)=\gcd(30,24)=\gcd(24,6)=6$。

只要满足 $r_0-mr_1>0$，迭代地使用这个过程可得

$$\gcd(r_0,r_1)=\gcd(r_0-r_1,r_1)=\gcd(r_0-2r_1,r_1)=\gcd(r_0-mr_1,r_1)$$

因此，欧几里得算法可以进一步地表示为

$$\gcd(r_0,r_1)=\gcd(r_0\bmod r_1,r_1)$$

再看例 4，即

$$\gcd(84,30) = \gcd(84 \bmod 30, 30)$$
$$= \gcd(24,6) = \gcd(24 \bmod 6, 6)$$
$$= \gcd(0,6) = 6$$

到目前为止，我们发现两个整数 r_0 和 r_1 的 gcd 的计算可以通过不断迭代地减小操作数来实现。然而事实证明，欧几里得算法的主要应用并不是计算 gcd。扩展的欧几里得算法（EEA）可以用于计算模逆元，而模逆元在公钥密码学中占有举足轻重的地位。扩展的欧几里得算法除了可以计算 gcd，还能计算以下形式的线性组合，即

$$\gcd(r_0, r_1) = s r_0 + t r_1$$

其中，s 和 t 均表示整型系数。这个等式通常也称为丢番图方程（Diophantine Equation）。

现在的问题是：我们应该如何计算 s 和 t 这两个系数？此算法背后的思路为：执行标准欧几里得算法，但将每轮迭代中的余数 r_i 表示为以下形式的线性组合，即

$$r_i = s_i r_0 + t_i r_1$$

最后一轮迭代对应的等式为

$$r_l = \gcd(r_0, r_1) = s_l r_0 + t_l r_1 = s r_0 + t r_1$$

这意味着最后一个系数 s_l 是正在寻找的系数 s，同时 $t_l = t$。

例 5 在群 G_{179} 中，求元素 37 模 179 的乘法逆元（使用扩展的欧几里得算法）。

解：第一步：

$$179 = 4 \times 37 + 31 \Rightarrow 31 = 179 - 4 \times 37$$

第二步：

$$37 = 1 \times 31 + 6 \Rightarrow 6 = 37 - 1 \times 31$$
$$\text{将第一步结果代入得} \Rightarrow 6 = 37 - (179 + 4 \times 37)$$
$$\Rightarrow 6 = 5 \times 37 - 179$$

第三步：

$$31 = 5 \times 6 + 1 \Rightarrow 1 = 31 - 5 \times 6$$
$$\text{将前两步结果代入得} \Rightarrow 1 = 179 - 4 \times 37 - 25 \times 37 + 5 \times 179$$
$$\Rightarrow 1 = 6 \times 179 - 29 \times 37$$

可得 $\gcd(37,179) = 6 \times 179 - 29 \times 37 = 1$；所以 $6 \times 179 - 29 \times 37 \equiv 1 \bmod 179$，通过观察 $-29 \times 37 \equiv 1 \bmod 179$，又有 $-29 = -1 \times 179 + 150$，即可得 $-1 \times 179 \times 37 + 150 \times 37 \equiv 1 \bmod 179 \Rightarrow 150 \times 37 \equiv 1 \bmod 179$，所以在群 G_{179} 内，元素 37 模 179 的乘法逆元是 150，即 $37^{-1} = 150$。

定义 4.10（欧拉函数） Z_m 内与 m 互素的整数个数称为 m 的欧拉函数，记为 $\phi(m)$

例 6 设 m 为 8，对应的集合为 $Z_8 = \{0,1,2,3,4,5,6,7\}$，$\phi(8) = 4$。

定理 4.8 （1）若 m 是素数，则 $\phi(m) = m - 1$。

（2）若 m 是两个素数 p 和 q 的乘积，则 $\phi(m) = \phi(p)\phi(q) = (p-1)(q-1)$。

（3）若 m 有标准分解式 $m = p_1^{e_1} p_2^{e_2} \cdots p_n^{e_n}$，则 $\phi(m) = \prod_{i=1}^{n} \left(p_i^{e_i} - p_i^{e_i - 1} \right)$。

证：（1）显然成立。

（2）考虑 $\mathbf{Z}_m = \{0,1,\cdots,pq-1\}$，其中，不与 m 互素的数有 3 类，即 $A = \{p, 2p, \cdots, (q-1)p\}$，

$B = \{q, 2q, \cdots, (p-1)q\}$，$C = \{0\}$，且 $A \bigcap B = \varnothing$。否则，若 $ip = jq$，其中 $1 \leqslant i \leqslant q-1$，$1 \leqslant j \leqslant p-1$，则 p 是 jq 的因子，又因为 q 是素数，所以 p 是 j 的因子。设 $j = kp$，$k \geqslant 1$，则 $ip = jq = kpq \Rightarrow i = kq$，与 $1 \leqslant i \leqslant q-1$ 矛盾。因此

$$\phi(m) = |\mathbf{Z}_m| - |A| - |B| - 1$$
$$= pq - (p-1) - (q-1) - 1$$
$$= (p-1)(q-1) = \phi(p)\phi(q)$$

（3）当 $m = p^{\alpha}$ 时，在 $\mathbf{Z}_m = \{0, 1, \cdots, p^{\alpha}-1\}$ 中与 m 不互素的数有 $0, 1 \times p, 2 \times p, 3 \times p, \cdots$ $(p^{\alpha-1}-1) \times p$ 共 $p^{\alpha-1}$ 个，所以 $\phi(m) = \phi(p^{\alpha}) = p^{\alpha} - p^{\alpha-1}$。

当 $m = p_1^{e_1} p_2^{e_2} \cdots p_n^{e_n}$ 时，由（2）得

$$\phi(m) = \phi(p_1^{e_1})\phi(p_2^{e_2})\cdots\phi(p_n^{e_n})$$
$$= (p_1^{e_1} - p_1^{e_1-1})(p_2^{e_2} - p_2^{e_2-1})\cdots(p_n^{e_n} - p_n^{e_n-1})$$
$$= \prod_{i=1}^{n}\left(p_i^{e_i} - p_i^{e_i-1}\right)$$

定理 4.9（欧拉定理） 设 a, m 为整数，且互素，则有 $a^{\phi(m)} \equiv 1 \bmod m$。

证： 由定理 4.1 可知，$\{0, 1, 2, \cdots, m-1\}$ 中与 m 互素的全体元素构成的集合记为群 $\mathbf{Z}_q^*$，且该群的阶为 $\phi(m)$，又因为 a 与 m 互素，所以 $a \bmod m$ 在这个群中，同时 $a^2, a^3, \cdots, a^{m-1}$ 的模 m 都在 $\mathbf{Z}_q^*$ 中，且组成一个子群 H，由定理 4.4 可得 $|H| \big| \phi(m) \Rightarrow \phi(m) = t \cdot |H|$（$t$ 为正整数），又因为 H 是一个有限群，由定理 4.5 可知 $a^{|H|} \equiv 1 \bmod m$，因此可得

$$a^{\phi(m)} = a^{t \cdot |H|} = \left(a^{|H|}\right)^{t} \equiv 1 \bmod m$$

定理证毕。

定理 4.10（费马小定理） 设 a 为整数，m 为素数，则 $a^{m-1} \equiv 1 \bmod m$。

证： 因为 $\gcd(a, m) = 1$，由欧拉定理得 $a^{\phi(m)} \equiv 1 \bmod m$；且 m 为素数，因此 $\phi(m) = m - 1$，代入得 $a^{m-1} \equiv 1 \bmod m$，费马小定理得证。

4.3.2 RSA 密码体制

RSA 密码体制有时也称为 Rivest-Shamir-Adleman 算法或 RSA 密码方案，它是目前使用最广泛的非对称密码方案之一，但是椭圆曲线密码体制和离散对数体制也在逐渐普及。RSA 密码体制在美国的专利期限持续到 2000 年。

RSA 密码体制应用广泛，但在实际中却常有两方面的应用：一是数据小片段的加密，尤其用于密钥传输；二是数字签名，如 Internet 上的数字证书。

然而需要注意的是，RSA 加密的本意并不是取代对称密码，而且它比诸如 AES 的密码慢很多。这主要是因为 RSA 密码体制（或其他公钥算法）在执行过程中涉及很多计算。因此，RSA 加密的主要用途是安全地交换对称密码的密钥（密钥传输）。实际上，RSA 加密通常与类似 AES 的对称密码一起使用，其中真正用于加密大量数据的是对称

密码。

RSA 底层的单向函数基于整数因式分解问题：两个大素数相乘在计算上是非常简单的（人们使用笔和纸就能完成），但是对其乘积结果进行因式分解却是非常困难的。欧拉定理和欧拉函数在 RSA 密码体制中发挥着至关重要的作用。下面我们将介绍加密、解密和密钥生成的工作原理。

1. 加密与解密

RSA 加密和 RSA 解密都是在整数环 $\mathbf{Z}_n$ 内完成的，模计算在其中发挥了核心作用。假设使用 RSA 加密明文 x，表示 x 的位字符串是 $\mathbf{Z}_n = \{0,1,2,\cdots,n-1\}$ 内的元素，所以明文 x 表示的二进制值必然小于 n。对密文而言，这个结论也成立。使用公钥进行加密和使用私钥进行解密可以表示为如下形式。

> **RSA 加密**　假设明文与公钥分别为 x，$(n,e) = k_{\text{public}}$，则
>
> 加密过程为 $\text{Enc}(x, k_{\text{public}}): C \equiv x^e \bmod n$，其中，$x, C \in \mathbf{Z}_n$；
>
> **RSA 解密**　假设私钥 $k_{\text{private}} = (n,d)$ 及密文 C，则
>
> 解密过程为 $\text{Dec}(C, k_{\text{private}}): x \equiv C^d \bmod n$，其中，$x, C \in \mathbf{Z}_n$。

实际上，x, C, n, d 都是非常长的数字，通常为 1 024 位或者更长，并且给定公钥值，确定私钥在计算上不可行。

2. 密钥生成

密钥生成的过程为

> 选择两个保密的大素数 p, q：
> ① 计算 $n = pq$，$\phi(n) = (p-1) \times (q-1)$。
> ② 选择一个整数 $e \in \{1, 2, \cdots, \phi(n)-1\}$，且满足 $\gcd[e, \phi(n)] = 1$。
> ③ 计算满足条件 $de \equiv 1 \bmod \phi(n)$ 的 d，d 即 e 在模 $\phi(n)$ 下的乘法逆元，可以通过扩展的欧几里得算法得到。
> ④ 以 $\{n, e\}$ 为公钥，以 $\{n, d\}$ 为私钥。

例 7　Bob 想要给 Alice 发送一条消息，采用 RSA 加密算法，明文为 9，加密步骤如下。

（1）Alice 执行密钥生成过程。

选择 $p = 11$ 和 $q = 7$，则 $n = 77$，$\phi(n) = (7-1) \times (11-1) = 60$；选择 $e = 17$，通过计算得 $d = 53$，则公钥是 $\{77, 17\}$，私钥是 $\{77, 53\}$，并将公钥公布。

（2）Bob 使用 Alice 的公钥将明文加密。

$9^{17} \equiv 4 \bmod 77$，因此密文为 4，将密文发送给 Alice。

（3）Alice 使用自己的私钥进行解密。

$4^{53} \equiv 9 \bmod 77$，得明文为 9。

3. RSA 加密过程的正确性证明

要证明 RSA 加密过程的正确性，即要证明 $\mathrm{Dec}\big[\mathrm{Enc}(x, k_{\mathrm{public}}), k_{\mathrm{private}}\big] = x$。具体证明过程如下。

证：RSA 密钥生成过程生成的公钥和私钥分别为 $k_{\mathrm{public}} = \{n, e\}$ 与 $k_{\mathrm{private}} = \{n, d\}$，加密过程和解密过程分别为 $c \equiv m^e \bmod n$ 与 $m \equiv c^d \bmod n$，其中，c 和 m 分别为密文与明文。因此需要证明 $m \equiv (m^e)^d \equiv m^{ed} \bmod n$ 的正确性。

首先，由 $de \equiv 1 \bmod \phi(n)$ 可知 $ed = t\phi(n) + 1$，其中 t 为整数，因此可得

$$m^{ed} = m^{t\phi(n)+1} = m^{t\phi(n)} m$$

当 $\gcd(m, n) = 1$ 时，根据欧拉定理可得

$$m^{\phi(n)} = 1 \bmod n$$

则

$$m^{t\phi(n)} m \equiv (m^{\phi(n)})^t m \equiv m \bmod n$$

即有 $m^{ed} \equiv m \bmod n$ 成立，所以 RSA 加密过程正确。

当 $\gcd(m, n) \neq 1$ 时，由 $m < n$，且 n 是两个素数的乘积，即 $n = pq$，可知等式 $m = sq$ 和 $m = rp$（r, s 为整数）有一个成立。若 $m = sq$ 成立，则 $\gcd(m, p) = 1$ 成立，根据欧拉定理，$m^{\phi(p)} \equiv 1 \bmod p$，因此有

$$m^{t\phi(n)} \equiv m^{t(p-1)(q-1)} \equiv (m^{\phi(p)})^{t\phi(q)} \equiv 1 \bmod p$$

该式的等价形式为 $m^{t\phi(n)} = up + 1$，u 为整数，所以有

$$m^{t\phi(n)} m = upm + m = uspq + m = usn + m \equiv m \bmod n$$

因此，在 $m = sq$ 时，RSA 加密过程正确；同理可证，当 $m = rp$ 时，RSA 加密过程正确。

综上，RSA 加密过程是正确的。

4.3.3 基于离散对数问题的公钥密码体制

有许多加密方案基于离散对数问题（Discrete Logarithm Problem，DLP）的计算复杂性，如著名的 Diffie-Hellman 密钥交换方案及 ElGamal 加密方案。下面介绍离散对数问题。

1. 素数域内的离散对数问题

定义 4.11 给定一个阶为 $p-1$ 的有限循环群 $\mathbf{Z}_p^*$（p 为素数），一个生成元 $g \in \mathbf{Z}_p^*$ 和另一个元素 $\alpha \in \mathbf{Z}_p^*$。离散对数问题是确定以下条件的整数 x（其中，$1 \leqslant x \leqslant p-1$）的问题，即

$$g^x \equiv \alpha \bmod p$$

由于 g 为一个生成元，每个群元素都可以表示为生成元的幂次，所以满足上述条件的 x 一定存在。这个 x 也称为以 g 为基的 α 的离散对数，即

$$x = \log_g \alpha \bmod p$$

如果 α 足够大，那么计算离散对数模一个素数将是一个非常困难的问题，因为只能通过穷举法破解；与此同时，已知 x，计算 $g^x \equiv \alpha \bmod p$ 非常简单，这也形成了一个单向函数。上述的群运算也可以不局限于乘法运算。

2. Diffie-Hellman 密钥交换

Diffie-Hellman 密钥交换协议 / 算法（Diffie-Hellman Key Exchange/Agreement Algorithm，DHKE）是由 Whitfield Diffie 和 Martin Hellman 在 1976 年受 Ralph Merkle 研究成果的启发而提出的，这也是在公开文献中发布的第一个非对称方案。Diffie-Hellman 密钥交换算法提供了实际中密钥分配问题的解决方案，即它允许双方通过不安全的信道进行交流，得到一个共同密钥。许多公开的和商业的密码协议中都实现了这种基本的密钥协议技术，如 SSH、传输层安全（TLS）和 Internet 协议安全（IPSec）。DHKE 的基本思想为 $\mathbf{Z}_p^*$ 内的指数运算（p 为素数）是单向函数，并且该指数运算是可交换的，即

$$k = (a^x)^y \equiv (a^y)^x \bmod p$$

其中，k 是一个联合密钥，可以将其当成通信双方的会话密钥使用。

下面来看一下 Diffie-Hellman 密钥交换协议的工作方式。这个协议拥有两个参与方：Alice 和 Bob，他们将建立一个共享密钥。可能存在一个值得信赖的第三方，该第三方能恰当地选择密钥交换所需的公开参数。然而，Alice 或 Bob 也可能生成公开参数。严格来讲，DHKE 协议由两个协议组成：握手协议和主要协议。其中，主要协议负责执行真正的密钥交换。

Diffie-Hellman 握手协议包含以下几个步骤。
① 选择一个大素数 p。
② 选择一个整数 $a \in \{2, 3, \cdots, p-2\}$。
③ 公开参数 p 和 a。

Alice 和 Bob 都可以得到公开参数 p 和 a，他们可以使用下面的密钥交换协议生成一个联合密钥。

Alice	Bob
① 选择 $k_{\text{private},a} \in \{2, 3, \cdots, p-2\}$。	① 选择 $k_{\text{private},b} \in \{2, 3, \cdots, p-2\}$。
② 计算 $k_{\text{public},a} \equiv a^{k_{\text{private},a}} \bmod p$。	② 计算 $k_{\text{public},b} \equiv a^{k_{\text{private},b}} \bmod p$。
③ 将 $k_{\text{public},a}$ 发给 Bob。	③ 将 $k_{\text{public},b}$ 发给 Alice。
④ 联合密钥 $k_{\text{AB}} = (k_{\text{public},b})^{k_{\text{private},a}}$。	④ 联合密钥 $k_{\text{AB}} = (k_{\text{public},a})^{k_{\text{private},b}}$。

现在证明 $(k_{\text{public},b})^{k_{\text{private},a}} = (k_{\text{public},a})^{k_{\text{private},b}}$。

证：对 Alice 和 Bob 分别有

$$(k_{\text{public},b})^{k_{\text{private},a}} \equiv (a^{k_{\text{public},b}})^{k_{\text{private},a}} \bmod p$$

$$(k_{\text{public},a})^{k_{\text{private},b}} \equiv (a^{k_{\text{private},a}})^{k_{\text{private},b}} \bmod p$$

由于 $(a^{k_{\text{private},a}})^{k_{\text{private},b}} \equiv (a^{k_{\text{private},b}})^{k_{\text{private},a}} \bmod p$，所以 Alice 与 Bob 可以获得相同的联合密钥。

这个联合密钥可作为对称加密算法（如 AES、3DES 等）的加密密钥，用于建立一个在 Alice 与 Bob 之间的安全通信。

需要注意的是，使用基本 DHKE 的协议在主动攻击面前并不是安全的。这意味着，若攻击者可以修改消息或生成假消息，则攻击者就可以破解这个协议，这称为中间人攻击。

攻击者的目的是推断或计算出 Alice 与 Bob 之间共享的会话密钥 k_{AB}，进而有可能解密他们之间加密的通信内容。在这种场景下，通过观察交换的协议流程，攻击者能够获取到相关的信息。那么通过观察协议攻击者可以获得什么信息？显然，攻击者知道 a 和 p，因为这两个参数是在握手协议阶段选择的公开参数。此外，攻击者可以在密钥交换协议的执行阶段窃听信道，获得值 $k_{\text{public},a}$ 和 $k_{\text{public},b}$。所以现在的问题是，他能否从 a、p、$k_{\text{public},a}$、$k_{\text{public},b}$ 中计算出 k_{AB}。这个问题也称为 Diffie-Hellman 问题（DHP）。与离散对数问题一样，Diffie-Hellman 问题也可推广到任意的有限循环群中。由离散对数问题可知，当 p 足够大时，计算 k_{AB} 是不可行的。

3. ElGamal 协议

ElGamal 协议分为 3 个阶段。握手阶段由发布公钥和接收消息的一方执行，且只执行一次；而加密阶段和解密阶段则在每次发送消息时都会执行。与 DHKE 相反，ElGamal 协议不需要可信任的第三方来选择素数和本原元。Bob 会生成这两个参数，并将它们公布。但是 Alice 在对每个消息加密时都必须生成一个新的公私钥对。假设用 i 表示 Alice 的私钥，k_{E} 表示她的公钥，后者是一个临时密钥（仅在很短的时间内存在），用下标 E 表示。联合密钥用 k_{AB} 表示，因为它用于掩盖明文；而在实际加密中，Alice 仅需要将明文消息 M 与 $\mathbf{Z}_p^*$ 内的掩码密钥 k_{M} 相乘。接收方 Bob 将得到的结果乘以掩码的逆元，可将加密结果逆向得到明文。

Elgamal 协议如下。

Alice	Bob
	① 选择大素数 p。
	② 选择生成元 $g \in \mathbf{Z}_p^*$。
	③ 选择 $k_{\text{private},b} \in \{2,3,\cdots,p-2\}$。
	④ 计算 $k_{\text{public},b} \equiv (g)^{k_{\text{private},b}} \bmod p$。
	⑤ 将 $p,g,k_{\text{public},b}$ 发给 Alice。

| ⑥ 随机选择 $i \in \{2,3,\cdots,p-2\}$。 ⑦ 计算临时密钥 $k_{\mathrm{E}} \equiv g^i \bmod p$。 ⑧ 计算掩码密钥 $k_{\mathrm{M}} \equiv (k_{\mathrm{public},b})^i \bmod p$。 ⑨ 加密消息 $C \equiv M \cdot k_{\mathrm{M}} \bmod p$，$M \in \mathbf{Z}_p^*$。 ⑩ 将掩码密钥 k_{M} 与密文 C 发给 Bob。 | ⑪ 计算掩码密钥 $k_{\mathrm{M}} \equiv (k_{\mathrm{E}})^{k_{\mathrm{private},b}} \bmod p$。 ⑫ 解密 $M \equiv C \cdot (k_{\mathrm{M}})^{-1} \bmod p$。 |

需要注意的是，ElGamal 是一个概率加密协议，即使用相同的公钥加密两个相同的消息也有很大的概率得到两个不同的密文。这主要是因为每次加密过程使用的 i 是从 $\{2,3,\cdots,p-2\}$ 中随机选取的，所以每轮加密中使用的掩码密钥 k_{M} 也是随机选取的。

ElGamal 协议的正确性易证，在此忽略。

4.3.4 椭圆曲线密码体制

基于 RSA 算法的公开密钥密码体制得到了广泛的应用。但随着计算机处理能力的提高和计算机网络技术的发展，安全使用 RSA 算法要求增加密钥长度，这对本来计算速度缓慢的 RSA 算法来说无疑是雪上加霜。这个问题对那些进行大量安全交易的电子商务网站来说显得更加突出。椭圆曲线密码体制（Elliptic Curve Cryptography，ECC）的提出改变了这种状况，实现了密钥效率的重大突破，大有以强大的短密钥优势取代 RSA 密码体制之势。

ECC 是迄今被实践证明安全、有效的三类公钥密码体制（基于大整数分解、离散对数及椭圆曲线离散对数难解性的密码体制）之一，以高效性著称，由 Neal Koblitz 和 Victor Miller 在 1985 年分别提出，并在近年开始得到重视。ECC 的安全性基于椭圆曲线离散对数问题的难解性，即椭圆曲线离散对数问题被公认为比整数因子分解问题（RSA 算法的基础）和模 p 离散对数问题（DSA 算法的基础）难解得多，一般来说，ECC 没有亚指数攻击，所以它的密钥长度大大地缩短，256 位的 ECC 密钥可以达到对称密码体制 128 位密钥的安全水平，这就保证了 ECC 成为目前已知公钥密码体制中每位提供加密强度最高的一种体制。ECC 与 RSA 密码体制相比的主要优点在于，它能够用少得多的比特数取得和 RSA 密码体制同等强度的安全性，因此可以减少处理开销。

1. 椭圆曲线的定义

定义 4.12　一般来说，椭圆曲线满足如下二元三次方程，即包括

$$y^2 = x^3 + ax + b$$

的点的集合和一个无穷远点 $\mathcal{O}$。其中，a,b 为系数，且满足 $4a^2 + 27b^3 \neq 0$。

图 4-6 为 a,b 取不同的值时，对应的椭圆曲线图像。

对密码学来说，主要使用有限域上的椭圆曲线。下面给出有限域上椭圆曲线的定义。

定义 4.13　有限域上的椭圆曲线对于固定的 a,b，满足以下方程，即包括

$$y^2 \equiv x^3 + ax + b \bmod p$$

的点的集合和一个无穷远点O。其中，a,b,x,y 均在有限域 $\{0,1,\cdots,p-1\}$ 上取值，且满足 $4a^2+27b^3 \neq 0$。p 为素数，且 $p>3$。

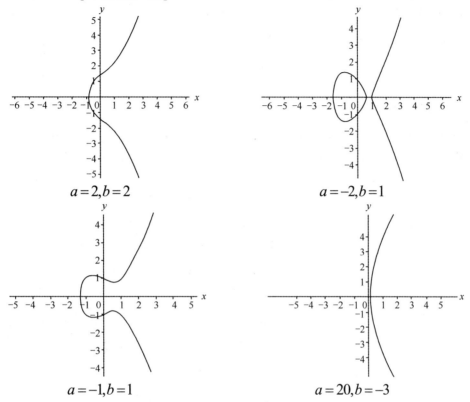

$a=2,b=2$ 　　　　　　　　　　$a=-2,b=1$

$a=-1,b=1$ 　　　　　　　　　　$a=20,b=-3$

图 4-6　椭圆曲线图像

例 8　$y^2 \equiv x^3+2x+2 \bmod 17$（不包含无穷远点$O$）的图像如图 4-7 所示，我们可以看到，有限域上的椭圆曲线是一个散点图，并且关于 $y=8.5$（注意：$17/2=8.5$）上下对称。实际上，每对上下对称的点 P_1 和点 P_2 互逆。换句话说，$P_1+P_2 \equiv 0 \bmod 17$。

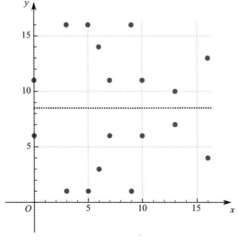

图 4-7　$y^2 \equiv x^3+2x+2 \bmod 17$（不包含无穷远点$O$）的图像

这类椭圆曲线通常可以用 $E_p(a,b)$ 表示。该椭圆曲线只有有限个点数 N（椭圆曲线的阶，包含无穷远点 O），并且 N 越大，安全性越高，其范围可以由以下定理确定。

定理 4.11（Hasse 定理） 给定一个定义在有限域 GF(p) 上的椭圆曲线 E，N 是 E 的阶，则其阶的取值范围为

$$p+1-2\sqrt{p} \leqslant N \leqslant p+1+2\sqrt{p}$$

2. 椭圆曲线上的群操作

（1）相异点相加。椭圆曲线上的两点 P_1 和 P_2 相加，定义为通过 P_1 和 P_2 画一条直线，该直线与椭圆曲线的交点关于 x 轴对称位置的点为 $P_1 + P_2$，如图 4-8 所示。

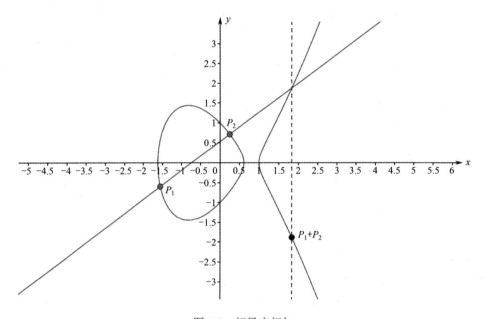

图 4-8 相异点相加

（2）相同点相加。在椭圆曲线加法中，若 $P_1 = P_2 = P$，则两点相加可以表示为 $P + P = 2P$，定义为过 P 点的切线，与椭圆曲线的交点关于 x 轴对称位置的点，如图 4-9 所示。

（3）取逆元。将椭圆曲线上的 P 点关于 x 轴对称位置的点定义为 $-P$，即为 P 点的逆元；由图 4-10 可知 $P + (-P) = O$，如果将 P 与 $-P$ 相加，过 P 与 $-P$ 的直线平行于 y 轴，那么可以认为，直线与椭圆曲线相交于无穷远点 O。

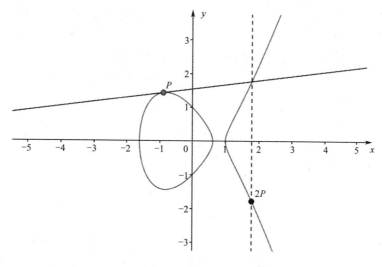

图 4-9　相同点相加

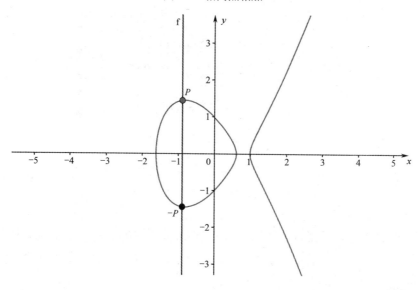

图 4-10　取逆元

对素数域 GF(p) 上椭圆曲线的群操作有如下表达式。

椭圆曲线上相同点或相异点相加，有

$$x_3 = s^2 - x_1 - x_2 \bmod px$$
$$y_3 = s(x_1 - x_3) - y_1 \bmod p$$

其中，

$$s = \begin{cases} \dfrac{y_2 - y_1}{x_2 - x_1} \bmod p, \text{当} P \neq Q（相异点相加） \\[4mm] \dfrac{3x_1^2 + a}{2y_1} \bmod p, \text{当} P = Q（相同点相加） \end{cases}$$

注：在相异点相加运算中，s指经过点P和Q的直线的斜率；在相同点加法中，s指经过点P的切线的斜率。

椭圆曲线上的点与无穷远点相加： 我们规定曲线上任意一点P，与无穷远点O相加，有

$$P + O = P$$

即无穷远点为椭圆曲线上群运算的单位元。

椭圆曲线上的取逆运算： 由于$P + (-P) = O$，所以点P的逆元$-P$是P点关于x轴的对称点，于是有

$$x_{-P} = x_P$$

$$y_{-P} \equiv -y_P \bmod P$$

例9 在域$\mathbf{Z}_{17}$上的椭圆曲线$E: y^2 \equiv x^3 + 2x + 2 \bmod 17$，基点$P = (5,1)$，求$2P$，$3P$。

$$2P = P + P（相同点加法）$$

$$s = \frac{3 \times 5^2 + 2}{2 \times 1^2} = 77 \times 2^{-1} \equiv 77 \times 9 \equiv 13 \bmod 17$$

$$x_{2P} = 13^2 - 5 - 5 \equiv 6 \bmod 17$$

$$y_{2P} = 13 \times (5 - 6) - 1 = -14 \equiv 3 \bmod 17$$

因此$2P = (6,3)$；

$$3P = 2P + P（相异点相加）$$

$$s = \frac{1 - 3}{5 - 6} \equiv 2 \bmod 17$$

$$x_{3P} = 2^2 - 5 - 6 \equiv 10 \bmod 17$$

$$y_{3P} = 2 \times (5 - 10) - 1 \equiv 6 \bmod 17$$

因此$3P = (10,6)$。

由以上运算可知，有限域上的椭圆曲线$E_p(a,b)$构成群，并且运算满足交换律，因此该群是一个阿贝尔群。对于素数阶的椭圆曲线$E_p(a,b)$，由定理4.7可知，该椭圆曲线构成循环群。

3. 椭圆曲线上的密码

为了使用椭圆曲线构造密码体制，需要解决椭圆曲线上的数学困难问题。

定义4.14（椭圆曲线离散对数问题，ECDLP） 在椭圆曲线$E_p(a,b)$构成的阿贝尔群上考虑方程$Q = kY$，其中，$Q, Y \in E_p(a,b)$，$k < p$；则由k,Y容易求得Q，但由Y,Q求得k则是困难的。

我们现在可以实现基于椭圆曲线的Diffie-Hellman密钥交换。首先必须统一域参数，即选择合适的椭圆曲线和生成元。

ECDH 参数的生成方式如下。

① 选择一个素数 p 和椭圆曲线 $E_p(a,b): y^2 \equiv x^3 + ax + b \bmod p$。

② 选择一个素数阶的生成元 $P = (x_P, y_P)$，该点阶为 n，即 $nP = G$，G 是生成阶为 n 的子群。

③ 公开参数 (p, a, b, P, n)。

ECDH 密钥交换方式如下。

Alice	Bob
① 选择 $k_{\text{private},a} \in \{2, 3, \cdots, n-1\}$。	① 选择 $k_{\text{private},b} \in \{2, 3, \cdots, n-1\}$。
② 计算 $k_{\text{public},a} = k_{\text{private},a}P$。	② 计算 $k_{\text{public},b} = k_{\text{private},b}P$。
③ 将 $k_{\text{public},a}$ 发给 Bob。	③ 将 $k_{\text{public},b}$ 发给 Alice。
④ 联合密钥 $k_{\text{AB}} = k_{\text{private},a}(k_{\text{public},b})$。	④ 联合密钥 $k_{\text{AB}} = k_{\text{private},b}(k_{\text{public},a})$。

此协议的正确性证明非常简单，在此略去。

4.4 哈希算法

Hash（哈希或散列）算法是非常基础且非常重要的计算机算法，它能够将任意长度的二进制明文串映射为较短的二进制串用于表示 Hash 值，并且不同的明文很难映射为相同的 Hash 值。

例如，字符串"hello world"使用 SHA-256 算法得到的 Hash 值为 b94d27b9934d3e08a52e52d7da7dabfac484efe37a5380ee9088f7ace2efcde9。

这意味着对于某个文件，无须查看其内容，只需要其使用 SHA-256 算法得到的结果同样为 b94d27b9934d3e08a52e52d7da7dabfac484efe37a5380ee9088f7ace2efcde9，即可说明文件内容极大概率是"hello world"。

Hash 值在应用中经常被称为指纹（Fingerprint）或摘要（Digest）。Hash 算法的核心思想也经常被应用在基于内容的编址或命名算法中。

一个优秀的 Hash 算法将实现如下功能。

（1）压缩性。对任意长度的输入 x，输出的 $H(x)$ 为固定长度哈希值。在很多场景下，往往要求算法对任意长度的输入内容可以输出固定长度的 Hash 值。

（2）单向性。给定一个输入 x，容易通过正向计算得到哈希函数值 $H(x)$，但若结合哈希函数值 $H(x)$ 和哈希函数 $H(\bullet)$ 反推原始输入 x 则十分困难。

（3）抗碰撞性。由于映射的输出空间（值域）通常小于输入空间（定义域），所以碰撞肯定是存在的，但哈希函数的设计过程必须尽可能避免碰撞。如果对给定哈希函数 $H(\bullet)$，很难找到一对输入消息 x_1 和 x_2，那么在满足 $x_1 \neq x_2$ 的情况下，有 $H(x_1) = H(x_2)$，这称哈希函数具有强抗碰撞性。反之，如果对给定消息 x_1 及其哈希函数值 $H(x_1)$，很难找到另外一个消息 x_2，那么有 $H(x_1) = H(x_2)$，这称哈希函数具有弱抗碰撞性。

（4）雪崩效应。如果输入值发生微小的变化，那么其哈希函数的输出值将显著改变。在理想的情况下，当哈希函数的一个输入位发生变化时，一般将有一半的输出位会发生变化。

安全 Hash 算法（SHA-1 算法）是 MD4 家族中使用最广泛的消息摘要函数之一。尽管人们已经提出了针对此算法的新攻击，但仔细学习此算法的详细内容仍是非常有帮助的，因为 SHA-2 算法家族中更强版本的内部结构都与它类似。SHA-1 算法基于 Merkle-Damgård 的结构设计如图 4-11 所示。

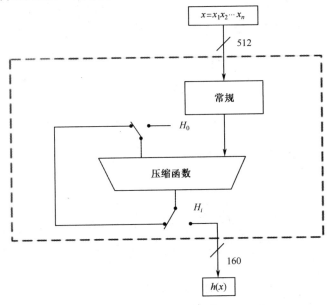

图 4-11　SHA-1 算法的结构设计

对 SHA-1 算法的一个非常有趣的解释是，压缩函数的工作方式与分组密码相同：输入都是前一个哈希值 H_{i-1}，而密钥则由消息分组 x_i 组成。下面我们将看到 SHA-1 算法的实际运算轮数与 Feistel 分组密码非常相似。

SHA-1 算法允许输入的最大消息长度为 $2^{64}-1$ 位，产生的输出长度为 160 位。在进行哈希计算前，此算法需要先对消息进行预处理。在实际计算过程中，压缩函数将消息按照 512 位进行分组处理。压缩函数共有 80 轮运算，而这 80 轮运算可以分成 4 个分别由 20 轮运算组成的阶段。

1. 预处理

在进行哈希运算前，消息 x 必须先进行填充，直到其大小为 512 位的倍数。为了便于内部处理，填充后的消息必须分组；同时，初始值 H_0 也需要设置为一个预定义的常量。

填充　假设有一个长度为 l 位的消息 x。为了使整个消息的大小为 512 位的整数倍，我们将一个 1、k 个 0，以及 l 的二进制表示的 64 位值追加到消息后面。最后，需要的 0 的个数 k 可以表示为

$$k \equiv 512 - 64 - 1 - l \equiv 448 - (l-1) \bmod 512$$

图 4-12 说明了 SHA-1 算法中对消息 x 的填充。

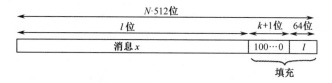

图 4-12　SHA-1 算法中对消息 x 的填充

例 10　给定一个由 3 个 8 位 ASCII 字符组成的消息 abc，其总长度为 $l = 24$ 位。

$$\underbrace{01100001}_{a}\underbrace{01100010}_{b}\underbrace{01100011}_{c}$$

我们将一个 1 和 k 个 0（$k = 423$）追加到消息后面，其中，k 可以使用以下方法确定，即

$$k \equiv 448 - (l+1) = 448 - 25 \equiv 423 \bmod 512$$

最后，将包含 $l = 24_{10} = 11000_2$ 的二进制表示的 64 位值追加到最后。填充后的消息可以表示为

$$\underbrace{01100001}_{a}\underbrace{01100010}_{b}\underbrace{01100011}_{c}\ 1\ \underbrace{00\cdots0}_{423\text{个零}}\ \underbrace{00\cdots011000}_{l=24}$$

分割填充后的消息　在使用压缩函数前，我们需要将消息按照 512 位分组为 $x_1, x_2, \cdots, x_n$。每个 512 位的分组又可分割为 16 个大小为 32 位的单词。例如，消息 x 的第 i 个分组可以分割为

$$x_i = (x_i^{(0)}, x_i^{(1)}, \cdots, x_i^{(15)})$$

其中，$x_i^{(k)}$ 表示大小为 32 位的单词。

初始值 H_0　一个 160 位的缓冲区用于存放第一轮运算需要的初始哈希值。这 5 个 32 位的单词是固定的，它们对应的十六进制表示如下：

$$A = H_0^{(0)} = 67452301$$
$$B = H_0^{(1)} = \text{efcdab89}$$
$$C = H_0^{(2)} = 98\text{badcfe}$$
$$D = H_0^{(3)} = 10325476$$
$$E = H_0^{(4)} = \text{c3d2e1f0}$$

2．哈希运算

如图 4-13 所示，将每个消息 x 的分组处理分为 4 个阶段，其中每个阶段都包含 20 轮运算。SHA-1 算法的使用方式如下。

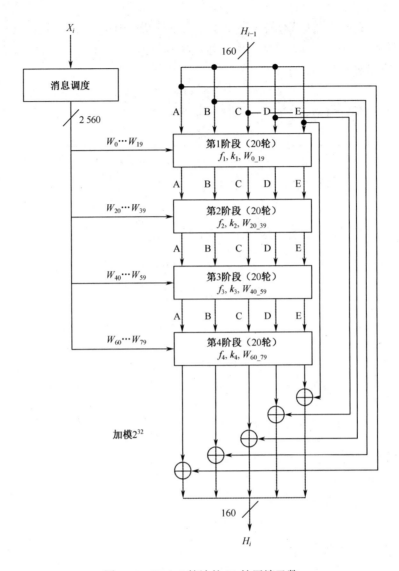

图 4-13　SHA-1 算法的 80 轮压缩函数

消息调度，共 80 轮运算，每轮运算都计算一个 32 位的单词 $W_0,W_1,\cdots,W_{79}$。单词 W 从 512 位的消息分组中得到，即

$$W_j=\begin{cases}x_i^{(j)} & ,0\leqslant j\leqslant 15\\ \left(W_{j-16}\oplus W_{j-14}\oplus W_{j-8}\oplus W_{j-3}\right)_{<<<1} & ,16\leqslant j\leqslant 79\end{cases}$$

其中，$X_{<<<1}$ 表示将单词 X 循环左移 n 位。

5 个 32 位的工作寄存器为 A、B、C、D、E。

哈希值 H_i 由 5 个大小为 32 位的单词 $H_i^{(0)}$、$H_i^{(1)}$、$H_i^{(2)}$、$H_i^{(3)}$、$H_i^{(4)}$ 组成。开始时，哈希值的初始值为 H_0；而在每次处理完单个消息分组后，此哈希值将被得到的新哈希值替换。最后一个哈希值 H_n 等于 SHA-1 算法的输出 $h(x)$。

SHA-1 算法中的这 4 个阶段结构相似，只是使用的内部函数 f_t 和常量 K_t 不同。其中，$1 \leqslant t \leqslant 4$。每个阶段包含 20 轮运算，在每轮运算中，函数 f_t 和某个与阶段无关的常量 K_t 一起处理一部分消息分组。第 80 轮运算后的输出与输入值 H_{i-1} 模 2^{32} 进行按位相加。

SHA-1 算法在第 t 阶段第 j 轮运算内的输入和输出如图 4-14 所示，可以表示为

$$A,B,C,D,E = \left(E + f_t(B,C,D) + (A)_{<<<5} + W_j + K_t \right), A, (B)_{<<<30}, C, D$$

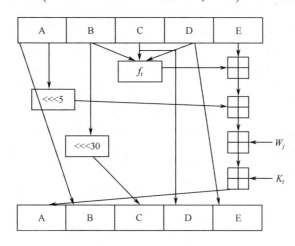

图 4-14　SHA-1 算法在第 t 阶段第 j 轮运算内的输入和输出

内部函数 f_t 和常量 K_t 的改变取决于表 4-2 中的阶段，即每 20 轮运算使用一个新的函数和新的变量。内部函数仅使用按位的布尔操作，即逻辑与（$\wedge$）、逻辑或（$\vee$）、逻辑否（$\neg$）和异或。这些操作的对象都是 32 位的变量，并且在现代 PC 上的实现速度非常快。

表 4-2　SHA-1 算法中的轮函数和轮常量

阶段 t	第 j 轮	常量 K	函数 f_t
1	$0,1,\cdots,19$	$K_1 = 5a827999$	$f_1(B,\ C,\ D) = (B \wedge C) \vee (B \wedge D)$
2	$20,21,\cdots,39$	$K_2 = 6ed9eba1$	$f_2(B,\ C,\ D) = B \oplus C \oplus D$
3	$40,41,\cdots,59$	$K_3 = 8f1bbcdc$	$f_3(B,\ C,\ D) = (B \wedge C) \vee (B \wedge D) \vee (C \wedge D)$
4	$60,61,\cdots,79$	$K_4 = ca62c1d6$	$f_4(B,\ C,\ D) = B \oplus C \oplus D$

图 4-14 描述了 SHA-1 算法在第 t 阶段的第 j 轮运算，SHA-1 算法的轮运算与 Feistel 发明的 Luby-Rackoff 分组密码中的轮函数有一些相似之处，这种结构有时也被称为 Feistel 网络。Feistel 网络的一个典型特征是：输入的第一部分被直接复制到输出中，输入的第二部分则使用经过某个函数处理的第一部分进行加密。例如，DES 算法中使用的是 f 函数。在 SHA-1 算法的轮运算中，输入 A、B、C 和 D 没有任何修改或只进行了少量修改（对 B 进行循环移动）就传递给输出。然而，输入单词 E 的加密是通过与来自其

他 4 个输入单词的值相加实现的。从消息中得到的值 W_iW 和轮常量扮演的是子密钥的角色。

3. 实现

SHA-1 算法是专门为良好的软件实现而设计的，它在每轮运算中只需要使用 32 位寄存器进行按位布尔操作，这种设计虽然简洁高效，但随之而来的是需要进行较多轮次的处理来确保其安全性和完整性。然而，使用优化的 SHA-1 算法在现代 64 位的微处理器上可达到 1 Gb/s 甚至更高的吞吐量。这通常指的是高度优化的汇编代码软件，因为绝大多数的普通实现都是相当慢的。一般而言，SHA-1 算法和其他 MD4 家族算法的一个缺点是：它们很难并行化实现，即在一轮运算中并行地执行多个布尔操作是非常困难的。

在硬件上，SHA-1 算法肯定不能算是一个真正的大算法，但是若干因素导致它比人们想象的大很多。SHA-1 算法在传统 FPGA 上的硬件实现可以达到每秒几千兆的传输速率，与基于 PC 的实现相比，这个传输速率并不具有开创性，有 2 个主要原因：①函数 f 依赖阶段数 t；②此算法需要大量寄存器来存放 512 位的中间结果。因此，类似 AES 算法的分组密码在硬件上通常更小、更快。

4.5 数字签名技术

与在纸质合同上签名、确认合同内容和证明身份类似，数字签名基于非对称加密，既可用于证实某数字内容的完整性，又可确认来源或不可抵赖（Non-Repudiation）。

一个典型的场景是：Alice 通过信道发给 Bob 一个文件（一份信息），那么 Bob 怎样确定自己收到的文件由 Alice 发出且是完整无误的原始版本呢？Alice 可以先对文件内容进行摘要，然后用自己的私钥对摘要进行加密（签名），同时将文件和签名都发给 Bob。Bob 收到文件和签名后，用 Alice 的公钥来解密签名，得到数字摘要，同时把收到的文件进行摘要，两者进行对比。如果摘要结果一致，那么说明该文件确实是 Alice 发过来的（因为别人无法拥有 Alice 的私钥），并且文件内容没有被修改过。

如图 4-15 所示，Gen 表示密钥生成算法，Sign 表示签名算法，Verify 表示验证算法。通过安全参数 k 产生公钥密码体制中的公钥 P_k 和私钥 S_k。签名者使用签名算法 Sign 和自己的私钥 S_k 对消息 m 进行签名，验证者利用公开验证算法 Verify 和签名者公开的 P_k 等信息对签名 Sign(m) 进行验证，若验证通过，则返回真；若验证不通过，则返回假。

在签名方案中，用于签名的私钥 S_k 必须妥善保管且不能泄露，否则得到私钥的人将能够伪造签名，而签名者的公钥 P_k 可以公开。由公钥密码体制的性质可知，使用公钥无法推导出签名者的签名私钥。由于每个签名者的签名私钥都是唯一的，所以验证签名也就验证了签名者的身份，同时验证了签名消息未被篡改。

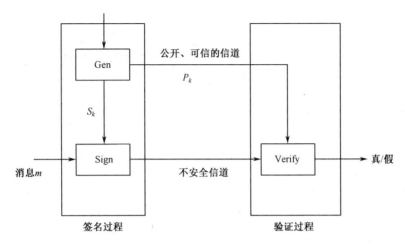

图 4-15 数字签名过程

4.5.1 RSA 签名方案

RSA 签名方案基于 RSA 加密，其安全性取决于因式分解两个大素数乘积的难度。其签名过程如下。

（1）选择参数。

选择两个大素数 p 和 q，计算 $n = p \times q$，$\phi(n) = (p-1) \times (q-1)$。

（2）密钥生成。

选择一个整数 e，满足 $e \in \{2,3,\cdots,\phi(n)\}$，且 $\gcd[\phi(n),e] = 1$；计算 d，满足 $d \times e \equiv 1 \bmod \phi(n)$；其中，公钥为 $\{n,e\}$，私钥为 $\{n,d\}$。

（3）签名。

设消息为 M，对其进行签名为

$$\sigma \equiv M^d \bmod n$$

（4）验证。

接收方收到消息 M 和签名 σ 后，验证 $M \overset{?}{\equiv} \sigma^d \bmod n$ 是否成立，若成立，则签名有效。

但在实际应用中，数字签名是对消息的哈希值进行签名产生的，而不是直接对消息本身进行加密产生的。

例 11 假设 Bob 想发送一个消息（$x = 4$）给 Alice，并使用 RSA 签名算法。Alice 验证签名的合法性。

Alice	Bob
	① 选择 $p = 3$ 和 $q = 11$；
	② $n = p \times q = 33$；

<table>
<tr>
<td>⑦ 收到 Bob 的公钥 $\{n,e\} = \{33,3\}$ ；</td>
<td>③ $\phi(n) = (p-1)(q-1) = 20$ ；
④ 选择 $e = 3$ ；
⑤ $d \equiv e^{-1} \equiv 7 \bmod 20$ ；
⑥ 将公钥 $\{n,e\} = \{33,3\}$ 公布；

⑧ 计算消息的签名：
$s = x^d \equiv 4^7 \equiv 16 \bmod 33$
⑨ 将签名 $(x,s) = (4,16)$ 发给 Alice；</td>
</tr>
<tr>
<td colspan="2">⑩ 验证 $s^e \equiv 16^3 \equiv 4 \equiv 33$ ，因此：
$s^e \equiv x \equiv 33$ ，签名有效。</td>
</tr>
</table>

如果认证签名有效，那么 Alice 可以得出结论：这个消息确实是由 Bob 生成的，且消息在传输过程中未被修改。数字签名并没有将消息本身进行加密，因此不具有保密性。在实际应用中，通常将签名算法和加密算法搭配使用。

4.5.2 ElGamal 数字签名方案

ElGamal 数字签名方案最早于 1985 年发布，它是基于计算离散对数的难度提出的。ElGamal 数字签名分为 3 个阶段：密钥生成、计算签名、签名验证。具体步骤如下。

（1）密钥生成。

① 选择一个大素数 p ；

② 选择 $\mathbf{Z}_p^*$ 或它的一个子群内的生成元 α ；

③ 随机选择整数 $d \in \{2,3,\cdots,p-2\}$ ；

④ 计算 $\beta = \alpha^d \bmod p$ 。其中， $k_{\text{public}} = (p,\alpha,\beta)$ 为公钥， $k_{\text{private}} = d$ 为私钥。

（2）计算签名。

设消息为 x ，

① 首先，随机选择一个临时密钥 $k_E \in \{2,3,\cdots,p-2\}$ ，且满足

$$\gcd(k_E, p-1) = 1$$

② 计算签名：

$$e \equiv \alpha^{k_E} \bmod p$$
$$s \equiv (x - d \cdot r)k_E^{-1} \bmod p-1$$

签名为 (r,s) 。

（3）签名验证。

接收方使用发送方公钥、签名值、消息来验证签名的有效性。

① 计算：

$$t \equiv \beta^r r^s \bmod p$$

② 验证：

$$t\begin{cases} \equiv \alpha^x \bmod p, \text{签名有效} \\ \neq \alpha^x \bmod p, \text{签名无效} \end{cases}$$

下面证明 ElGamal 签名的正确性。

证：

$$\beta^r r^s \equiv (\alpha^d)^r (\alpha^{k_E})^s \bmod p$$
$$\equiv \alpha^{dr+k_E s} \bmod p$$

若 $\alpha^x \equiv \alpha^{dr+k_E s}$ 成立，则可知签名有效。首先证明以下结论。

若 $\gcd(\alpha, p)=1$ ， b 为非负整数，则有 $\alpha^b = \alpha^{b \bmod \phi(p)} \bmod p$ ；由于 $\alpha^{b-b \bmod \phi(p)}$ $\alpha^{b \bmod \phi(p)} = \alpha^b$ ，且 $b \bmod \phi(p) = b - k\phi(p)$ ， k 为整数，因此可得 $\alpha^{b-b \bmod \phi(p)} \alpha^{b \bmod \phi(p)} = \alpha^{k\phi(p)} \alpha^{b \bmod \phi(p)}$ ，由欧拉定理可知 $\alpha^{\phi(p)} \equiv 1 \bmod p$ ，所以 $\alpha^b \equiv \alpha^{k\phi(p)} \alpha^{b \bmod \phi(p)} \equiv \alpha^{b \bmod \phi(p)} \bmod p$ 。

若 p 为素数，且 α 是循环群 $\mathbf{Z}_p^*$ 的生成元，则对 $\alpha^x \equiv \alpha^y \bmod p$ ， x 与 y 为非负整数，有 $x \bmod (p-1) = y \bmod (p-1)$ ；由以上证明可知， $\alpha^{x \bmod (p-1)} \equiv \alpha^{y \bmod (p-1)} \bmod p$ ，令 $r_1 = x \bmod (p-1)$ ， $r_2 = y \bmod (p-1)$ ，可知 r_1 与 r_2 小于 $p-1$ 。在循环群 $\mathbf{Z}_p^*$ 中，若 $\alpha^{r_1} \equiv \alpha^{r_2} \bmod p$ ，且 r_1 与 r_2 小于 $p-1$ ，则必然有 $r_1 = r_2$ 。

假设 $\alpha^x \equiv \alpha^{dr+k_E s}$ 成立，因此有 $x \equiv dr + k_E s \bmod (p-1)$ ，进而可以得到数字签名的参数 $s \equiv (x-d \cdot r) k_E^{-1} \bmod (p-1)$ ，所以签名正确。

例 12　假设 Bob 发送一个消息（ $x=26$ ）给 Alice，发送的消息使用 ElGamal 进行签名，当 Alice 接收到消息后，验证签名合法性，算法步骤如下。

Alice	Bob
	① 选择 $p=29$ ；
	② 选择 $\alpha=2$ ；
	③ 选择 $d=12$ ；
	④ $\beta \equiv \alpha^d \equiv 7 \bmod 29$ ；
	⑤ 将公钥 $\{p,\alpha,\beta\}=\{29,2,7\}$ 公布，私钥为 $d=12$ ；
⑥ 收到 Bob 的公钥 $\{p,\alpha,\beta\}=\{29,2,7\}$ ；	⑦ 计算消息的签名：选择 $k_E=5$ ，计算 $r=\alpha^{k_E} \equiv 2^5 \equiv 3 \bmod 29$, $s=(x-dr)k_E^{-1} \equiv (-10) \times 17 \equiv 26 \bmod 28$ ；
	⑧ 将签名 $(x,(r,s))=(26,(3,26))$ 发给 Alice；
⑨ 验证： $t=\beta^r r^s \equiv 7^3 \times 3^{26} \equiv 22 \bmod 29$ ， $\alpha^x \equiv 2^{26} \equiv 22 \bmod 29$ ， $t \equiv \alpha^x \bmod 29$ ，可得签名有效。	

4.5.3　数字签名算法

数字签名标准（Digital Signature Standard，DSS）是美国国家标准与技术研究院（NIST）在 1994 年 5 月 19 日正式公布的联邦信息处理标准 FIPS PUB 186 的基础上，于1994 年 12 月 1 日颁布的。DSS 最初只支持数字签名算法（Digital Signature Algorithm，DSA），它是 ElGamal 数字签名方案的改进，其安全性取决于计算离散对数的难度。后来该标准经过一系列修改，目前使用的标准于 2000 年 1 月 27 日公布，该标准的扩充版为 FIPS PUB 186-2，新增了基于 RSA 和 ECC 的数字签名算法，这里只介绍 DSA。

DSA 主要分为 3 步，分别为密钥生成、签名生成与验证，具体步骤如下。

（1）密钥生成。

① 选择 p：满足 $2^{L-1} < p < 2^L$ 的大素数，其中，$512 \leqslant L \leqslant 1\,024$ 且 L 是 64 的倍数；

② 选择 q：$p-1$ 的素因子，满足 $2^{159} < q < 2^{160}$；

③ 选择 g：$g \equiv h^{(p-1)/q} \bmod p$，其中，$h$ 是满足 $1 < h < p-1$ 且使得 $h^{(p-1)/q} \bmod p > 1$ 的任意一个整数；

④ 选择 x：满足 $0 < x < q$ 的随机数或伪随机数；

⑤ 计算 y：$y = g^x \bmod p$。其中，公钥为 $k_{\text{public}} = (p, q, g, y)$，私钥为 $k_{\text{private}} = x$。

（2）签名生成。

① 用户为待签消息 M 选取秘密数 k，k 是随机数或伪随机数，满足 $0 < k < q$。

② 用户对消息 M 的签名为 (r, s)，其中 $r \equiv (g^k \bmod p) \bmod q$，$s \equiv \left[k^{-1} \left(H(M) + xr \right) \right] \bmod q$，$H(M)$ 是由 SHA 算法求出的哈希值。

（3）验证。

① 设接收方收到的消息为 M'，签名为 (r', s')。计算

$$w \equiv (s')^{-1} \bmod q, u_1 \equiv \left[H(M')w \right] \bmod q$$

$$u_2 \equiv r'w \bmod q, v \equiv \left[(g^{u_1} y^{u_2}) \bmod p \right] \bmod q$$

② 检查 $v \overset{?}{=} r'$，若相等，则认为签名有效。这是因为，若 $(M', r', s') = (M, r, s)$，则

$$v \equiv \left[\left(g^{H(M)w} g^{xrw} \right) \bmod p \right] \bmod q \equiv \left[g^{(H(M)+xr)s^{-1}} \bmod p \right] \bmod q$$

$$\equiv \left(g^k \bmod p \right) \equiv q \equiv r$$

由于计算离散对数具有困难性，所以从 r 恢复 k 或从 s 恢复 x 都是不可行的。

还有一个问题值得注意，即签名产生过程中的运算主要是求 r 的模指数运算 $r = (g^k \bmod p) \bmod q$，而这一运算与待签的消息无关，因此能被预先计算。事实上，用户可以预先计算出很多 r 和 k^{-1}，以备之后的签名使用，从而可大大加快签名产生的速度。

4.5.4　椭圆曲线签名算法

相比于 RSA 方案和 DL 方案（类似 ElGamal 或 DSA 的方案），椭圆曲线密码体制（ECC）具有很多优势。尤其是目前不存在针对 ECC 的强攻击，而位长度范围为 160～256 位的椭圆曲线提供的安全性与 1 024～3 072 位的 RSA 方案和 DL 方案提供的安全性相当。此外，位长度较短的 ECC 需要的处理时间也较短，产生的签名也较短。正是基于这些原因，美国国家标准学会（ANSI）在 1999 年对椭圆曲线数字签名算法（ECDSA）进行了标准化。

ECDSA 中的步骤与 DSA 方案中的步骤在概念上联系紧密。然而，ECDSA 中的离散对数问题是在椭圆曲线群中构建起来的。因此，实际计算一个 ECDSA 签名所执行的算术运算与 DSA 中的完全不同。ECDSA 标准是针对素数域 $\mathbf{Z}_p$ 和伽罗瓦域上的椭圆曲线定义的，而前者在实际中更常用，所以下面仅对其进行介绍。

（1）密钥生成。

ECDSA 密钥的计算方式如下。

① 使用椭圆曲线 $E: y^2 \equiv x^3 + ax + b \bmod p$，生成点 A，其中，p 为模数，a 和 b 为系数，点 A 是素数阶 q 构成的循环群中的元素；

② 选择一个随机整数 d，且 $0 < d < q$；

③ 计算 $B = dA$。

密钥为

$$k_{\text{pub}} = (p, a, b, q, A, B)$$
$$k_{\text{pr}} = (d)$$

为达到更高的安全等级，循环群的素数阶 q 的长度应该大于或等于 160 位。

（2）签名生成。

与 DSA 签名一样，ECDSA 签名由一对整数 (r, s) 组成。其中，每个值的位长度都与 q 相同，这有助于实现十分简洁的签名。使用公钥和私钥计算消息 x 的签名的方式如下。

① 选择一个整数作为随机临时密钥 k_E，且 $0 < k_E < q$；

② 计算 $R = k_E A$；

③ 设置 $r = x_R$，x_R 为 R 的横坐标值；

④ 计算 $s \equiv (H(x) + d \cdot r) k_E^{-1} \bmod q$。

（3）验证。

① 计算辅助值 $w \equiv s^{-1} \bmod q$；

② 计算辅助值 $u_1 \equiv w \cdot H(x) \bmod q$；

③ 计算辅助值 $u_2 \equiv w \cdot r \bmod q$；

④ 计算 $P = u_1 A + u_2 B$；

⑤ 验证 $\text{Ver}_{k_{\text{pub}}}(x, (r, s))$ 为

$$x_P \begin{cases} \equiv r \bmod q, & \text{有效签名} \\ \neq r \bmod q, & \text{无效签名} \end{cases}$$

其中，x_P 表示点 P 的横坐标值。只有当 x_P 与签名参数 r 模 q 相等时，验证者才会接受签名 (r,s)；否则，本签名将被视为无效。

4.6 后量子密码

近年来，随着量子计算机的快速发展，破解离散对数等数学难题的时间大幅减少，这将严重损害数字通信的安全性、保密性和完整性。与此同时，一个新的密码学领域，即后量子密码学（Post-Quantum Cryptography，PQC）应运而生，基于它的加密算法可以对抗量子计算机的攻击，因此成为近年来的热点研究方向。2016 年以来，美国国家标准与技术研究院（NIST）向世界各地的研究者征集抗量子密码学方案，并对全部方案进行安全性、成本和性能的评估，最终通过评估的候选方案将被标准化。目前，NIST 后量子密码学算法征集的各方案中主要的实现方法有基于哈希、基于编码、基于格和基于多变量的后量子密码学算法。NIST PQC 标准化过程主要涉及 3 个方面的评估标准：安全性、成本与性能，以及算法与实现特征。图 4-16 显示了 NIST PQC 比赛第 3 轮决赛算法及其在各种算法类别中的位置。在第 3 轮决赛中，基于格的算法是最常见的。因为格密码的数学原理相似，所以容易受到类似的攻击，很可能最多选择一个基于格的算法来标准化。基于格的算法由其相对简单的结构和即使在最坏的情况下仍能提供很好的安全性而成为热门的候选方法。针对 PQC 征集方案，本节将依次对其进行介绍。

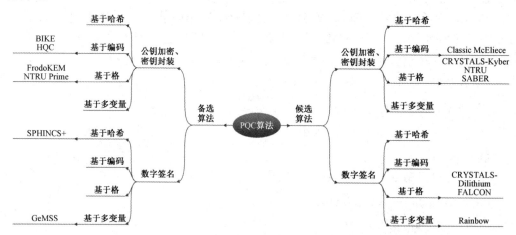

图 4-16 NIST PQC 比赛第 3 轮决赛算法按类别分组

4.6.1　基于哈希的公钥密码学

基于哈希的签名方案的安全性来自哈希函数的安全性，典型方案为默克尔（Merkle）签名方案，由一次性签名方案（One Time Signature，OTS）演变而来，并结合 Merkle 的哈希树认证机制，共同构造出一个完全的二叉树来实现数字签名。哈希树的根是公钥，一次性的认证私钥是树中的叶子节点。一次签名方案的主要优势在于：每对公私钥只能用于一条消息的签名，防止了重放攻击（Replay Attack），即如果使用同一个公钥密钥对来签署两个不同的消息，那么消息很容易被攻击者伪造。因为该体制的安全性不依赖大整数分解和离散对数这两类困难问题，所以被认为可以抵抗量子密码分析。其优点是签名和验证效率高，缺点是签名和密钥较长，产生密钥的代价较大。

4.6.2　基于编码的公钥密码学

基于编码理论构造的公钥体制，其理论基础是解码问题的困难性。换句话说，就是在已知生成矩阵的情况下，在码空间寻找一个码字与已知码的最短汉明（Hamming）距离。如果已知码为 0，那么该问题就是最小权重问题，它的任意线性码的译码问题是 NP 完全问题。从本质上来说，基于编码的密码系统有两种类型。第一种系统是 McEliece 密码系统，第二种系统是 Niederreiter 密码系统。McEliece 密码系统是 Robert J. McEliece 在 1978 年提出的利用二进制 Goppa 代码开发的基于编码的公钥密码系统。Goppa 代码成为 McEliece 密码系统的主要选择，尽管该算法运行速度非常快，但大多数基于编码的方案密钥量大、签名效率低。因此，如何降低密钥量、提高签名效率成为该算法研究领域的热点问题。

4.6.3　基于格的公钥密码学

格公钥密码体制是一种基于最短向量问题（Shortest Vector Problem，SVP）和最近向量问题（Closest Vector Problem，CVP）等数学难题构造的公钥密码体制，它使用大维数格作为数学基础。SVP 是在大维数格中寻找长度最短的非零向量，而 CVP 是在大维数格中寻找与固定向量距离最近的向量，这两个问题都属于 NP 难题。目前，基于格的公钥实现分为 3 类：第一类是对 NTRU 及其改进算法的实现研究；第二类是对基于 LWE（Learning With Errors）问题或其变形问题的格公钥密码体制方案的实现研究，LWE 问题的高效性和简洁性使得基于 LWE 问题的格公钥密码体制实现效率较高；第三类是对基于格上特殊性质算法的实现研究。

基于格的密码算法的安全性与求解格中问题的困难性相关。相较于其他公钥密码算法，基于格的密码算法在达到相同甚至更高的安全强度时，公私钥尺寸更小，计算速度更快，且能够被用于构造多种密码学原语，因此更适用于真实世界中的应用。不过，缺点是参数往往较大，而参数的优化和效率的提升仍是该领域的挑战。

近年来，基于 LWE 问题和 RLWE（Ring-LWE）问题的格密码学研究发展迅速，被认为是最有希望被标准化的后量子加密技术路线之一。

4.6.4　基于多变量的公钥密码学

基于多变量的算法使用有限域上的二次多项式组，该二次多项式组具有多个变量，可以构造加密、签名、密钥交换等算法。这些算法的安全性依赖于求解有限域上随机生成的多变量非线性多项式方程组是 NP 困难的。目前，没有已知的经典算法或量子算法可以快速求解有限域上的多变量方程组。

对多变量密码系统的研究最早可追溯到 1988 年 Matsumoto 和 Imai 提出的 MI 密码体制，这是多变量公钥密码史上的一个里程碑，开启了该领域的研究和发展之路。1995年，Patarin 提出的线性化方程破解了 MI 密码体制，并于 1996 年提出了隐藏域方程（Hidden Field Equation，HFE）方案。然而，Kipnis 和 Shamir 分析证明了 HFE 方案的不安全性。基于多变量的方案效率较高，但缺点是公钥量大，且安全性不稳定。目前，可证明安全的密码体制及降低密钥量是该方案的挑战。

表 4-3 总结了后量子密码学算法的研究方向对比。对于表 4-3 中的密码学算法，当参数选择恰当时，目前尚无已知的量子计算机可以快速求解困难性假设问题。事实上，这些算法的安全性也依赖于不存在可以快速求解其底层数学问题或对算法本身进行高效攻击的算法，这也是量子计算机对于现有公钥密码算法存在很大威胁的原因。

表 4-3　后量子密码学算法的研究方向对比

	基于哈希的公钥密码学算法	基于编码的公钥密码学算法	基于格的公钥密码学算法	基于多变量的公钥密码学算法
安全性	哈希函数的安全性	任意线性码的译码问题是 NP 完全问题	格中困难问题，如最短向量问题（SVP）、最近向量问题（CVP）、LWE 问题和小整数解（SIS）问题	求解有限域上随机生成的多变量非线性多项式方程组是 NP 困难的
优点	签名和验证签名效率较高	加解密效率高（McEliece 密码系统），签名长度短（Courtois-Finiasz-Sendrier 密码系统）	强安全性（允许最坏情形困难性规约到一般情形困难性规约）	效率较高
缺点	签名和密钥较长、产生密钥的代价较大	密钥量大，签名效率较低	参数较大	公钥量大、安全性不稳定
挑战	安全性挑战	降低密钥量、提高效率	参数优化、提升效率	可证明安全的密码体制、降低密钥量

第 5 章　区块链与分布式一致性

构建在 P2P 网络上的区块链系统属于典型的分布式系统，以区块链共识算法为理论基础。在具体介绍区块链共识算法前，有必要对 P2P 网络、分布式一致性系统所包含的基础知识加以阐述。为此，本章首先对 P2P 网络进行基本介绍，其次阐述共识算法设计中的 FLP 不可能原理、CAP 原理、一致性协议和算法。

5.1　P2P 网络

5.1.1　P2P 网络的定义

P2P 网络是一种在对等节点（Peer）之间分配任务和工作负载的分布式应用架构。它是对等计算模型在应用层形成的一种组网或网络形式，也是近年来互联网最热门的技术之一。一般将 P2P 翻译成"点对点"或者"端对端"，而学术界则统一称之为 P2P 网络（Peer-to-Peer Networking）。虽然在学术界和工业界对 P2P 网络的定义没有统一的标准，但不同的研究学者和机构从不同的角度给出的定义并不矛盾，均从不同侧面反映了 P2P 网络的内在特点。

Graham 通过 3 个关键条件对 P2P 网络进行定义。

（1）具有服务器性能与级别的计算机设备。

（2）具有独立于传统 DNS 系统的寻址机制。

（3）能够在动态网络连接状态下协同工作的能力。

Abere 提出 P2P 系统具备 7 个特征，这些特征描述如下。

（1）没有集中化中心系统。

（2）没有集中化数据库。

（3）P2P 节点没有系统的全局视图。

（4）全局行为依靠局部行为的相互作用。

（5）所有存在的数据和服务都是可访问的。

（6）P2P 节点是自治的。

（7）P2P 节点及其相互之间的连接是不可靠的。

惠普实验室（Hewlett-Packard Laboratories）的 Milojicic 将 P2P 系统定义为一类采用分布式方式并利用分布式资源完成关键功能的系统。这些分布式资源包括计算能力、存储空间、数据、网络带宽及其他可用资源，这些关键功能包括分布式计算、数据内容共享、通信与协作或平台服务。分布式方式可以应用于算法、数据、元数据等方面，但并不排除在系统或应用程序的某些部分保留集中式方式。典型的 P2P 系统主要应用在互联网边缘或 Ad-Hoc 网络环境中。

IBM 对 P2P 网络的定义更为广泛，认为 P2P 网络是一个由相互协作的计算机组成的系统，该系统具备以下 3 个特征。

（1）系统依存于边缘化（非中央式服务器）设备的主动协作，每个成员直接从其他成员而不是从服务器中受益。

（2）系统中每个物理节点都可以扮演客户机/服务器的角色。

（3）系统应用的用户能够意识到彼此的存在，从而构成一个虚拟或实际的群体。

从研究的角度看，P2P 网络包含以下 3 个层面的含义。

（1）P2P 网络实现技术。实现 P2P 系统时所用到的技术，包括相关协议，如 Gnutella、FastTrack 等。

（2）P2P 通信模式。每个通信方都具备相同的逻辑处理能力，这与传统的客户机/服务器（C/S）模式有本质的不同。

（3）P2P 网络是由 P2P 节点、附属管理设备（如索引服务器等）及其相关应用等组成的可实现 P2P 功能的网络，它是一种运行在互联网上动态变化的逻辑网络。每个 P2P 系统都对应一个 P2P 网络，而实际上 P2P 网络中的每个物理节点即使不具备相同的物理处理能力，也不影响其具备相同的逻辑处理能力。

在 P2P 网络环境中，相互连接的多台计算机处于对等的地位。每台计算机具有相同的功能，既可作为服务器，设定共享资源供网络中其他计算机使用，也可以作为工作站。整个网络一般不依赖中心化的中心服务器，也没有专用的工作站。网络中的每台计算机既能充当网络服务的请求者，又能对其他计算机的请求做出响应，提供资源、服务和内容。通常这些资源和服务包括信息共享和交换、计算资源（如 CPU 计算能力共享）、存储共享（如缓存和磁盘空间的使用）、网络共享等。

简单地说，P2P 网络可以让不同的计算机用户之间直接交换数据或服务，而无须通过中继设备。在 P2P 网络中，每个节点的地位相同，具备客户机和服务器的双重特性，可以同时作为服务使用者和服务提供者。由于 P2P 网络技术的飞速发展，互联网的存储模式将从"内容位于中心"模式转变为"内容位于边缘"模式，改变互联网目前以大网站为中心的状态，重返"非中心化"的状态。

5.1.2　P2P 网络的特点

自互联网诞生之日起，P2P 网络就已经存在，它是互联网的起源和基础。P2P 网络

改变了目前在互联网中占主导地位的 C/S 模式
中信息在消费者和生产者之间不平衡的状态。
如图 5-1 所示，由于 P2P 网络中没有中心节点
（中心服务器），网络中的每个节点具有信息消
费者和信息提供者的双重身份，并且都具备信
息通信的功能，因此 P2P 网络应用的实现具有
强大的扩展性和灵活性，部署成本也较低，为
互联网的发布和共享带来了巨大的空间。

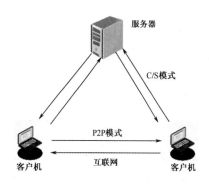

图 5-1　P2P 模式与 C/S 模式的区别

　　总体来说，P2P 网络结构中节点之间及其
边之间具有以下关系特点。

　　（1）动态性。P2P 网络动态地提供信息和
服务。

　　（2）双向性。P2P 网络切实实现信息和服务的交换与共享。

　　（3）直接性。P2P 网络无中介、等级和格式限制，可直接交换信息和服务。

　　（4）平等性。每个节点间地位平等，每个节点既是生产者，又是消费者。

　　（5）及时性。P2P 网络无服务器参与空间分配，可提供实时、可升级的信息。

　　（6）有效性。P2P 网络可充分利用各节点上个人计算机的硬件资源，在传输信息和
提供服务时精准定位目标。

　　从功能角度上分析，P2P 网络技术的特点主要体现在以下 6 个方面。

　　（1）非中心化。网络中的资源和服务分散在所有节点上，信息的传输和服务的实现
都直接在节点之间进行，无须中间环节和服务器的介入，避免了可能的瓶颈。即使在混
合 P2P 网络中，虽然在查找资源、定位服务或安全检验等环节需要集中式服务器的参
与，但主要的信息交换仍然在节点之间直接完成。这样大大降低了对集中式服务器的资
源要求和性能要求。分散化是 P2P 网络的基本特点，带来了其在可扩展性、健壮性等方
面的优势。

　　（2）可扩展性。在 P2P 网络中，随着用户的加入，不仅服务的需求增加了，系统整
体的资源和服务能力也在同步扩充，始终能比较容易地满足用户的需要。即使在诸如
Napster 等混合型架构中，由于大部分处理直接在节点之间进行，大大减少了对服务器
的依赖，因此 P2P 网络技术能够方便地推广到数百万名用户；而对于纯 P2P 网络，整
个体系是全分布的，不存在瓶颈。理论上，其可扩展性几乎可以认为是无限的。例如，
在传统的通过 FTP 下载文件的方式中，当下载用户增加后，下载速度会变得越来越慢，
然而 P2P 网络正好相反，加入的用户越多，P2P 网络中提供的资源就越多，下载的速度
反而越快。

　　（3）健壮性。P2P 架构具有耐攻击、高容错的优点。由于服务是分散在各个节点之
间进行的，即使部分节点或网络遭到破坏，对其他部分的影响也很小。P2P 网络一般在
部分节点失效时能够自动调整整体拓扑，保持其他节点的连通性。此外，P2P 网络通常
都是以自组织的方式建立起来的，且允许节点自由地加入和离开。一些 P2P 网络模型还

能够根据网络带宽、节点数、负载等变化不断地做自适应式的调整。因此，P2P网络具有较高的可靠性和稳定性，即使在面对一些突发状况时，也能够自适应地进行调整和应对，从而保障了网络的正常运行。

（4）高性价比。性能优势是P2P网络被广泛关注的一个重要原因。随着硬件技术的发展，个人计算机的计算能力、存储空间及网络带宽等性能依照摩尔定律高速增长。采用P2P网络架构可以有效地利用互联网中散布的大量普通节点，将计算任务或存储资料分布到所有节点上，利用其中闲置的计算能力或存储空间，达到高性能计算和海量存储的目的。目前，P2P网络在这方面的应用多在学术研究方面，一旦技术成熟并能够在工业领域推广，就可以为许多企业节省购买大型服务器的成本。

（5）隐私保护。在P2P网络中，各节点之间的信息传输不需要经过某个集中环节，这使用户的隐私信息被窃听和泄露的可能性大大减小。相比于传统的中继转发技术，P2P网络能够更好地保护用户的隐私信息。传统的匿名通信系统往往需要依赖一些中继服务器节点来实现匿名通信，而在P2P网络中，所有参与者都可以提供中继转发的功能，从而大大提高匿名通信的灵活性和可靠性，能够为用户提供更好的隐私保护。

（6）负载均衡。在P2P网络环境下，每个节点既是客户机又是服务器，减少了对传统C/S结构服务器计算能力、存储空间的要求，同时因为资源分布在多个节点上，所以更好地实现了整个网络的负载均衡。

5.1.3 国内 P2P 网络技术的发展历程和研究现状

自2003年起，国内许多高校和研究机构开始了P2P网络技术的研究开发工作。其中，比较知名的有清华大学高性能计算研究所开发的Granary对等计算存储服务系统、北京大学网络与信息系统研究所开发的Maze网络文件系统、深圳市点石软件有限公司开发的P2P网络娱乐平台OP（OPenext Media Desktop），以及广州数联软件技术有限公司开发的P2P用户分享平台POCO等。

清华大学高性能计算研究所自主开发的Granary对等计算存储服务系统以对象格式存储数据。此外，该系统还设计了专门的节点信息收集算法Peer-window和结构化覆盖网络路由协议Tourist。

北京大学网络与信息系统研究所开发的Maze网络文件系统是一个中心控制与对等连接相融合的对等计算文件共享系统。任何一台计算机，无论是在外网还是在内网，都可以通过安装运行Maze的客户端软件自由加入和退出Maze网络文件系统。每个节点可以将自己目录下的文件共享给系统的其他节点成员，也可以分享其他节点成员的文件资源。

深圳市点石软件有限公司开发的P2P网络娱乐内容平台OP，可以直接找到用户想要的图片、影视、软件、游戏、音乐、书籍及各种文档等，随时在线共享数以亿计的文件资源。

广州数联软件技术有限公司开发的POCO是中国最大的P2P用户分享平台之一，

是安全、有流量控制力且无中心服务器的第三代 P2P 资源交换平台。目前已经拥有几千万名用户，平均在线用户人数达到几十万人。POCO 现已成为中国地区排名第一的 P2P 用户分享平台。P2P 用户分享平台的发展推动了互联网内容的共享和交流，为用户提供了更加丰富的信息资源和服务。

5.1.4　P2P 网络的优势与不足

与 C/S 网络相比，P2P 网络具有以下优势。

（1）P2P 网络可在网络的中央及边缘区域共享内容和资源，而 C/S 网络不能在网络的边缘区域共享内容和资源。

（2）由对等方组成的网络易于扩展，比单台服务器更可靠。

（3）由对等方组成的网络可以共享处理器，整合计算资源以执行分布式计算任务。

（4）节点用户可直接访问对等计算机上的共享内容和资源，P2P 网络中的节点可直接在本地存储器上共享文件。

但 P2P 网络还存在一些不足，举例如下。

（1）影响用户计算机的性能。P2P 网络中的用户计算机需要同时承担工作站与服务器两方面的任务，并且在进行海量数据交换时，网络性能会受到很大的影响。

（2）网络安全性较差。在 P2P 网络中，资源分散于整个网络中，被若干名用户管理，无法保证所有用户都能保护好各自的资源。

（3）备份、恢复资源困难。因为 P2P 网络中的资源较为分散，所以用户想要对所有计算机中的资源进行备份和恢复是非常困难的。基于上述特点，P2P 网络适用于用户少、规模小且安全性能要求较低的场合。

5.1.5　P2P 网络的主要模式

P2P 网络基于 4 种主要模式，即集中目录式、分布式、结构化和混合式。

在集中目录式 P2P 网络模型中，一个中心服务器负责记录和管理所有节点的共享信息资源，但所有内容存储在各节点中而非服务器上。每个对等节点通过查询该服务器来了解在 P2P 网络中哪个节点拥有自己需要的共享信息资源，查到后获取其主机地址，再进一步向该主机寻求自己需要的信息资源，最后由该主机将其共享信息进行复制，并发送给寻求信息资源的主机。集中目录式 P2P 网络模型的优点是提高了网络的可管理性，在该模式下对共享资源进行查找十分便捷，缺点是当服务器失效时，该服务器下的对等节点将全部失效。集中目录式 P2P 网络模型如图 5-2 所示。

在分布式 P2P 网络模型中，节点之间采用随机图的组织方式，通过 TTL（Time-to-Live）、泛洪（Flooding）、随机游走，以及有选择转发等方式来搜索网络资源。当节点度数服从幂率规律时，这种方式能够较快发现目标节点，并能够有效应对网络的动态变化，具有较好的容错能力。其中，Gnutella 是代表性的分布式 P2P 网络模型，如图 5-3

所示。在分布式 P2P 网络模型中，所有节点都参与服务，控制流和数据流都在对等节点之间交互，解决了中心化的问题，避免了服务器瓶颈。即使部分节点失效，也不会影响整个网络的运行，搜索结果更新及时、时效性高。但是，采用 Flooding 算法传播搜索请求，会造成额外的网络开销，随着 P2P 网络规模的逐渐扩大，网络开销也急速上升。因此，非结构化网络面临的两个重要问题是准确性和可扩展性。

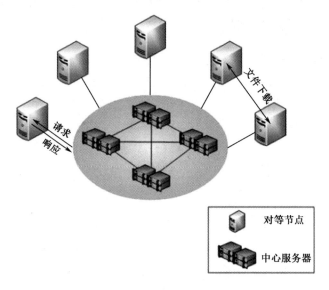

图 5-2　集中目录式 P2P 网络模型

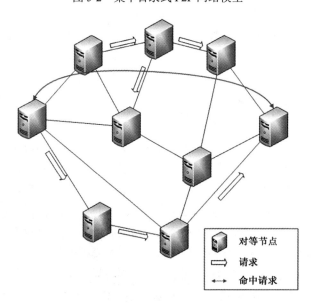

图 5-3　分布式 P2P 网络模型 Gnutella

结构化 P2P 网络模型采用纯分布式的消息传递机制和基于关键字（Key）的定位服务，从根本上改变了 P2P 网络无结构的状态。其主流方法是采用分布式哈希表（Distributed Hash Table，DHT）技术，这是目前扩展性最好的 P2P 路由方式之一。在

DHT 中，结构化 P2P 网络模型为网络中的每个节点分配虚拟地址（VID），同时使用一个关键字（Key）表示其可提供的共享内容。通过一个特定的哈希函数（一般使用安全哈希函数，如 SHA-2 等）将文件名（Key）与节点信息（VID）运算为一个哈希值 H(Key, VID)。当其他节点在网络上进行资源定位时，可以很容易地根据 Key 值获得文档的精确存储位置。由于 DHT 各节点并不需要维护整个网络的信息，只在节点中存储其邻近的后继节点信息，因此使用较少的路由信息可有效地到达目标节点，同时取消了泛洪算法，该模型有效地减少了节点信息的发送数量，增强了 P2P 网络的扩展性。同时，为提高系统的容错性和减小数据丢失的风险，大部分 DHT 总是在节点的虚拟标识与关键字最接近的 K 个节点上备份冗余信息，避免了单一节点失效的问题。

基于 DHT 的路由方式是 P2P 系统研究的主流方向之一，所涉及的系统一般都假设节点的能力相当，这对于较小规模的系统非常有效，但这种假设并不适合大规模的互联网部署。目前虽然已有成功的应用案例，但还比较少见。

混合式 P2P 网络模型结合了集中目录式结构和分布式结构的优点，网络中存在着中心服务器，文件目录是分布的。在分布式模式的基础上引入了超级节点（SuperNode）概念，将用户节点按能力（处理、存储、带宽等方面性能）分为搜索节点和普通节点两类。搜索节点与其邻近的若干个普通节点之间构成一个自治的簇（Cluster），簇内采用集中目录式 P2P 网络模型；而整个 P2P 网络中存在着众多这样的簇，各个不同的簇之间再通过分布式 P2P 网络模型将搜索节点连接起来，甚至可以在各搜索节点之间再次选取性能最优的节点，或者另外引入一个性能最优的新节点作为索引节点，来保存整个网络中可以利用的搜索节点信息，并且负责维护整个网络的结构。

混合式 P2P 网络模型消除了分布式 P2P 网络模型中使用 Flooding 算法带来的网络拥塞、搜索迟缓等不利影响，吸收了集中目录式结构的易管理性与分布式结构的可扩展性，在异构的 P2P 网络环境下是一种较好的模式选择。其中最典型的案例就是 FastTrack，混合式 P2P 网络模型如图 5-4 所示。

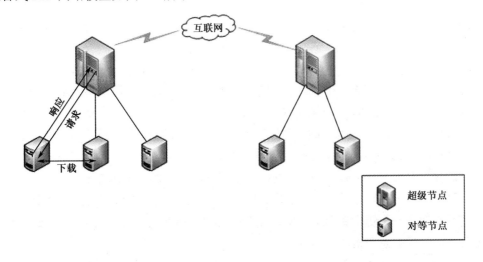

图 5-4　混合式 P2P 网络模型

从上述分析可知，这 4 种模式各具优缺点，有的还存在着本身难以克服的缺陷。目前 P2P 网络技术还未达到成熟的阶段，这 4 种模式依然会共存，甚至会出现相互借鉴并结合的趋势。

5.1.6　P2P 网络技术的应用

当前，随着 P2P 网络技术的不断发展，该技术也应用到了军事、商业、政务、电信、通信等各领域。P2P 应用软件可以根据具体应用的区别大体分为以下几种类型。

（1）文件内容共享和下载平台。例如，对于 Napster、Gnutella、eDonkey、eMule、Maze、BT 等应用软件，用户能够直接从任意安装了同类软件的 PC 上下载或上传文件，并检索、复制共享的文件。

（2）计算能力和存储共享平台。例如，SETI@home、Avaki、Popular Power、Netbatch、Farsitc 等应用软件可用于在网络上分散存储的对象，或利用其空闲时间进行协同计算。

（3）协同处理与服务共享平台。例如，JXTA、Magi、Groove 等应用软件可用于企业管理。

（4）即时通信平台。例如，对于 ICQ、QQ、Yahoo Messenger、MSN Messenger 等应用软件，多个用户可以通过文字、图片、语音或文件进行沟通交流，甚至可以与手机进行通信。

（5）P2P 通信与信息共享平台。例如，Skype、Crowds、Onion Routing 等应用软件。

（6）网络电视和网络游戏。例如，沸点、PPStream、PPLive、QQLive、SopCast 等网络游戏是通过 P2P 网络模型实现的。

5.1.7　P2P 网络的应用研究

P2P 网络的应用研究主要集中在 P2P 分布式存储系统和 P2P 计算能力的共享两个方面。

P2P 分布式存储系统（文件共享与下载）是一个应用 P2P 网络的数据存储系统，它可以提供高效率的、稳健的和负载平衡的文件存取功能。P2P 网络的应用研究包括全分布式存储系统：Oceanstore、Past 和 Free Haven 等，可以大大降低企业进行网络数据灾难应急备份的成本，并且提高备份的安全性。其中，基于超级点结构的半分布式 P2P 应用，如 KaZaa、eDonkey、BitTorrent 及 Morpheus 等，也属于 P2P 共享存储的范畴，并且用户数量急剧增加。Oceanstore 和 Past 提供了一种有效的广域网存储模型，它们采用代价上限为 $\log_2 N$ 的路由策略。Past 基于 Pastry 提供的路由机制，旨在利用网络中闲置的存储节点建立一个更为完善的存储语义。Free Haven 则建立了一个详细的匿名体系，用于防止潜在的恶意攻击。

对等计算是分布式计算的思想在广域网上的延伸，目的是将网络上的 CPU 资源共享。加入 P2P 网络的节点除了可以共享存储能力，还可以共享 CPU 处理能力。目前已经有一些基于 P2P 网络的计算能力共享系统，如 SETI@home。SETI@home 是由加利福尼亚大学伯克利分校开展的寻找外星生命的研究计划，它使用 P2P 网络技术串联所有参与研究计划的闲置计算机来执行复杂的运算，用于分析行星的无线电信号，寻找宇宙中可能存在其他外星文明的证据。此外，P2P 计算还可用于分布式 Web 服务和分布式人工智能等领域。

5.1.8 P2P 网络的发展趋势

在 P2P 文件共享方面，eMule、BT、KaZaa、POCO 等相关技术已经比较成熟，并且各自培养了自己的用户群。然而，由于基于不同协议的 P2P 系统资源不共享，且相互隔绝，所以这一类型的软件正处于自由竞争阶段。要想在竞争中取胜，必须考虑以下内容：如何保障网络资源具有高速稳定的下载速度、如何激励用户提供资源、如何避免间谍软件和病毒在系统中的传播。此外，也需要考虑人气的较量、服务质量的较量、收费与免费的较量。最终实现 P2P 网络间资源的整合、互通，以及搜索的共享。

在 P2P 协同计算方面，国内企业在这方面起步较晚，相关产品还没有很多；而国外在这方面已经做了大量的工作，开发了相对成熟的产品。随着协同计算概念的兴起，这方面的软件需求呈现急剧增长的趋势，前景一片光明。此外，这类软件往往面向企业和政府用户，因此相较于免费的 P2P 文件共享软件，有更好的盈利空间。

P2P 流媒体技术方面的相关研究刚刚起步，但仍有许多问题需要解决。由于在 P2P 流媒体系统中，节点的行为具有 Ad Hoc 性质，所以要在动态的系统环境下保证流媒体的服务质量，需要结合流媒体对 QoS 的要求和网络流量分析等方面的知识，探索高效率、低代价的 QoS 保障机制。可研究的方向包括服务节点如何选择、节点失效时如何保证流媒体服务的连续性，以及如何对多个发送端进行传输调度等。

基于 P2P 网络技术的 VoIP 产品 Skype 的巨大成功，为 P2P 网络开辟了新的应用领域。目前，VoIP 的发展存在两种路线：传统电信运营商的路线和基于公共互联网的 P2P VoIP 网络的路线。传统电信运营商的利益需求和广大用户的需求之间存在矛盾，但市场需求和 VoIP 发展趋势不可改变。未来采用哪种路线还不确定，需要观察市场发展和竞争情况。可能会有许多企业大客户、政府机构等对安全性或其他方面有特殊要求，会采用电信运营商建立的 VoIP 业务。但对广大普通用户而言，基于公共互联网的 P2P VoIP 网络将成为大势所趋。

综上所述，P2P 网络技术正处于高速发展时期，基于这项技术的相关应用将不断涌现。这些技术将对整个互联网世界造成深远的影响，可以说是互联网技术的一次新革命。

5.2 FLP 不可能原理

5.2.1 FLP 不可能原理的定义

FLP 不可能（FLP Impossibility）原理是分布式系统领域中的一个著名原理，被广泛认为是分布式系统中最重要的原理之一。该原理的论文由 Fischer、Lynch 和 Patterson 三位作者于 1985 年发表，之后获得了 Dijkstra 奖。该原理指出，在网络可靠但允许节点失效的最小化异步模型系统中，不存在一个可以解决一致性问题的确定性共识算法。这意味着，设计一个能在任意场景下实现确定性共识的算法是不可能的，因此，分布式系统的设计必须考虑节点失效的情况。FLP 不可能原理的提出对分布式系统的设计和研究产生了深远的影响。

5.2.2 正确理解 FLP 不可能原理

要正确理解 FLP 不可能原理，首先需要弄清楚"异步"的含义。在分布式系统中，同步和异步这两个术语存在特殊的含义。同步是指系统中各个节点的时钟误差存在上限，而消息传递必须在一定时间内完成，否则会认为传递失败。同时，各节点完成处理消息的时间也一定是准确的。对于同步系统，我们可以很容易地判断消息是否丢失。异步则指系统中各节点可能存在较大的时钟差异，同时消息传输时间是任意长的，各节点对消息进行处理的时间也可能是任意长的。这就造成我们无法判断某个消息迟迟没有被响应是哪里出了故障，是节点故障还是传输故障。遗憾的是，现实生活中的系统往往都是异步系统。

最初的 FLP 不可能原理的论文以图论的形式严格证明了这一原理。要理解这一基本原理并不复杂，下面举一个可能不恰当的例子。有 3 个人在不同的房间进行投票（投票结果为 0 或 1），这 3 个人可以通过电话交流，但他们经常会有人打瞌睡。例如，在某个时刻，A 投了 0 票，B 投了 1 票，C 收到了两个人的投票，然后 C 睡着了。这时，A 和 B 无法在有限的时间内知道最后的结果，即无法知道究竟是 C 没有回答还是 C 回答的时间太长了。如果可以重新投票，那么在获得每个结果之前都可能出现类似的情况，这将导致他们永远无法达成共识。

FLP 不可能原理表明，在允许节点失效的情况下，纯异步系统无法在有限时间内确保一致性。即使在没有拜占庭错误的前提下，包括 Paxos 和 Raft 在内的算法也存在无法达成共识的情况，尽管这种情况在工程实践中很少出现。但是，这是否意味着研究共识算法毫无意义呢？在学术界进行研究时，从数学意义和物理意义上分析，通常会考虑最极端的情况，而生活中的情况要好得多。例如，上述例子中描述的最坏情况每次发生的概率并不高。在工程实践中多尝试几次，就很有可能成功。科学告诉我们什么是不可能的，而工程则告诉我们可以通过付出一些代价使其成为可能。这就是科学和工程的不同之处。如果放弃在极端情况下的绝对保证，那么通过付出一定代价，我们可以在共识达成方面取得多大的进展呢？这个问题的答案涉及另一个原理——CAP 原理。

5.3　CAP 原理

CAP 原理被认为是分布式系统领域的重要原理之一，下面对其进行简单介绍。

5.3.1　CAP 原理的定义

CAP 原理又称为 CAP 定理，指的是在一个分布式系统中，一致性（Consistency）、可用性（Availability）、分区容忍性（Partition Tolerance）这 3 个需求最多只能同时满足两个，不可能三者兼顾。

（1）一致性。任何操作都应该是原子性的，发生在后面的事件能看到前面事件发生导致的结果。

（2）可用性。在有限时间内，任何非失败节点都能应答请求。

（3）分区容忍性。网络可能发生分区，即节点之间的通信不可保障。

比较直观的理解是，当网络可能出现分区时，系统是无法同时保证一致性和可用性的。要么节点收到请求后因为没有得到其他节点的确认而不应答（牺牲可用性），要么节点只能应答非一致的结果（牺牲一致性）。由于大多数时候网络被认为是可靠的，所以系统可以提供一致可靠的服务。网络不可靠时，系统要么牺牲一致性（多数场景下），要么牺牲可用性。

5.3.2　CAP 原理的特性

既然 CAP 原理的 3 个需求不能同时得到满足，那么设计系统时必然要弱化对某个特性的支持。CAP 原理的特性包括以下 3 点。

（1）弱化一致性。对结果的一致性不敏感的应用程序，可以在新版本上线后过一段时间才更新，并确保这段时间内的一致性。例如，网站静态页面内容、弱实时查询数据库、简单的分布式同步协议等，都是为此设计的。

（2）弱化可用性。对结果一致性敏感的应用程序，如银行自动取款机在系统故障时将拒绝服务。MongoDB、Redis、MapReduce 等都是为此设计的；Paxos 和 Raft 等共识算法主要处理这种情况。在 Paxos 等共识算法中，可能会出现无法提供可用结果的情况，同时允许少许节点离线。

（3）弱化分区容忍性。在现实中，网络出现分区的概率很小，但很难完全避免。两阶段的提交算法、某些关系数据库和 ZooKeeper 主要考虑了这种设计。在实践中，网络可以通过双通道等机制提高可靠性，实现高度稳定的网络通信。

5.4 一致性协议和算法

5.4.1 分布式一致性协议

区块链采用的是分布式系统架构，而一致性是分布式系统最基础的研究问题之一，也是区块链技术和应用需要考虑的基础研究问题。如果底层的分布式系统架构无法保证数据的一致性，那么任何建立于之上的业务系统都无法正常工作。分布式系统对一致性的要求是数据和其副本达到完全相同的状态。在这些副本上执行的操作可能仅仅是读取或改变一个或多个副本的状态。从本质上而言，一致性协议定义了在一个分布式系统中，哪些操作被认为是正确的，或者定义了以何种顺序执行操作可以保持分布式系统中数据的正确性。

对于分布式系统的一致性，通常可从客户和数据两个角度进行研究。以客户为中心的一致性视角是从系统外部服务请求发起者的角度来考虑一致性问题的视角。随着移动互联网的快速发展，请求也可能来自移动终端。对这种以客户为中心的一致性视角来说，系统是一个只对外部提供服务接口、完全屏蔽内部实现细节的黑盒。因此在这种视角下，系统可以被抽象为服务水平协议，即客户端和服务器端在某些指标（如服务器端的延迟等）上达成一致的协议，而以数据为中心的一致性视角关注分布式系统的内部状态，即关注副本之间的进程同步问题和操作的执行顺序问题。这种视角在假设并发进程的同时可能会修改副本，系统需要在这种情况下保持一致性。因此，以数据为中心的一致性视角是从数据存储的角度提供系统级别的一致性的视角。

基于上述两种视角，分布式系统衍生出了两类一致性协议：以客户为中心的一致性协议和以数据为中心的一致性协议。

以客户为中心的一致性协议具体包括单调读一致性协议、单调写一致性协议、写后读一致性协议、读后写一致性协议等。其具体含义如下。

- 单调读一致性协议：如果一个进程读取数据项 x 的值，那么该进程对 x 执行的任何后续操作将总是得到第一次读取的那个值或更新的值。
- 单调写一致性协议：一个进程对数据项 x 执行的写操作必须在对 x 执行任何后续写操作前完成。
- 写后读一致性协议：一个进程对数据项 x 执行一次写操作的结果总是被该进程对 x 执行的后续读操作看见。
- 读后写一致性协议：同一个进程对数据项 x 执行读操作之后又对其进行写操

作，这个过程必须在 x 已读取的相同值或更新的值上进行。

以数据为中心的一致性协议具体包括强一致性协议、顺序一致性协议、因果一致性协议、FIFO 一致性协议、弱一致性协议等。其具体含义如下。

- 强一致性协议：对数据项 x 的任何读操作将返回最近一次对 x 进行写操作的结果所对应的值。
- 顺序一致性协议：保证所有进程自身执行的实际结果与指定的指令顺序一致，即所有进程对数据的读、写操作是按照某种序列顺序执行的，并且每个进程的操作按照程序所指定的顺序出现在这个序列中。
- 因果一致性协议：所有进程必须以相同的顺序看到具有潜在因果关系的写操作，不同机器上的进程可以不同的顺序看到并发的写操作。
- FIFO 一致性协议：所有进程以某个单一进程提出写操作的顺序看到这些写操作，但是不同进程可以不同的顺序看到不同进程提出的写操作。
- 弱一致性协议：对数据存储所关联的同步变量的访问是顺序一致的，每个备份完成所有先前执行的写操作前，不允许对同步变量进行任何操作，在所有先前对同步变量执行的操作都执行完毕前，不允许对数据项进行任何读操作或写操作。

区块链中的一致性是通过网络中成千上万个独立节点异步交互实现的，它是比特币中不依赖中心机构的交易模型、支付模型和安全模型的实现基础。该一致性来自节点上独立执行的 4 种过程的相互作用，即每次交易的独立验证、挖掘节点将交易独立地集成到新区块中、每个节点对新区块进行独立验证并组装成区块链、每个节点基于工作量证明独立地选择具有最多计算量的区块链。

5.4.2 分布式一致性算法

分布式一致性算法基于传统的分布式一致性技术。其中，有解决拜占庭将军问题的拜占庭容错算法，如 PBFT，也有解决非拜占庭问题的分布式一致性算法，如 Paxos、Raft。

实际上，如果分布式系统中各节点都能保证以十分"理想"的性能（瞬间响应、超高吞吐）无故障地运行，以及节点之间的通信瞬时送达，那么实现共识的过程并不十分复杂，简单地通过广播进行瞬时投票和应答即可。可惜的是，现实中这样的"理想"并不存在。不同节点之间的通信存在延迟（由于物理因素限制，所以通信处理会有延迟），并且任意环节都可能存在故障（系统规模越大，发生故障的可能性越高）。如通信网络发生中断、节点发生故障，甚至存在恶意节点故意伪造消息、破坏系统的正常工作流程。一般把出现故障但不会伪造消息的情况称为非拜占庭错误或故障错误；伪造消息恶意响应的情况称为拜占庭错误，对应节点称为拜占庭节点。

根据解决的是非拜占庭错误情况还是拜占庭错误情况，可将共识算法分为故障容错（Crash Fault Tolerance，CFT）类算法和拜占庭容错（Byzantine Fault Tolerance，BFT）

类算法。针对常见的非拜占庭错误情况，已经存在一些经典的解决算法，如 Paxos、Raft 及其变种算法等，这些也是解决传统的分布式网络一致性问题的常用算法。这些算法都根据实际问题选择弱化 CAP 问题中的一个问题以达成共识。下面我们通过具体介绍 PBFT、Paxos、Raft 这 3 种算法，来理解传统的解决分布式网络一致性问题的算法。

1. PBFT 算法

PBFT 算法一般运用于联盟链中。设 PBFT 算法中的所有副本节点组成的集合为 R（并非实数集 $\mathbf{R}$），$|R|$ 为副本集合的个数。使用 $0\sim|R|-1$ 的整数表示每个副本。设 $|R|\geqslant 3f+1$，其中，f 是可能失效的副本节点的最大数量。当 $|R|\geqslant 3f+1$ 时，多于 $3f+1$ 个节点并不能提高系统可靠性，反而会降低系统性能，因此，这里我们假设副本集合的数量公式为

$$|R|=3f+1$$

我们将全部服务器的配置信息称为一个视图，视图会根据实际情况一直切换。在某个视图中，选取某个副本节点作为主节点，其余副本节点均作为从节点。主节点负责接收客户端的请求，同时对收到的请求按照顺序进行排列。主节点在接收到客户端的请求后向所有从节点发送消息。从节点接收并验证主节点发出的消息，若验证通过，则从节点执行对应的操作，再将结果返回。设主节点的编号为 p，选取主节点的公式为

$$p\equiv v\bmod|R| \tag{5-1}$$

其中，v 是视图编号，p 是主节点编号。若当前主节点失效，则系统会进行视图切换，以选取新的主节点。

每个副本节点要想参与共识有以下两个前提条件。

（1）确定性。所有节点在状态和参数相同的情况下，执行同一个操作后的结果相同。

（2）所有节点执行时的起始状态都相同。

在这两个前提条件下，即使存在一定范围内的失效节点，共识算法中的其他副本节点在这两个前提条件的约束下，仍然能够正常工作，从而保证系统运行和安全。

PBFT 算法主要涉及 3 部分协议，除了典型的三阶段一致性协议，还有用于垃圾回收等的检查点协议和在主节点失效时使用的视图切换协议。这里我们主要对三阶段一致性协议进行介绍，协议流程如下。

（1）根据式（5-1）选取当前视图的主节点，在之后的共识过程中，该主节点和当前视图绑定。除非进行视图切换，否则该主节点一直不变。

（2）客户端向主节点发送请求 <REQUEST, operation, timestamp, client>，其中 operation 为请求要求的具体操作，timestamp 是为该请求添加的时间戳，client 是客户端的相关信息。主节点收到请求后，将请求发给从节点。

（3）包括主节点在内的所有节点执行客户端要求的操作，并分别将结果 <REPLY, v,t,c,i,r> 回复给客户端，其中，v 是当前视图编号，i 是返回结果的节点编号，r 是请求操作的结果。

（4）当客户端收到 $f+1$ 个不同从节点回复的信息且这些信息相同时，该请求达成共识，算法结束。

节点对客户端发送的请求达成一致性，需要执行三阶段一致性协议，分别是预准备阶段、准备阶段、确认阶段。三阶段一致性协议的具体过程如下。

① 预准备阶段。主节点将对客户端收到的消息进行排序，并给消息 m 一个编号 n，对消息进行哈希变换得到 d，之后将预准备消息 $<<\text{PRE-PREPARE}, v, n, d>, m>$ 发送给所有从节点。

② 准备阶段。从节点接收并验证预准备消息是否正确，检查通过后，向其他节点发送准备消息 $<\text{PREPARE}, v, n, d, i>$。每个节点在发送准备消息的同时，也等待接收和验证其他节点发送的准备消息。在节点 i 成功验证了从 $2f$ 个不同节点发送的准备消息且这些准备消息对应之前发送的预准备消息后，节点 i 在自己的日志中记录并存储这些消息。此时准备阶段结束，进入确认阶段。

③ 确认阶段。节点 i 向其他节点发送消息 $<\text{COMMIT}, v, n, D(m), i>$，其他从节点在接收到确认消息后，验证该消息是否正确。当节点成功验证的确认消息数量达到 $2f$ 个时，共识节点达成一致，通过客户端请求。

从节点 i 在确认阶段完成后，将结果返回给客户端，当客户端收到的结果数量达到 $f+1$ 个时，共识完成。

PBFT 算法能够很好地解决有些节点存在的拜占庭将军问题，能够解决去中心化系统中各节点的共识问题并达到秒级的速度。PBFT 算法在吞吐量、速度和能耗方面表现都很出色，同时还提供了参与共识的节点数量为 $(n-1)/3$ 的最大容错能力，但 PBFT 算法还存在以下问题。

（1）与区块链中 P2P 网络的性质不符。传统的 PBFT 算法基于 C/S 模式，由客户端发出请求，主节点接收请求后再将其转发给其他副本节点达成共识。这与区块链中 P2P 网络的性质不符。

（2）共识节点均以静态形式存在。在传统的 PBFT 算法中，节点不能随时加入或退出。同时，一些恶意节点长期存在于共识过程中，大大降低了算法的共识效率。

（3）对恶意节点的惩罚不足。在传统的 PBFT 算法中，选取主节点时所有节点被选中的概率相同，这种选取方式缺乏对恶意节点的筛选功能，并且在之前共识中作恶的节点仍有可能在接下来的共识过程中继续作恶，从而降低成功达成共识的概率。

（4）通信复杂度高。传统 PBFT 算法的复杂度为 $O(n^2)$，在节点较少时通信效率表现良好，但随着节点数量的增加，当节点数量达到某个阈值后，如达到 100 个节点时，系统性能会迅速下降。

2. Paxos 算法

Paxos 算法也称为 Paxos 协议，是一种在保证强一致性前提下把可用性优化到极限的算法。Paxos 算法最早由 Leslie Lamport 于 1990 年提出。由于 Paxos 算法在云计算领域的应用广泛，因此 Leslie Lamport 于 2013 年获得图灵奖。

Paxos 算法运行在允许宕机故障的异步系统中，不要求可靠的消息传递，可容忍消息丢失、延迟、乱序及重复。只要系统中 $2f+1$ 个节点中的 $f+1$ 个节点可用，那么系统整体就可用，并且能保证数据的强一致性，它对于可用性的提升是极大的。

假设单节点的可用性概率是 P，那么在 $2f+1$ 个节点中，任意组合的 $f+1$ 以上个节点正常的可用性为

$$P(\text{total}) = \sum_{i=f+1}^{2f+1} C(i, 2f+1) \times P^i \times (1-P)^{2f+1-i}$$

其中，$C(i, 2f+1)$ 是组合数公式，如果 $P=0.99$，$f=2$，那么 $P(\text{total})=0.999\,990\,149\,4$。从以上计算结果可知，可用性将从单节点的小数点后 2 个 9 提升到 5 个 9，这意味着系统每年的宕机时间从 87.6 小时降到 0.086 小时，这已经可以满足地球上 99.999 999 99% 的应用需求了。

在 Leslie Lamport 的论文中，Paxos 算法把每个数据的写请求比作一次提案，每次提案都有一个独立的编号，提案会转发给提交者（Proposcr）来提交，提案必须经过 $2f+1$ 个节点中的 $f+1$ 个节点接受才会生效，这 $2f+1$ 个节点叫作这次提案的投票委员会（Quorum），投票委员会中的节点叫作接受者（Acceptor）。

Paxos 算法需要满足以下两个约束条件。

① Acceptor 必须接受其收到的第一个提案。

② 如果一个提案的 v 值被大多数 Acceptor 接受过，那么后续所有被接受的提案中也必须包含 v 值（v 值可以理解为提案的内容，提案由一个或多个 v 和提案编号组成）。

Paxos 算法的执行流程可划分为两个阶段。协议过程简述如下。

第一阶段：Proposer 向网络内超过半数的 Acceptor 发送 prepare 请求消息，Acceptor 在正常情况下以 promise 回复消息。

第二阶段：在收到半数以上的 Acceptor 回复的 promise 回复消息时，Proposer 发送 accept 请求消息，正常情况下，Acceptor 以 accepted 回复消息。

Paxos 算法虽然是完备的，但在实际的分布式系统中还有一些问题需要解决。

① 在多个 Proposer 场景下，Paxos 算法并不保证先提交的提案先被接受，而在实际应用中，要保证多个提案被接受的先后顺序。

② Paxos 算法允许多个 Proposer 提交提案，那么有可能出现活锁问题，其场景为：提案 n 在第二阶段还没有完成时，新的提案 $n+1$ 的第一阶段 prepare 请求到达 Acceptor，按照协议规定，Acceptor 将响应新提案的 prepare 请求并保证不会接受提案序号小于 $n+1$ 的任何请求，这可能导致提案 n 不会被通过。同样，在提案 $n+1$ 未完成第二阶段时，假如提案 n 的 Proposer 又提交了提案 $n+2$，那么可能导致提案 $n+1$ 也无法通过。

上述 Paxos 算法流程看起来比较复杂，是因为要保证很多边界条件下的算法完备性，如初始值为空、两个 Proposer 同时提交提案等条件。但是，Paxos 算法的核心可以简单描述为：Proposer 先从大多数 Acceptor 那里学习提案的最新内容，然后根据学习到的编号最大的提案内容组成新的提案进行提交。如果提案获得大多数 Acceptor 的投票通过，那么就意味着提案被通过。因为学习提案和通过提案的 Acceptor 集合超过了半数，所以

一定能学到最新通过的提案值。此外，两次提案通过的 Acceptor 集合中也一定存在一个公共的 Acceptor。在满足约束条件②时，这个公共的 Acceptor 保证了数据的一致性。因此，Paxos 算法又被称为多数派算法。

3. Raft 算法

Raft 算法和 Paxos 算法一样，是一个针对非拜占庭错误情况的算法。这个算法不考虑分布式网络中有作恶节点的情况，也就是说，节点可能宕机或延迟，但不会出现错误信息。在 Raft 算法的设计中，服务器节点可以有 3 种状态，即 Follower、Candidate 和 Leader。所有节点都是从 Follower 状态开始的，当处于这个状态的节点不愿意听从 Leader 节点的意见时，它们的状态可以改变为 Candidate。对处于 Candidate 状态的节点来说，它们会向其他节点"拉选票"，其他节点回复它们的投票情况，如果能获得大部分的投票，那么处于 Candidate 状态的节点可以成为 Leader 节点，这个过程也叫作 Leader 选举。对处于 Leader 状态的节点来说，所有对系统的修改都会先经过 Leader 节点，同时，每次修改都将作为条目添加到节点的日志中。Raft 算法节点之间的状态转换过程如图 5-5 所示。

Raft 算法有两个阶段：选举（Leader Election）阶段和日志复制（Log Replication）阶段。在正式介绍这两个阶段前，我们先介绍一个概念——Term。Raft 算法中引入了一个类似于任期的概念——Term。用 Term 作为一个周期，每个 Term 都是一个连续递增的编号，每轮选举都是一个 Term 周期，在一个 Term 中只能产生一个 Leader。初始时，所有 Follower 的 Term 为 1。当 Follower 逻辑时钟到期后，它将转换为 Candidate，此时的 Term 加 1，即从 1 变为 2。然后开始选举，以下几种情况会使 Term 发生改变。

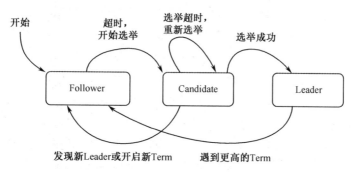

图 5-5　Raft 算法节点之间的状态转换过程

（1）如果当前 Term 为 2 的周期内没有选举出 Leader 或出现异常，则 Term 递增，开始新一个周期的选举。

（2）当在这轮 Term 为 2 的周期内选举出 Leader 后，Leader 宕机，然后其他 Follower 转为 Candidate，Term 递增，开始新一个周期的选举。

（3）当 Leader 或 Candidate 发现自己的 Term 比其他 Follower 小时，Leader 或 Candidate 将转为 Follower，Term 递增。

（4）当 Follower 的 Term 比其他 Term 小时，Follower 也将更新 Term，保持与其他 Follower 一致。

可以说，每次 Term 的递增都将发生新一轮的选举，Raft 算法会保证一个 Term 只有一个 Leader。在 Raft 算法正常运转时，所有节点的 Term 都是一致的，如果节点不发生故障，那么一个 Term 会一直保持下去。若在某个节点收到的请求中，Term 比当前 Term 小，则该请求会被拒绝。

接下来看选举阶段。Raft 算法的选举由定时器触发，每个节点的选举定时器时间都是不一样的。在开始时，所有节点状态都为 Follower。当某个节点的选举定时器超时时，它会将自己的状态转换为 Candidate，并开始向其他节点发起 RequestVote RPC 请求，这时有以下 3 种可能的情况发生。

（1）该 RequestVote RPC 请求接收到 $n/2+1$（过半数）个节点的投票，从 Candidate 转为 Leader，向其他节点发送 heartBeat 以保持 Leader 的正常运转。

（2）在此期间，如果收到其他节点发送过来的 AppendEntries RPC 请求，且该节点的 Term 更大，那么当前节点转为 Follower，否则保持为 Candidate，并拒绝该请求。

（3）选举过期则计数发生，Term 递增，重新发起选举。

在一个 Term 周期内，每个节点只能投票一次，所以当有多个 Candidate 存在时，系统中会出现每个 Candidate 发起的选举接收到的投票数不过半的问题。这时每个 Candidate 都将 Term 递增，重启定时器并重新发起选举。由于每个节点中定时器的时间都是随机的，所以不会多次存在多个 Candidate 同时发起投票的问题。

具体来说，在什么情况下会发起选举呢？首先，当 Raft 算法初次启动，不存在 Leader 时会发起选举；其次，当 Leader 宕机或 Follower 没有接收到 Leader 的 heartBeat，且发生选举过期计数时会发起选举；最后是日志复制阶段会发起选举。

日志复制的主要作用是保证节点的一致性，这个阶段所做的操作也是为了保证一致性与高可用性。当选举出 Leader 后，Leader 便开始负责客户端的请求，所有事务（更新操作）的请求必须先经过 Leader 处理，这些事务的请求或命令也就是日志。若要保证节点的一致性，则需要保证每个节点都按顺序执行相同的操作序列，日志复制是为了保证执行相同的操作序列。在 Raft 算法中，当接收到客户端的日志（事务请求）后，先把该日志追加到本地的日志系统中，然后通过 heartBeat 将该写入操作同步给其他 Follower，Follower 接收到日志后记录日志，然后向 Leader 发送 ACK 信息，当 Leader 收到大多数（超过一半；$n/2+1$ 个）Follower 的 ACK 信息后，将该日志设置为已提交并追加到本地磁盘中，同时通知客户端，并在下一个 heartBeat 中，Leader 会通知所有的 Follower 将该日志存储在自己的本地磁盘中。

能容忍拜占庭错误的算法一般包括以 PBFT 为代表的确定性系列算法和以 PoW 为代表的概率类算法等。对于确定性系列算法，一旦达成对某个结果的共识就不可逆转，即共识是最终结果；而对于概率类算法，共识结果是临时的，随着时间的推移，共识结果被推翻的概率越来越小，成为事实上的最终结果。拜占庭容错算法往往性能较差，能容忍不超过1/3的故障节点。此外，CFT 的改进算法可以提供类似 CFT 的处理响应速度，并能在大多数节点正常工作时提供 BFT 保障；而对于非拜占庭错误的情况，已经存在一些经典的容错算法，如 Paxos、Raft 及其变种等。这类容错算法往往性能较好、处理速度较快，能够容忍不超过一半的故障节点。

区块链通常被描述为一个去中心化的分布式账本系统，其中的参与节点无须相互信任。那么，如何维护这样的一个账本呢？这就需要利用区块链的交易广播机制，在 P2P 网络中，让所有的参与节点在一定时间内对交易的状态达成一致性共识，这就是所谓的区块链共识机制。

那么，区块链中使用的共识机制与传统的分布式一致性有何区别呢？传统的分布式一致性解决方案通常需要在 CAP 问题（一致性、可用性、分区容错性）中削弱一个因素，以便在并发场景下保持状态的一致性。然而，对于区块链的一致性问题，其解决方案主要采用了经济学中的博弈论思想。在容错环境下，通过激励机制促使参与节点将交易状态同步到其他账本上，从而达成共识。

例如，工作量证明（PoW）机制就是这样一种激励机制，它通过奖励那些完成复杂计算的节点来维持网络的一致性。后续的权益证明（PoS）和委托权益证明（DPoS）也都借鉴了这种激励相容的方式，通过经济手段解决了区块链账本中的一致性共识问题。

第6章　共识算法

6.1　共识算法概述

　　共识问题是一个经典问题，已经有很长的研究历史。目前有记载的文献可追溯到1959 年，在兰德公司和布朗大学的埃德蒙·艾森伯格（Edmund Eisenberg）与大卫·盖尔（David Gale）发表的"Consensus of subjective probabilities: The pari-mutuel method"中就涉及该问题，主要研究针对某个特定的概率空间，当一组个体各自有其主观的概率分布时，如何形成一个共识概率分布的问题。随后，共识问题逐渐引起社会学、管理学、经济学，特别是计算机科学等各学科领域的广泛研究兴趣。计算机科学领域的早期共识研究一般聚焦于分布式一致性问题，即如何保证分布式系统集群中所有节点的数据完全相同并且能够对某个提案达成一致的问题，这是分布式计算的根本问题之一。

　　虽然共识（Consensus）和一致性（Consistency）在很多文献和应用场景中被认为是近似等价和可互换使用的，但二者的含义存在着细微差别。共识研究侧重于分布式节点达成一致的过程及其算法研究，而一致性研究则侧重于节点共识过程最终达成的稳定状态研究。此外，传统分布式一致性研究大多不考虑拜占庭将军问题，即假设不存在恶意篡改和伪造数据的拜占庭节点，因此在很长一段时间里，传统分布式一致性算法的应用场景大多是节点数量有限且相对可信的分布式数据库环境。与之相比，区块链系统的共识算法则必须运行于更复杂、开放和缺乏信任的互联网环境下，节点数量更多且可能存在恶意拜占庭节点。因此，即使 Viewstamped Replication 和 Paxos 等分布式一致性算法早在 20 世纪 80 年代就已提出，但如何跨越拜占庭将军问题这道鸿沟，设计简便易行的分布式共识算法，仍然是分布式计算领域的难题之一。

　　迄今为止，研究者已经在共识相关领域做了大量研究工作，不同领域研究者的侧重点也各不相同，在计算机科学领域通常称共识算法或共识协议，在管理和经济学科领域则通常称共识机制。细究之下，这些提法存在细微的差异：算法一般是一组顺序敏感的指令集且有明确的输入和输出；而协议和机制则大多是一组顺序不敏感的规则集。就区块链领域而言，其核心是能够实现交易的去中心化，同时还能保证全网数据的一致性，使 P2P 交易成为可能。这需要对交易确认规则进行设计，而这一规则就是本章将要介绍的共识算法。共识算法作为区块链技术的核心，在区块链安全、效率等方面起着决定性的作用，而比特币和以太坊等则可以认为是基于共识算法的底层协议或机制，其详细规定了系统或平台内部的节点交互规则、数据路由和转发规则、区块构造规则、交易验证规则、账本维护规则等。工作量证明（Proof of Work，PoW）和权益证明（Proof of Stake，PoS）等是建立在特定协议或机制基础上的算法，它们规定了交易侦听与打包、构造区块、记账人选举、区块传播与验证、主链选择与更新等一系列顺序敏感的指令集合。因此，本章后续内容将使用共识算法的术语进行描述。

区块链系统建立在 P2P 网络之上，其全体节点的集合可记为 P，一般分为生产数据或交易的普通节点集合，以及负责对普通节点生成的数据或交易进行验证、打包、更新上链等"挖矿"操作的矿工节点集合（记为 M），两类节点可能有交集；通常情况下矿工节点会全体参与共识竞争过程，在特定算法中也会选举特定的代表节点代替它们参加共识过程并竞争记账权，这些代表节点集合记为 D；通过共识过程选定的记账节点集合记为 A。共识过程按照轮次重复执行，每轮共识过程一般重新选择该轮的记账节点。

共识过程的核心是"选主"和"记账"两部分，在具体操作过程中每轮操作可分为选主（Leader Election）、造块（Block Generation）、验证（Data Validation）和上链（Chain Updation，即记账）4 个阶段。如图 6-1 所示，共识过程的输入是数据节点生成和验证后的交易或数据，输出则是封装好的数据区块及更新后的区块链。4 个阶段循环往复执行，每执行一轮操作将生成一个新区块。

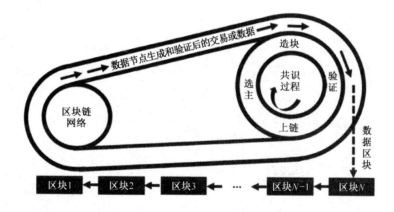

图 6-1 区块链共识过程的基础模型

第一阶段：选主。选主是共识过程的核心，即从矿工节点集合 M 中选出记账节点集合 A 的过程，我们可以使用公式 $f(M) \rightarrow A$ 来表示选主过程。其中，函数 f 代表共识算法的具体实现方式，即最终选择唯一的矿工节点来记账。

第二阶段：造块。第一阶段选出的记账节点根据特定的策略将当前时间段内全体节点 P 生成的交易或数据打包到一个区块中，并将生成的新区块广播给矿工节点集合 M 或其代表节点集合 D。这些交易或数据通常根据区块容量、交易费用、交易等待时间等多种因素综合排序后，依序打包进新区块中。造块策略是影响区块链系统性能的关键因素，也是贪婪交易打包、自私挖矿等矿工策略性行为的集中体现。

第三阶段：验证。矿工节点集合 M 或代表节点集合 D 收到广播的新区块后，将各自验证区块内封装的交易或数据的正确性和合理性。若新区块获得大多数验证节点或代表节点的认可，则该区块将作为下一个区块更新到区块链中。

第四阶段：上链。记账节点将新区块添加到主链，形成一条从创世区块到最新区块的完整的、更长的链条。若主链存在多个分叉链，则需要根据共识算法规定的主链判别标准来选择其中一条恰当的分支作为主链。

区块链共识算法可以根据其容错类型、部署方式和一致性程度等多个维度进行分类。例如，根据容错类型，可以将区块链共识算法分为拜占庭容错算法和非拜占庭容错算法两类；根据部署方式，可以将区块链共识算法分为公有链共识算法、联盟链共识算法和私有链共识算法 3 类；根据一致性程度，还可以将区块链共识算法分为强一致性共识算法和弱（最终）一致性共识算法等。随着区块链项目的不断增多，共识算法也在推陈出新，图 6-2 列举了典型共识算法类型。具体来说，可根据选主策略（函数 f 的具体实现方式）将区块链共识算法分为选举类、证明类、随机类、联盟类和混合类 5 种共识算法。

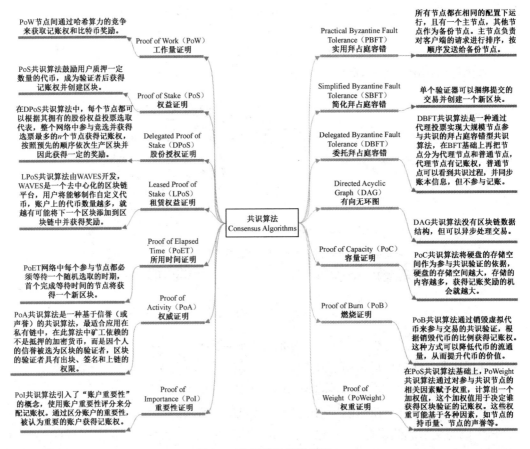

图 6-2　典型共识算法类型

（1）选举类共识。矿工节点在每轮共识过程中通过"投票"的方式选出当前轮次的记账节点。获得半数以上选票的矿工节点将获得记账权,多见于传统分布式一致性算法,如第 5 章中提到的 Paxos 算法和 Raft 算法等。

（2）证明类共识,也称 Proof of X 类共识。矿工节点在每轮共识过程中必须证明自己具有某种特定的能力,证明方式通常是竞争性地完成某项难以解决但易于验证的任务,在竞争中胜出的矿工节点将获得记账权。例如,PoW 和 PoS 等共识算法是基于矿工的算力或权益来完成随机数搜索任务的,以此竞争记账权。

（3）随机类共识。矿工节点通过某种随机方式直接确定每轮的记账节点,如 Algorand 共识算法和 PoET 共识算法等。

（4）联盟类共识。矿工节点基于某种特定方式首先选举出一组代表节点,而后由代表节点以轮流或选举的方式依次取得记账权。这是一种以"代议制"为特点的共识算法,如 DPoS 共识算法等。

（5）混合类共识。矿工节点采取多种共识算法的混合体来选择记账节点,如 PoW+PoS 混合共识算法、DPoS+BFT 混合共识算法等。

自 2014 年起,随着比特币和区块链技术快速进入公众视野,许多学者开始关注并研究区块链技术,共识算法也因此进入快速发展、百花齐放的时期。许多新共识算法在这段时间被提出,它们或者是原有算法的简单变种,或者是为改进原有算法某一个方面性能而做出的微创新,或者是为适应新场景和新需求而做出的重大改进。需要说明的是,这些共识算法由于提出时间较晚,因此目前大多尚未获得令人信服的实践验证,有些甚至只是科研设想。然而,这些算法均具有明显的创新之处,对解决现有共识算法存在的问题或适应新场景和新需求具有一定的潜在应用前景。因此,我们将从技术实现角度对主流的共识算法及其改进算法进行阐述。

6.2　工作量证明

工作量证明（Proof of Work,PoW）的思想由来已久,最早是为防止服务和资源滥用,或者防止拒绝服务攻击等场景而提出的一种经济对策。一般要求证明方在使用服务或资源前,首先完成具有一定难度或适当工作量的复杂运算,并且这种工作量可以很容易地被验证方核实。换句话说,PoW 的核心特征是不对称性:工作量的计算对证明方来说是"昂贵的"且"没有捷径的",但对验证方来说则是快速和简单的。PoW 特别适用于某些稀缺服务或资源的竞争性分配场景,与拍卖等利用价格来分配稀缺资源这类纯经济手段类似。在区块链中,PoW 根据系统用户或计算节点耗费的时间,以设备与能源作为担保成本和排序依据,来确保交易是被真正的需求方所验证和确认的。

PoW 的概念最早来自 1993 年辛西娅•德沃克（Cynthia Dwork）和莫尼•瑙尔（Moni Naor）的学术论文,1997 年,亚当•贝克（Adam Back）也独立发明了基于 PoW 的哈希现金,用于抵抗邮件的拒绝服务攻击及垃圾邮件网关滥用。哈希现金也被哈尔•芬尼（Hal Finney）以可重复使用的工作量证明（RPoW）的形式，用于一种比特币之前的加密货币实验中。2008年，中本聪将工作量证明的思想应用于比特币区块链共识中，并设计了比特币区块链的 PoW 共识算法。区块链系统中的稀缺资源是"区块记账权"及随区块发行的比特币奖励。根据比特币的设计，区块链系统大约每10分钟生成一个区块，所有比特币矿工均参与竞争这种极度稀缺的"区块记账权"与比特币奖励。PoW 共识机制通过引入分布式节点的算力竞争来作为工作量证明，利用其算力完成大量的哈希函数计算工作，以便选出每个10分钟时间窗口的唯一"记账人"，从而保证区块链账本数据的一致性和共识的安全性。

哈希函数具有许多优良特性。例如，通过哈希输出 Hash(n)几乎无法反推输入值 n（单向性），即使输入的 n 仅相差一个字节也会产生显著不同的输出值 Hash(n)（随机性）。因此，通过让分布式节点竞争完成大量的穷举运算，搜索满足特定要求的哈希函数，就可以实现"昂贵的"和"没有捷径的"工作量证明过程。同时，哈希函数具有定长性和定时性特点，不同长度输入的哈希过程消耗大约相同的时间且产生固定长度的输出，因此，基于哈希函数的工作量校验工作相对简单，只需要一次运算，即可验证是否满足指定的要求。比特币系统的 PoW 共识过程选择的是 SHA-256 哈希算法。

为便于理解工作量证明机制，从图6-3中的流程图中可以看出，PoW 的工作流程如下。

（1）生成 Merkle 根哈希。即节点自己生成一笔比特币交易，并且与其他所有即将打包的交易通过 Merkle 树算法生成 Merkle 根哈希。

（2）组装区块头。区块头作为工作量证明的一个输入参数，可将 Merkle 根哈希和区块头的其他组成部分组装成区块头。

（3）计算 PoW 的输出。将 SHA-256[SHA-256(区块头)]的值和目标哈希值进行比较，判断其是否满足条件，小于目标哈希值则算法结束，否则变更随机数 Nonce 进行下一轮计算，直至满足要求为止。

这里给出一个简单的例子：将"Hello，world!"与一个随机数 Nonce 连接后的字符串进行 SHA-256 哈希运算，若得到的哈希结果（以十六进制的形式表示）以 0000 开头，则验证通过。为满足该工作量证明，必须利用穷举法不停地递增 Nonce 值，对得到的新字符串进行 SHA-256 哈希运算。一般大约需要经过16^4，即 65 536 次哈希运算才能找到合适的随机数 Nonce，使得哈希结果的前4位恰好为0。

比特币系统的 PoW 共识过程包含3个关键要素：PoW 函数、区块信息和难度值，其流程如图6-3所示。在 PoW 共识过程中，PoW 函数通过两次哈希运算得到目标值。这个过程的输入数据由区块信息决定，而难度值则决定了计算过程所需的工作量。

在形式上，可定义比特币的 PoW 函数为 F_{diff} (区块头) $\rightarrow \{\text{True}, \text{False}\}$，难度值 diff 为正实数， diff 值越大，越难搜索到合理的随机数；区块头 = {HashPrevBlock, $n\_\text{Version}, n\_\text{Times}, n\_\text{Bits}, n\_\text{Nonce}, \text{HashMerkleRoot}\}$ 为区块头信息，在如图6-3所示的区块头结构中，其固定长度为80字节，包括4字节的版本号 n_Version、32字节的上个区块的哈希值 HashPrevBlock、32 字节的当前区块的 Merkle 根哈希

108

HashMerkleRoot、4 字节的时间戳 n_Times、4 字节的难度值 n_Bits 及 4 字节的待搜索随机数 n_Nonce。

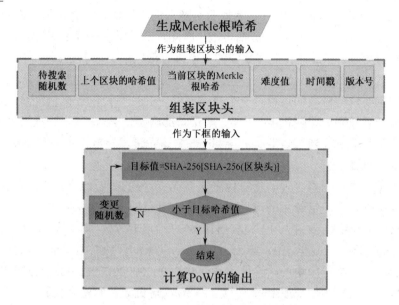

图 6-3 PoW 的工作流程与区块头结构

该 PoW 函数的定义如下。

$$F_{\text{diff}}(\text{区块头}) \to \text{SHA-256}[\text{SHA-256}(\text{区块头})] < \frac{\text{MaxTarget}}{\text{diff}} \qquad (6\text{-}1)$$

其中，MaxTarget 是比特币系统的最大目标值。显然，如果我们将上个区块的哈希值视为历史，当前区块的 Merkle 根哈希视为现状，而待搜索随机数 n_Nonce 视为未来，那么该 PoW 函数通过两次 SHA-256 哈希函数将区块链账本的历史、现状与未来无缝地连接在一起，并通过难度调节机制为其区块链账本的更新增加了工作量限制。比特币节点（矿工）基于各自的计算机算力相互竞争来搜索和求解这个合适的随机数 Nonce，使两次 SHA-256 哈希值小于目标哈希值，最快解决该难题的节点将获得当前区块的记账权和系统自动生成的比特币奖励。式（6-1）中 SHA-256 哈希函数的输出范围为 $\{0,1,\cdots,2^{256}-1\}$，比特币系统通过灵活调整难度系数 diff 来增加或降低 PoW 共识过程的困难程度，控制 PoW 共识过程的出块时间大致稳定在 10 分钟左右。

比特币的 PoW 共识算法的详细步骤如下。

步骤 1 每个比特币节点收集当前时间段（最近 10 分钟）的全网未确认交易，并增加一个用于发行新比特币奖励的 Coin Base 交易，形成当前区块体的交易集合。

步骤 2 计算区块体交易集合的 Merkle 根，并将该 Merkle 根记入区块头，并填写区块头的其他元数据，其中随机数 Nonce 置零。这个区块头就是 PoW 函数的输入数据。

步骤 3 随机数 Nonce 加 1，计算当前区块头的两次 SHA-256 哈希值，如果小于目标哈希值，那么成功搜索到合适的随机数 Nonce 并获得该区块的记账权，否则继续步骤 3 直到任意一个节点搜索到合适的随机数 Nonce 为止。

步骤 4 如果一定时间内未成功，那么更新时间戳和未确认交易集合，重新计算 Merkle 根后继续搜索。

SHA-256 哈希函数的输出具有近似的伪随机性，目前还没有比穷举法更好的算法来寻找随机数 Nonce，使其满足 PoW 函数。因此，如果所有计算 PoW 函数的节点都参与相同的共识竞争，那么计算能力最强的节点总有最大的概率获胜。当某个节点提供出一个符合要求的随机数 Nonce 时，说明该节点确实经过了大量的尝试计算。当然，由于搜索满足特定要求随机数的过程是一个概率事件，在小概率情况下，算力较小的节点可能通过少量计算找到合理随机数，所以一般无法准确预估 PoW 共识搜索次数的绝对值。然而从统计意义上讲，当节点拥有占全网 $n\%$ 的算力时，该节点总是有 $n\%$ 的概率首先找到合理的随机数。

比特币系统通过搜索合理的随机数来使 PoW 函数的哈希值符合工作量证明的要求，即该哈希值必须包含一定数量的前导零。目标哈希值越小，区块头哈希值的前导零越多，成功找到合适的随机数并"挖"出新区块的难度越大。据区块链实时监测网站 Blockchain.info 显示，截至 2018 年 12 月，符合要求的区块头哈希值一般有 19 个前导零。例如，第 517 202 号区块的哈希值为 00000000000000000006f13d8e3ca753f77de8c139ecf7e96c67444f49222b0f。按照概率计算，每 16 次随机数搜索将会找到一个含有一个前导零的区块哈希值，因此比特币系统中目前具有 19 个前导零的哈希值要经过 16^{19} 次随机数搜索才能找到一个合适的随机数并生成一个新的区块。由此可见，比特币区块链系统的安全性和数据的不可篡改性主要归功于工作量证明（PoW）共识算法所需的大量计算力。任何企图攻击或修改区块数据的行为都必须重新解决被修改区块及其后续所有区块的 SHA-256 问题。此外，为了成功篡改数据，攻击者的计算速度必须足够快，以使伪造链的长度超过主链。由于这种攻击具有复杂性且所需的计算资源较多，所以通常其成本会远超可能获得的利益，这也就确保了系统的安全性。

PoW 共识算法是具有重要意义的创新，其近乎完美地整合了比特币系统的货币发行、交易支付和验证等功能，并通过算力竞争保障系统的安全性和去中心化。一方面，PoW 共识算法的优势在于其架构简明扼要、有效可靠。PoW 共识算法可以实现某种意义上的公平性，即投入越多的算力就可以等比例地增加越多的获胜概率。PoW 共识算法可有效抵御 51% 的攻击，攻击者必须拥有超过整个系统 51% 的算力，才有可能篡改比特币账本，这使得攻击者的攻击成本变得非常高昂，以致难以实现。另一方面，PoW 共识算法也存在显著的缺陷，其强大算力需求造成的能源浪费和共识效率低下遭到广泛的批评，而且长达 10 分钟的交易确认时间使其相对不适合小额交易的商业应用。

6.3 权益证明

PoW 共识算法设计之初是希望充分利用分散的计算资源，让每个比特币持币人都能够参与整个系统的决策，公平地获取比特币。然而，随着比特币系统算力的提升和"挖矿"设备的专业化，特别是 AISC 矿机和大型矿池的出现，矿工群体逐渐从持币者群体中独立出来，形成两个完全不同的群体。与此同时，PoW 共识算法不仅耗能巨大，而且算力中心化问题日益凸显，整个系统的安全性也逐渐取决于矿工和矿池。权益证明（Proof of Stake，PoS）共识算法就是在这样的背景下诞生的。

6.3.1　PoS 共识算法的起源

PoS 共识算法在 2011 年由一位用户名为 Quantum Mechanic 的数字货币爱好者在 Bitcoin talk 论坛首先提出，这是比特币社区第一次使用"权益证明"这个术语。与 PoW 共识算法按照算力来选择记账节点的方式不同，PoS 共识算法系统中具有最高权益（Stake）的节点最有可能获得记账权。其中，权益体现为节点对特定数量货币的所有权。PoS 共识算法更多的代表一种理念，在实际应用中有多种不同的表现方式，其算法尚处于不断优化的过程中。按照时间顺序，目前主要有以下 3 种 PoS 共识算法。

1. PoS+PoW 混合共识（PoS 1.0）

PoS+PoW 混合共识算法最早由桑尼·金（Sunny King）在 2012 年 8 月发布的点点币（Peer Coin，PPC）中实现，是 PoW 和 PoS 两类共识算法的混合体。PoW 共识算法主要用于在最初的采矿阶段发行货币。点点币和比特币都采用 SHA-256 哈希算法，因此，比特币矿机均可以自然地进行点点币挖矿。基于 PoW 共识算法的货币发行方式为新矿数量与难度系数的平方成反比，即难度系数越高，奖励越少。随着挖矿难度逐渐上升，点点币产量逐渐减少，此时，PoW 共识算法的重要性也逐渐降低，系统将过渡到由 PoS 共识算法维护。

2. 纯 PoS 共识（PoS 2.0）算法

2013 年 9 月，一位名为 BCNext 的用户在 Bitcoin talk 论坛发帖，宣称将发行一种被称为未来币（Next Coin，NXT）的纯 PoS 币种，在 PoW 共识算法的基础上改进了区块结构、交易结构等要素，并提出透明锻造（Transparent Forging）的新型区块生成方式。

3. PoS 共识算法的扩展形式（PoS 3.0）

2014 年以来，针对原生 PoS 共识算法的诸多问题扩展出一系列改进共识算法，如 Tendermint、Ouroboros 和 Casper 等。

6.3.2　第一代 PoS+PoW 混合共识算法

Peer Coin 区块链中存在两类数据区块，即 PoW 区块和 PoS 区块。PoW 共识算法主要用于早期货币发行，随着系统挖矿难度的上升，PoW 共识算法逐渐过渡到 PoS 共识算法。因此，为实现 Peer Coin 的 PoS 共识机制，Sunny King 借鉴比特币的币基（Coin Base）交易，设计了一类特殊的币权（Coin Stake）交易。由于 Peer Coin 采用 PoW+PoS 混合共识机制，所以 Coin Stake 交易和 Coin Base 交易共存于 Peer Coin 区块链中。

在比特币 PoW 共识算法中，Coin Base 交易的输入数量为 1 且必须置空值，而输出数量必须大于或等于 1。为避免影响 Coin Base 交易，Sunny King 对 Coin Stake 交易结构进行了特殊设计。如图 6-4 所示，Coin Stake 交易的输入数量大于或等于 1，且第一个输入的 prevout 字段不能为空，即必须存在 Kernel（Input 0，Kernel 交易在 PoS 共识算法的合格区块判定中起重要作用）；输出数量大于或等于 2，且第一个输出必须置空值。就交易在区块中的位置而言，Coin Base 必须是区块内的第一笔交易，而 PoS 区块的第二笔交易必须是 Coin Stake。换言之，如果区块内第二笔交易是 Coin Stake，那么可以确定该区块是 PoS 区块。与比特币类似，Coin Base 交易和 Coin Stake 交易都不会被单独广播到区块链网络中，而只存在于区块中；当花费这两种交易时，都需要检测区块是否已经成熟。

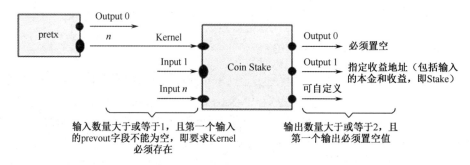

图 6-4　Peer Coin 的 Coin Stake 交易结构

Peer Coin 的合格区块可以表示为

$$SHA\text{-}256[SHA\text{-}256(nStakeModifier + txPrev.block.nTime + txPrev.offset + txPrev.nTime + txPrev.vout.n + nTime)] < bnTarget \times nCoinDayWeight \qquad (6\text{-}2)$$

在不等式左侧，txPrev 表示 Kernel 对应的前一笔交易；相应地，txPrev.block.nTime 表示 txPrev 交易所在区块的时间戳，一笔交易被纳入区块的时间是交易发起者不能确定的，节点有可能提前计算未来对自己有利的时间戳，这个参数就是为了防止节点利用这种预估优势提前生成大批交易而设计的；txPrev.offset 表示 txPrev 交易在区块中的偏移量，txPrev.nTime 表示 txPrev 交易的构造时间，txPrev.vout.n 则表示 Kernel 在 txPrev 中的输出下标，这 3 个参数的主要设计目的是降低多个网络节点同时生成 Coin Stake 交易的概率。

此外，nStakeModifier 是专门为 PoS 共识过程设计的调节参数。按照式（6-2），如果没有参数 nStakeModifier，那么当一个用户收到一笔交易并得到网络确认后，他能立即提前计算出自己在未来何时可以锻造区块，这显然不符合设计目标，Sunny King 希望 PoS 矿工和 PoW 矿工一样做盲目探索，以实时在线维护区块链，nStakeModifier 就是为了防止 PoS 矿工提前计算而设计的。nStakeModifier 可以理解为 PoS 区块的一个属性，每个区块对应一个 nStakeModifier 值，但 nStakeModifier 值并不是在每个区块中都会变化，协议规定每隔一定时间（Modifier Interval）必须重新计算一次，取值与前一个 nStakeModifier 值及最新区块哈希值有关，因此，PoS 矿工将无法知道未来的区块哈希值，从而无法提前计算。

在不等式右侧，bnTarget 表示全网当前的目标难度基准值，类似 PoW 共识算法中的当前难度值；nCoinDayWeight 是 Kernel 的币龄（Coin Age）。币龄也称为币天数（Coin Day），是特定数量的币与其最后一次交易的时间长度的乘积，每次交易都将消耗特定数量的币龄。例如，某人在一笔交易中收到 10 个币并持有 10 天，那么他将获得 100 币龄；而后他花掉 5 个币，则将消耗掉 50 币龄。显然，采用 PoS 共识算法的系统在特定时间点上的币龄总数是有限的，长期持币者更倾向于拥有更多币龄，因此，币龄可视为其在 PoS 系统中的权益。在 Peer Coin 中，一个 UTXO 一旦被花费，其币龄将被清零，新的 UTXO 币龄将从 0 开始计算。

由此可见，PoS 共识算法的区块生成过程为：节点首先从其所有的 UTXO 中挑选出一笔交易作为 Kernel，并利用这个 Kernel 构造一个 Coin Stake 交易，计算两次 SHA-256 哈希值；如果不满足式（6-2），那么重新构造 Coin Stake 交易，在这个重新构造的过程中，时间戳 nTime 会改变；同时也可以改变 Kernel，以得到不同的 Coin Stake 交易。如此循环执行，直到搜索到合格区块为止。

这样的话，不等式两端实际上可以简化为

$$SHA\text{-}256[SHA\text{-}256(Timestamp)] < Target \times CoinAge \qquad (6\text{-}3)$$

式（6-3）将搜索空间严格局限于 Coin Stake 的时间戳字段。与 PoW 共识算法搜索无限空间中的随机数 Nonce 相比，时间戳 Timestamp 是极其有限的，这极大地缩小了 PoS 共识的搜索空间，因此不必再将大量能源消耗在搜索过程中。同时，式（6-3）使得 Kernel 的币龄成为影响找到合格区块的最大因素。币龄越大，整体值 Target × CoinAge 越大，找到一个合格区块的概率也就越大，因此，Peer Coin 生成区块的成功率主要与币龄有关。区块生成后，主链的判断标准同样基于消耗的币龄，每个区块中的交易都会将其消耗的币龄提交给区块，以增加该区块的得分，获得最高消耗币龄的区块将被选为主链，这与 PoW 共识算法选择工作量最高的主链标准不同。

显然，PoS 共识算法有利于积累币龄较多的节点，为防止某个节点通过积累大量的币龄来实施 51% 攻击，PoS 共识算法对一笔 UTXO 的铸币资格做出了限制，即 UTXO 必须超过最小年龄（Stake Min Age；如 30 日）方可参与生成区块，若其年龄超过最大年龄（Stake Max Age），则其币龄不再增长，始终按照最大年龄（Stake Max Age）计算。

PoS 在共识过程中会铸造（Mint）新币作为权益激励（Stake Reward），铸币过程类似于生成利息的过程，例如，Peer Coin 系统中权益激励的简化计算公式为

$$StakeReward = (0.01 \times nCoinAge /365) \times Coin \qquad (6\text{-}4)$$

其中，nCoinAge 是 Coin Stake 所有输入的币龄总和。由式（6-4）可知，如果 1 个币积累 365 天币龄，那么 StakeReward 为 0.01。换言之，如果 Peer Coin 全部参与铸币过程，那么每年铸造产生 1% 的利息，即该币总量每年将有 1% 的通胀率。

6.3.3　第二代纯 PoS 共识算法

2013 年 9 月出现的未来币（Next Coin，NXT）是第一个基于纯 PoS 共识算法的加密货币，该加密货币由一个名为"BCNext"的匿名开发者发布，并提出了一种被称为透明锻造的区块生成方式。2014 年 2 月，Peer Coin 改进后提出的黑币（Black Coin）也是可由 PoW+PoS 混合共识算法向纯 PoS 共识算法转变的加密货币，其在发行后的 PoW 阶段采用 Scrypt 算法挖矿，自第 5 000 区块起进入 PoW+PoS 混合阶段，自第 10 001 区块起进入纯 PoS 阶段。这里以 NXT 为例介绍其重要创新——透明锻造。

NXT 的合格区块判定方法为

$$hit < baseTarget \times effectiveBalance \times elapseTime$$

其中，左侧的 hit 是由用户根据如下过程计算产生的独一无二的字段。NXT 采用基于账户的数据结构而非 Peer Coin 的 UTXO 方案，每个账户对应一个私钥，每个区块都有一个生成签名（Generation Signature）字段。用户使用自己的私钥对上一个区块的 Generation Signature 字段进行签名，获得自己区块的 Generation Signature，然后对结果进行 SHA-256 哈希运算，取哈希结果的前 8 字节作为 hit 变量。右侧 3 个字段的乘积是该用户锻造区块的目标值，显然，目标值越大，该用户产生区块的机会越大；其中，baseTarget 字段表示全网难度基准值，即当余额为 1 且消逝时间为 60 秒时的基准目标值；字段 effectiveBalance 表示账户的有效余额，即账户中已获得足够多确认的、具有铸币权利的货币余额；字段 elapseTime 是当前时间与上一个区块时间的间隔，即 Current Time–Last Block Time。

在全网生成一个最新区块后，每个用户锻造下一个区块时的 hit 值就已经成为常量，因此用户并不需要搜索和挖矿，只需要随着时间的推移等待不等式成立即可锻造区块。对于用户来说，其账户有效余额 effectiveBalance 越大，同等条件和时间下其越有可能先使不等式成立，从而获得锻造区块的机会；随着时间的推移，不等式右侧数值逐渐增大，所有用户迟早将获得锻造区块的机会，但 NXT 规定优先选择最早生成的区块。

区块锻造流程为：用户账户必须实时在线，当全网有最新区块产生时，每个账户立即计算自己对应的 hit 值，然后根据公式 elapseTime = hit /(baseTarget × effectiveBalance) 计算自己锻造区块的期望时间值，并将这个期望时间值广播给网络其他节点。全网每个节点都知道其他节点的期望时间值后，也就得知下个区块优先由哪个节点来锻造，该节点在自己的时间窗口锻造好区块后会立即广播全网，其他节点会检验该新区块是否有效，包括验证区块的生成签名是否有效、检验新区块的时间戳是否与产生区块节点前发布的期望时间值相吻合，以及期望时间值是否按照正确的公式计算等，每次节点检测到网络中有新区块产生时，都会重新计算自己的期望时间值并向全网发布。

由此可见，NXT 并不完全依赖权益竞争来生成区块，上一个区块产生后，下一个区块由哪个节点来产生就已经确定，全网节点只需要等待该节点在正确的时间段产生区块。共识过程的不确定性在于：由于 hit 值是用户使用其私钥对上一个区块签名的结果，所以对不同的用户来说，该数值具有很大的随机性，对于账户有效余额 effectiveBalance 很少的用户，如果运气足够好，那么即使 hit 值很小，也有可能快速锻造区块。

举例说明，如图 6-5 所示，系统在上一个区块产生后，就已经确定锻造后续区块的节点优先级为 A、B 和 C，其中，A 具有最高优先级。如果 A 在其时间窗口内错过锻造和广播区块，那么其他节点会继续等待 B 锻造的区块。若因网络延迟等原因造成部分节点收到 A 锻造的区块，而其他节点收到 B 锻造的区块，则将产生网络分叉。此时的主链选择标准为首选最长的链条，如果分支长度相同，那么优先选择最高区块时间戳最小的分支。如果发现节点对所有分支都锻造并广播区块，那么这种行为将被视为无利害关系（Nothing at Stake）攻击行为，改进的 PoS 共识算法增加了基于博弈和机制设计的保证金制度，对 PoS 共识算法的无利害关系攻击做出了优化设计。

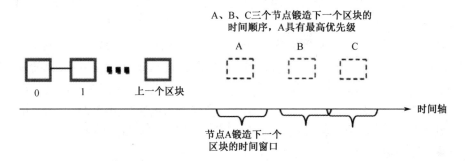

图 6-5　NXT 区块的锻造过程

综上所述，本节介绍的 PoW+PoS 混合共识算法和纯 PoS 共识算法是比较早期的、简单的 PoS 共识算法。尽管与纯 PoW 共识算法相比，它们可以有效降低能源消耗，避免算力集中问题，但同时也衍生出新的"富者更富"的马太效应问题和无利害关系攻击等安全性问题。此外，由于 PoS 共识算法没有比特币 PoW 挖矿过程，所以其如何分发虚拟货币或虚拟资产也是较大的问题：PoS+PoW 混合共识（PoS 1.0）算法通常在通过 PoW 挖矿分发虚拟货币后逐步过渡到 PoS 共识算法，而纯 PoS 共识算法则一般通过社区空投、基于 BTC/ETH 等相对成熟的系统空投、分享合作等方式，快速获取用户，增加网络的节点数量。

基于改进 PoS 的扩展算法目前大多处于研究、实验和早期运行阶段，尚需要持续迭代优化和长时间的运行检验来加以测试与完善。PoS 3.0 算法大致可以分为两类，即基于拜占庭容错的权益证明（BFT based PoS）和基于链的权益证明（Chain based PoS），前者的典型代表是 Tendermint，而后者的典型代表是以太坊计划采用的 Casper 及 Ouroboros 等。

6.4　股份授权证明机制

股份授权证明（Delegated Proof of Stake，DPoS）的设计目标是致力于成为最快速、高效、分散和灵活的共识算法，通过共识节点的权益投票将区块数据的记账权和区块链参数的配置权赋予特定的少数代表节点，从而实现公平、民主的共识过程和区块链治理过程，并解决 PoW 共识算法的能源消耗问题与 PoS 共识算法的无利害关系攻击等问题。DPoS 共识算法的基本思路与过程类似于政府的代议制民主制度和现代企业的董事会决策过程，其技术流程通常包括见证人选举和区块生产两个主要阶段。

6.4.1　DPoS 共识过程中的见证人选举

在 DPoS 共识过程中，股东节点可以将其持有的股份权益作为选票授予一个代表，这个代表被称为见证人（Witnesses）。股东节点的投票权重与自身的持币数量成正比，且可以随时投票或撤票。通常情况下，DPoS 系统可以选择任意数量（N）的见证人来负责生产区块，其中，N 一般为奇数，如 $N = 101$ 或 $N = 21$。因此，获得票数最多且愿意成为见证人的前 N 个节点将进入董事会，按照既定的时间表轮流对交易进行打包结算并签署（生产）一个新区块。显然，DPoS 是一种弱中心化的共识算法：N 的数量越小，DPoS 共识的去中心化程度越低，这种弱中心化的共识选举越能在保证 DPoS 共识系统运行效率的同时减少浪费。

选举产生的见证人是完全等价的，这些见证人的主要职责与 PoW 共识过程的矿工相似，主要负责侦听网络中广播的交易、验证这些交易并将其打包入区块、广播这些区块、验证区块的新主链等。作为回报，见证人会获得区块奖励、交易费或系统发行的特定奖励。同时，见证人作为授权代表节点，必须缴纳一定数量的保证金。见证人必须对其他股东节点负责。如果其错过签署相对应的区块，那么股东将撤回选票，从而将该见证人"投出"董事会。因此，见证人节点通常必须保证 99% 以上的在线时间，以实现盈利目标。

除了见证人节点，在 DPoS 共识系统中还会通过选举方式产生一组特定的授权代表（Delegates）。这些授权代表有权配置和调整区块链系统的参数，如交易费用、区块大小、见证人服务费用及区块生产间隔时间等，如果大多数授权代表都同意变更提案，那么所有股东节点将有一段时间（如两周）来审查和变更提案，在此期限内可以罢免授权代表并废止新的变革提案。这种设计使得授权代表没有直接修改区块链配置的中心化权力，其提案必须获得大多数授权代表及股东节点的批准方可生效。

6.4.2　DPoS 共识过程中的区块生产

在 DPoS 共识过程中，见证人节点按照预先定义的顺序依次生成区块。在一个新的区块被签署并生成之前，必须先确认上一个区块已经得到了可信见证人节点的签名验证。见证人可以从每笔交易的手续费中获得收入，具体数额由授权代表指定。每个见证人轮流在一个固定时间内生产一个区块，如果见证人没有在其时间段内生产区块，那么在该时间段后，这个见证人将被跳过，由下一个见证人生产下一个区块，如此循环。

在这种循环调度出块过程中，每生产 N 个区块（N 为见证人数量），见证人生产顺序将经历一次洗牌过程，其目的是通过随机洗牌来确保每当形成多个拥有相同数量见证人的分叉时，平局都将被打破。同时，见证人名单每隔一个特定的维护间隔时间（如 1 天）就更新一次。显然，与 PoW 共识算法必须信任最高算力节点和 PoS 共识算法必须信任最高权益节点不同，DPoS 共识算法中每个节点都能够自主决定其信任的见证人节点，且由这些节点轮流记账生成新区块，因此大幅减少了参与验证和记账的节点数量，可以实现快速共识验证。

6.5　共识算法的改进

上述几种算法是区块链中出现较早的共识算法，这些算法也都存在一些安全性或扩展性等性能上的不足。后续也有许多共识算法对这些算法进行了改进，本节将选取几个代表性的算法进行简要介绍。

6.5.1　基于工作量证明的改进算法

比特币采用的工作量证明的主要缺点是：块间隔时间较长、区块容量有限、交易确认速度较慢。针对这些问题，Eyal 等人提出了 Bitcoin-NG 共识算法，Bitcoin-NG 共识算法在比特币原有链结构的基础上，在块与块之间增加了微区块来提高交易处理量。

首先，Bitcoin-NG 共识算法与比特币采用的共识算法一样，矿工仍采用工作量证明机制进行算力竞争，获得记账权的矿工发布区块。此后，该拥有记账权的矿工继续收集当前区块链网络中的交易，验证后直接打包发布微区块，直到通过工作量证明产生下一个新区块为止。这样，在保证原有算力竞争不变的情况下，增加了额外的区块数量。交易处理速度仅取决于当前生成区块的节点的计算能力。在约 1 000 个节点上进行实验证明，应用 Bitcoin-NG 共识机制的区块链系统具有良好的可扩展性，能够显著地降低系统延迟，并提高网络吞吐量。

在 Bitcoin-NG 共识机制的基础上，ByzCoin 进一步改进了 PoW 模型，并加入了联合签名和 PBFT 算法。在 ByzCoin 中，需要首先选定窗口大小 w（共识节点数量），然后选取最近挖矿生成区块的 w 个矿工作为共识组成员，窗口会随着新矿工的出现而向前移动，总成员保持 w 不变，最新出现的矿工成为共识组的 Leader 节点，然后在该共识组内执行 PBFT 算法，按照一定的速度生成微区块，直到下一个挖矿区块产生，才会出现新的 Leader 节点。

6.5.2 基于权益证明的改进算法

权益证明共识算法相较于工作量证明共识算法具有节能、效率高、算力分散等优点，但其本身也有更容易分叉、更容易受到长程攻击（Long Range Attack）和无利害关系攻击（Nothing at Stake）等特点，许多研究人员着力于对权益证明共识算法进行改进。

Algorand 算法和 Ouroboros 算法都是在权益证明共识算法的基础上，通过使用可验证随机函数（Verifiable Random Function，VRF）进一步产生出块者的改进算法。其中，在 Algorand 区块链中，所有满足条件的用户都有资格参与加密抽签，用户的账户余额决定了他们被选中的概率。通过 VRF 确定每个参与用户的抽签结果，所有中签的用户组成出块共识组。然后，这些出块共识组中的节点会执行类似于实用拜占庭容错（PBFT）的算法，以确定最终要生成的区块。

在 Ouroboros 算法中，所有符合条件的节点在一个特定阶段内，通过发布随机数成为下一个阶段的区块生产者，然后在验证阶段公布随机数，利用 VRF 从这些节点中随机选取下一个阶段内每个区块的产生节点，这些节点按照确定的顺序依次打包产生区块。

Algorand 算法和 Ouroboros 算法是通过权益证明与 VRF、MPC、PBFT 等结合产生的改进算法，能够有效地减少系统分叉，提高共识速度，是目前学术研究的主要方向。此外，还有一些算法选择通过其他去中心化的机制来替代权益证明，如 Proof of Space（磁盘空间证明）共识机制和所用时间证明（Proof of Elapsed Time，PoET）共识机制等。

6.5.3 其他共识算法的改进

在传统分布式系统领域，存在一些对 PBFT 算法的改进，能够在一定条件下取得优于 PBFT 算法的性能表现，在区块链中也可进行应用。

例如，Cowling 等人提出的 HQ 算法，没有使用主节点分配序号，而是要求 $2f+1$ 台服务器共同确定执行的请求。客户端会检查服务器是否处于相同状态，从而减少请求执行过程中所需要的阶段数量。这种方法没有从根本上改变 PBFT 算法的结构，而是针对客户端在发送请求时没有竞争的情况进行优化。

Dahlin 等人在 2007 年提出了 Zyzzyva 算法，将 Speculation（编译器线程级别的投机行为的技术）引入拜占庭协议。其主要假设服务器在绝大多数时间处于正常状态，不用在每个请求都达成一致后再执行，只需要在错误发生后再达成一致。服务器由客户端来判断，如果服务器执行结果一致，那么客户端采用这个结果；如果不一致，那么客户端丢弃这个结果，并反馈给服务器触发视图更换协议。

此外，有的区块链系统直接采用有向无环图（Directed Acyclic Graph，DAG）的结构，每个区块只包含一笔交易，且无须严格按链式顺序排列区块形成主链，而是在每个区块上附加权重信息，最终全网公认权重最大的链为主链。

6.6 本章小结

共识算法是区块链系统的关键要素之一，已成为当前信息领域的一个新的研究热点。由于共识算法研究发展较快，所以本章讨论的共识算法可能仅为实际共识算法的一个子集，尚存在若干种新兴或小众的共识算法未加以讨论，同时一些较新的共识算法仍在不断试错和处在优化阶段，如 Solana 的共识算法历史证明（PoH）和 Cardano 的可证明共识算法 Ouroboros 等。就目前的研究现状而言，区块链共识算法的未来研究趋势将主要侧重于区块链共识算法性能评估、共识算法—激励机制的适配优化，以及新型区块链结构下的共识创新 3 个方面。

首先，区块链共识算法的研究正在逐渐聚焦于新型共识算法的性能评估和标准化。这类研究通常关注以下几个方面：从社会学角度看待公平性和去中心化程度，从经济学角度考虑能源消耗、成本、参与者激励的兼容性，以及从计算机科学角度研究可扩展性（如交易吞吐量、节点可扩展性等）、容错性和安全性。

其次，区块链的共识算法与激励机制是紧密耦合、不可分割的整体，从研究角度来看，如何设计共识—激励二元耦合机制的联合优化、实现共识与激励的"适配"，是解决区块链系统中不断涌现的扣块攻击、自私挖矿等策略性行为，以及保障区块链系统健康稳定运行的关键问题。

最后，随着区块链技术的发展，特别是数据层技术和底层拓扑结构的不断创新，目前已涌现出若干种新兴的区块"链"数据结构，如有向无环图（DAG）和哈希图（HashGraph）等。例如，适用于物联网支付场景的数字货币 IOTA 采用被称为 Tangle 方式的 DAG 拓扑结构，其共识过程以交易（而非区块）为粒度，每个交易都引证其他两个交易的合法性，形成 DAG 网络，因此可以实现无区块（Blockless）共识；HashGraph 共识则更进一步，基于 Gossip 协议和虚拟投票等技术，以交易为粒度，在特定的 DAG 拓扑结构上实现公平、快速的拜占庭容错共识。

第 7 章   智能合约

7.1   智能合约概述

7.1.1   智能合约的定义

1994 年，从事数字合约和数字货币研究的尼克·萨博（Nick Szabo）首次提出智能合约（Smart Contract）这一概念，并对智能合约做出描述："智能合约是一个由计算机处理的、可执行合约条款的交易协议，其总体目标是能够满足普通的合约条件，如支付、抵押、保密甚至强制执行，并最小化恶意或意外事件发生的可能性，以及最小化对信任中介的需求。智能合约所要达到的相关经济目标包括降低合约欺诈所造成的损失，降低仲裁和强制执行所产生的成本及其他交易成本等。"

Nick Szabo 阐述智能合约的案例就是我们熟悉的自动售货机。自动售货机的销售模型如图 7-1 所示。自动售货机根据制定的商品价格收取货币并能够自动地根据所投金额提供商品，自动售货机按照条件执行合约：当满足"任何人投入必要金额的硬币"与"按下欲购商品的按钮"这两个条件时，自动售货机自动执行"为用户提供商品"的交易合同。这里的所谓交易合同，不是记录在书面上的，而是交易行为本身。

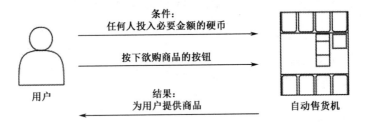

图 7-1   自动售货机的销售模型

Nick Szabo 通过自动售货机的例子想要告诉我们，智能合约本质上是一种在个人、机构和财产之间形成关系的公认工具，是一套形成关系和达成共识的协定。在处理的硬件和软件中可以嵌入智能合约的条款，这个过程不需要第三方参与，自动触发条件即可进行价值交换，由于智能合约是自动执行的，所以欺诈比较困难，同时降低了交易成本，提升了效率。

从法律角度来看，虽然智能合约究竟能否算作一个真正意义上的合约还有待商榷，但智能合约在计算机科学领域指一种计算机协议，这类计算机协议一旦制定和部署就能实现自我执行（Self-executing）和自我验证（Self-verifying），并且不再需要人为干预。从技术角度看，智能合约是一套以数字形式定义的承诺，承诺控制着数字资产并包含了合约参与者约定好的权利与义务，并由计算机系统自动执行。数字形式代表合约需要被写入计算机可执行的代码中，智能合约建立的权利和义务在参与者达成协定后，就能由一台计算机或计算机网络执行，与合约相关的所有条款和逻辑流程在部署智能合约前就已经被制定好了。智能合约通常具有一个用户接口（Interface），能使用户与已经制定好的合约进行交互，这些交互行为被此前制定的逻辑所约束。在密码学技术的支持下，这些交互行为可以被严格地验证，以确保合约能够按照此前制定的规则顺利进行，从而杜绝违约的行为出现。如图 7-2 所示为一段简单的智能合约伪代码，由一系列 If、Then 和 Else 条件语句组成，当某个条件或事件被触发时，则执行相应的代码。

```
If Event_X_ Happened Then
Send (Alice, 100$)
Else:
Send (Bob, 100$)
上述代码含义指：如果事件X发生，则合约给Alice发送100$;否则给Bob发送100$
```

图 7-2　智能合约伪代码示意图

如图 7-3 所示是一个智能合约模型示意图，其中，各组成部分的定义如下。

（1）合约参与者。执行智能合约的相关参与者。

（2）合约资源集合。执行智能合约涉及的参与者资源，如参与各方账户、拥有的数字财产等。

（3）自动状态机。智能合约下一步执行的关键，包括当前资源状态判断、下一步合约事务执行选择等。

（4）合约事务合集。智能合约的下一步动作或行为集合，控制着合约资产并对接收到的外界信息进行回应。

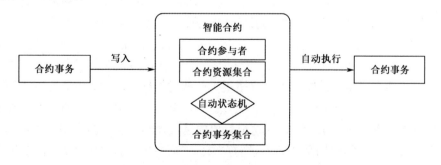

图 7-3　智能合约模型示意图

智能合约程序不仅是一个能够自动执行的计算机程序，而且是一个系统参与者，可以回应接收到的信息，可以接收与储存价值，也可以向外发送消息与价值。

底层协议能够支持智能合约实现自动执行和交易处理。协议的选择取决于多种因素，其中最重要的是合约履行期间被交易资产的本质。就销售合约而言，如果参与者同意货款以比特币的形式支付，那么将选择比特币协议。智能合约在该协议上被实施，所以合约必须要用到的数字形式就是比特币脚本语言，而且比特币脚本语言是一种非图灵完备的、命令式的、基于栈的编程语言。

综上，智能合约有许多非形式化的定义，并未形成公认的智能合约定义。从狭义角度来讲，智能合约是一种涵盖特定商业逻辑和算法的计算机程序，它运行在分布式账本上，设定了预定的规则并具有状态响应和条件响应的能力。智能合约能够封装、验证并执行分布式节点间的复杂行为，完成信息交换、价值转移和资产管理等任务。换言之，它能将人类、法律协议和网络间的复杂关系转化为可执行的程序代码。

从广义角度来讲，智能合约是一种特殊的计算机协议，能够在无须中介干预的前提下实现自我执行和自我验证，并自动执行预设的合约条款。这种基于计算机的交易协议在不同领域有着广泛的应用，例如：①智能合约在跨境贸易中的应用与传统纸质合同相比增加了实用性，可以降低司法管辖负累，减少对不明确的当地法律的依赖；②智能合约可以充当功能性软件的角色，通过预设的规则和条件，自动防范网络攻击；③在物联网中，智能合约可以用于约定机器与机器之间的商业行为，实现自动化的交易和服务。此外，Nick Szabo 也指出，智能合约和人工智能没有关系，"智能"的含义是因为其比纸质合同智能得多。

7.1.2　智能合约与区块链的关系

Nick Szabo 关于智能合约的工作理论一直没有得以实现，其中一个重要原因是缺乏能够支持可编程合约的数字系统和技术；而区块链技术解决了该问题，不仅支持可编程合约，而且具有去中心化、不可篡改、过程透明、可追溯等优点，完美契合智能合约。因此，智能合约是区块链技术的一个重要特性。

如果区块链 1.0 的代表是比特币，那么这一阶段的区块链技术能够解决货币和支付手段的去中心化问题，并通过网络共识机制保证交易的不可篡改性，但该阶段并未实现图灵完备的智能合约功能。以太坊的出现标志着区块链 2.0 的诞生，维塔利克·布特林（Vitalik Buterin）在 2013 年发布的白皮书中提出，Merkle Patricia 树是区块链的基本组成部分。以太坊在比特币的基础上进行了很大的改进，首先，以太坊平台提供了较好的开发灵活性，构建了完善的生态体系；其次，以太坊平台将比特币 UTXO 记账模式改进为传统账户交易模式；最后，以太坊最重要的是设计和实现了图灵完备的可编程"智能合约"功能，能更好地满足业务场景的需求。之后提出的区块链 3.0 阶段是价值互联网的内核，该阶段的区块链能够确认、计量和存储每个互联网中代表价值的信息与字节，从而实现在区块链上可以追踪、控制和交易资产。

　　智能合约概念和理论的提出比区块链要早，其应用实践却一直远远落后于理论，缺乏将理论转变为实践的有效方法，因为区块链技术的出现，智能合约才能得到大众的重视。其主要原因集中在两个方面：一是智能合约难以控制实物资产，并保证有效地执行合约。自动售货机可以通过将商品保存在其内部来控制财产的所有权，而计算机程序很难控制现实世界的现金、股票等资产。二是计算机很难保证执行这些条款可以获得合约方的信任，合约方需要可靠的解释和执行代码的计算机，他无法亲自检查有问题的计算机，也无法直接观察与验证其他合约方的执行动作，只能让第三方审核各方合约执行的记录，而这违背了智能合约去中心化的设计初衷。

　　区块链技术的出现，为上述问题提供了解决方案，从而奠定了智能合约应用的基础。区块链技术将合约执行的规则加入区块链的共识机制中，并且合约本身的代码与状态也存放在区块链上，当合约触发时，直接读取并执行合约代码，执行的结果返回合约状态。所以，区块链为智能合约的实施提供了可信的执行环境，其功能已经超越传统数据库，成为可以执行代码和记录资产所有权的分布式计算机。因此，我们不再需要找一个中心化的组织来签订合约，区块链便可以帮助我们完成相应的工作，区块链带来了一种革命性颠覆，其独特的核心技术使智能合约得以成功应用。

　　目前，智能合约和区块链的结合已成为区块链 2.0 的标志，相关研究方案和项目成为研究热点。如果以比特币等虚拟货币为代表的区块链 1.0 应用被称为"全球账簿"，那么作为区块链 2.0 代表的以太坊可以被看作一台"全球计算机"。以太坊是一个可编程、可视化、更易用的区块链，它提供了一套图灵完备的脚本语言，允许任何人在区块链中上传和执行应用程序，保证了程序的有效执行，并在此基础上首次实现了智能合约的功能。智能合约存储在以太坊的区块链上，通过区块链节点以分布式的形式执行，相当于商业交易、监督管理过程中法律法规的执行者。智能合约以按序、安全、可信观察、可信验证的方式保证合约的执行。智能合约的使用使得以太坊突破了比特币系统的限制，可以应用于多种行业和领域，如资产交易、数字公证、互助保险等。除了以太坊，当前许多区块链系统都提高了对智能合约的支持，如 IBM 的超级账本、量子链（QTUM）、EOS 等。在这些系统中，区块链技术的智能合约是一组与情景一一对应的程序化规则和逻辑，是部署在区块链上的去中心化、信息共享的程序代码。签署合约的各参与方就合约内容达成一致，以智能合约的形式部署在区块链上，即可不依赖任何中心机构自动化地代表各签署方执行合约。

　　区块链与智能合约的发展是相辅相成的，如果说区块链的出现奠定了智能合约的应用基础，那么智能合约则为区块链的应用提供了广阔的舞台。智能合约不仅为区块链底层数据赋予了可编程性，为区块链 2.0 和区块链 3.0 奠定了基础，还封装了区块链网络中各节点的复杂行为，为建立基于区块链技术的上层应用提供了方便的接口。例如：对于互联网金融的股权招募，智能合约可以记录每一笔融资，在成功达到特定融资额度后，计算每个投资人的股权份额，或在一段时间后，未达到融资额度时将资金退还给投资人；对于互联网租借的业务，可将房屋或车辆等实体资产的信息加上访问权限控制的智能合约部署到区块链上，在使用者符合特定的访问权限或执行类似付款的操作后就可以使用这些资产，甚至与物联网相结合，可在智能家居领域实现智能自动化，如室内温度、湿度、亮度的自动控制，以及自动门允许特定的人进入等。

7.1.3　智能合约的工作原理

智能合约一般具有值和状态两个属性，代码中用 If…then 和 What…if 语句预置了合约条款的相应触发场景与响应规则，智能合约经多方共同协定、各自签署后，随用户发起的交易（Transaction，TXN）提交，经 P2P 网络传播、矿工验证后存储在区块链的特定区块中，用户得到返回的合约地址及合约接口等信息后，即可通过发起交易来调用合约。矿工受系统预设的激励机制激励，将贡献自身算力来验证交易，矿工在收到创建合约或调用交易的信息后会在本地沙箱执行环境（如以太坊虚拟机）中创建合约或执行合约代码，合约代码根据可信外部数据源（如预言机，由 Oracle 提供）和世界状态的检查信息，自动判断当前所处场景是否满足合约触发条件，以严格地执行响应规则并检查/更新世界状态。交易验证有效后会被打包进新的数据区块，新的数据区块经共识算法认证后链接到区块链主链，智能合约的运行原理如图 7-4 所示。

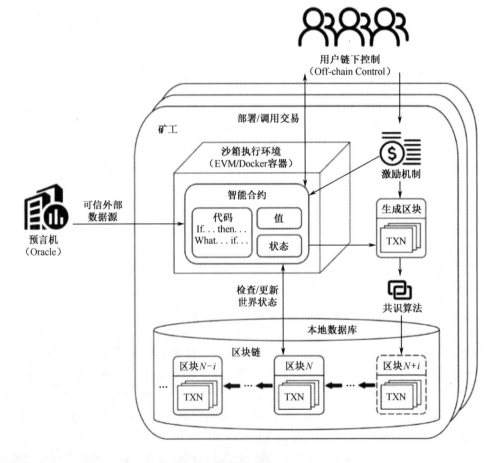

图 7-4　智能合约的运行原理

　　由于区块链的分布式架构、共识算法等，智能合约的部署允许相互不信任的用户在不需要任何可信中介或权威的情况下完成交易。同时，数字形式的智能合约可灵活嵌入各种有形或无形的资产、交易和数据中，实现主动或被动的资产、信息管理与控制，逐步构建可编程的智能资产、系统及社会。

　　从智能合约的工作原理来看，基于区块链的智能合约包括事务处理和保存机制，以及一个完备的状态机，用于接受和处理各种智能合约，而且事务的保存和状态处理都在区块链上完成。事务主要包含需要发送的数据，而事件则是这些数据的描述信息。事务及事件信息传入智能合约后，合约资源中的资源状态会被更新，进而触发智能合约进行状态机判断。如果满足自动状态机中某个或某几个动作的触发条件，那么智能合约由发起的交易根据条件触发而自动执行，最后将计算的结果永久存储在链式结构中。

　　基于区块链的智能合约的构建及执行分为以下 3 步。

　　（1）多方用户共同参与制定一份智能合约。

　　（2）合约通过 P2P 网络传播并存入区块链。

　　（3）区块链构建的智能合约自动执行。

　　具体包括以下步骤。

　　步骤 1： "多方用户共同参与制定一份智能合约" 的步骤如下。

　　① 用户先注册区块链账号，区块链分别返给用户一个公钥和一个私钥，公钥作为用户在区块链上的账户地址，私钥作为用户操作该账户的唯一钥匙。

　　② 两个及两个以上的用户共同商定一份合约，合约中包含双方的权利和义务。将这些权利和义务以电子化的形式编程为机器语言，并且参与者分别用各自的私钥进行签名，以确保合约的有效性。

　　③ 签名后的智能合约会根据其中承诺的内容，上传到区块链网络中。

　　步骤 2： "合约通过 P2P 网络传播并存入区块链" 的步骤如下。

　　① 合约通过 P2P 网络在整个区块链网络中传播，每个参与验证的节点都会收到合约的副本。这些验证节点将接收到的合约先暂存于内存中，待到新一轮的共识周期开始，再触发对该份合约的共识和自动执行。

　　② 当共识时间到来后，区块链中的验证节点会把最近一段时间内保存的所有合约一起打包成一个合约集合（Set），并算出这个合约集合的哈希值，最后将这个合约集合的哈希值组装成一个区块结构，并扩散到全网。其他验证节点收到这个区块结构后，会把里面包含的合约集合的哈希值取出来，与自己保存的合约集合进行比较，同时将一份自己认可的合约集合发送给其他的验证节点。通过这种多轮的发送和比较，所有的验证节点最终在规定的时间内与最新的合约集合达成一致。

　　③ 最新达成一致的合约集合会以区块的形式传播到全网，每个区块包含以下信息：当前区块的哈希值、前一个区块的哈希值、达成共识时的时间戳及其他相关信息。当节点收到这些合约集合时，会对每条合约进行验证，验证通过的合约才会最终被写入区块链，验证的内容主要是合约参与者的私钥签名是否与其账户公钥匹配。

　　步骤 3： "区块链构建的智能合约自动执行" 的步骤如下。

① 智能合约会定期遍历每个合约内包含的状态机、事务及触发条件。将满足触发条件的事务推送到待验证的队列中，等待共识，未满足触发条件的事务将继续存放在区块链上。

② 进入最新一轮验证的事务会扩散到每个验证节点，验证节点首先进行签名验证，确保事务的有效性。验证通过的事务会进入待共识集合，等大多数验证节点达成共识后，事务被成功执行并通知用户。

③ 事务执行成功后，智能合约自带的状态机会判断所属合约的状态。当合约包括的所有事务都顺序执行完后，状态机会将合约的状态标记为"完成"，并从最新的区块中移除该合约；反之，状态机会将合约的状态标记为"进行中"，并将该合约继续保存在最新的区块中等待下一轮处理，直到处理完毕。整个事务和状态的处理都由区块链底层内置的智能合约系统自动完成，全程透明、不可篡改。

此外，类似于传统合约，智能合约的全生命周期主要包括：合约生成、合约部署、合约执行和合约实现4个部分，如图7-5所示。

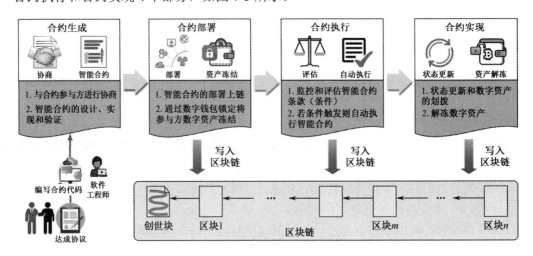

图 7-5　智能合约的全生命周期

合约生成主要包含合约多方协商、制定合约规范、进行合约验证、获得合约代码4个环节。具体实现过程为：与合约参与方进行协商，明确各方的权利与义务，确定标准合约文本并将文本程序化，经验证后获得标准合约代码。其中涉及两个重要环节：合约规范和合约验证。合约规范需要由具备相关领域专业知识的专家和合约方进行协商制定。合约验证在基于系统抽象模型的虚拟机上进行，它是关乎合约执行过程安全性的重要环节，必须保证合约代码和合约文本的一致性。

合约部署与交易发布类似，经签名后的合约通过P2P的方式分发至每个验证节点，每个验证节点将收到的合约暂存在内存中并等待共识。共识过程的实现如下：每个验证节点将最近一段时间内暂存的合约打包成一个合约集合，并计算出该合约集合的哈希值，最后将这个合约集合的哈希值组装成一个区块并扩散至全网的其他验证节点；收到该区块的验证节点会将其中保存的哈希值与自己保存的合约集合的哈希值进行比较验证；通过多轮的发送与比较，所有验证节点最终会对新发布的合约达成共识，并且达成共识的合约集合以区块的形式扩散至全网各验证节点。

合约执行是基于"事件触发"机制实现的。智能合约会定期遍历每个合约的状态机和触发条件，将满足触发条件的合约推送至待验证队列。待验证的合约会扩散至每个验证节点，与普通区块链交易一样，验证节点会首先进行签名验证，以确保合约的有效性，验证通过的合约经过共识会成功执行。整个合约的处理过程都由区块链底层内置的智能合约系统自动完成，整个过程公开透明、不可篡改。

合约实现本质上是通过赋予对象（如资产、市场、系统、行为等）数字特性，即将对象程序化并部署在区块链上，使其成为全网共享的资源，再通过外部事件触发合约的自动生成与执行，进而改变区块链网络中数字对象的状态（如分配、转移和数值）。通过调用智能合约可以主动或被动地接受、存储、执行和发送数据，并以此控制和管理区块链上的数字对象。目前已经出现的智能合约技术平台，如以太坊、Hyperledger 等，具备图灵完备的开发脚本语言，使得区块链能够支持更多金融系统和社会系统的智能合约应用。

就目前发展而言，以区块链技术为基础的智能合约大致可分为以下 3 类。

（1）Chaincode，也就是人们常说的链上代码，改变了传统的交易方式。例如，在金融活动中，交易的核心不再仅仅是数据交换，而是代码交换。

（2）智能法律合约，包括不同方面产生的权利和义务，并且在法律上可执行，通常以复杂的法律文本来表达，不仅涵盖个人行为，还可能涉及时间依赖和次序依赖等一系列依赖关系。例如，Primavera De Filippi 加密账本交易法律框架用链上智能合约来补充或代替现有法律合同，是智能合约代码和传统法律语言的结合。

（3）智能应用合约，即在区块链上部署基于智能合约的分布式链上应用，创建有商业价值的全新合约形式，如 M2M（机器对机器）商业模式。

7.2 智能合约基本架构模型及其挑战

7.2.1 智能合约的理论模型

区块链上的智能合约模型包括智能合约全生命周期中的关键技术，对智能合约技术体系中的关键要素进行了划分，体现了智能合约核心的研究方向和发展趋势，为智能合约研究体系的建立与完善提供了基础。智能合约的生命周期可概括为协商、开发、部署、运维、学习和自毁 6 个阶段，其中，开发阶段包括合约上链前的合约测试，学习阶段包括合约的运行反馈与合约更新等。图 7-6 展示了智能合约的基本框架，该模型由基础设施层、合约层、运维层、智能层、表现层和应用层组成。下面将对各层进行详细阐述。

（1）基础设施层。封装了支持智能合约及其衍生应用实现的所有基础设施，包括分布式账本及其关键技术、开发环境、预言机等，这些基础设施的选择将在一定程度上影响智能合约的设计模式和合约属性。其核心为：① 分布式账本及其关键技术。智能合约的执行与交互需要依靠共识算法、激励机制及 P2P 通信网络等区块链关键技术实现，最终执行结果将记入由全体节点共同维护的分布式账本；② 开发环境。智能合约的开发、部署和调用将涉及编程语言、集成开发环境开发框架、客户端和钱包等多种专用开发工具；③ 预言机可提供可信外部数据源，以供合约查询外部世界的状态或触发合约执行，保障智能合约的沙箱运行环境。

图 7-6　智能合约基本框架

（2）合约层。封装了静态的合约数据，包括各方达成一致的法律条文/商业逻辑/意向协定、情景—应对型规则，以及合约与合约之间的交互准则等。合约层可看作智能合约的静态数据库，封装了所有智能合约调用、执行、通信的规则。

（3）运维层。封装了一系列对合约层中静态合约数据的动态操作，包括机制设计、形式化验证、安全性检查、维护更新、自毁等。智能合约的应用通常关乎真实世界的经济利益，恶意、错误、有漏洞的智能合约会带来巨大的经济损失，运维层是保证智能合约能够按照设计者意愿正确、安全、高效运行的关键。

（4）智能层。封装了各类智能算法，包括感知、推理、学习、决策和社交等，为前三层构建的可完全按照创建者意愿在区块链系统中安全、高效执行的智能合约增添了智能性。需要指出的是，当前的智能合约并不具备智能性，只能按照预置的规则执行相应的动作。但未来的智能合约将不仅可以按照预定义的 If…then 语句自动执行，还可以在未知场景下进行 What…if 语句的智能推演、计算实验、自主决策等。

（5）表现层。封装了智能合约在实际应用中的各类具体表现形式，包括去中心化应用（Decentralized Application，DApp）、去中心化自治组织（Decentralized Autonomous Organization，DAO）、去中心化自治企业（Decentralized Autonomous Corporation，DAC）和去中心化自治社会（Decentralized Autonomous Society，DAS）等。

（6）应用层。封装了智能合约及其表现形式的具体应用领域。理论上，区块链及智能合约可应用于各行各业，例如，金融、物联网、医疗、供应链等均是其典型应用领域。

7.2.2　智能合约的挑战

智能合约在赋能各领域应用的同时，也存在制约其发展的亟待解决的问题，如隐私、法律、机制设计与性能等问题。主要问题概括如下。

1. 隐私问题

根据智能合约的运行机制，智能合约的隐私问题可分为可信数据源隐私问题和合约数据隐私问题两类，涉及智能合约基本框架中的基础设施层和合约层。虽然区块链提供了一定的匿名性，但是并没有完全解决智能合约的隐私问题。区块链数据通常是完全公开透明的（尤其是对公有链），任何人都可以公开查询和获取账户余额、交易信息与合约内容等，因此通过一定的数据挖掘和大数据分析技术，可以获取其中的交易关联信息。以金融场景为例，股票交易常被视为机密信息，完全公开的股票交易智能合约将难以保证用户的隐私。

运维层中的安全问题是制约智能合约发展的主要问题：已部署上链的智能合约是不可逆转的，其潜在的安全问题一旦引发就难以被修复，由此造成的经济损失将难以挽回，同时，区块链的匿名性可能为恶意用户提供便利，继而引发现实世界的安全问题。因此，智能合约的安全问题分为漏洞合约安全问题和恶意合约安全问题两类。

（1）漏洞合约安全问题。设计一个安全的智能合约的难点在于所有网络参与者都可能出于自身利益攻击或欺骗智能合约，设计者必须预见一切可能的恶意行为并设置应对措施，而传统的程序开发人员很难具备如此完美的编程能力和缜密的经济思维。

（2）恶意合约安全问题。区块链及智能合约的去中心化、匿名性同样可能助长恶意合约的产生。违法者可通过发布恶意的智能合约对区块链系统和用户发起攻击，也可利用合约实现匿名的犯罪交易，导致机密信息的泄露、密钥窃取或各种真实世界的犯罪行为。

2. 法律问题

智能合约的法律问题主要体现在合约层中传统合约向智能合约的转化上。传统合约中的法律条文和智能合约中的技术规则间存在巨大的语言鸿沟。前者为了使各种无法精确预见的新案例或边缘案例实现高度的通用性，常使用一些微妙、模糊和灵活的语言在更高的抽象层次起草；而后者为降低系统的安全风险，需要使用严格而正式的语言描述和定义明确的类别、预先定义的条件和精确规定的方法。在转化时，两者之间将不可避免地存在翻译误差，进而可能影响智能合约的法律效力。常见的智能合约法律问题包括：智能合约语义不清晰、智能合约不可预见性、智能合约追责难或难以事后补救等问题。

3. 机制设计与性能问题

（1）机制设计。对智能合约而言，机制设计决定了智能合约实现其目标功能的方式，不同的制度安排和组织结构在交易费用、激励效果与资源配置效率等方面将产生重要影响，合理的机制设计需要充分应用经济学、商学、法学等多学科交叉知识，对合约立契者的专业背景具有极高的要求，因此有必要对此进行深入研究。

（2）性能问题。智能合约的性能问题可分为合约层设计导致的合约本身性能问题和基础设施层设计导致的区块链系统性能问题两类。待优化的合约机制和未经优化的智能合约将增加合约执行的经济成本，降低合约执行效率。此外，区块链系统本身存在的吞吐量低、交易延迟、能耗过高、容量和带宽限制等性能问题也将在一定程度上限制智能合约的性能。

4. 形式化验证

运维层中的形式化验证是解决智能合约安全问题的重要手段，也是智能合约的重要研究方向。智能合约的形式化验证是指利用精确的数学手段和强大的分析工具，在合约的设计、开发、测试过程中验证智能合约是否具有公平性、正确性、可达性、有界性和无二义性等预期的关键性质，以规范合约的生成和执行，提高合约的可靠性和执行力，支持规模化智能合约的高效生成。

7.3 以太坊智能合约

以太坊的设计初衷是将图灵完备的编程语言注入通用区块链协议中，搭建全球共享的分布式应用平台，并改变区块链的应用格局，使其不再局限于比特币等加密货币的支付领域，而是通过智能合约驱动各领域的应用。因此，通过了解以太坊智能合约的部署过程，可以理解其核心内容。同时，通过与其他平台的智能合约进行比较，可进一步了解以太坊智能合约的架构。

7.3.1 以太坊智能合约的部署

以太坊智能合约的部署主要依赖后台运行的以太坊节点，其部署原理如图7-7所示。在部署一个智能合约前，需要下载智能合约的运行环境——以太坊虚拟机（EVM），且需要搭建好开发环境，即安装并启动适用于 EVM 的智能合约编程语言 Solidity 和交互式命令控制台 Geth。同时，也需要搭建以太坊网络。搭建以太坊网络时，Geth 控制台使用 genesis.json 文件生成创世区块，同时提供保存区块数据和账户私钥的目录，通过执行命令、读取文件和存储区块数据，对网络进行初始化，配置相关参数，完成节点运行环境的搭建。智能合约通过交易的方式将字节码部署到以太坊网络，每次成功部署都会产生一个新的智能合约账户。部署时，用 Solidity 语言编写的智能合约代码先经过 solc 智能合约编译器变为 EVM 字节码，然后通过一笔交易创建智能合约，该笔交易包含用户账户、智能合约地址和智能合约代码等关键信息，其中，智能合约地址是由用户账户和发送的交易数作为随机数输入的，通过 KECCA-256 加密算法重新创建一个地址作为账号。将数据存储到区块链上，其中，区块链数据需要包含智能合约地址、钱包余额和智

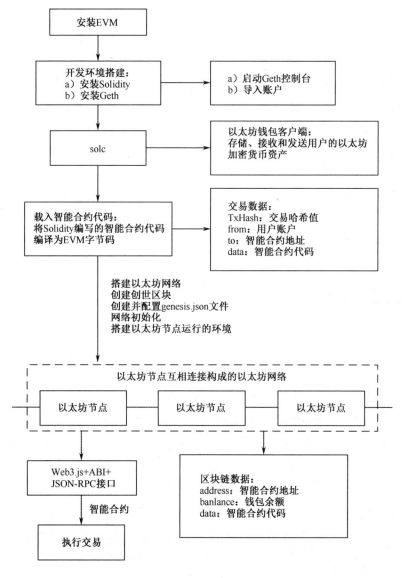

图 7-7　以太坊智能合约的部署原理

能合约代码。以太坊提供了一套基于 JSON-RPC（Remote Procedure Call）的接口调用，以太坊钱包客户端可通过 Geth 提供的 JSON-RPC 接口和 ABI 接口将智能合约的二进制代码发送到以太坊网络中。其中，数据传输需要采用 JSON 格式。将智能合约部署到以太坊网络，经过全网节点验证后，将数据写入每个由 Geth 管理的区块链上，并通过 Web3.js 库和 ABI 接口调用智能合约中的函数来实现数据的读取与修改。部署过程需要消耗 Gas 作为手续费，以太坊上的每笔交易都会被收取一定数量的 Gas，目的是限制执行交易所需的工作量，同时为交易的执行支付费用。

7.3.2 不同平台的智能合约对比

区块链是一个通过多方存储和计算的方式来实现数据不可篡改及计算结果可信的分布式系统。基于这样的特性，区块链上的智能合约必须同时具备确定性和可终止性两种性质。如果一个智能合约是非确定性的，那么不同节点运行的结果可能不一致，从而导致共识无法达成，网络陷入停滞。同样，如果智能合约是永不停止的，那么节点将耗费无穷多的时间和资源去运行合约，同样会导致网络陷入停滞。区块链智能合约对运行环境有着严格的要求，这主要是因为当前的智能合约运行在图灵完备的条件下，必须保证满足确定性和可终止性的要求。

智能合约会在区块链网络的多个节点中运行，而在不同的运行环境下，其具体开发的设计细节也会不同，表 7-1 以以太坊、超级账本和 EOS 开发平台为基础，从编程语言、共识机制和底层数据库等实现细节进行了对比分析，介绍了基于不同平台的智能合约对应的应用环境，讨论了三大平台解决确定性和可终止性问题的方法，并进一步理解各平台目前存在的主要问题及解决问题的主要方式。

表 7-1 基于三大开发平台智能合约的对比分析

平台	以太坊	超级账本	EOS 开发平台
编程语言	Solidity	Go 语言、Java、Node. js	C++
共识机制	PoW、PoS	Solo、Kafka、Etcdraft	石墨烯技术（DPoS + BTF）
底层数据库	LevelDB	NoSQL、LevelDB、CouchDB	Oracle 和 MySQL 等主流数据库
使用协议	Ghost 协议、Whisper 协议	Gossip 协议	Bancor 协议
核心优势	支持新发展的丰富生态系统	独特的高弹性且可扩展的体系结构	高性能且无手续费
运行环境	EVM	Docker	Docker，搭建私网和连接 EOS 社区测试网
应用环境	目前最强的公链之一。应用场景有金融及金融衍生物、线上投票、分散治理、身份认证和信誉系统、文件存储、分散自治组织、供应链和保险等	主要应用于企业级许可区块链。其应用场景包括去中心化治理的智能合约、用于协作和共识的新链码应用程序模式、增强的私有数据安全性、外部的链码启动器、用于提升 CouchDB 性能的状态数据库缓存、基于 Alpine 的 Docker 镜像，以及示例测试网络等	目前最具潜力的公链之一。应用场景有在公链上建立钱包、博彩类游戏、电子商务、金融科技、市场、去中心化交易所和内容平台等

续表

平台	以太坊	超级账本	EOS 开发平台
解决确定性和可终止性问题的方法	① 确定性：主要通过 EVM 提供确定性的系统函数及限制数据的访问类型来保证确定性；② 可终止性：采用计价器方案，并通过经济手段来解决停机问题	① 确定性：开发时尽量避免使用具有非确定性的功能，平台计划提供一套专门用于开发的确定性系统函数库供用户使用，并在记账架构上进行创新；② 可终止性：采用计时器的方案，但会增加共识算法的失败率	① 确定性：通过采用确定性并行技术，系统能够精确地控制并行程序执行个体间的同步、竞争和干扰，从而保证程序的执行结果仅依赖其输入，而非执行顺序或其他不确定因素；② 可终止性：采用计时器方案
目前存在的主要问题	① 吞吐量太低；② 扩展性差；③ 安全性问题；④ 高交易费用问题	① 维护成本高且延迟较高；② 吞吐量较低和扩展性较差；③ 安全性问题；④ 跨 Channel 智能合约调用存在问题	① 监督机制的无效性；② 经济学模型的缺陷；③ 共识机制下引发的治理问题
解决问题的主要方式	① 以太坊的 PoS-Casper 方案；② Sharding 分片技术；③ 通道（Channel）、混合器（Mixer）、环签名（Ring Signature）及零知识证明（Zero Knowledge Proof）；④ 扩容	① 采用 IPFS 作为文件传输协议；② 身份混淆机制和 PDC（Private Data Collection）方案；③ 多通道（Multi-channel）的数据分区方案	① 模仿伯克希尔哈撒韦股票的模式；② 提出了一种新的经济形态（Staking）；③ 链上治理和链下治理的混合模式

7.3.3 以太坊智能合约示例

与比特币采用的 UTXO 余额模型不同，以太坊使用账户模型，分为外部拥有账户（Externally Owned Account，EOA）和合约账户（Contract Account），如图 7-8 所示。外部拥有账户为一般意义的用户账户，用户创建账户时自动生成公私密钥对，编码存放在 Keyfile 中，私钥使用用户口令加密，公钥哈希值截取后 20 位作为账户地址。合约账户保存在以太坊区块链上，是合约代码（功能）和数据（状态）的集合。以太坊以账户为单位实现智能合约，确保了数据的安全隔离。每个账户的信息都相互独立、互不干扰。此外，以太坊利用以太坊虚拟机（EVM）为智能合约提供了一个沙箱执行环境，使得智能合约能够在安全环境中运行并执行其功能。

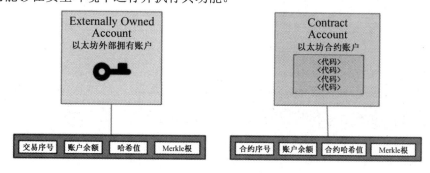

图 7-8 两类账户类型

逻辑上两类账户的数据结构一致，但在数据存储上略有不同，因为外部拥有账户无内部存储数据和合约代码，因此，外部拥有账户数据中StateRootHash（以太坊 Merkle 根的哈希值）和 CodeHash（账户的 EVM 代码哈希值）的默认值是一个空值，即 CodeHash 为空值时，账户是一个外部拥有账户，否则是一个合约账户。

以太坊账户的数据结构代码如下。

```
// core/state/state_object.go: 100
type Account struct {
    Nonce      uint64
    Balance    *big.Int
    Root       common.Hash
    CodeHash []byte
}
```

在以太坊中，合约账户是由外部拥有账户或其他合约创建的。每个合约在创建时，都会被自动分配一个账户地址，这个账户地址用于存储合约代码及在合约部署或执行过程中产生的数据。这个账户地址是通过 SHA-3 算法生成的，而不是通过私钥生成的，因此它没有对应的私钥。这就意味着，合约账户不能像外部拥有账户那样被使用，它只能通过外部拥有账户驱动来执行合约代码。以太坊虚拟机（EVM）提供了一个名为 EXTCODESIZE 的操作码，它可以获取与一个地址关联的代码的大小（长度）。如果这个地址是一个外部拥有账户地址，那么就没有代码返回。对于判断一个地址是不是合约地址，我们可以使用 web3.eth.getCode() 函数，或者使用对应的 JSON-RPC 方法 eth_getCode 来获取参数地址对应的合约代码。如果参数是一个外部拥有账户地址，那么返回的将是 "0x"；如果参数是一个合约账户地址，那么返回的将是该合约的字节码。表 7-2 中给出了外部拥有账户和合约账户的区别。

表 7-2　外部拥有账户和合约账户的区别

项	外部拥有账户	合约账户
私钥	有	无
余额	有	有
代码	无	有
多重签名	不支持	支持
控制方式	私钥控制	通过外部拥有账户执行合约

使用以太坊的多重签名技术构造的签名交易被称为多签名交易或 M-of-N 交易。多重签名技术的特殊之处在于，它表述了一种更加灵活的认可和授权机制，适用于更复杂的现实场景。由于以太坊外部拥有账户由一个独立私钥创建，所以无法进行多签名交易。

下面我们简单介绍一个基于 Remix 开发的以太坊智能合约，该智能合约主要实现当前账户向指定账户转入以太币的功能，其详细的合约代码及其在 Remix 上的部署如图 7-9 所示。

当前有两个以太坊用户 Alice 和 Bob。Alice 通过如图 7-9 所示的合约向 Bob 转入以太币，这笔交易示例如图 7-10 所示。

图 7-9　合约代码及其在 Remix 上的部署

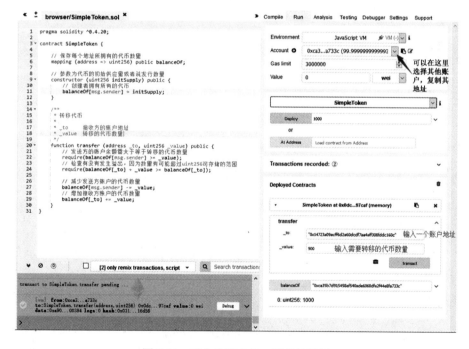

图 7-10　以太坊用户的一笔交易示例

135

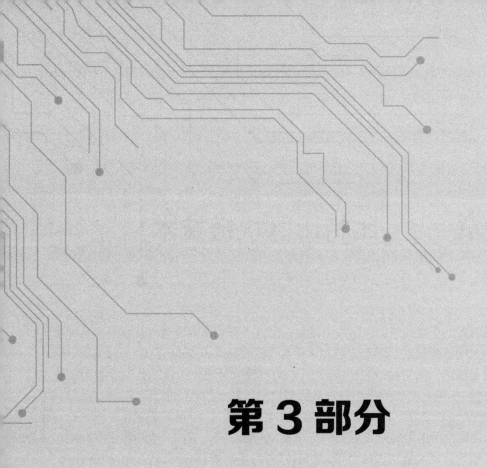

第 3 部分

区块链开源平台

第8章 比特币区块链技术

自比特币的第一个区块（创世区块）诞生，比特币开始进入普通人的视野，其标志性事件是创始人中本聪向密码学专家哈尔·芬尼（Hal Finney）发送了 10 个比特币，这成为比特币史上的第一笔交易。2010 年 5 月，美国佛罗里达州的程序员花费 1 万枚比特币购买了价值 25 美元的比萨优惠券，从而形成了比特币的第一个公允汇率。此后，比特币价格快速上涨。2021 年，第一支比特币 ETF 获批、比特币在萨尔瓦多成为法定货币等事件，使比特币作为小众投资品的资产定位开始上升。美国、欧洲等国家和地区的上市公司开始斥巨资大量买入比特币，包括特斯拉、资产管理公司黑石（BlackRock）、美国移动支付巨头 Square 等。在机构投资者纷纷买入比特币现象的背后，正如桥水基金（Bridgewater）创始人瑞·达利欧所言："比特币正在成为一种能够代替黄金的数字资产。"

比特币是区块链技术的第一个应用，本质上是由分布式网络系统生成的数字货币。比特币的发行并不依赖任何特定的中心化机构，而是通过工作量证明这一共识算法来验证和记录比特币交易。同时，为了激励执行工作量证明的矿工节点，比特币系统会发行一定数量的比特币作为奖励。比特币流通过程的安全性是通过密码学方法保证的，而且它还包含具有一定灵活性的脚本代码（非图灵完备的智能合约），以实现货币流通的自动化和可编程性。在本章中，我们将以比特币的视角更深入地理解区块链技术的应用。

8.1 比特币概述

比特币（Bitcoin，BTC）是一种去中心化的数字货币，由计算机生成的一串串复杂的代码组成，任何人均可在对等的比特币网络中进行匿名交易，每笔交易由区块链节点采用密码学技术验证后，记录在公开的区块链分布式账本中。2008 年，全球金融危机爆发，同年 11 月 1 日，一个自称中本聪（Satoshi Nakamoto）的人在 P2P Foundation 网站上发布了一篇论文"比特币：一种点对点的电子现金系统"（Bitcoin: A Peer-to-Peer Electronic Cash System），陈述了他对电子货币的新设想，比特币就此面世。比特币网络通过"挖矿"来生成新的比特币。所谓"挖矿"实质上是用计算机解决一项复杂的数学问题，来保证比特币网络分布式记账系统的一致性。比特币网络会自动调整数学问题的难度，让整个网络大概每 10 分钟得到一次满足要求的答案。比特币创建初期，一台普通的台式计算机足以满足"挖矿"过程的需要；而现在，随着矿工数量的增加，为克服解决问题的难度，矿工必须使用昂贵的硬件，如专用集成电路（ASIC）和更高级的图形处理单元（GPU）。这些精心制作的"挖矿"处理器被称为"矿机"。根据中本聪的论文，比特币总量为 2 100 万枚，初始区块奖励为 50 枚比特币，随后在大约每 4 年的时间里，每挖出 210 000 个区块（大约 4 年时间），奖励就减半。比特币奖励减半，是指产出新区块后获得的奖励大约每隔 4 年减少一半。根据 BTC 矿池网站信息，世界上首个比特币区块被挖出时，当时的奖励为 50 枚比特币。2012 年 11 月 28 日，第 210 000 枚比特币区块被挖出，比特币开启第一次奖励减半，由 50 枚比特币减至 25 枚比特币；2016 年 7 月 10 日，当第 420 000 个区块被挖出后，比特币开启第二次奖励减半，奖励由 25 枚比特币减至 12.5 枚比特币；2020 年 5 月 12 日，随着第 630 000 个区块被挖出，比特币正式迎来第三次减半，奖励由 12.5 枚比特币减至 6.25 枚比特币。

8.1.1　比特币的发展背景及历史

早在 20 世纪 80 年代早期，就有人提议创建数字货币。1982 年，计算机科学家和密码学家大卫·乔姆（David Chaum）提出了一个方案，采用盲签名的方式建立一种无法追踪的数字货币。这项研究发表在一篇题为"无法追踪的支付盲签名"（Blind Signatures for Untraceable Payments）的研究论文中。在该方案中，银行通过签署用户提供给银行的一个盲随机序列号来发行数字货币。然后，用户可以使用银行签署的数字货币进行交易，这种方案的局限性在于银行必须跟踪所有使用过的序列号。这是一个集中式系统，需要可信的一方（如银行）来操作。1988 年，David Chaum 等人提出了一个名为 eCash 的改进版本，它不仅使用盲签名，还使用一些私人身份数据来制作消息，然后发送给银行，但存在"双花问题"（用同一笔钱进行两次支付）。

1997 年，密码学家 Adam Back 引入了 HashCash——一种工作量证明方案，该方案可用来阻止垃圾邮件的泛滥。1998 年，曾在微软工作的计算机工程师戴伟（Wei Dai）提出了 b-money 计划，该计划引入了使用工作量证明（PoW）来创造货币的想法。与此同时，计算机科学家尼克·萨博提出了比特金（BitGold）的概念。美国加州大学伯克利分校国际计算机科学研究所的 Tomas Sander 和 Amnon Ta-Shma 在 1999 年的一篇题为"可审计的匿名电子现金"（Auditable, Anonymous Electronic Cash）的研究论文中介绍了一种电子现金方案，该方案首次用 Merkle 树来表示硬币，用零知识来证明硬币的所有权，这种方案允许用户完全匿名，但它只是一个理论设计，由于低效的证明机制而无法实现。

2004 年，Hal Finney 提出了可重复使用工作量证明（Reusable Proof of Work，RPoW）方案，他也是第一个从中本聪那里收到比特币的人。该方案使用 Adam Back 的 HashCash 方案作为创建该货币所花费的计算资源的证明。

前面提到的方案虽然解决了一些问题，但仍依赖中心化问题，以及面临着电子现金和分布式系统中存在的女巫攻击、双花和拜占庭将军问题的困扰。

2008 年 1 月 4 日，随着 bitcoin.org 的域名被注册，比特币开始进入人们的视野。比特币的设计采用密码学和分布式计算等各种思想与技术，如 Merkle 树、哈希函数和数字签名。其他思想，如 BitGold、b-money、HashCash 和加密时间戳也为比特币的发明提供了一些基础。这些想法被巧妙地用于比特币的发明，由此创造了有史以来第一个真正去中心化的货币，解决了上述的相关历史难题。

2009 年 1 月 3 日，比特币第一个区块（创世区块，Genesis）诞生。创世区块包含一个隐藏的信息，在 Coin Base 交易（区块中的第一笔交易）的输入中包含这样一句话："The Times 03/Jan/2009 Chancellor on brink of second bailout for banks."

这句话是《泰晤士报》当天头版文章的标题，它不仅证明了该区块的产生时间，也提醒人们独立货币制度的重要性。同时，它预示着比特币的发展将引发前所未有的全球货币变革。

2010 年 7 月 17 日，首个日本比特币交易平台 Mt.Gox 成立。同年 8 月 6 日，比特币协议中输出总和超过其输入的交易所产生的溢出漏洞被发现。同年 8 月 15 日，该重大漏洞在被利用后的数小时内被发现，并由矿工采用更新的比特币协议版本进行分叉。这是比特币历史上发现和被利用的唯一重大安全漏洞。

2011 年，每枚比特币价格达到 1 美元，基于比特币开源代码的其他加密货币（山寨币）开始出现。同年 4 月，中本聪退出公众视野，比特币的代码开发与网络建设交由比特币社区成员管理。

2012 年 9 月，比特币基金会成立，创始人是 Gavin Andresen、Jon Matonis、Patrick Murck、Charlie Shrem 和 Peter Vessenes。旨在通过开源协议的标准化、保护和推广，加速比特币的全球发展。同年 12 月 6 日，首家在欧盟法律框架下运作的比特币交易所——法国比特币中央交易所诞生，这是世界上首家被官方认可的比特币交易所。同年 11 月 28 日，比特币产量第一次减半。

2013 年 2 月，Coinbase 声称一个月内以 22 美元/枚的价格售出了价值 100 万美元的比特币。同年 3 月，比特币网络出现了一个硬分叉，这是 Bitcoin 0.8 版本和 0.7 版本不兼容导致的。这也导致比特币网络暂时分裂成了两个不同的链。为了解决这个问题，大部分矿工选择回退到 0.7 版本，最终使得 0.7 版本的链成为主链。同年 4 月，比特币交易所 BitInstant 和 Mt.Gox 因出现交易延迟，导致比特币从 266 美元/枚跌至 76 美元/枚，6 小时内回升至 160 美元/枚。同年 5 月 14 日，美国国土安全部获得法院许可，冻结了全球最大的比特币交易所 Mt.Gox 的两个账户。同年 5 月 28 日，美国国土安全部以涉嫌洗钱和无证经营资金汇划业务，取缔了位于哥斯达黎加的汇兑公司 Liberty Reserve 的虚拟货币服务，该事件成为历史上最大的国际洗钱诉讼案，涉案规模达 60 亿美元。同年 7 月 10 日，泰国央行禁止购买、出售比特币，是全球第一个"封杀"比特币的国家。同年 8 月 19 日，德国政府正式承认了比特币的合法货币地位，将其纳入国家监管体系，成为首个认可比特币的国家。同年 10 月，世界首台比特币自动提款机在加拿大启用，并可办理加元与比特币的兑换。同年 11 月 29 日，比特币价格达到历史的新高 1 242 美元/枚。同年 12 月 5 日，中国人民银行认为比特币为一种特定的虚拟商品，同时规定金融机构和支付机构不得开展与比特币相关的业务。

2014 年，比特币作为支付货币在多个领域开始被正式接受，如游戏（Zynga）、酒店餐饮（Las Vegas Hotel & Casino）、比赛门票等。多家公司，如 Dell、新蛋、eBay、微软等宣布支持使用比特币购买相关产品。同年 2 月，当时全球最大的拥有超过 70%账户的比特币交易平台 Mt.Gox 因安全漏洞问题使 65 万～85 万枚比特币丢失而宣布破产。同年 6 月，美国加州 AB-129 法案允许使用比特币等数字货币进行消费。

2015 年 1 月，比特币公司 Coinbase 完成了 C 轮融资，筹集到了 7 500 万美元，这笔资金被用于扩大其业务和提高其技术基础设施。同年 2 月，接受比特币的商家数量超过 100 000 家。同年 10 月，一份向 Unicode 联盟提交的提案提出为比特币符号添加代码。

2016 年 3 月，日本首次批准数字货币监管法案，并承认比特币为资产。同年 7 月，比特币产量迎来第二次减半。同年 11 月，瑞士铁路运营商升级了自动售票机，支持使用比特币。同年，Google Scholar 发表的比特币相关的学术文章数量从 2009 年的 83 篇、2012 年的 424 篇一跃增加到 2016 年的 3 580 篇。

2017 年 1 月，日本 NHK 报道称，日本接受比特币的在线商店数量在过去一年增加了 4.6 倍，美国比特币支付服务提供商 BitPay 的首席执行官兼联合创始人 Stephen Pair 宣布公司的比特币交易在 1 年内增长了 3 倍，俄罗斯也宣布比特币等加密货币的使用合法化。同年 6 月，Unicode 10.0 版本纳入了一个新的货币符号，即比特币符号，其码位为 U+20BF。同时，比特币价格创下了 2 954.22 美元/枚的历史新高。同年 8 月 1 日，比特币经历了一次硬分叉，分叉出了两种数字货币。一种是保持了 1 MB 区块大小限制的比特币（BTC），另一种是区块大小扩大到 8 MB 的比特币现金（BCH）。发生这次硬分叉的主要原因是比特币社区对于如何解决比特币的可扩展性问题存在分歧。

2018 年，韩国出台要求所有比特币交易者公开身份、禁止匿名交易比特币的规定，在线支付服务公司 Stripe 宣布停止对比特币支付的支持，理由是需求下降、费用上涨和交易事件延长。同年，乔治·索罗斯（George Soros）将比特币称为泡沫。

2019 年，在全球加密市场经历了艰难的一年后，比特币价格回落至 4 000 美元/枚以下。中国开始把区块链作为核心技术自主创新的重要突破口。

2020 年 7 月 2 日，瑞士公司 21 Shares 开始在德意志交易所的 Xetra 电子交易平台上报价一组比特币交易所交易产品 ETP。

2020 年 9 月 1 日，维也纳证券交易所上市了其首批 21 种以比特币等加密货币计价的产品，包括实时报价和证券结算服务。

2020 年 9 月 3 日，法兰克福证券交易所在其受监管市场上承认了首张比特币交易所交易票据 ETN 的报价，该票据通过 Eurex Clearing 进行集中清算。

2020 年 10 月，PayPal 宣布将允许其用户在其平台上买卖比特币，但不允许存入或提取比特币。

自 2021 年 2 月起，瑞士楚格州允许以比特币和以太币等加密货币纳税。2021 年 6 月 1 日，萨尔瓦多总统宣布计划采用比特币作为法定货币；同年 6 月 9 日，萨尔瓦多立法议会中的大多数议员投票通过立法，使比特币在该国与美元一起成为法定货币。

2022 年 4 月 22 日，受全球经济影响，比特币价格回落至 40 000 美元/枚以下，在 Terra-Luna 及其稳定币 UST 崩盘后进一步跌至 26 970 美元/枚。同年 6 月 18 日，比特币跌破 18 000 美元/枚，交易价格低于 2017 年的高点。

8.1.2　比特币的历史价格

比特币发展至今，无论人们对加密货币褒贬如何不一致，最引人瞩目的仍然是其价值及其背后的原因。不可否认，加密货币将依然存在，虽然在市场上表现为全天候的波动，但这种波动不太容易受到法定货币波动的影响，并且比特币仍然是许多对冲基金的选择。甚至在个别经济体面临恶性通货膨胀和数百个经济体受疫情影响时，比特币的表现相对平静。与传统货币不同，比特币不是由中央银行发行或由政府支持的，也不是由某一家公司支持的。对投资者来说，购买比特币不同于购买股票或债券，因为它不需要审查公司的资产负债表，也不需要比较基金的业绩或其他传统的投资工具。作为一种交易手段，加密货币受到主流的关注。投资者将比特币视为一种存储价值、创造财富和对冲通胀的方式。同时，机构也致力于创建比特币投资工具。从 2009 年比特币推出时的 0 美元/枚的价格起，到 2010 年耗时一年半的时间，比特币价格飙升至 0.09 美元/枚。2011 年 4 月，比特币价格从 1 美元/枚飙升至 29.6 美元/枚，涨幅高达 2 860%。之后比特币价格一路下跌，直至 2013 年再次上涨，一路飙升至 1 230 美元/枚后跌至 687.02 美元/枚。经过 2014 年的价格下跌，到 2015 年比特币价格回调至 315.21 美元/枚。2016—2021 年是比特币价格一路上涨的阶段，虽然在 2018 年和 2019 年受金融市场影响出现小幅波动，但新冠疫情期间政府停摆和政策不确定性引发了投资者对全球经济的担忧，加速了比特币价格的上涨。2020 年 12 月，比特币价格达到 29 000 美元/枚，与同年年初相比涨幅高达 416%。2021 年，比特币价格创下历史新高，随着加密货币交易所 Coinbase 上市，价格一度达到峰值 68 789 美元/枚。然而，随着通货膨胀和新冠疫情的不确定性加剧，2022 年比特币价格持续下跌至 20 000 美元/枚以下。

8.1.3　比特币核心

比特币作为一个开源项目，遵循了 MIT 开放许可协议，任何人都可以免费下载和将其用于其他目的。这不仅意味着比特币可以免费使用，也意味着比特币是由一个开放社区共同发起维护和开发的。最初由中本聪发起的该社区到 2016 年已经吸引了 400 多名贡献者，并有十几名开发人员全职参与其中，任何人都可以为比特币的代码做出贡献。

一部分比特币软件实际上在中本聪编写第一篇比特币相关论文之前就已经完成开发，中本聪称之为"比特币"或"Satoshi 客户端"。比特币软件第一个版本的实现经过大量修改和改进，最终演变成目前的 Bitcoin Core（比特币核心），以区别于其他的兼容版本。比特币核心不仅是比特币系统的权威参考实现，也包含了比特币的核心技术及其源码的详细描述。因此，比特币核心技术包括：钱包、交易、区块验证引擎，以及比特币 P2P 网络中的完整网络节点。比特币核心技术架构如图 8-1 所示。

由图 8-1 可知，比特币 P2P 网络由网络中的"对等节点"组成，主要由志愿者和一些构建比特币应用程序的商业机构运行。比特币 P2P 网络是按照比特币 P2P 协议运行的一系列节点的集合。除了比特币 P2P 协议，比特币 P2P 网络中也包含其他协议。例如，Stratum 协议被用于挖矿及轻量级或移动端比特币钱包。网关（Gateway）路由服务器提供这些协议，使用比特币 P2P 协议接入比特币 P2P 网络，并将网络拓展到运行其他协议的各节点。那些运行的比特币节点将内存池中的交易打包成区块，并通过一个验证引擎解决复杂的数学问题，从而竞争新区块的记账权。因此，节点拥有所有交易的本地副本，而不必依赖任何第三方来验证交易。同时，比特币核心提供了应用程序 API，开发人员可以利用工具包、编程库和客户端支持软件来配置开发环境，这些工具都支持多种编程语言，比特币核心客户端实现了 JSON-RPC 接口（一种允许进行远程过程调用的协议），开发者可以通过该接口，使用命令行工具或 API 编程获得比特币区块、比特币交易的信息。

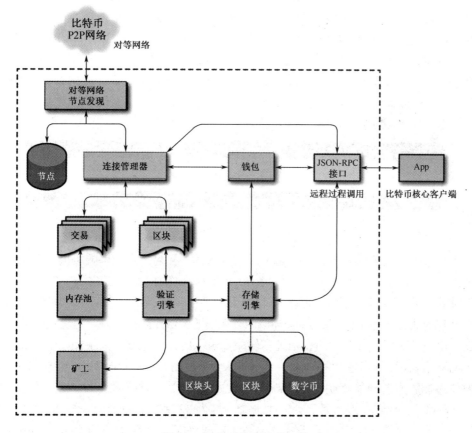

图 8-1　比特币核心技术架构

8.2 比特币密钥、地址与钱包

8.2.1 比特币密钥及地址

比特币的所有权由数字密钥、比特币地址和数字签名共同构建。数字密钥并不存储在区块链网络中，而是由用户创建并存储在一个被称为钱包的应用程序中，同时存储在钱包所管理的文件或数据库中。钱包中的数字密钥完全独立于比特币协议与区块链网络，可由用户的钱包软件生成和管理。密钥在比特币的诸多特性实现中发挥了关键作用，如实现去中心化的信任和控制机制、提供所有权的证明，以及构建基于加密证明的安全模型。在大多数情况下，比特币交易都需要在区块链中包含有效的数字签名，该数字签名只能使用密钥生成。因此，任何拥有该密钥副本的人都可以控制比特币。比特币交易的有效性与比特币的所有权都依赖私钥的数字签名验证。

比特币系统使用椭圆曲线算法，采用 NIST 发布的 Secp256k1 标准生成公私钥对，并进行签名和验证，一般通过底层的随机数生成器产生空间大小为 2^{256} 比特位的私钥。开发者可以使用比特币核心客户端提供的 getnewaddress 命令生成一个新的比特币地址（这涉及新的密钥对的生成），并使用 dumpprivkey 命令获取与特定比特币地址相关联的私钥。这个私钥以 WIF（Wallet Import Format）的形式显示，这是一种特殊的 Base58Check 编码格式，用于在不同的钱包软件之间导入和导出私钥。图 8-2 和图 8-3 分别给出了私钥和 WIF 两种不同的编码格式。

A3ED7EC8A03667180D01FB4251A546C2B9F2FE33507C68B7D9D4E1FA5714195201

图 8-2 私钥格式

L2iN7umV7kbr6LuCmgM27rBnptGbDVc8g4ZBm6EbgTPQXnj1RCZP

图 8-3 WIF 格式

比特币地址被编码为 Base58Check 编码格式后，看起来是一串随机的字符串，它是由公钥经过单项散列函数 SHA-256 和 RIPEMD160 计算并编码得到的，如图 8-4 所示。

如图8-5所示，假设比特币公钥为K，比特币地址为A，则$A = \mathrm{RIPEMD160}\,(\mathrm{SHA-256}(K))$，用户见到的比特币地址是经过 Base58Check 编码的，以提高可读性，避免产生歧义，并增加了错误校验码，可有效防止地址在转录和输入时产生错误。Base58Check 编码也可用于比特币私钥、加密密钥和脚本哈希值的表示。由图 8-4 所示的编码算法可知：① 在数据前添加版本前缀能够明确需要编码的数据类型；② 对前缀和数据运行两次 SHA-256 散列算法，也称"双哈希"，产生一个长度为 32 字节的散列值；③ 取前 4 字节作为校验码附在数据字段后；④ 运行 Base58Check 编码，得到最终的 Base58Check 编码

值。编码中的版本前缀使编码后的数据显示了易于辨识的属性,例如,比特币地址是以
1 开头的,私钥 WIF 是以 5 开头的,表 8-1 列举了不同种类比特币地址中的版本前缀和
它们对应的 Base58Check 编码格式。

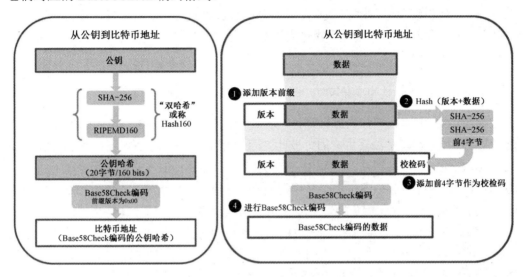

图 8-4 公钥到比特币地址的转换

表 8-1 不同种类比特币地址中的版本前缀和它们对应的 Base58Check 编码格式

种类	版本前缀(Hex)	Base58Check 编码格式
比特币地址	0x00	1
多重签名脚本地址 (Pay to Script Hash Address)	0x05	3
比特币测试网地址 (Bitcoin Testnet Address)	0x6F	m 或 n
WIF 私钥 (Private Key WIF)	0x80	5、K 或 L
BIP38 加密私钥 (BIP38 Encryted Private Key)	0x0142	6P
BIP32 扩展公钥 (BIP32 Extended Public Key)	0x0488B21E	xpub

8.2.2 比特币钱包

"钱包"一词有多重含义,在区块链中已成为 Web 3.0 世界的入口,是数字身份和
数据的管理工具。对比特币而言,"钱包"有广义和狭义之分。

在广义上,比特币钱包是一个应用程序或者设备,它提供了一个用户友好的界面供
用户与比特币网络进行交互。比特币钱包负责管理用户的私钥和公钥,生成比特币地址,
保持对用户比特币资产的实时统计,以及创建和签名交易。它也是用户访问和控制其比

特币资产的主要工具。

狭义上，即从程序员的角度米看，比特币钱包是指用于存储和管理用户密钥的数据结构。

一个比特币钱包可通过有序文件或简单的数据库实现，根据比特币钱包包含的多个密钥之间是否有关系，比特币钱包主要分为非确定性钱包、确定性钱包和分层确定性钱包。

1. 非确定性钱包（Nondeterministic Wallet）

非确定性钱包，也被称为随机钱包，是由一组完全随机生成的私钥组成的。在这种钱包中，每个私钥都是独立生成的，彼此之间没有任何关联。这种钱包也被称为 Just a Bunch of Keys（一堆私钥），简称 JBOK 钱包。随机私钥的缺点是必须保存所有生成私钥的副本，这意味着必须备份每个私钥，否则一旦钱包不可访问，钱包所控制的资金就会无法挽回地丢失。这与避免地址重复使用的原则相冲突——每个比特币地址只能用于一次交易。举个例子，比特币核心客户端第一次启动时预先生成 100 个随机私钥，之后根据需要再生成足够多的私钥，并且每个私钥只使用一次。因为它们难以管理、备份及导入，所以这种钱包现在正在被确定性钱包替代。

2. 确定性钱包（Deterministic Wallet）

在确定性钱包中，所有的私钥都可以由一个初始种子派生出来。因此，只要在初始创建时备份了这个种子，就可以恢复所有的派生私钥，这极大地简化了种子备份过程。这个种子也可以用于钱包的导入或导出，使得用户能够在不同的钱包之间轻松地迁移他们的密钥。一种常见的派生方法是使用一种被称为分层确定性钱包（HD 钱包）的树状结构。这种派生方法允许由单个种子生成整个私钥树，提供了更高级别的组织和恢复能力。

3. 分层确定性（Hierarchical Deterministic，HD）钱包

确定性钱包的最高级形式是通过 BIP-32 标准定义的 HD 钱包。HD 钱包包含的密钥以树状结构衍生，使父密钥可以衍生一系列子密钥，每个子密钥又可以衍生一系列孙密钥，以此类推，无限衍生。相比于非确定性密钥，HD 钱包有两个主要优势。

第一，树状结构可以被用来表达附加的组织含义。例如，子密钥的一个特定分支负责接收交易收入款项，另一个分支负责接收对外付款的找零。密钥的分支也可用于公司设置，将不同的分支分配给部门、子公司、特定功能或会计类别。

第二，用户可以创建一系列公钥，而不需要访问对应的私钥。这样，HD 钱包就能用在不安全的服务器上，或者仅用于接收，它为每个交易发布不同的公钥。公钥不需要被预先加载或提前衍生，服务器也不需要有用来支付的私钥。

HD 钱包具有管理多个密钥和多个地址的强大机制。如果将 HD 钱包与一种标准化的方法相结合，通过一系列英文单词（助记词）创建种子，且这些单词更易于转录、导出和跨钱包导入，那么 HD 钱包将更加有用。在比特币钱包技术不断发展和成熟的过程

中,出现了一些被社区广泛接受的比特币改进提案(Bitcoin Improvement Proposals,BIPs)。这些改进提案提高了比特币钱包的互操作性、易用性、安全性和灵活性。以下是一些常见的比特币改进提案。

(1) BIP32 提案。这是一个 HD 钱包的改进提案,允许用户由单个种子生成一系列比特币地址。

(2) BIP39 提案。这个改进提案定义了一种助记词(Mnemonic Phrases)系统,用于生成比特币钱包的私钥。这使得用户可以更容易地记住和恢复他们的钱包。

(3) BIP43 提案。这个改进提案是为 HD 钱包定义一个目的字段(Purpose Field)的方法,以便创建新的钱包结构。

(4) BIP44 提案。这个改进提案在 BIP32 提案的基础上,引入了多币种和多账户的支持,使得用户可以在同一个钱包中管理多种加密货币和多个账户。

这些改进提案可能会随着技术的发展和需求的变化而进行更新或被新的提案取代,已经审核通过的 BIP 提案被广泛接受并应用于比特币钱包的实现中。

8.3　比特币交易

比特币系统的关键组成部分之一就是比特币交易。比特币交易不仅构成了比特币生态系统的核心,而且所有的比特币区块链技术都是为了支持比特币交易的生命周期而设计的,包括新交易的创建、交易在 P2P 网络中的广播、交易的验证与挖矿、交易的确认,以及将交易记录到区块链的分布式账本中。比特币交易是一种特殊的数据结构,用于在比特币系统的参与者之间记录价值的转移。每一笔交易都是比特币区块链账本上的一条公开记录。我们将在本节详细介绍 UTXO 交易模型及交易的脚本和脚本语言。

8.3.1　UTXO 交易模型

比特币交易可以类比为复式记账法账簿中的一行记录。简单来说,每笔交易都包含一个或多个输入,这些输入类似于借方在复式记账法中的角色,表示比特币的来源。交易的另一部分包含一个或多个输出,这些输出类似于贷方在复式记账法中的角色,表示比特币的去向。交易还包含了每笔被转账的比特币(输入)的所有权证明,以所有者的数字签名形式存在,可以被任何人独立验证。在比特币的术语中,消费(输出)指的是对一笔交易进行签名,将比特币转移给新的所有者,这个新的所有者由比特币地址所标识。这样,比特币的所有权就发生了转移。因此,从计算机科学的角度来看,比特币交易的本质是一个包含多个字段的数据结构,这些字段包括交易的发送方、接收方、资产转移的相关信息等。

比特币交易的数据结构如表 8-2 所示。

表 8-2　比特币交易的数据结构

数据项	大小	数据描述
版本号（Version No.）	4 字节	版本号目前为 1，表示这笔交易参照的规则
输入数量（Input Counter）	1～9 字节	正整数类型
输入列表（List of Inputs）	可变字节	每个区块的第一个交易称为 Coin Base 交易，包括： ① 前一个交易的哈希值； ② 前一个交易的索引； ③ 交易脚本长度； ④ 交易脚本； ⑤ 序列号
输出数量（Output Counter）	1～9 字节	正整数类型
输出列表（List of Outputs）	可变字节	每个区块的第一个交易输出时给矿工的奖励
锁定时间（Lock Time）	4 字节	若非 0 且序列号小于 0xFFFFFFFF，则指块序号；若交易已经终结，则指时间戳

从整体来看，比特币交易的数据结构中最主要的两个字段是输入和输出。交易输出是比特币不可分割的基本组合，记录在区块链上，并被整个网络认可有效。比特币全节点跟踪所有可找到的和可使用的输出，称为"未花费的交易输出"（Unspent Transaction Output，UTXO）。所有 UTXO 的集合被称为 UTXO 集，目前有数百万个 UTXO 集。当新的 UTXO 被创建时，UTXO 集就会变大，当 UTXO 被消耗时，UTXO 集会随之缩小。每个交易都代表 UTXO 集的变化（状态转换）。当用户钱包接收到比特币时，意味着交易发送方向的钱包输入了可用的 UTXO。因此，用户的"比特币余额"是指用户钱包中可用的 UTXO 总和，这些 UTXO 分散在几百个交易和几百个区块中。在比特币系统中，"余额"这个概念是由比特币钱包应用创建的。比特币钱包应用会扫描区块链，找出所有这个钱包的 UTXO，然后把这些 UTXO 的价值加起来，就得出了用户的"余额"。为了提高效率，大多数钱包会维护一个数据库或使用数据库服务来存储所有 UTXO 的快速引用集，这个集合包含了所有可以用用户的密钥进行消费的 UTXO。

一个 UTXO 的最小单位是 1 聪（Satoshi）。尽管 UTXO 可以是任意值，但它一旦被创造出来，就不可分割。这是 UTXO 的一个重要特性：UTXO 的面值是以"聪"为单位的整数值，这是一个离散（不连续）且不可分割的价值单位，在一次交易中，一个 UTXO 只能作为一个整体被消耗。类似地，一笔比特币交易可以是任意金额，但必须从用户可用的 UTXO 中创建出来。用户不能再把 UTXO 进一步细分，就像不能把一元纸币撕开继续当货币使用一样。用户的比特币钱包应用通常会从用户可用的 UTXO 中选取多个来拼凑出一个大于或等于当前交易所需的比特币量。所以，一笔交易会消耗先前已被记录（存在）的 UTXO，并创建新的 UTXO 以备未来的交易消耗。通过这种方式，一定数量的比特币价值在不同所有者之间转移，并在交易链中消耗和创建 UTXO。

在比特币系统中，存在一种特殊的交易——创币交易（Coinbase Transaction）。这是每个区块中的第一笔交易，由创建新区块的矿工生成，作为给该矿工的挖矿奖励。与普通的比特币交易不同，创币交易并不消耗任何 UTXO。它的输入部分包含一个特殊的字段，被称为"coinbase"，这个字段可以包含任意数据。

1. 交易输出

在比特币交易中，每笔交易的输入必然是之前某笔交易的未花费输出，同时，每笔交易的输入也需要上笔交易的输出对应的私钥进行签名。每个全节点比特币客户端可以追踪所有的 UTXO 交易链，以下是交易输出的结构列表示例，以 JSON 编码格式存储在名为 vout 的数组中。

```
1.   "vout":  [
2.     {
3.       "value":  0.01500000,
4.       "scriptPubKey" :    "OP_DUP  OP_HASH160  ab68025513c3dbd2f7b92a
94e0581f5d50f654e7 OP_EQUALVERIFY   OP_CHECKSIG"
5.     },
6.     {
7.       "value":  0.08450000,
8.       "scriptPubKey":    "OP_DUP OP_HASH160 7f9b1a7fb68d60c536c2fd8aeaa
53a8f3cc025a8 OP_EQUALVERIFY OP_CHECKSIG",
9.     }
10.  ]
```

交易输出包含两部分：输出总量和锁定脚本。在 Bitcoin Core 显示的编码中，这里的 value 值以"聪"为比特币最小单位（1 聪 = 10^{-8} 枚比特币）。每笔交易的每项输出不是指向一个地址，而是指向一个脚本。锁定脚本（scriptPubKey；包含一组验证脚本指令）把输出锁定在一个特定的比特币地址上，而把一定数量比特币的所有权转移到新的所有者身上，锁定脚本类似于一套规则，约束着接收方如何才能花费这个输出上锁定的比特币资产。

2. 交易输入

在比特币系统中，花费比特币的过程是从用户钱包中选择一个或多个 UTXO 并组合成足够的币值进行支付。交易输入需要包含一个解锁脚本，解锁脚本中有一个签名，这个签名是由与 UTXO 关联的比特币地址的私钥生成的，证明了发送方拥有这些比特币的所有权。一笔交易可以包含多个输入，这些输入需要与相应的 UTXO 进行匹配，以便在交易验证过程中证明用户有足够的比特币可以进行支付。

```
1.   "vin":  [
2.     {
3.       "txid" :    "7957a35fe64f80d234d76d83a2a8f1a0d8149a41d81de548f0a65a8
a999f6f18",
```

```
4.      "vout":   0,
5.      "scriptSig"   :      "3045022100884d142d86652a3f47ba4746ec719bbfbd040
a570b1deccbb6498c75c4ae24cb02204b9f039ff08df09cbe9f6addac960298cad530a863ea8f53
982c09db8f6e3813[ALL]    0484ecc0d46f1918b30928fa0e4ed99f16a0fb4fde0735e7ade    8416
ab9fe423cc5412336376789d172787ec3457eee41c04f4938de5cc17b4a10fa336a8d752adf",
6.      "sequence":   4294967295
7.   }
8.  ]
```

交易输入中只有一个输入（因为一个 UTXO 的币值足够满足支付），包含以下 4 个元素。

（1）交易 ID（txid：32 字节）：指向被花费的 UTXO 的交易散列值。

（2）输出索引（vout：4 字节）：被花费的 UTXO 的索引号，第一个 UTXO 是 0。

（3）解锁脚本（scriptSig：1~9 字节）：与 UTXO 中的锁定脚本（scriptPubKey）配合，证明了发送方对这些比特币的所有权。解锁脚本的长度取决于签名和公钥的大小。

（4）序列号（sequence：4 字节）：用于指示交易的可替换性，这个功能在比特币的早期版本中并未被使用，但随着比特币协议的进化，这个字段的用途已经被扩展。

3. 交易输入输出序列化

在比特币系统中，序列化是指将数据结构编码为可以一次发送的字节流格式的过程。比特币交易在网络上传输或在应用程序之间进行数据交换的过程都是以序列化的方式进行的。比特币交易中的输入和输出也需要进行序列化，且它们的序列化表示形式为十六进制格式。例如，以下是交易输入和输出序列化的十六进制表示。

```
0100000001186f9f998a5aa6f048e51dd8419a14d8a0f1a8a2836dd734d2804fe65fa35779
000000008b483045022100884d142d86652a3f47ba4746ec719bbfbd040a570b1deccbb6498c7
5c4ae24cb02204b9f039ff08df09cbe9f6addac960298cad530a863ea8f53982c09db8f6e381301
410484ecc0d46f1918b30928fa0e4ed99f16a0fb4fde0735e7ade8416ab9fe423cc541233637678
9d172787ec3457eee41c04f4938de5cc17b4a10fa336a8d752adffffffff0260e316000000000019
76a914ab68025513c3dbd2f7b92a94e0581f5d50f654e788acd0ef8000000000001976a9147f9b
1a7fb68d60c536c2fd8aeaa53a8f3cc025a888ac00000000
```

序列化输入：交易 ID 序列化后与原来的字节以十六进制逆序排列，以 0x18 为起始，以 0x79 为结尾；输出索引为 4 字节组的 "0"；scriptSig 的长度为 139 字节，以十六进制表示 0x8b；序列号设置为 ffffffff。

序列化输出：0.015 枚比特币的价值是 1 500 000 聪，其十六进制表示为 0x16e360。在序列化后，以最低有效字节优先，逆序排列成 0x60e316；scriptPubKey 的长度为 25 字节，其十六进制表示为 0x19。

4. 交易费

大多数交易都包含交易费，这是一种对比特币矿工的经济激励。当矿工将交易打包进新的区块并成功将这个区块添加到区块链中时，他们会获得这些交易费作为奖励。这个奖励连同新区块的比特币奖励，都会被记录在新区块的第一笔交易（Coin Base 交易）中。同时，交易费本身也是一种安全机制，通过对每笔交易收取小额费用，增加了攻击者向网络大量发送交易的经济成本。比特币交易的数据结构中并没有交易费字段，而矿工获得的交易费则是扣除了所有输出金额后，剩余的来自所有输入的金额，即

$$Fees = Sum(Inputs) - Sum(Outputs)$$

交易费基于交易的大小，以千字节为单位，而不以交易中比特币的价值来计算。在大多数情况下，交易费的高低会影响交易的处理优先级。如果交易费足够高，那么这笔交易就更有可能被包含在下一个挖出的区块中。相反，如果交易费不足或者没有交易费，那么这笔交易可能被推迟，甚至在几个区块之后才被处理，甚至可能永远不会被处理。

正确理解比特币交易尤为重要，因为在构建一笔交易时，必须考虑所有的输入，并确保没有疏漏地将一大笔交易费添加到交易中。例如，如果 Alice 使用一笔价值 20 枚比特币（20 BTC）的 UTXO 向 Bob 支付 1 枚比特币（1 BTC），那么她必须在交易中创建一笔 19 枚比特币（19 BTC）的找零输出，这笔找零输出将返回给她自己。如果 Alice 忘记创建这笔找零输出，那么剩余的 19 枚比特币（19 BTC）将被视为交易费用。如果这笔交易被矿工包含在新的区块中，那么这笔交易费用将由成功挖出新区块的矿工收取。虽然这样做会使 Alice 的交易得到高优先级处理，并可能使挖矿的矿工感到高兴，但这绝对不是 Alice 想要的结果。

5. 交易形式

第一种交易形式是最常见的交易形式，是从一个地址到另一个地址的简单支付，还包含给支付者的"找零"操作。这类交易有一个输入和两个输出，如图 8-5 所示。

第二种常见的交易形式是聚合交易，是由多个输入到一个输出（见图 8-6）的模式。这相当于现实生活中将很多硬币和纸币零钱兑换为一个大额面钞。这样的交易由比特币钱包应用产生，以整理在支付过程中收到的许多小额币的找零。

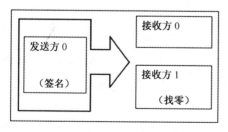

图 8-5 常见交易形式

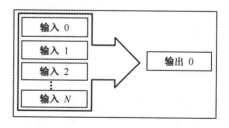

图 8-6 多对一聚合交易形式

第三种在比特币账簿中常见的交易形式是将一个输入分配给多个输出，即多个接收者（见图 8-7）的交易。这类交易有时被商业机构用作资金的分配，如给多个雇员发工

资的情形。

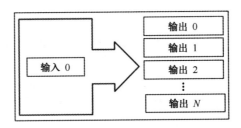

图 8-7　一对多分配交易形式

8.3.2　交易的脚本和脚本语言

比特币交易脚本语言，称为脚本 Scripts，是一种类似 Forth 脚本语言的逆波兰表示法的基于堆栈的执行语言，在比特币 UTXO 上的锁定脚本和解锁脚本都以此脚本语言编写，当一笔比特币交易被验证时，每笔输入中的解锁脚本与其相应的锁定脚本一起执行，以确定这笔交易是否满足支付条件。

1. 非图灵完备

比特币脚本语言包含许多操作码，但除了条件流程控制，没有循环或复杂的流程控制功能，这意味着脚本语言不是图灵完备的，也就是说，脚本的复杂性有限，且执行时间是可预见的。比特币脚本语言的非图灵完备特性确保了该语言不会被用于创建无限循环或其他类型的逻辑炸弹，这样的逻辑炸弹如果被植入一笔交易，那么可能会引发针对比特币网络的"拒绝服务"攻击。每笔交易都需要经过全节点的验证，在这种情况下，限制性的比特币脚本语言可以有效地防止验证机制被用来发动攻击。同时，比特币脚本语言是一种无状态的语言，即在执行脚本之前或之后都没有状态的保存，因此可以在任何其他系统上以相同的方式执行。这种无状态验证的可预测性是比特币系统最重要的优势之一。

2. 锁定脚本与解锁脚本

比特币的交易验证依赖两类脚本，即锁定脚本和解锁脚本。

锁定脚本将输出锁定在一个特定的比特币地址上，从而实现了比特币所有权的转移，称作 scriptPubKey，它指定了这笔花费输出必须满足的条件。锁定脚本类似于一套规则，约束着接收方如何才能消费这个输出上锁定的比特币。

解锁脚本是一个满足由锁定脚本设定在输出上的花费条件并允许输出的脚本，解锁脚本是每笔交易输入的一部分，包括一个由用户钱包生成的数字签名，称作 scriptSig。

每个比特币验证节点会通过同时执行锁定脚本和解锁脚本来验证一笔交易。每个输入都包含一个解锁脚本，并引用之前存在的 UTXO。验证节点将复制解锁脚本，检索输入引用的 UTXO，并从该 UTXO 中复制锁定脚本，然后依次执行解锁脚本和锁定脚本，若解锁脚本满足锁定脚本的条件，则输入有效。

图 8-8 展示了一个常见类型的比特币交易（Pay to Public Key Hash，P2PKH）的解锁脚本和锁定脚本示例。这表示在验证过程前，解锁脚本和锁定脚本组合形成了完整脚本。

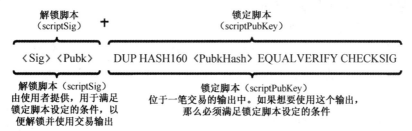

图 8-8　比特币交易的解锁脚本和锁定脚本示例

3. 交易脚本

比特币交易脚本由输入和输出拼接而成，拼接成的一段完整交易脚本如图 8-9 所示，在比特币交易中定义了 5 种类型的标准交易脚本，分别是 P2PKH、P2PK、MS、P2SH 和 OP_RETURN。

（1）P2PKH（Pay to Publish Key Hash）。

比特币网络上的大多数交易都是 P2PKH 交易，P2PKH 交易的锁定脚本是公钥散列值（比特币地址），解锁脚本是公钥及该公钥对应的私钥签发的数字签名。例如，Bob 给 Alice 支付了 0.15 枚比特币（0.15 BTC），在 UTXO 模型中，将该笔交易的锁定脚本和解锁脚本合并，得到如下形式。

<Alice Signature> <Alice Public Key> OP_DUP OP_HASH160
<AlicePublic Key Hash> OP_EQUAL OP_CHECKSIG

只有当解锁脚本中包含 Alice 的有效签名，并执行上述组合脚本时，交易才会被验证通过，其中有效签名是从与公钥相匹配的 Alice 的私钥中获取的。

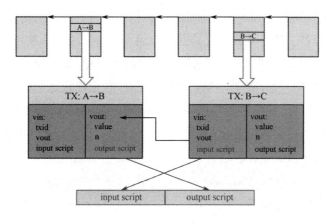

图 8-9　拼接成的一段完整交易脚本

（2）P2PK（Pay to Public Key）。

与 P2PKH 含有公钥地址的模式不同，P2PK 模式更简单，锁定脚本包含公钥本身，目前在 Coin Base 交易中最常见。其脚本形式如下。

锁定脚本：<Public Key> OP_CHECKSIG。

解锁脚本：<Signature from Private Key>。

组合脚本：<Signature from Private Key> <Public Key> OP_CHECKSIG。

验证时，该组合脚本调用 CHECKSIG 操作符，验证签名是否正确，若正确，则返回 True。

（3）MS（Multiple Signature）。

多重签名（MS）允许多个公钥共同签署一笔比特币交易，可以实现多方共同管理资产，也可以用于第三方交易担保。比特币 MS 使得在支付比特币时需要用多个私钥来签名验证才会被比特币网络所接受，这不仅提升了比特币交易的安全性，也使得许多新的商业模式得以实现。MS 规则为：记录在脚本中的公钥个数为 N，要求至少提供其中 M 个私钥（$M \leq N$）才能解锁脚本，也称为 M-N 多重签名。

（4）P2SH（Pay to Script Hash）。

BIP-16 改进方案在 2012 年引入了以数字 3 开头的 P2SH 地址。这是一种新型的交易类型，能大大简化复杂的交易脚本。P2SH 是比特币系统中多重签名的一种应用形式。在 P2SH 的交易中引入了一个额外的元素，即赎回脚本（Redeem Script）。当向 P2SH 地址转账时，锁定脚本中填写的不是公钥地址的列表，而是赎回脚本的哈希值，这样锁定脚本会变得非常短。只有在 P2SH 向外转账时解锁脚本才会很长。这样就避免了在 MS 交易中，锁定脚本过长导致交易费骤增的情况。

（5）OP_RETURN。

OP_RETURN 是比特币脚本一种特殊的操作码，它允许在比特币交易中创建不可再被消费的输出，同时可以携带一段附加数据。但运用比特币的区块链技术存储与比特币支付不相关数据的做法是一个有争议的话题。因为比特币地址只被当作数据存储使用，并不对应于私钥，所以会导致 UTXO 永远不能被用于交易，这些交易永远不会被花费，因此永远不会从 UTXO 集中删除，从而导致 UTXO 数据库永远"膨胀"。

因此，在 0.9 版的比特币核心客户端中，使用 OP_RETURN 操作码的比特币脚本允许开发者在交易输出中添加最多 80 字节的非支付数据。这些使用 OP_RETURN 操作码的比特币脚本输出会被记录在区块链上，虽然它们会占用磁盘空间并导致区块链规模的增加，但是它们并不会存储在 UTXO 集合中，因此并不会导致 UTXO 内存池的膨胀，也不会增加全节点的内存负担。

8.4　比特币网络

8.4.1　比特币网络架构

众所周知，比特币被设计为一种点对点的数字现金系统，采用的是 P2P 网络架构。但比特币网络不仅是 P2P 网络拓扑结构这样简单，去中心扁平化的共识网络是比特币设计的核心原则。比特币网络不仅包括一系列节点遵循的 P2P 协议，还包含其他协议。例如，Stratum 协议被应用于挖矿操作，以及被应用于轻量级或移动端比特币钱包中。"扩展比特币网络"（Extended Bitcoin Network）包括各种类型的比特币节点，如网关服务器、边缘路由器、钱包客户端、矿工节点等，它们互相连接。这种连接依赖比特币 P2P 协议、矿池挖矿协议、Stratum 协议及其他相关协议，这些协议共同构成了比特币系统的整体网络架构。

8.4.2　节点类型与分工

虽然比特币 P2P 网络中的各节点在地位上相互对等，但是根据所提供的功能不同，各节点可能会扮演不同的角色。每个比特币节点都集成了路由、区块链账本、挖矿、钱包服务等功能。

在如图 8-10 所示的节点中，网络路由节点用字母 N 表示。每个节点都参与全网络路由功能的实现，验证、传播、交易区块信息，并维持与对等节点的连接。"全节点"（Full Node）是保有一份完整的、最新的区块链备份的节点。全节点具备独立校验所有交易的能力，无须依赖任何外部参照。此外，还有一种节点是简易支付验证（Simple Payment Verification，SPV）节点，它们只保存区块链的部分数据，并通过 SPV 方式完成交易的验证。这种节点被称为 SPV 节点，也常被叫作轻量级节点。在如图 8-10 所示的全节点中，用字母 B 表示全节点区块链数据库功能。SPV 节点没有区块链的完整备份。

挖矿节点通过运行在特殊硬件设备上的工作量证明算法，以相互竞争的方式创建新的区块。一些挖矿节点同时也是全节点，保有区块链的完整备份；还有一些参与挖矿的节点是轻量级节点，它们必须依赖矿池服务器维护的全节点进行工作。在全节点中，具有挖矿功能的"矿工"用字母 M 表示。

在桌面比特币客户端中，用户钱包通常作为全节点的一部分存在。然而，对于资源受限的设备（如智能手机）上的比特币钱包应用，越来越多的用户钱包采用了 SPV 节点的形式。在图 8-10 中，字母 W 代表钱包功能，而比特币核心客户端则包含钱包、矿工、全节点和网络路由节点这 4 个主要功能。

比特币核心客户端（Bitcoin Core）

在比特币P2P网络中，比特币核心客户端包含钱包、矿工、全节点和网络路由节点的功能。

完整区块链节点（Full Block Chain Node）

在比特币P2P网络中，全节点存储了一份完整的比特币账本并具有网络路由的功能

独立矿工（Solo Miner）

在比特币P2P网络中，独立矿工是指那些独立进行挖矿操作的个体或组织。他们并没有加入任何矿池，而是自己独立地进行比特币的挖矿

轻量（SPV）钱包[Lightweight（SPV）Wallet]

在比特币P2P网络中，与全节点不同，轻量（SPV）钱包允许用户在不下载整个比特币账本的情况下验证交易

矿池协议服务器（Pool Protocol Servers）

作为网关路由器，连接比特币P2P网络和运行其他协议（如矿池挖矿节点或Stratum节点）的节点

挖矿节点（Mining Nodes）

这种节点使用Stratum协议或者矿池协议与其他节点进行通信，但并不存储完整的比特币账本

轻量Stratum钱包[Lightweight（SPV）Stratum Wallet]

钱包中使用Stratum协议，但并不存储完整的比特币账本

W：钱包（Wallet）　M：矿工（Miner）　B：全节点（Full Blockchain）
N：网络路由节点（Network Routing Node）
P：矿池协议服务器（Pool Server）
S：Stratum服务器（Stratum Server）

图 8-10　扩展比特币网络的不同节点类型

除了这些主要的节点类型，还有一些服务器和节点遵循其他协议。例如，字母 P 代表特殊的矿池协议服务器，而字母 S 代表 Stratum 服务器。

8.4.3　比特币网络发现

在新的网络节点接入比特币网络后，为了能够参与协同运作，新的网络节点必须发现至少一个网络中存在的节点并建立连接。由于比特币网络的拓扑结构并不基于节点的地理位置，因此各节点间的地理位置完全无关。在新节点建立连接时，可以随机选择网络中存在的比特币节点与之相连。节点通常采用 TCP 协议，使用 8333 端口（该端口通常是比特币使用的，除 8333 端口外，也可以指定使用其他端口）与已知的对等节点建立连接。在建立连接时，该节点会通过发送一条包含基本认证内容的版本信息开始"握手"通信过程，如图 8-11 所示。

在比特币系统中，当新的节点接入网络时，在如图 8-11 所示的通信过程中，版本信息始终是任意对等节点发送给另一个对等节点的第一条信息。接收版本信息的本地对等节点将检查远程节点的版本信息，并确定远程对等节点是否兼容，如果远程对等节点兼容，那么本地节点将确认版本信息，并通过发送一个版本确认信息建立连接。

那么新节点如何找到对等节点呢？比特币网络使用 DNS 种子节点来查询 DNS，这些 DNS 种子节点维护着一个稳定运行的比特币静态 IP 地址列表。当新节点接入网络时，可以尝试连接这些节点。当建立一个或多个连接后，新节点将一条包含自身 IP 地址的 addr 信息发送给其相邻节点，相邻节点再将此条 addr 信息依次转发给它们各自相邻的节点，从而保证新节点信息被多个节点接收，以保证连接的稳定。另外，新接入的节点可以向其相邻节点发送 getaddr 信息，请求它们返回其已知对等节点的 IP 地址列表

信息。通过这种方式，节点可以找到需要连接的对等节点，并向网络发布它的信息，以便其他节点查找。

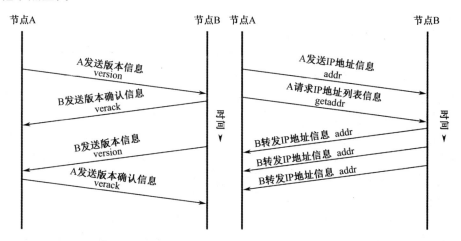

图 8-11　节点"握手"通信过程和地址的传播与发现

由于比特币网络中的节点可以随时加入和离开，所以网络拓扑和通信路径变得动态且不可靠。因此，节点会根据网络变化自动调整和维护连接。在失去已有连接时发现新节点，并在其他节点启动时为其提供帮助。

8.4.4　简易支付验证节点

并非所有节点都有能力储存完整的区块链。许多比特币客户端被设计为可在空间和功率受限的设备上运行的设备，如智能电话、平板电脑、嵌入式系统等。对于这样的设备，通过简易支付验证（SPV）的方式可以使它们在不必存储完整区块链的情况下验证支付的有效性。这种类型的比特币节点（尤其是比特币钱包）被称为 SPV 客户端或轻量级客户端。SPV 节点只需要下载区块头，而不用下载包含在每个区块中的交易信息。由此产生的不含交易信息的区块链，大小只有完整区块链的 1/1 000。由于 SPV 节点无法建立包含所有 UTXO 的完整数据库，所以其交易方式需要通过特定交易进行验证，SPV 节点使用 getheader 信息获得区块头，发出响应的对等节点使用 headers 信息返回 2 000 个区块头。

区块链节点利用 SPV 对交易进行验证的工作原理如下。

① 计算待验证交易的哈希值。

② 节点从区块链网络上获取最长链的所有区块头并将其存储至本地。

③ 节点从区块链获取待验证交易对应的 Merkle 证明（哈希认证路径）。

④ 利用哈希认证路径，SPV 钱包可以计算出 Merkle 树的根哈希值。然后，SPV 钱包将此计算结果与其本地存储的区块头中的 Merkle 树的根哈希值进行比较。如果两者匹配，那么说明待验证的交易确实存在于该区块中，从而定位到包含待验证交易的区块

（找出这个哈希值对应的区块）。

⑤ 根据该区块头所处的位置，验证该区块的区块头是否已经包含在已知最长链中，确定该支付已经得到的确认数量（证明本交易已得到 6 次确认）。

⑥ 若该区块的区块头已经包含在已知最长链中，则证明该支付真实有效。

简单来讲，比特币网络中的节点在打包一个区块时，会对区块中所有的交易进行验证，并且一个交易还会得到 6~7 次确认来确保交易的顺利完成。正因如此，在使用简易支付验证时，只要判断出一个交易在主链上的某个区块里出现过，则可证明该交易之前已被验证过。

因此，区块链交易验证与简易支付验证两种验证方式存在很大的区别。区块链交易验证的过程比较复杂，包括账户余额验证、双重支付判断等，通常由保存区块链完整信息的区块链验证节点完成，而简易支付验证的过程比较简单，只需要判断该笔支付交易是否已经得到区块链节点的共识验证。

简易交付验证的优点之一是可以节省大量存储空间。无论未来交易量有多少，每个区块头保存的数据（哈希值）都是固定大小的，只有 80 字节。考虑到比特币网络的出块速度约为每小时 6 个区块，因此每年大约会产生 52 560 个区块。当只保存区块头时，每年新增的存储需求约为 4 兆字节，100 年后，累计存储需求仅为 400 兆字节，即使是最普通的终端硬件设备，也有将数据保存在本地的能力。

当然，这种简易支付验证也带来了一定的弊端。例如，在使用特定交易方式获取区块数据时可能会泄露消息、损害用户隐私。为降低简易交付验证过程中的隐私风险，比特币系统提供了一种称为布隆过滤器（Bloom Filter）的功能，节点会在通信链路上建立一个这样的过滤器，限制只接受含有目标地址的交易，从而过滤掉大量不相关的数据，减少客户端不必要的下载量。

8.5　比特币区块链

8.5.1　比特币区块

比特币核心客户端使用 Google 的 LevelDB 数据库存储区块链元数据。区块被有序地链接在这个链条中，每个区块都指向前一个区块。对每个区块头进行 SHA-256 加密哈希运算，可生成一个哈希值。通过这个哈希值，可以识别出区块链中的对应区块。同时，每个区块都可以通过其区块头的"父区块哈希值"字段引用前一个区块（父区块）。也就是说，每个区块头都包含其父区块哈希值。这种方式将每个区块通过其父区块的哈希值链接起来，形成了一条可以追溯到创世区块（第一个区块）的链条。

1. 区块头

每个区块包含区块头（80 字节）和区块体。区块头包含以下信息：当前版本号

（4 字节）、前一个区块的哈希值（父区块哈希值；32 字节）、当前区块的 Merkle 根（32 字节）、时间戳（4 字节）、难度值（4 字节），以及用于工作量证明的随机数（Nonce，4 字节）。区块体则包括当前区块经过验证的，以及区块创建过程中生成的所有交易记录。这些交易记录通过 Merkle 树的哈希过程生成唯一的 Merkle 根并记入区块头。Merkle 树结构如图 8-12 所示。

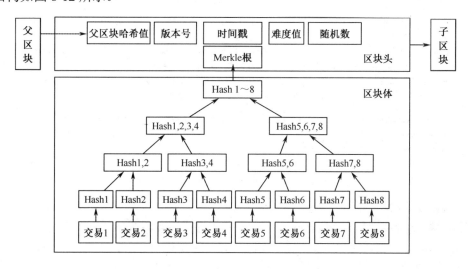

图 8-12　Merkle 树结构

区块体中记录的交易数量为 1 000～2 000 个，而平均每个交易至少有 250 字节，一个包含所有交易信息的完整区块的长度大约超过区块长度的 1 000 倍。

2. 区块标识

区块标识有两种：区块哈希值（Block Hash）和区块高度（Block Height）。区块哈希值是通过 SHA-256 算法对区块头进行两次哈希运算而得到的数字指纹，长度为 32 字节。

例如，000000000019d6689c085ae165831e934ff763ae46a2a6c172b3f1b60a8ce26f 是第一个比特币区块的区块哈希值。每个区块的区块哈希值都是通过 SHA-256 算法对该区块头进行哈希运算得到的，具有唯一性和确定性，可以用来唯一地标识一个区块。

还有一种区块标识则表示区块所在的位置，即区块高度，第一个区块的区块高度为 0，也称为创世区块。截至 2022 年 10 月，比特币区块链的区块高度大约已达到 757 800，这意味着自 2009 年 1 月 3 日创世区块创建以来，大约有 757 800 个区块被添加到了区块链上。一个区块的区块哈希值总能够唯一识别出某个特定的区块，因为区块哈希值是由该区块头的 SHA-256 哈希值通过二次哈希运算得到的，而一个特定的区块高度并不一定总能唯一识别出一个特定的区块。当区块链发生分叉时，可能会存在两个或多个区块竞争同一个区块高度的情况。区块高度不是区块数据结构的一部分，而是作为元数据存储在索引数据库中以便快速检索。因此，当节点接收到来自比特币网络的区块时，会动态地识别出该区块在区块链中的位置。在 BTC 网站上可以查找到创世区块信息，如

图 8-13 所示。

图 8-13　创世区块信息（Block＃0）

8.5.2　Merkle 树

Merkle 树是一种哈希二叉树，是区块链的重要数据结构之一，它提供了一种高效的方式来归纳和校验大规模数据的完整性与存在性。比特币采用 Merkle 树结构，自底向上构建。区块体中的数据被分组并进行哈希运算，生成的新哈希值被插入 Merkle 树中，如此递归，直到插入 Merkle 根为止。比特币区块体中的交易有 1 000～2 000 个，采用 Merkle 树的数据结构来记录交易信息，在处理完整性验证的应用场景中，特别是在分布式环境下进行这样的验证时，Merkle 树会大大减少数据的传输量及计算的复杂度。如图 8-14 所示为一个包含 16 个交易的 Merkle 哈希树，首先需要对交易进行两次哈希运算，得到 16 个散列值作为叶子节点，如 $H_A \sim H_P$，$H_A = \text{SHA-256}\big(\text{SHA-256}(\text{交易A})\big)$。相邻叶子节点串联在一起，再经过两次哈希运算后，得到父节点，如 $H_{AB} = \text{SHA-256}\big(\text{SHA-256}(H_A + H_B)\big)$。通过递归的哈希运算，最终生成一个哈希值，也就是 Merkle 树的根，这个值被存储在区块头中。如果交易的数量是奇数个，那么最后一个交易的哈希值会被复制并加入到哈希对的计算中，保证每一轮的哈希运算都是处理偶数个哈希值。

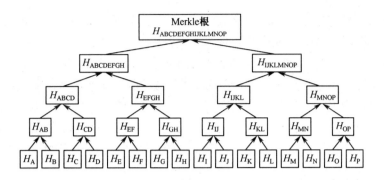

图 8-14　Merkle 树原理（一）

由于 Merkle 树是二叉树数据结构，所以如果需要验证特定交易是否存在，那么定位时间复杂度为 $O(\log_2 N)$，如图 8-15 所示，要验证交易 K 是记录在区块中的有效区块，则生成仅包含 4 个 32 字节哈希值的 Merkle 认证路径即可验证完整性，也就是虚线框部分及其相关联的路径（深色区块）。因此，Merkle 根只有 32 字节，不必包含所有底层数据，哈希运算可以高效运行在智能手机与物联网设备上；此外，通过 Merkle 树，验证节点仅下载区块头（80 字节/区块），然后通过回溯一条 $\log_2 N$ 的 Merkle 路径就能认证一笔交易的存在，这也是 Merkle 树支持简单支付验证（SPV）节点的原理，使轻量级客户端验证交易存在成为可能。

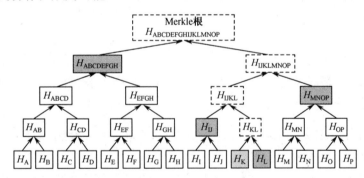

图 8-15　Merkle 树原理（二）

8.5.3　比特币激励机制

除了作为点对点数字货币的协议，比特币协议还创建了一套管理内部网络的经济激励机制。这些激励机制深刻地影响了比特币协议的性能及其安全保证，甚至影响了比特币未来的发展道路。在比特币区块链技术架构中，激励机制处于激励层，与共识机制是强关联关系，共识机制决定了激励机制。在公有区块链系统中，去中心化特点使挖矿节点本身具有自利的一面，即更倾向于采取有利于提高自身利益的行为。如果共识机制的设计能够满足激励相容原则，即矿工在获得最大化利益的同时，也能实现整个区块链系统的价值最大化，那么这对维护区块链生态系统的稳定性和安全性具有重要作用。因此，共识算法的激励相容性是区块链的核心要素，可以充分保证各参与方的经济利益，有效调动参与方的积极性，极大地提升分布式协同效率。

比特币工作量证明机制中的经济激励由两部分组成：发行机制和分配机制。比特币发行的过程实际上也是挖矿的过程，矿工通过为比特币网络提供算力来获取比特币奖励，同时维护比特币网络的安全，防止欺诈交易、双重支付情况的发生。比特币的 PoW 共识激励由挖矿发行奖励和打包区块中交易流通手续费两部分组成。因此，只有当各节点通过合作维护比特币系统的有效性时，其获得的奖励和交易手续费才有价值。

1. 比特币的发行机制

比特币是通过挖矿行为发行的，比特币的发行机制是比特币区块链的一种激励机制，也是新比特币产生的过程，中本聪将其设计为收益递减模式，也就是总量有限且发行量递减，实际上其采用了固定的货币供应量来抵御通货膨胀，这与法定货币可被央行无限制地印刷发行不同，比特币永远不会因超额印发而出现通货膨胀。

矿工大约每 10 分钟创造一个新区块，且会伴随着一定数量的全新比特币产生，每挖出 210 000 个区块（大约每 4 年时间），货币发行速度就会降低 50%。在比特币运行的第一个 4 年中，每个区块创造出 50 枚比特币。2012 年 11 月，比特币的发行速度降低到每个区块 25 枚比特币。2016 年 7 月，降低到每个区块 12.5 枚比特币。2020 年 5 月，也就是在区块量达到 630 000 个时，减半再次发生，降低至每个区块 6.25 枚比特币。新币的发行速度会以指数级进行 32 次"等分"，直到第 6 720 000 个区块被挖出（大约会在 2137 年挖出），达到比特币的最小货币单位 1 聪。最终，在挖出 693 万个区块后，所有的比特币共有 2 099 999 997 690 000 聪，或者接近 2 100 万枚比特币将全部发行完毕。此后，新的区块不再包含比特币奖励，矿工收益全部来自交易费。

比特币发行总量的 Python 计算脚本如下。

```
# Original block reward for miners was 50 BTC = 50 0000 0000 Satoshis
start_block_reward = 50 * 10**8
# 210 000 is around every 4 years with a 10 minute block interval
reward_interval = 210000

def max_money():
    current_reward = start_block_reward
    total = 0
    while current_reward > 0:
        total += reward_interval * current_reward
        current_reward /= 2
return total

print（"Total BTC to ever be created：", max_money(), "Satoshis"）
```

运行脚本可得到以下输出结果。

Total BTC to ever be created：2099999997690000 Satoshis

2. 分配机制

当 2 100 万枚比特币发行完成后，矿工收益不足以维持挖矿所耗费的大量电力时，矿工们就不再有足够的动机去维持区块链的一致性，这就是经济学领域所说的"公地悲剧"。按照"公地悲剧"理论，参与者有机会自行其是，以牺牲他人利益来实现自己的利益最大化，寻求自身最优解。如果比特币网络中每个个体表现得很自私，那么整个网络环境安全性的下降在所难免。中本聪预见了这件事情的发生，提出了利用交易费解决的方法。目前，默认的比特币交易手续费是万分之一比特币，这部分费用也会记入区块并奖励给记账者。这两部分费用将封装在每个区块的第一个交易（Coin Base 交易）中。虽然现在每个区块的总手续费相较于新发行比特币规模很小（不会超过 1 枚比特币），但随着未来比特币发行数量的逐步减少甚至停止发行，手续费将逐渐成为驱动节点共识和记账的主要动力。然而，交易费在矿工收益中所占的比重会逐渐增加，到 2140 年，所有矿工收益都将由交易费组成。同时，交易费还可防止大量微额交易对比特币网络发起的"粉尘"攻击，起到保障安全的作用。

因此，交易费是比特币生态系统中的重要经济激励，它不仅是矿工进行交易确认的内在动力，也是用户获取交易、确认优先权的重要基础。而且，交易费还在系统层面为保障区块链系统的可持续安全性和活性提供了必要保障。首先，在目前的比特币系统中，交易费的设计采用广义一价拍卖的形式，依据交易费排名实现交易确认的博弈机制，但这会导致用户可能需要支付高额的交易费；其次，在动态环境下，用户可以通过策略性行为提高自己的收益，造成交易费剧烈波动，使矿工收益十分不稳定；最后，矿池的出现使算力过度集中，导致比特币去中心化趋势存在潜在威胁，削弱了广大矿工的积极性。为解决这些问题，如何设计满足激励相容的分配机制，从而引导各节点合理合作，避免出现分配不均衡，减少用户交易费，以及提高交易确认效率与安全性问题是亟待解决的理论研究问题。

第9章　以太坊区块链技术

以太坊被认为是继比特币之后的第二代区块链系统，其与比特币的相似之处包括具备严格的密码学安全性、具有去中心化的共识机制、限制交易双花、使用挖矿激励和维护网络运行等。此外，以太坊还有其独特的特点，如底层协议简单、接口易于理解、采用三明治模型将复杂部分放入中间层、具有图灵完备的智能合约和去中心化应用、使用账户模型代替 UTXO 模型、独立的虚拟执行环境，以及不同于比特币的经济激励机制等。本章将重点介绍以太坊区块链技术的特点及其发展历程。

9.1　以太坊概述

以太坊由 Vitalik Buterin 在 2013 年提出，其设计目的是让区块链具有图灵完备的编程能力，并支持构建复杂的业务逻辑。随后发布的以太坊白皮书中包括以太坊的共识协议、货币发行、DAO 机制、去中心化应用和智能合约架构等具体描述方案。目前，以太坊开源平台由以太坊基金会负责管理。以太坊自发布以来经历了不同的发展阶段，慢慢形成了以太坊生态，在功能和性能上不断改进。2022 年 9 月 15 日，以太坊实现了共识机制从工作量证明（PoW）转换为权益证明（PoS），这一升级过程称为"合并"，也称为以太坊 2.0 版的信标链。这一升级使得以太坊能源消耗率降低了约 99.95%，估计每年可节省 110 TWh 的能源（1 100 亿 kWh）。

9.1.1　以太坊发展历程

1. 以太坊的诞生

2014 年 1 月，为创建一个有内置编程语言的加密平台，Vitalik Buterin 在美国佛罗里达州迈阿密举行的北美比特币会议上，正式宣布以太坊项目的成立，Vitalik Buterin 联合 Gavin Wood 和 Jeffrey Wilcke 开始开发通用的、无须信任的下一代智能合约平台。

2014 年 4 月，Gavin Wood 发表了以太坊黄皮书，明确定义了以太坊虚拟机（EVM）的实现技术规范。随后，该技术规范由 7 种编程语言（C++、Go、Python、Java、JavaScript、Haskell 和 Rust）实现，获得了完善的开源社区支持。

除了软件开发，以太坊开发者、矿工、投资人和其他人员的经济生态也逐步形成。从 2014 年 7 月开始，以太坊进行了为期 42 天的 ICO 以太币预售，最终售出的以太币数量是 60 102 216 枚，接收到比特币 31 591 枚，折合市场价值为 18 439 086 美元。这些资金一部分用于支付项目前期法务咨询和代码开发的费用，另一部分则用于维持项目后续的开发。根据 Cointelegraph 的报道，以太坊作为最成功的众筹项目之一，被载入史册。

2. 以太坊的发展阶段

以太坊在成功预售后，由一个名为 ETH DEV 的非营利组织进行管理，并频繁向开发社区提交概念证明技术原型（Proof of Concept）用于功能评估，同时发表了大量的技术文章介绍以太坊的核心思想。这些举措吸引了大量用户，也推动了项目自身的快速发展，为整个区块链领域带来了巨大的影响。至今以太坊的社区影响力仍在不断扩大。经历了 2014 年和 2015 年两年的开发后，以太坊开始进行第 9 代技术原型测试网络 Olympic 的公测，并邀请了多家第三方安全公司对协议的核心组件（以太坊虚拟机、以太坊网络和 PoW 共识）进行代码审计。因此，以太坊的协议栈不断完善，各方面的功能也变得更加安全、可靠。

发展至今，以太坊的发布分为以下 4 个阶段。

（1）2015 年 7 月 30 日，以太坊的 Frontier（"前沿"）网络发布，这是以太坊的第一个主网络，其初始区块高度为 Block #0。

（2）2016 年 6 月 16 日，以太坊的第二阶段 Homestead（"家园"）发布，这是以太坊的第一个主要升级，也是第一次硬分叉，其发生的区块高度为 Block #1，150 000。

（3）2017 年 9 月 18 日，以太坊的第三阶段 Metropolis（"大都会"）的第一部分 Byzantium 发布，这次硬分叉发生的区块高度为 Block #4，370 000。

（4）以太坊 Serenity（"宁静"，也被称为以太坊 2.0 或 ETH 2.0）的启动依赖一系列的升级。首先是伊斯坦布尔硬分叉，于 2019 年 12 月 8 日在区块高度 9 069 000 时成功启动，并提出了 6 个改进提案；其次是缪尔冰川（Muir Glacier）硬分叉，于 2020 年 1 月 2 日在区块高度 9 200 000 时完成；2020 年，以太坊累计区块高度突破 1 000 万个。最后，2022 年 9 月 15 日，以太坊成功完成了从工作量证明（PoW）到权益证明（PoS）的转变。

3. The DAO 事件导致以太坊硬分叉

2016 年 4 月 30 日，The DAO 项目正式发布，并开启了 28 天的众筹项目。众筹结束后，共融得超过 1 150 万枚以太币，这些以太币当时的汇率价值已超过 1.5 亿美元。然而在此期间，黑客于同年 6 月 17 日发起针对 The DAO 智能合约漏洞的攻击，并向一个匿名地址转移了价值 3 600 万美元的以太币，约占据 The DAO 项目众筹总量（1 150 枚以太币）的 1/3。为挽回巨大损失，开发人员通过社区投票决定在区块高度达到 1 920 000 时实施硬分叉，硬分叉后 The DAO 合约里的所有资金均被退回到众筹参与人的账户中。The DAO 项目是人类尝试完全自治组织的一次艰难试验，由于在技术上存在缺陷，理念上和现行的政治、经济、道德、法律等体系不能完全匹配，因此最终以失败告终。The DAO 项目为我们提供了很多可借鉴的经验，如智能合约漏洞的处理、代码自治和人类监管之间的平衡等。

9.1.2　以太坊的设计原则

2017 年，Vitalik Buterin 发布的报告指出，以太坊遵循以下原则。

1. 三明治复杂模型

以太坊的底层协议应尽可能简单，接口设计应易于理解，那些不可避免的复杂部分应放入中间层。中间层不是核心共识的一部分，且对最终用户不可见，其包含高级语言编译器、参数序列化和反序列化脚本、存储数据结构模型、LevelDB 存储接口及线路协议等。当然，这样的设置并非绝对的。

2. 自由

在以太坊的设计过程中，不应限制用户使用以太坊协议来做什么，也不应基于用户的目的试图优先支持或不支持某些以太坊合约或交易。这一点与"网络中立"概念背后的指导原则类似，比特币交易协议没有遵循这一原则。在比特币交易协议中，并不鼓励为了标签外的目的而使用区块链（如数据存储、元协议）。在某些情况下，对准协议进行明显修改（如 OP_RETURN 被限制为 40 字节）会引起不法分子以未经授权的方式使用区块链来攻击应用。因此建议在以太坊中设置交易费，且用户使用区块链的步骤越多，交易费也就越多。这样，既可以将交易费作为合法矿工的奖励，又能让那些不法分子付出代价。

3. 普遍化

以太坊协议的特性和操作码应最大限度地体现低层次的概念，以便它们能以任意方式结合，包括那些现在看起来不是很有用，但将来可能有用的方式。因此，通过剥离那些不需要的功能，可使低层次的概念更加高效。遵循这一原则的例子是，我们选择 LOG 操作码作为 DApp 获取信息的方式，而不像之前那样记录所有交易和消息。这里，消息实际涵盖多种概念，包括函数调用和监督者感兴趣的事情，而这两者完全是可以分离开来的。

4. 无特性

作为普遍化的必然结果，我们拒绝将那些高级用例内嵌为协议的一部分，哪怕是经常使用的用例，也绝不能这么做。如果开发者想实现这些用例，那么他们可以在以太坊协议上创建子协议或智能合约。例如，可以创建基于以太坊的子货币，或者实现与其他区块链（如比特币、莱特币或狗币）的侧链交互。在以太坊中缺少类似比特币中的"时间锁定"功能，但是通过以下协议可以模拟出这个功能：用户发送签名数据包到特定的合约中进行处理，如果数据包在特定合约中有效，那么执行相应的函数。

5. 无风险规避机制

以太坊的发展过程遵循着一些基本原则。例如，如果增加某个功能能够带来可观的好处，那么即使风险增加了，开发者也愿意承担更高的风险，如广义状态转换、区块生成时间提升 50 倍等。然而，这些原则并不是绝对的，有时候为了减少开发时间或避免过多的改变，开发者会推迟进行一些修改，将其留到在将来的版本中去处理。这些原则和实践都指导着以太坊的发展，并帮助它成为一个蓬勃发展的区块链平台。

9.1.3 以太坊的发展路线图

2022 年 7 月 21 日，以太坊第五届社区会议（EthCC5）于巴黎召开。目前，以太坊已成为一个庞大的生态系统，锁定价值数十亿美元、每年结算数万亿美元的交易。然而，为了维护市场稳定和以太坊生态系统的不断发展，提高以太坊的安全性、可扩展性和去中心化程度是一个持续的过程。因此，以太坊的创始人 Vitalik Buterin 在会上表示，以太坊仅完成了 40%的工作。之后，以太坊将经历 5 个阶段（The Merge、The Surge、The Verge、The Purge、The Splurge），在 The Splurge 阶段，以太坊的每秒交易数（TPS）理论值将达 10 万笔，而目前的 TPS 为每秒 15～20 笔。如图 9-1 所示，以太坊的发展路线各阶段概述如下。

The Merge：在该阶段，以太坊的共识机制由 PoW 转为 PoS，降低了以太坊能耗，为之后的分片和数据优化打下了基础。

The Surge：该阶段由以太坊主网分成多条子链，提升 TPS，降低 Gas 费用，提高以太坊的可扩展性。

The Verge：引入 Verkle 树结构，优化数据存储。

The Purge：简化存储，降低验证者硬盘空间性能要求，减少网络拥堵。

The Splurge：进行一系列小升级，以保证以上升级可以平稳运行。

1. The Merge

2022 年 9 月 15 日，以太坊成功完成了 The Merge 升级，这标志着以太坊正式进入 PoS 时代。以太坊通过将主链和信标链合并为一条区块链，其共识机制由 PoW 转为 PoS，全球用电量因此下降了 0.2%。信标链是一条以 PoS 为共识机制的区块链，于 2020 年 12 月 1 日运行，合并之前已有超过 37 万个验证者。信标链不参与主网交易的验证，只负责管理分片链的验证者及存储少量的认证信息。图 9-2 显示了合并前以太坊网络结构中信标链和分片链的关系。信标链的职责是推动主链转向 PoS 的进程，同时管理分片链的验证者。分片链则旨在提高网络容量，加速交易速度，降低 Gas 费用。后面将会详细介绍分片的相关知识。

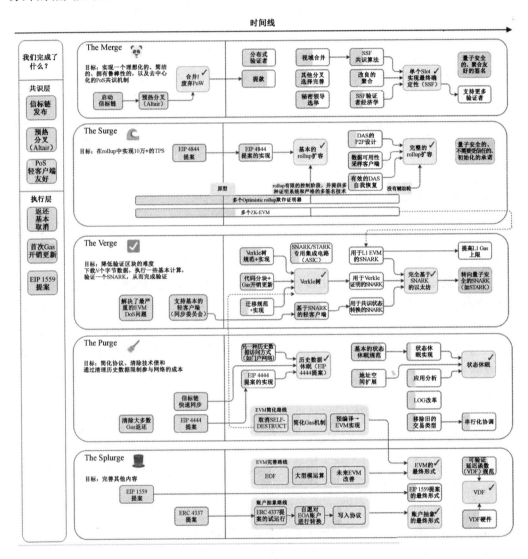

图 9-1　以太坊的发展路线各阶段[1]

The Merge 的目的不是提高交易速度或降低交易费用。事实上，它对这两点几乎没有提升。但同时 The Merge 的意义是非凡的，它是以太坊升级之路上最重要的事件之一，为之后的 4 次以太坊升级奠定了基础。The Merge 将以太坊的信标链与主链合并，使以

---

[1] 图中方框内的灰底指各阶段的进度情况。

太坊的共识机制全面转为 PoS 共识机制，引入"验证委员会"的概念，不仅加强了网络的共识机制，也为高效的协议内数据可用性层提供了基础。同时，由于 PoS 共识机制不再像 PoW 共识机制那样需要大量的算力进行挖矿，因此生成新区块所需的能源消耗大大降低。

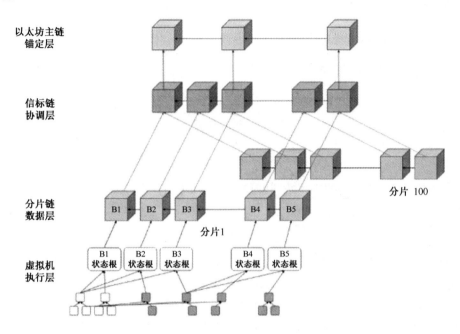

图 9-2　合并前以太坊网络结构中信标链和分片链的关系

The Merge 的一个重大改变是以太坊的共识机制全面转为 PoS，而共识机制的转变主要有以下几点优势。

（1）能源消耗降低。从 The Merge 阶段开始，以太坊不再需要昂贵的挖矿设备来生成区块。任何拥有 32 枚以太币并愿意将其质押的个体都可以成为验证者节点，参与到网络共识的过程中。据估计，这种转变将使以太坊网络的能源消耗降低 99.95%，这将对全球能源消耗产生积极影响，预计可以降低全球总用电量的 0.2%。

（2）以太坊在转向 PoS 后，将大幅度减少新以太币的发行量，这可能会使以太坊走向通缩。预计区块奖励将从每天约 14 600 枚降低到大约 1 600 枚。同时，由于质押需要将以太币锁定在网络中，所以这将进一步减少以太币的流通量。据金融研究公司 FS Insight 的报告，这种发行量的减少可能导致以太坊的市值在未来 12 个月内超过比特币。

（3）以太坊 2.0 战略的关键是转向 PoS 共识机制。在 PoW 共识机制下，矿工可以随时停止工作并离开网络，而在 PoS 系统中，验证者需要将自己的以太币作为质押，如果他们违反了协议规则，那么将会遭受质押以太币的损失。这样的激励机制和惩罚机制确保了验证者的行为与网络的整体利益一致，从而增强了网络的安全性。

2. The Surge

The Surge 主要利用分片提高网络的 TPS、降低 Gas 消耗。分片是指将以太坊主网分成若干条更小的子链，这将显著提高网络的可扩展性，以太坊预计创建 64 个分片。The Surge 的分片示意如图 9-3 所示。

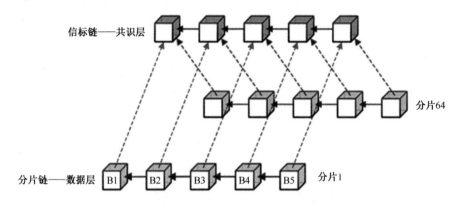

图 9-3　The Surge 的分片示意

分片的关键技术有 Danksharding、EIP 4844、Optimistic Rollups 和 ZK Rollups，它们作为 L2 的解决方案，通过在以太坊主链上运行子链来提高交易速度和降低费用。以 EIP 4844 提案的后续方案 Danksharding 为例，它使用了"数据可用性采样"技术，该技术允许以太坊上的节点使用少量数据来验证大量数据。总的来说，Danksharding 可以帮助以太坊实现更高的 TPS 和更低的成本，在确保以太坊去中心化和安全性的同时实现可扩展性。

3. The Verge

The Verge 最重要的改变是引入了 Verkle 树（沃克尔树），这是对 Merkle 树（默克尔树）证明的强大升级。Verkle 树的作用与 Merkle 树的作用相似：可以用于存储大量的数据，并为任意一个或一组数据对象生成一个短字节的证据。任何拥有这棵树结构的根节点的人，都可以验证这些证据，从而将验证的这些证据存储在这棵树上。与 Merkle 树提供验证交易的完整路径和包含所有层级上的节点集合不同，Verkle 树引入了零知识证明，只需要提供路径和一些额外数据作为证明就可以验证交易。这将优化以太坊上的数据存储，并帮助减小验证节点存储的数据量和复杂度，同时也让以太坊变得更具可扩展性。如果一棵树包含了 100 万个数据对象，那么在传统的二叉 Merkle 树上，一个证明大小（Proof Size）大概是 1 KB，但如果是在 Verkle 树上，那么只需要不到 150 字节的证明大小。Verkle 树结构如图 9-4 所示。

4. The Purge

The Purge 与 The Verge 类似，都是用来优化数据存储的阶段，但它们的侧重点不同。The Purge 的作用是清除已有的历史数据和无效账户，以此来减少验证者所需的硬盘空间，简化存储，从而减少网络拥塞，提高交易处理速度。根据 Vitalik Buterin 的设想，到 The Purge 阶段结束时，以太坊应该能够每秒处理 100 000 笔交易。

5. The Splurge

The Splurge 是以太坊发展的最后一个阶段，它是一系列较小的升级，主要用于确保网络在经过前 4 个阶段之后平稳运行。这些升级可能包括性能和安全方面的改进，也可能包括对特定应用场景的支持和改进。在这个阶段完成后，按照最初的设计，以太坊将成为世界计算机，将可能实现更安全的交易、更高的 TPS、更低的 Gas 消耗、更多的用户和更丰富的使用场景。

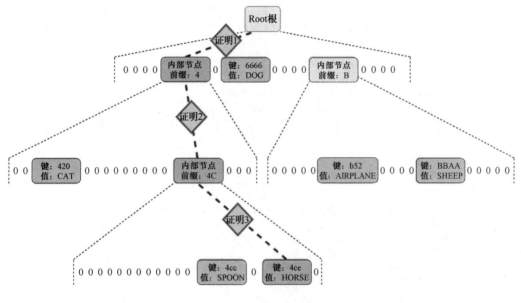

图 9-4　Verkle 树结构

9.2　以太坊体系架构

9.2.1　以太坊整体架构

比特币区块链的架构主要用于实现数字货币应用，难以支撑除数字货币外的应用场景。以太坊作为区块链 2.0 的典型代表，其核心思想是将区块链作为一个可编程的分布式信用基础设施，支持智能合约应用。相较于仅支持数字货币的比特币区块链，以太坊区块链不仅把区块链作为一个去中心化的数字货币和支付平台，而且通过增加链上的扩展性功能，将区块链的技术范围扩展到支持一个去中心化的市场，包括房产契约、权益及债务凭证、知识产权，甚至汽车、艺术品等。以太坊的整体结构如图 9-5 所示。

在图 9-5 中，以太坊去中心化应用（DApp）中最重要的特性是接入以太坊的能力，为了让各种应用便捷地使用以太坊提供的区块链和智能合约服务，以太坊提供了对开发者友好的 Web3.js 框架作为各种应用接入以太坊的基础。该 Web3.js 框架为以太坊接口RPC 调用提供了一层封装，屏蔽了 HTTP 报文封装的格式，以及以太坊接口的技术细节，大大方便了各种 DApp 快速集成以太坊服务。

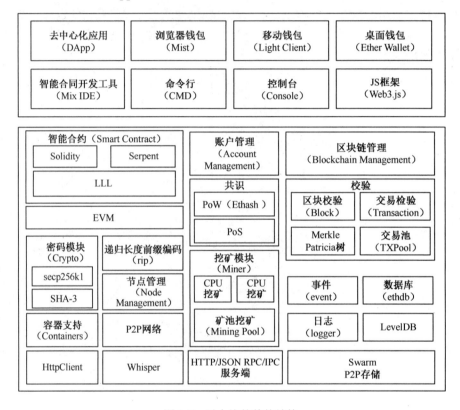

图 9-5 以太坊的整体结构

在命令行方面，以太坊提供了一系列有用的工具，如账户管理（创建和导入账户）工具、ABI 编解码工具、RLP 编解码工具，以及 bootnode（引导节点）管理工具和创世文件配置工具等。这些工具为开发者开发和部署以太坊应用提供了便利。

此外，以太坊的几大主流应用包括区块链浏览器、钱包、各行业相关的 DApp 及智能合约相关的开发工具和语言。其中，区块链浏览器是展示和查询区块链信息与用户信息的平台，像 etherscan 还集成了对智能合约的接口调用；钱包是以太坊的一个重要应用，是用户流量的主要入口，浏览器钱包的代表是 MetaMask，可在线管理用户私钥并签名转账；移动钱包和桌面钱包一般为各项目推出了为自己的代币服务的 App，不仅可管理用户私钥，支持主流代币的转账，还可为自己的业务引流，是发展区块链业务的重要途径；DApp 是各公司在区块链应用领域的积极探索，包括游戏、去中心化组织、去中心化交易所等。

以太坊区块链中同样包含基础的分布式数据库结构、智能合约、加密算法模块、共识机制、前端应用模块等。其中，基于以太坊虚拟机（EVM）运行的智能合约是以太坊在比特币基础上实现的具有重要意义和发展潜力的设计点与创新点。

9.2.2　以太坊节点与客户端

1. 以太坊节点

以太坊节点是指运行以太坊客户端软件的计算机，它们能够验证每个区块中的所有交易以保持网络的安全性和数据的准确性。在合并之前，以太坊网络中共包含 3 种不同类型的节点，包括全节点、轻节点和归档节点。

（1）全节点是拥有完整区块链账本数据的节点，具备独立验证所有交易和区块的能力。全节点的主要功能包括：存储完整的区块链数据、验证所有的交易和区块以保证网络的完整性与安全性，以及提供网络服务，如响应其他节点或客户端的数据请求。全节点也可以导出所有的区块链状态信息，供其他节点或服务使用。

（2）轻节点通常在手机或嵌入式设备上运行，不参与共识（它们不能是矿工或验证者），但它们可以使用与全节点相同的功能访问以太坊区块链，根据区块头中的状态根独立验证数据的有效性。

（3）归档节点在全节点的基础上额外储存了每个区块高度的区块状态信息，包括个人账户和合约账户的当前余额等。归档节点针对每个区块高度当前的状态进行快照并存档。

合并后的以太坊 2.0 采用了共识层和执行层（执行引擎）的结构来生成与同步区块。图 9-6 明确地展示了共识层和执行层之间的关系。以太坊 2.0 将拥有 3 种类型的节点。

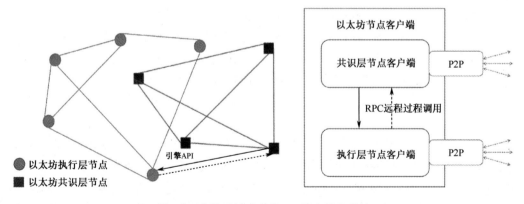

图 9-6　合并后的以太坊 2.0 的全节点结构

第一种类型的节点是轻量级无执行引擎的客户端节点，只能参与共识，无法从执行层验证交易。它的存在是为了监督共识层上其他类型的节点。

第二种类型的节点是带有执行引擎的客户端节点，该验证节点从具有状态性的执行引擎中调用数据，能够节省状态存储的成本，有利于以太坊分片技术的实现。

第三种类型的节点是拥有完整状态的执行引擎的客户端节点。作为一个完整的全节点，它存储了所有状态数据，并拥有执行所有交易和智能合约的能力。这种节点通常需要更高的硬件配置，且可能需要持有一定数量的代币进行抵押，以参与网络的共识机制。

2. 以太坊执行层客户端

以太坊社区维护着多个开源的执行客户端，类似于 Java 虚拟机和.NET 运行环境，以太坊客户端使用不同的编程语言进行开发和实现，具有不同的特点。这使得以太坊生态更加多样化。在合并之前，典型的以太坊客户端包括以下内容。

（1）Go-Ethereum。Go-Ethereum 客户端通常被称为 Geth，是以太坊协议的原始实现之一。目前，它使用最广泛的客户端，拥有最大的用户群，为用户和开发者提供各种工具，这些工具可提供创建智能合约、发送交易、查询历史区块等功能。Go-Ethereum 客户端使用 Go 语言编写，完全开源，并采用 GNU LGPL v3 授权。

（2）Parity。Parity 是被称为最快速、最轻巧、最强劲的以太坊网络客户端，由 Gavin Wood 成立的 Ethcore 公司开发。Ethcore 公司现已更名为 Parity Technologies，正式从以太坊独立，并于 2016 年 10 月发布了 Polkadot 项目，主要研究跨链任意消息通信。Parity 客户端使用 Rust 语言编写，在可靠性、性能和代码清晰度方面都有所增强。

（3）cpp-ethereum。cpp-ethereum 通常被称为 eth，是在 C++上实现的以太坊节点。eth 由 Gavin Wood 于 2013 年发起，其受欢迎程度位列 Geth 和 Parity 之后，该代码非常便于移植，并已在各种各样的操作系统和硬件上成功使用。然而，在 2015 年年底和 2016 年年初，eth 的很多开发者转移到了 Slock.it 和 Ethcore 项目上，紧接着 eth 的项目资金被削减了 75%。

（4）pyethapp。pyethapp 是基于 Python 的以太坊客户端，其目标是提供一个易于扩展的代码库。pyethapp 利用 pyethereum 和 devp2p 等以太坊核心组件来实现其功能。其中，pyethereum 用于实现以太坊虚拟机（EVM）和区块挖矿等核心功能，而 devp2p 则负责完成以太坊节点间的识别及加密通信等网络相关操作。

3. 以太坊共识客户端

以太坊已完成从 PoW 向 PoS 的过渡，以太坊 2.0 合并后，以太坊从单一的区块链转变为执行层和共识层并存的区块链系统。当前执行层客户端约 80%由 Geth 维护和管理，而共识层作为以太坊服务架构的后端，需要进行重新设计以满足验证节点的需求，这些节点负责维护和管理以太坊，并通过这种方式获得激励。几种典型的共识层客户端支持的语言、操作系统及网络类型如表 9-1 所示。

表 9-1　几种典型的共识层客户端支持的语言、操作系统及网络类型

客户端	语言	操作系统	网络类型
Teku	Java	Linux，Windows，macOS	信标链，Prater
Nimbus	Nim	Linux，Windows，macOS	信标链，Prater
Lighthouse	Rust	Linux，Windows，macOS	信标链，Prater，Pyrmont
Lodestar	TypeScript	Linux，Windows，macOS	信标链，Prater
Prysm	Go	Linux，Windows，macOS	信标链，Gnosis，Prater，Pyrmont

9.3　以太坊区块链核心

以太坊区块链是一个基于交易的状态机，区块链中的每个区块对应一个状态，每产生一个区块，以太坊中的状态就会转换到下一个状态。通过状态转换使以太坊中的所有节点保持数据的一致性。以太坊虚拟机正是一种分布式状态机，是每个以太坊节点内一个强大的沙盒式虚拟堆栈，也是第一个允许执行智能合约的区块链。因此，本节将不重复对比特币区块链核心内容的阐述，而是从以太坊虚拟机、以太坊交易与消息、以太坊的状态转换、以太币与以太坊激励机制这几个方面讲述以太坊区块链核心。

9.3.1　以太坊虚拟机

以太坊协议和操作的核心是以太坊虚拟机（Ethereum Virtual Machine，EVM），它是智能合约的执行环境，运行在所有参与以太坊网络的计算机上。运行 EVM 的任意一台计算机都成为以太坊网络中的一个节点，作为验证过程的一部分，EVM 被认为是一个包含数百万个可执行对象的全球去中心化计算机，每个对象都有自己的永久数据存储。

EVM 的结构如图 9-7 所示，EVM 可以类比为 Java 虚拟机，其作用是把 Solidity 编写的合约代码编译成以太坊能识别的机器码。目前很多公链均兼容 EVM，又称为 EVM 兼容链，如 Polygon、Avalanche、Fantom 等，是以太坊生态中的重要组成部分，能够使以太坊上的开发者方便、快捷地将智能合约部署到兼容链上，而不必从头开始编写智能合约的代码，EVM 兼容链的特点是矿工费更低、交易结算速度更快，且地址格式与以太坊相同，都以 0x 开头，这对用户来说更加友好。

EVM 是一个完全独立的沙盒，在 EVM 内部运行的合约代码不能接触到网络、文件系统或其他进程，而且不同合约之间也只有优先的访问权限。任何人都可以将写好的智能合约编译成 EVM 字节码部署到以太坊区块链上，由 EVM 解释执行。

EVM 是一个基于栈的虚拟机，它使用栈作为主要计算模型，而不是使用寄存器。EVM 的栈最多可以容纳 1 024 个元素，每个元素的大小为 32 字节（256 位）。这使得 EVM 能够方便地处理 256 位的 Keccak 散列算法和椭圆曲线计算。EVM 对栈的访问仅

限于栈顶端，允许从最顶端的 16 个元素中复制一个到栈顶，或将栈顶元素与下面 16 个元素中的一个交换，所有操作都只能将最顶端的两个（也可能是一个或更多个，这取决于具体操作）元素中取出并将结果压入栈顶。虽然可以将栈上的元素放入存储或内存中，但无法直接访问栈上指定深度的元素。必须先从栈中移除指定深度以上的所有元素，才能访问栈上的指定元素。

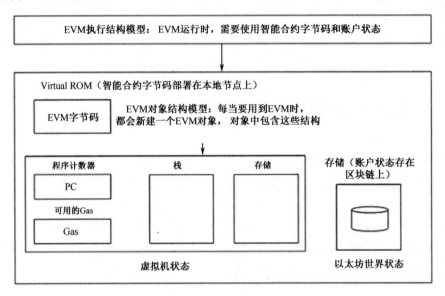

图 9-7　EVM 的结构

　　智能合约的字节码存储在节点的数组中，PC（程序计数器）指示取用第几条字节码指令，指令被取用后会被解释成对应的操作，并进行栈运算。在栈运算的过程中，EVM还需要与存储进行临时的数据交互。执行操作运算会消耗 Gas，如果操作消耗的 Gas大于交易中剩余的 Gas，那么就会发生异常。此外，栈溢出、指令无效或跳转指令的跳转地址无效也会导致异常。当发生异常时，EVM 会立即终止运行，丢弃之前的运行状态，并通知代理程序或其他运行环境处理错误。

9.3.2　以太坊交易与消息

　　交易是从外部拥有账户（Externally Owned Account，EOA）发送给区块链上另一个账户（可以是另一个 EOA 或合约账户）的签名数据包。交易具体包括以下内容。
　　（1）消息接收者：这是交易的目标地址。如果这个地址不存在，那么交易将创建一个新的合约。
　　（2）发送者签名：这是交易发送者的数字签名，用于验证交易的真实性和完整性。
　　（3）Value 域：这是发送者发给接收者的以太币数量，以 wei 为单位。
　　（4）可选数据域：这是一个可选的字段，可以包含任何数据。如果交易的目标是一个合约，那么这个字段通常包含调用合约函数及其参数的数据。

（5）GasLimit 值：这是交易发送者愿意为执行这个交易支付的最大 Gas 数量。如果执行交易需要的 Gas 数量超过这个数值，那么执行会终止，但已经消耗的 Gas 数量不会退还。

（6）Gas Price 值：这是发送者愿意为每个 Gas 单位支付的以太币数量，以 wei 为单位。Gas 是衡量交易执行需要的计算资源的单位，每个操作都需要一定量的 Gas。

一笔典型的以太坊成功交易如图 9-8 所示。

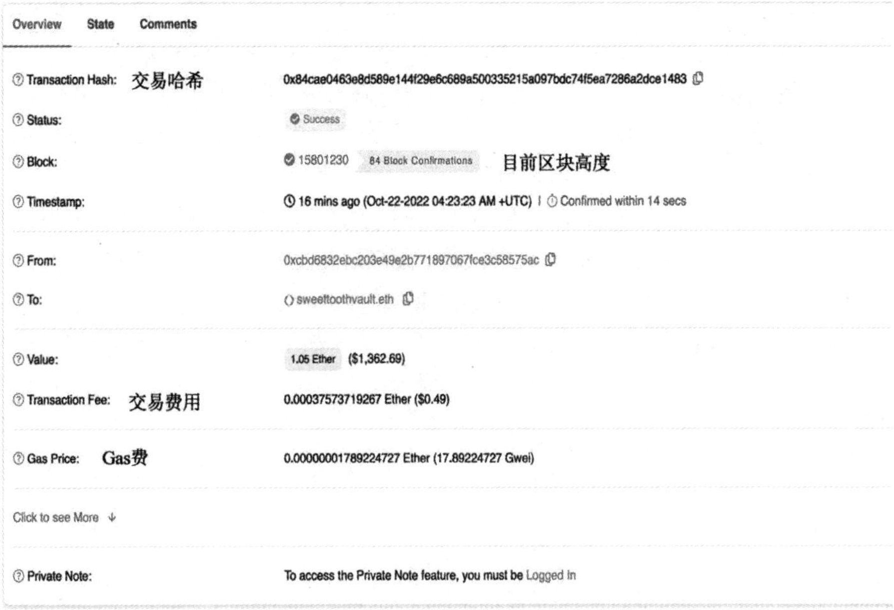

图 9-8　一笔典型的以太坊成功交易

在以太坊合约账户中，消息是合约账户之间传递信息的方式。当一个合约在执行过程中调用另一个合约时，就会发送一个消息。消息具体包括以下内容。

（1）消息发送者：这是调用合约的地址。

（2）消息接收者：这是被调用合约的地址。

（3）Value 域：这是发送到合约地址的以太币数量，以 wei 为单位。

（4）可选数据域：这是一个可选的字段，包含调用合约函数及其参数的数据。

（5）GasLimit 值：这是消息发送者愿意为执行这个消息（执行被调用合约的函数）支付的最大 Gas 数量。如果执行需要的 Gas 数量超过这个数值，那么执行会终止，但已经消耗的 Gas 数量不会退还。

合约可以通过消息调用的方式相互调用，或者向非合约账户发送以太币。消息调用类似于交易，它具有源（发送合约）、目标（接收合约）、数据有效负载、以太币数量、Gas 数量和返回数据等属性。实际上，每个由外部拥有账户（EOA）发起的交易都会生成一个顶级消息调用，而这个消息调用又可以产生更多的内部消息调用，从而形成一个调用链。

当合约进行内部调用时，它可以决定发送多少剩余的 Gas，以及保留多少 Gas。如果在被调用的合约执行过程中因 Gas 耗尽而发生 Gas 不足异常（或发生其他异常），那么会通过将错误值放入堆栈来发出信号，而且只有发送给被调用合约的 Gas 会被消耗掉，原始合约中剩余的 Gas 不会受到影响。这种设计是为了防止被调用的合约通过消耗过多的 Gas 来攻击原始合约。

如前所述，当一个合约（合约 A）调用另一个合约（合约 B，也可以是合约 A 自身）时，合约 B 会接收到一个新的、已初始化的内存实例。这个内存实例可以访问来自合约 A 的数据，这些数据被存放在一个名为 calldata 的特殊区域中。当合约 B 执行完毕后，它可以返回数据，这些数据将被存储在合约 A 预先分配的内存的特定位置。所有的这些调用都是同步的，调用深度被限制在 1 024，这意味着对于更复杂的操作，通常优先使用循环而非递归调用。此外，由于每次消息调用只能转发剩余 Gas 的 63/64，因此这使得实际的调用深度限制略小于 1 000。

以太坊的消息和交易在很多方面都相似，但也存在一些重要的区别（见图 9-9）。消息是由合约账户生成的，而交易是由外部拥有账户生成的。因此，消息有时也被称为"内部交易"。当一个合约执行 CALL 或 DELEGATECALL 操作码时，它会生成一个消息，这个消息会引导接收者（另一个合约）执行其代码。这就是合约之间相互调用的基本机制。

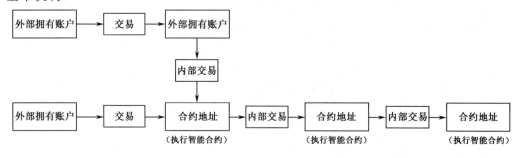

图 9-9　以太坊消息和交易的关系

9.3.3　以太坊的状态转换

以太坊本质上是一个基于交易的状态机（Transaction-based State Machine）。状态转换是指当交易 Tx 发生时，从一个正确状态 S 转移到下一个正确状态 S' 的过程。不同于比特币 UTXO 模型，以太坊的基本单元是账户，采用的是账户余额模型。在任意时刻，账户处于一个状态，即全世界唯一的状态，一般被称为以太坊世界状态，代表以太坊网络的全局状态。以太坊世界状态由无数账户信息组成，每个账户均存在一个唯一的账户信息。账户信息中存储着账户余额、Nonce、合约哈希、账户状态等内容，每个账户状态信息通过账户地址关联和映射。与其他区块链一样，以太坊区块链是由创世区块开始的。从这个起点开始（创世状态在 0 区块高度），计算有效的状态转换（智能合约代码执行的结果）来更新以太坊状态。因此可以认为以太坊是基于交易的状态机，外部因素（账户持有者或者矿工）可以通过创建、接受、排序交易来启动状态转换。在以太坊中，账户余额（存储在状态树中）随每次交易而改变。当第一个区块执行第一个交易时开始产生状态，直到执行完 N 个交易，第一个区块的最终状态产生，第二个区块的第一笔交易执行后，第一个区块的最终状态将会改变，以此类推，从而产生最终的区块状态，如图 9-10 所示。

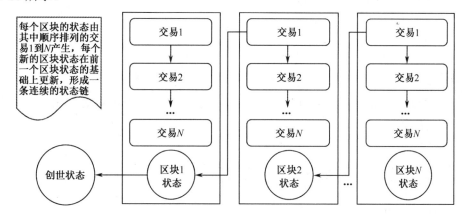

图 9-10　以太坊区块状态变化过程

由于保留所有状态的以太坊归档节点需要的空间较大，所以如果这些状态全部记录在区块链上，那么一些轻量级物联网设备将无法使用以太坊客户端，导致网络节点数量下降，影响以太坊的应用。因此这些状态并非直接存储在区块链上，而是将这些状态维护在 Merkle 树中，在区块链上仅记录对应的树根 Root 的值。数据库 LevelDB 常用来维护树的持久化内容，而数据库 StateDB 常用来维护映射。

以太坊状态数据库 StateDB 是以太坊协议的核心组件之一，它使用 Merkle Patricia 树存储和更新以太坊网络的全局状态，其存储结构如图 9-11 所示，从图中我们可以看出账户一共有两种状态，一个是以太坊世界状态，另一个是账户状态，账户状态中存储了如下账户信息。

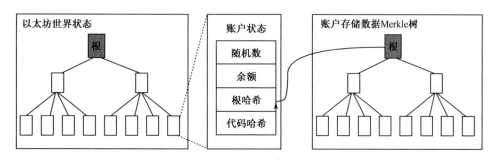

图 9-11　以太坊状态数据库 StateDB

（1）随机数（Nonce）：这个值等于由此账户发出的交易数量，或者由此账户创建的合约数量（当这个账户有关联代码时）。

（2）余额（balance）：表示这个账户的余额。

（3）根哈希（storageRoot）：表示保存了账户存储内容的 MPT 树的根节点的哈希值。

（4）代码哈希（codeHash）：表示账户关联的 EVM 代码的哈希值，当该账户接收到消息调用时，这段关联的 EVM 代码会被执行；它和其他字段不同，创建后不可更改。如果代码哈希为空，那么说明该账户是一个简单的外部拥有账户，只存在 Nonce 和 balance。

在以太坊中有不止一棵 Merkle 树，所有账户状态与账户地址形成二元键值对，由表示以太坊世界状态的树进行存储和维护。所有账户都存在一棵表示此账户独立且唯一的存储数据树。通过账户地址便可以从以太坊世界状态树中查找该账户状态（如余额），如果是合约地址，那么还可以继续通过 storageRoot 从该账户存储数据 Merkle 树中查找对应的合约信息，如拍卖合约中的商品信息。

9.3.4　以太币与以太坊激励机制

1. 以太币的概念

与比特币类似，为了激励矿工参与以太坊网络，维持以太坊运行，需要发行以太坊区块链上的数字货币，即以太币（Ether）。以太坊上所有的账户管理操作和智能合约部署都需要支付以太币才能正常运行。以太币作为以太坊的原生代币，有两个用途：一方面，分布式应用程序需要为每步操作支付费用，从而避免死循环或恶意攻击者浪费计算资源；另一方面，以太币常被用作对那些贡献计算资源参与挖矿的矿工的奖励。

以太币的最小货币单位是 wei，其他国际标准单位还有 Kwei、Mwei、Gwei、Microether、Milliether、Ether，其转换关系如表 9-2 所示，括号内的通用名称是以人的名字命名的单位。例如，Babbage 源于 Charles Babbage——19 世纪英国数学家、发明家兼机械工程师，他提出了差分机与分析机的设计概念；而 Lovelace 源于 Ada Lovelace——著名英国诗人拜伦之女，其为数学家，被称为第一个给计算机写程序的人。

表 9-2　以太坊货币单位转换关系

货币符号	转换关系
wei	1 wei
Kwei（Babbage）	1 Kwei = 10^3 wei
Mwei（Lovelace）	1 Mwei = 10^6 wei
Gwei（Shannon）	1 Gwei = 10^9 wei
Microether（Szabo）	1 Microether = 10^{12} wei
Milliether（Finney）	1 Milliether = 10^{15} wei
Ether	I Ether= 10^{18} wei

2. 以太币的分配与发行

当前获得以太币的途径主要有以下几种。

（1）挖矿。以太坊中每生成一个新区块，挖出这一区块的矿工将获得一定数量的以太币奖励，包括静态奖励和动态奖励。

① 静态奖励。目前，静态奖励是每挖出一个新区块，以太坊矿工就会得到 5 枚以太币的静态奖励，但自从拜占庭硬分叉后，以太币奖励调整为 3 枚以太币；2019 年 2 月的君士坦丁堡硬分叉之后，以太币奖励减少到 2 枚以太币，同时获得支付在区块上的 Gas，具体价值取决于当前的 Gas 单价。类似于比特币，以太坊挖矿的静态奖励将随着时间的推移而逐渐减少。未来矿工的奖励将主要依靠交易发起者支付的 Gas 获得。

② 动态奖励。动态奖励包括两部分：叔区块奖励和叔区块链接奖励。首先解释一下叔区块的概念，叔区块是指符合难度条件，但是区块中的交易不被确认的区块或废块（Stale）。例如，矿工 A 挖到一个符合难度条件的区块 a，几乎同时矿工 B 也挖到了符合难度条件的区块 b，但由于网络延迟，区块 b 并没有被确认成废块，而区块 a 成为网络共识的区块，被包含在区块链中。严格来说，叔区块是当前链接区块的祖先废块（最多往前推 6 个），每个区块最多能链接两个叔区块。叔区块奖励会按照叔区块的高度乘以一个系数发放给矿工。叔区块链接奖励是在矿工将叔区块与主区块链接时，根据链接的数量和位置确定的一定数量的奖励。

以太坊的出块速度比比特币更快，这意味着在网络繁忙时，孤块（或废块）的产生概率增大。为了解决这个问题，Yonatan Sompolinsky 和 Aviv Zohar 在 2013 年 12 月提出了名为幽灵（Greedy Heaviest Observed Subtree，GHOST）的协议。GHOST 协议通过将孤块纳入最长链的计算中，解决了由快速区块确认导致的孤块率高及相应的安全性问题。基于此，以太坊进一步为产生叔区块及链接叔区块（一个区块最多可链接两个叔区块）的矿工提供了奖励，从而抵制挖矿算力的中心化。同时，以太坊实施了一种简化版的 GHOST 协议，其特点是只有父区块的第二代至第五代的后代区块才能将废区块作为叔区块纳入计算，而不包括更远的后代区块（如父区块的第六代后代区块，或者祖父区块的第三代后代区块）。这样做的原因是避免无条件地实施 GHOST 协议带来的计算复杂度过高的情况，另外，也避免削弱矿工在主链上挖矿的积极性。计算表明，带有激励的五层 GHOST 协议在出块时间为 15 秒的情况下仍可实现 95% 以上的效率，而拥有 25% 算力的矿工从中心化中获得的利益小于 3%。

以太坊通过将废块的算力纳入主链，激励矿工专注于主链的挖矿，而不是尝试创建分叉。这种策略使得任何试图超越已包含叔区块的主链的攻击者面临更大的挑战，从而进一步提升以太坊的安全性。同时通过给叔区块奖励，避免出现像比特币那样算力高度集中的矿池，因为矿池相对来说不像单个挖矿节点那样容易产生废块。具体给矿工的动态奖励计算方法如下。

① 产生叔区块的矿工将获得的奖励为：

$$（叔区块 ID+8-当前区块 ID）× 5/8$$

② 将叔区块链接到区块链上的奖励为：每链接一个叔区块将获得原始区块奖励 5/32 的奖励，最多可链接两个叔区块。

（2）以太币供应量。与比特币的供应上限为 2 100 万枚比特币不同，以太币没有供应上限，最大供应量是无限的。到 2022 年 10 月已经有超过 1.2 亿枚以太币流通发行。随着以太坊 2.0 的到来，以太币的发行机制将从 PoW 转变为 PoS，这将减缓以太币的增长速度，同时，EIP 1559 提案的实施引入了以太币的销毁机制，这可能会导致以太币的供应在一定程度上出现通缩。

（3）EIP 1559 提案。以太坊改进建议（Ethereum Improvement Proposal，EIP）由以太坊开发者社区提出。EIP 1559 提案指 1559 号提案，由 Vitalik Buterin、Eric Conner 等人于 2019 年提出。EIP 1559 提案本质上是以太坊网络交易定价机制的解决方案，其主要目标是改善 Gas 费拍卖效率问题。此前，以太坊采用第一价拍卖机制，但由于市场信息不对称问题，引发了资源配置低下和贝叶斯博弈下报价策略复杂化的问题。

① 第一价拍卖机制。以太坊激励机制采用了竞价拍卖式的矿工费收取方式，矿工收入包括"挖矿奖励"和全部的交易 Gas 费。一般来说，Gas 费并不是固定的，可以根据需求自由调整。矿工会根据交易的价格（Gas 费）从高到低进行排序，以决定哪些交易会被优先打包进区块。在以太坊公有链交易量激增的情况下，交易发送者可以通过提高 Gas 费来激励矿工尽快处理自己的交易。

② EIP 1559 提案的交易费用机制。EIP 1559 提案将 Gas 费拆分成两个费率的组合：baseFee（基础费用）和 PriorityFee（优先级费用，即小费），交易费用=baseFee+PriorityFee。

baseFee 会根据上一个区块的空间利用率自动调整，如果空间利用率超过 50%，那么提升当前区块的 baseFee，反之降低。

按照 baseFee 的计算公式，相邻区块间的 baseFee 变化幅度为±12.5%：如果上一个区块的空间利用率为 100%，那么当前区块的 baseFee 将自动提升 12.5%；如果上一个区块的空间利用率为 0，那么当前区块的 baseFee 将自动降低 12.5%。

baseFee 由 EIP 1559 提案设置，是区块头（Block Header）的一部分，而且是用户支付的总费用中会被销毁的那部分，即 baseFee 交易手续费会被发送到一个黑洞地址并被销毁掉。

PriorityFee 延续了竞价设计，矿工将优先处理 PriorityFee 较高的交易。同时，用户还可自行设置 PriorityFee 的最高值 maxPriorityFee。

maxFee（最高费用）表示用户愿意为某笔交易支付的最高交易费用。对应到公式中，maxFee=baseFee+maxPriorityFee，maxFee 和 maxPriorityFee 都支持用户自行设置，baseFee 则由算法自动给出。其中，maxFee≥baseFee+maxPriorityFee。

只有当用户设置的 maxFee 大于 baseFee 和 PriorityFee 之和时，交易才有效。超出的部分将退还给用户。其中，退款额=maxFee－（baseFee+PriorityFee）。

③ EIP 1559 提案对交易费用的预测性和利益分配的影响机制。EIP 1559 提案实施之前采用了 Gas 费价格拍卖机制，其最大的问题在于信息不对称导致费用估计难，竞买人不知道参加竞拍的总人数及标的价格，使投标人支付过多的费用，而 EIP 1559 提案则对所有交易尽可能实施相同的费率，使交易费用更可预测。EIP 1559 提案通过销毁交易费用，即可在不增加总供应量的前提下，延长通过区块奖励激励矿工的时间，从而保障了网络的安全性，在一定程度上改变了以太坊现有的利益分配格局。

从现实角度来看，EIP 1559 提案的实施将对以太坊生态系统带来多方面的影响，包括但不限于提高 Gas 拍卖效率、防止矿工作弊、提升以太币地位等。此外，该提案的销毁机制将导致矿工收入减少和 ETH 流通量减少。值得一提的是，目前 ETH 通胀率已经大幅降低。据 2022 年第一季度的数据，ETH 通胀率从 1.10% 下降了约 54%，降至约 0.51%。截至 2022 年 10 月，已经销毁的以太币数量约为 268 万枚。

（4）Gas 和 Gas 费。Gas 是以太坊网络中的度量单位，表示执行特定操作所需的计算工作量。它是以太坊网络的一个关键指标，因为它能使用户计算完成交易所需的 Gas 费，并使矿工能够计算确认区块的奖励。从本质上讲，Gas 费通过以太坊的本地货币以太币（ETH）来支付。例如，要完成一笔基本转账，用户需要支付 21 000 Gas 作为费用。

Gas 费以 Gwei 标明，Gwei 是 ETH 的一个单位，每个 Gwei 等于 0.000 000 001 ETH（10^{-9} ETH）。因此，当运行 EVM 时，矿工验证区块中的交易，并在 EVM 中运行与这些交易相关联的合约代码，以太坊网络中的每个节点都会进行相同的计算并存储结果值，目的是在不需要可信第三方的情况下达成共识。然而，智能合约在以太坊网络中被多次重复执行，消耗了大量的计算资源。因此，鼓励用户不将可在链下完成的操作放到链上进行，以减轻节点负担。此外，智能合约可以执行图灵完备的操作，其中包括循环操作，该操作可能被滥用，导致系统崩溃。为了限制以太坊节点操作的工作量，防止滥用计算资源的行为，并激励参与计算的节点，当交易或消息触发 EVM 中的合约代码时，会指定每一步操作所消耗的 Gas，一些常见命令所消耗的 Gas 如表 9-3 所示。

表 9-3　智能合约中常见命令所消耗的 Gas

指令速度	QUICKSTEP	FASTESTSTEP	FASTSTEP	MIDSTEP	SLOWSTEP	EXTSTEP
Gas 消耗量	2	3	5	8	10	100
参数与指令	ADDRESS	DUP	MUL	ADDMOD	JUMP1	EXTCODEHASH
	ORIGIN	SWAP	DIV	MIJLMOD	EXP	BALANCE
	CALLER	PUSH	MOD	JUMP		EXTCODESIZE
	CALLVALUE	ADD	SDIV			EXTCODECOPY
	CALLDATASIZE	SUB	SMOD			
	CODESIZE	LT	SIGNEXTEND			
	GASPRICE	GT				
	COINBASE	SLT				
	TIMESTAMP	SGT				
	NUMBER	EQ				
	DIFFICULTY	AND				
	GASLIMIT	OR				
	POP	XOR				
	PC	NOT				
	MSIZE	BYTE				
	GAS	CALLDATALOAD				

指令速度	QUICKSTEP	FASTESTSTEP	FASTSTEP	MIDSTEP	SLOWSTEP	EXTSTEP
参 数 与 指 令		CALLDATACOPY				
		CODECOPY				
		MLOAD				
		MSTORE				
		MSTORE8				

由表 9-3 可以看出，Gas 的成本主要通过智能合约中的参数和指令计算得到，如果指令运行的时间较短（一般是 μs），那么其对应的 Gas 消耗量也较低。例如，ADD 指令的运行时间为 3 μs，属于 FASTESTSTEP，消耗 3 个单位的 Gas。通常 Gas 消耗量较高的主要原因是在以太坊中进行任何操作都需要消耗 Gas，并且每个区块的燃料空间有限。交易费包括计算、存储或操作数据的费用或转移代币的费用，这些操作消耗不同数量的 Gas，如表 9-3 所示。随着去中心化应用程序的功能变得更加复杂，智能合约执行的操作数量也会增加，即每笔交易在有限大小的区块内占用更多空间。如果需求量太大，那么用户必须提供更高的交易费，力求出价高于其他用户的交易费。交易费越高，交易进入下一个区块的可能性就越大。

如果想减少 Gas 的成本，那么可以通过优化代码的方式实现，如优化数据类型和交易时间、减小链上的存储空间、使用无状态合约、使用链下存储和以太坊扩容 L2 层解决方案进行交易等方式。

① Gas 和以太币。Gas 和以太币是以太坊中两种不同的计量单位，其中，Gas 存在于 EVM 中，而 Ether 存在于以太坊账户中，最小的货币单位为 wei。Gas 用来衡量执行每步操作需要支付的费用，其价格用以太币来表示。用户可以向以太坊账户充值以太币，由以太坊客户端自动购买用户指定操作最大支出的 Gas。在操作结束时，将剩余的 Gas 转换成以太币，返还到用户的以太坊账户中。Gas 单位与具备自然成本的运算单位一致，而以太币价格通常会随着市场调节出现价格波动。为了避免以太币价格的波动影响 Gas 费，可将 Gas 与以太币分开，这样，无论以太币价格如何变化，Gas 费（执行操作的实际成本）都可以保持恒定。

② Gas 和交易费。每笔交易都要求包含一个 Gas 限额（GasLimit）和它愿意为每个 Gas 支付的费用。矿工具有选择是否打包该笔交易并收取相应交易费的权利。当前所有交易最终都需要由矿工选择，用户选择支付交易费的多少将影响该笔交易被打包到区块中需要等待的时长。

如果交易执行过程中的 Gas 消耗包括原始交易和可能触发的其他消息，没有超过交易中设定的 GasLimit，那么该交易就会继续执行。

如果交易用于运算步骤所需的 Gas 总量大于交易中所包含的 GasLimit，那么所有操作都会被复原，但交易仍然是有效的，矿工仍然会收取交易费。

由于实际所需的 Gas 总量是在交易执行过程中才能确定的，因此用户在提交交易时设定的 GasLimit 可能高于实际消耗。在交易执行完成后，未消耗的 Gas 会被退还到交易发送者账户。然而，如果在执行过程中 Gas 被耗尽，那么会触发一个 out-of-gas 异常，此时交易执行会立即停止，所有已进行的状态改变都会被回滚，但已消耗的 Gas 不会被退还。为了避免 Gas 耗尽而导致交易失败，用户通常会设定一个较高的 GasLimit 值。

③ 区块的 GasLimit。区块的 GasLimit 是指单个区块最多允许的 Gas 总量，以此来决定单个区块中能容纳多少笔交易。例如，有 5 笔交易 Tx1、Tx2、Tx3、Tx4、Tx5，其 GasLimit 分别是 10、20、30、40 和 50。如果区块（Block）的 GasLimit 是 100，那么 Tx1、Tx2、Tx3、Tx4 就可以被打包进区块中。由于矿工有权选择将哪些交易打包进区块，因此另一个矿工可以选择打包 Tx1、Tx4、Tx5。如果尝试将一个超过当前区块 GasLimit 的交易打包，那么该交易会被拒绝，并且以太坊客户端会返回错误"交易超过 GasLimit"。

9.4 以太坊生态价值链

自 2015 年创立以来，以太坊已经成为全球第二大区块链网络，深受投资者的关注。比特币的价值在于其建立了一个全球性的、可验证的记账系统，由全球最强大的计算网络支撑，赋予用户高度的信任和价值追踪能力。以太坊的出现则进一步扩展了这种可验证系统的概念，覆盖了更广泛的信息类型和更复杂的逻辑处理。简言之，以太坊的强大网络架构确保了应用程序能够按照编程逻辑自主运行，既无须依赖第三方，也能抵御未经许可的干预，如恶意攻击或欺诈行为。

以太坊生态价值链的内在价值最终取决于基于以太坊区块链开发平台的各类应用的广度和深度，以及各类应用的用户连接数量和连接强度。在当前市值排名前 300 的区块链 ICO 项目中，基于以太坊平台搭建的区块链首次代币发行（ICO）项目的占比超过 80%，其应用涵盖底层技术、金融领域等 42 个子行业。这些应用的典型代表包括去中心化金融（DeFi）、非同质化代币（NFT）、游戏、数字身份、供应链管理、能源管理等。随着以太坊不断推出新的技术升级和扩容方案，其生态系统将不断拓展，并带动更多的应用和用户进入其中，为整个区块链行业带来更广阔的发展前景。

9.4.1 Token 经济学

Tokenomics（代币经济学）一词是代币和经济学的混合体，其含义与经济学相似。代币经济学研究加密货币的发行、分发和销毁机制。经济学通常分为微观经济学和宏观经济学。本节从微观经济学角度阐述比特币和以太坊的内部运作。

就像中央银行应用货币政策来控制其货币一样，代币经济学将政策应用于加密货币。代币经济学本质上是通过代码实现的，它们通过网络参与者的维护和共识达成一致性。

与法定货币相比,加密货币的去中心化协议使投资和拥有加密货币更加透明,加密货币通常比中央银行发行的同类货币更具可预测性。例如,发行率和时间表是预先设定的,销毁率(从流通中移除)在一定程度上是可以预测的。代币经济学往往基于如何创建代币、如何让代币进入流通,以及如何将其从流通中销毁来设计。在代币经济学的运行逻辑中,共识激励机制在这个过程中发挥着重要作用,决定着以太坊生态的规模。因此,了解以太坊共识机制从以太坊合并前到以太坊合并后的演变和发展路径,就能理解以太坊的经济生态。

1. 以太坊合并前——以太坊 1.0+EIP 1559

以太坊最初与比特币非常相似,都基于工作量证明共识机制。然而,随着时间的推移,以太坊发展出了智能合约,为其带来了更多的实用性。随着庞大的去中心化应用程序(DApp)生态系统的发展,以太坊交易量也大幅增长。2021 年 8 月 5 日实施的 EIP 1559 提案有效地解决了交易费用的一些问题,并给以太坊代币经济学带来了新颖且有趣的变化。

以太坊在合并前对以太币的年供应量增长约为 4.5%,如图 9-13 所示。矿工的奖励为每个区块 2 枚以太币,每个叔区块的奖励为 1.75 枚以太币。总的来说,以太币的计算方式不像比特币那样简单,但每日区块奖励约为 13 500 枚以太币,相当于每年发行约 4900 万枚以太币。与比特币不同,并非所有以太币都是通过挖矿产生的,实际上,在以太坊的创世区块中,预先分配了约 7 200 万枚以太币。这些以太币主要分配给早期的以太坊开发者、投资方和以太坊基金会。

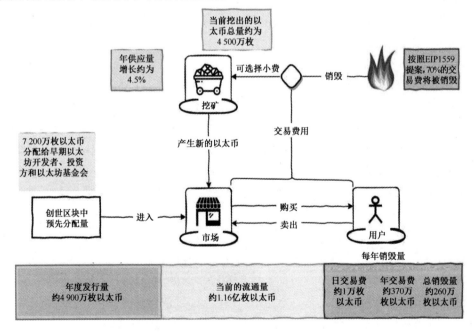

图 9-13　以太坊 1.0+EIP1559 经济学设计

在 EIP 1559 提案提出之前，交易是按照拍卖模式进行的，这意味着用户可以出高价，使他们的交易被快速处理。矿工被激励选择最高的费用，以便获得最大的回报。出价较低的用户则被迫等待或提高出价。

EIP 1559 提案引入了 baseFee，同时销毁了相同数量的 baseFee，并将其从流通中移除。假设销毁大约 70% 的交易费用，这可能导致每年消耗约 260 万枚以太币。按照每年新增约 490 万枚以太币计算，这将使供应量减少一半。随着 EIP 1559 提案的使用，以太坊可能会出现通货紧缩的情况。

2. 以太坊 2.0

随着以太坊上大型应用程序生态系统的迅速发展，为了解决以太坊系统交易速度慢、交易费用高等底层技术体系的可扩展性问题，以太坊 2.0 信标链于 2020 年年底推出，并于 2022 年 9 月 15 日完成了合并。这个新版本从工作量证明（PoW）共识机制转向了权益证明（PoS）共识机制，负责创建新区块。挖矿的概念变得过时，取而代之的是通过验证者质押一定数量的以太币参与区块的创建，从而获得以太币奖励来确保网络的安全。

在如图 9-14 所示的以太坊 2.0 经济学中，验证者进入网络时至少需要存入 32 枚以太币。质押的总价值反映了所有质押存款的总和。截至 2022 年 10 月，网络中质押的以太币总量为 1 390 万枚。验证者将获得年化收益率（APR）作为奖励，当前的年化收益率

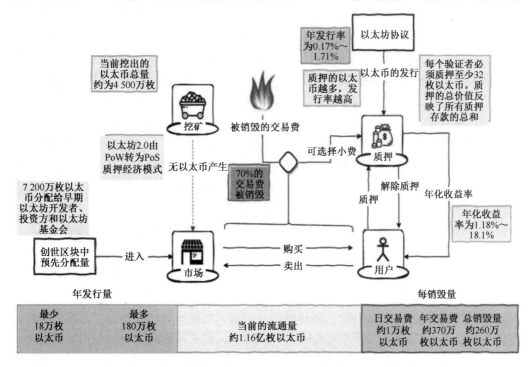

图 9-14　以太坊 2.0 经济学

为 4.8%（在 1.18%～18.1%的范围波动），低于年初的 14%，并可能进一步下降至 2%～3%。因此，质押的以太币越多，质押者的年化收益率越低，这可能影响验证者加入网络的积极性。目前的年发行率（铸造供应量）为 0.56%（在 0.17%～1.71%的范围波动），远低于以太坊从 PoW 共识机制迁移之前以太币发行量的 4%。当以太坊 2.0 信标链完成合并后，每日的以太币发行量从平均约 13 000 枚下降到平均 800 枚。

目前，以太坊仍然主导着去中心化金融（DeFi），占其生态系统总价值的 57.58%。此外，超过 65%的去中心化交易所（DEX）的交易是在以太坊网络上进行的。考虑到上述数据，以太坊仍然在智能合约链中占主导地位，尽管在该领域有许多竞争对手，如 Cardano、Avalanche、Solana 等，但用户仍然主要使用以太坊。以太坊正计划实施进一步的网络升级，包括分片（Sharding），这将是一种扩展解决方案，将进一步实现价格低廉的第二层区块链，降低 Rollups 或捆绑交易的成本，并使用户更容易操作保护以太坊网络的节点。通过这次升级，以太坊将能够每秒处理 10 万笔交易，比 VISA 信用卡的交易快得多。

此外，以太坊有可能成为央行数字货币（CBDC）的首选网络。目前，至少有两个国家正在以太坊网络上实施他们的试点计划。澳大利亚储备银行正在与数字金融合作研究中心（DFCRC）进行数字货币的试点项目合作。该项目将采用基于以太坊的企业级区块链平台 Quorum 来构建 eAUD（澳元）的数字货币平台。这个数字货币平台将在澳大利亚储备银行的管理和监督下运行。

挪威央行也将以太坊生态 Layer2 作为 CBDC 的试点。挪威央行已经公开了 CBDC 沙盒源代码，并确认该项目的原型基础设施基于以太坊技术。开放源代码已经在 GitHub 上提供，允许测试基本的代币管理用例，包括铸造、销毁和交易以太坊的 ERC-20 代币。

以太坊在 CBDC 领域也得到了各国央行的关注。挪威央行和澳大利亚储备银行都选择了以太坊作为其 CBDC 试点的底层技术。挪威央行已经公开了基于以太坊的 CBDC 沙盒源代码，并确认该项目的原型基础设施基于以太坊技术，其目标是探索 CBDC 的可行性和潜在效益。此外，国际清算银行（BIS），以及以色列、挪威和瑞典的央行宣布了一个名为"破冰计划"的合作，共同探索 CBDC 如何用于国际零售和汇款支付。国际清算银行是由全球 61 家央行组成的协会，在多个地方设立了创新中心，专注于探索包括 CBDC 在内的新金融技术的应用，CBDC 是各国主权货币的数字版本。随着 CBDC 试点项目在以太坊上的成功，它有可能成为几家主要央行的首选底层智能链。

9.4.2 Coin 与 Token

在加密货币领域，Coin 和 Token 是两个概念，但随着时间的推移，这两个概念的界限变得模糊。比特币最初采用 Coin 作为用于发行、流通和价值储存的加密数字货币。Coin 的发行需要拥有独立运行的区块链，交易记录被储存在该区块链上，且通过工作量证明（PoW）共识机制来发行和分配。以太坊公链发行的原生 Coin 是以太币，而在最初，以太币也采用和比特币相同的 PoW 共识机制来发行 Coin。

随着以太坊生态系统的不断发展，以太坊引入了在其上发行加密货币的功能。因此，Token（代币）开始出现，通过首次代币发行（ICO）机制进行推广。以太坊是首个引入代币机制的平台，基于以太坊开发的代币称为 ERC-20 代币。

总的来说，Coin 和 Token 的定义如下。

Coin：在一条独立的区块链上发行的原生加密数字货币，如比特币、以太币、莱特币（Litecoin，LTC）、门罗币（Monero，代号为 XMR）等。

Token：通过智能合约产生，符合代币标准的加密货币，也叫作代币或者通证，它是一种可流通的数字权益证明。

1. 从货币的特性区分

加密货币的主要作用是流通和储存，持有者大多看好加密货币的长远投资价值。加密货币就如黄金，其购买目的是资产增值，因此，Coin 具有与现实资产连接的特性，其价值可兑换成现实世界的资产。

Token 则不同，它的出现完全是为区块链服务的。其诞生最初主要是为加快区块链交易、作为激励、维系区块链生态等，尽管 Token 也有其现实价值，却不是其诞生的最主要目的。

一般而言，Coin 能兑换成现实世界中的流通货币，而 Token 则通常不能。不过也有例外，例如，稳定币 USDT、USDC 就是建立在以太坊 ERC-20 标准上的代币，其价值与美元挂钩，兑换汇率为 1∶1。

2. 从区块链层级区分

区块链的不同层级（Layer）承担着各自的角色和应用。Layer 1 是区块链的基础层，直接构建在区块链底层技术之上，并为区块链提供了核心功能，如共识机制（如 PoW、PoS、DPoS 等）、交易的处理和区块的上链等。比特币和以太币都是属于 Layer 1 这一层的原生 Coin。

Token 是属于 Layer 2 和 Layer 3 的货币。它们由 Layer 1 扩展而来，二者都专注于区块链的合约和应用层面。Layer 2 主要解决 Layer 1 交易速度缓慢和交易费用高昂问题，Layer 3 负责执行区块链的规则，如 EVM 兼容、将智能合约连接到不同 DApp 平台等。目前很多 Token 都是在以太坊区块链上建立的。

3. 从应用层面区分

Token 由 Layer 1 底层技术作为基础，较易创建，因此种类繁多，现在广泛应用于不同的区块链项目中，包括 DeFi、DEX、DAO、NFT 等。很多 Token 都只为单一项目服务。例如，SAND 只服务于游戏 The Sandbox。反过来说，不同项目都可有自己专属的功能性 Token。

9.4.3 以太坊 Token 标准

以太坊生态系统内的创新公司可以通过智能合约编程铸造出不同功能的 Token，以代表价值和服务，这些 Token 可以作为内部货币在生态系统内进行交易。为了增强以太坊生态系统的便利性和多样性，以太坊社区不断推出各种 ERC 代币标准，从 ERC-20 代币标准到 ERC-721 代币标准，再到 ERC-1155 多代币标准。这些标准赋予了以太坊代币丰富多样的特性和功能，使以太坊成为最重要的智能合约平台之一。

1. ERC-20 代币标准

ERC-20 代币标准是以太坊生态系统中最流行的代币标准之一，它于 2015 年由 Fabian Vogelsteller 首次提出，在 2017 年被正式纳入以太坊生态系统。以太坊采用了一种类似于比特币改进提案（Bitcoin Improvement Proposal，BIP）的系统。在这个系统中，当一项 ERC 得到社区的广泛认可和评估后，会被正式接受为以太坊改进提案，如 EIP 1155 提案等。

ERC-20 代币标准的一个重要特点是任何一个 Token 与另一个 Token 在类型和价值上完全等同，没有任何代币具有与之相关的特殊权利或行为，这意味着任何一个遵循 ERC-20 代币标准的 Token 与所有其他 Token 是平等和同质的。ERC-20 代币可以像以太坊的原生货币（以太币）一样相互交换。ERC-20 代币标准设定为可替换性代币标准，也称为同质化代币（Fungible Token）标准，无论其特征和结构如何，每个 ERC-20 代币都具有相同的价值和功能，可以相互替换。这种特性使得 ERC-20 代币可以广泛应用于各种场景，如作为交易货币、稳定币，以及用于质押等。

为了方便以太坊生态系统的使用，ERC-20 代币标准提供了简单的合约接口，允许开发者在以太坊区块链上创建他们的代币，并将其与第三方应用程序（如钱包和交易所）集成。

2. ERC-721 代币标准

ERC-721 代币标准与 ERC-20 代币标准不同，它被称为非同质化代币（NFTs）标准，ERC-20 代币标准与 ERC-721 代币标准的对比如表 9-4 所示。ERC-721 代币标准是由 Dieter Shirley 于 2017 年 9 月提出的，Dieter Shirley 是加密猫（CryptoKitties）背后的公司 Axiom Zen 的技术总监。加密猫不仅是一个 NFT 游戏或收藏品，它还是第一个实现 ERC-721 代币标准的去中心化应用，其成功促进了 NFT 市场的发展。在 ERC-721 代币标准中，每个代币都是唯一的，可以用来表示一个独特的数字资产，如艺术品、房产证明、虚拟游戏物品等。ERC-721 代币标准的实现使这些数字资产可以被永久地记录在区块链上，并保证其真实性和独一无二性。ERC-721 代币标准已被以太坊 EIP 接受，成为区块链领域内一项重要的技术创新。

表 9-4　ERC-20 代币标准与 ERC-721 代币标准的对比

ERC-20 代币标准	ERC-721 代币标准
互换性：协议下的代币可相互置换	不可互换性：独一无二，不可置换，如艺术品产权证书
统一性：代币相同，功能相同	独特性：代币之间各不相同，有稀缺性和价值的区别，故可标记所有权
可分性：一个 ERC-20 代币可以被分割到小数点后 18 位，最小单位为 1 wei	不可分性：只可作为整体交易
兼容性强：与多种加密货币兼容，可向多个第三方应用提供服务，ICO 占比为 95%	兼容性弱：需要证明所有权，追踪物品动向，所以有意锁定在区块链某一种代币中
主要功能为金钱（Money-like）：与货币产生相同	主要功能为标记物品所有权

如今，加密货币世界中的每个人都对 NFT 不陌生。从价值 2 370 万美元的随机生成的像素头像到佳士得拍卖行以 6 930 万美元拍出的加密艺术家 Beeple 的作品 *Everydays：The First 5000 Days*，NFT 在过去几年里引起了巨大轰动。虽然在最近加密货币市场寒潮的冲击下，NFT 的日成交额从巅峰时期的 36 亿美元跌至近期的 2 亿美元，但不可否认的是，NFT 为物理世界的实体资产映射到 Web 3.0 的虚拟资产提供了一个通道，扩展了以太坊的生态价值链，为知识产权、身份证明和艺术收藏品提供了透明、可信、可溯的交易与安全管理方式。

3. ERC-1155 多代币标准

ERC-1155 多代币标准是由 Enjin 项目团队开发的，该团队的项目专注于基于区块链的游戏解决方案。Enjin 在 2019 年推出了这个代币标准，结合了 ERC-20 代币标准和 ERC-721 代币标准的能力，引入了一个全面的代币标准，支持同质化代币、半同质化代币、非同质化代币及其他通用智能合约配置。因此，这个多代币标准的一个主要特点是它支持可替代代币和不可替代代币，因为它能够在同一个地址和合约上支持多种状态。实际上，这意味着用户可以在该地址上使用可替代代币进行游戏内支付，同时也可以转移独特的 NFT 资产。ERC-1155 多代币标准的另一个特点是它支持创建半可替代代币。半同质化代币（Semi-Fungible Token，SFT）作为可替代代币进行交易，但一旦赎回，它们就会转换为 NFT。例如，音乐会门票可以被视为可替代资产，但音乐会结束后，门票成为一件独特的纪念品，SFT 将这种类型的功能直接引入票据本身的代码中。与 ERC-721 代币标准不同，如果要传输多个 NFT，那么每个 NFT 将需要单笔交易，因为每个 NFT 由单个智能合约表示。当铸造或交易单个 NFT 时，就会导致过高的交易成本。ERC-1155 多代币标准允许批量转移单个智能合约上的多个资产，这将使所有代币可一次性转移，减少网络拥挤，降低 Gas 成本。表 9-5 对 ERC-20 代币标准、ERC-721 代币标准、ERC-1155 多代币标准进行了比较。

表 9-5 ERC-20 代币标准、ERC-721 代币标准和 ERC-1155 多代币标准的比较

技术规格	ERC-20 代币标准	ERC-721 代币标准	ERC-1155 多代币标准
使用的便利性	每笔交易需要进行单一操作	每笔交易需要进行单一操作	允许在一次交易中进行多项操作
BME（燃烧和铸造）模型	没有	有	有
支持的代币	同质化代币	非同质化代币	同质化代币和非同质化代币
KYC 核查	不需要 KYC 验证	内建的 KYC/AML 验证	内建的 KYC/AML 验证
应用项目	Binance Coin，Maker，OmiseGO	Decentraland，CryptoKitties，Ethermon	Enjin、Sorare、Evolution Land 等
智能合约	需要一个共同的智能合约	要求每个代币有一个独特的智能合约	需要一个单一的智能合约来实现无限的代币
效率	需要更多的存储空间	可能需要更多的存储空间	需要较少的存储空间
代币转移	可以一次性转移 1 枚或 2 枚代币	支持单一代币一次性转移	支持许多代币的批量转移
本地化	支持单一语言	支持单一语言	支持语言的本地化
转移类型	用户之间的价值转移	用户之间的权利转让	用户之间的价值转移或权利转让

9.4.4　去中心化自治组织生态

1. 去中心化自治组织的定义和特征

去中心化自治组织（Decentralized Autonomous Organization，DAO）是基于区块链技术衍生出的一种具体应用，指的是既不存在中心节点，也不存在层级架构的一种自动化治理组织类型。

首先，DAO 具有去中心化特征（Decentralized），即在 DAO 这一组织形式下，权力主体分散化，实现集体决策、集体投票。

其次，DAO 具有自治性（Autonomous），强调非人为干预与执行。从技术角度讲，DAO 的决策规则与运行逻辑由区块链上的智能合约规定。

最后，DAO 具有一定的组织形式（Organization），组织形式包括线下政府、社团、公益组织，以及线上社群组织等，无论是线上还是线下，每个人都可能隶属于自己的组织；而 DAO 这一组织形式，是指运行、决策是由权益持有人以区块链网络为技术支持对分散式社区进行共同管理的组织形式。

DAO 的核心是区块链上的计算机代码，一旦将规则写入代码，其将按照代码设定的规则自动运作。因此，DAO 可以概括理解为一种基于区块链网络的组织形式——参与者通过部署在去中心化公链上的一套能够自动执行且不可篡改的规则（智能合约）实现协作和自动化的去中心化治理。

2. Web 3.0 基础设施的重要组成部分

Web 3.0 的出现，是因为中心化机构在管理金融和社会基础设施时无法保障安全性、

公平性与透明性。Web 3.0 基于区块链、预言机等信任最小化的分布式网络建立，利用密码学、共识协议和机制设计来管理数字化基础设施，无须信任人类第三方，而是通过技术来保障身份和数据的所有权。

随着 Web 3.0 的发展，DAO 作为 Web 3.0 的重要组成部分，越来越多地得到大众的共识。很多加密领域的项目背后都存在 DAO，如 DeFi 和 NFT。因为 DAO 的去中心化、自治性的特性，使项目治理能够保持公平、公开的原则，并通过民主方式共同管理资产。DAO 的设立与其他传统组织形式的设立有一定的共性，都需要相关的机制、资金准备及对该组织有着参与兴趣的成员，并通过将所有流程写入智能合约实现在区块链上的执行。DAO 的根本目的是拓展信任最小化的概念，在人类社会中实现集体决策。

虽然 The DAO 事件暴露了合约代码的漏洞，但是 DAO 的集体决策机制依托有效的智能合约，开发者团队利用相关的投票机制、运行流程等进行修正或补充，保证早期开发阶段代码的正确性与完整性。

3. DAO 的生态及其类型

2022 年 10 月 29 日 DeepDAO 的数据显示，DAO 生态系统总资产已达 112 亿美元，管理资产超过 100 万美元的 DAO 达 111 个，总 DAO 数量达 2 295 个，相比 3 月增加了约 12 倍。拥有 100 人以上成员的 DAO 有 680 个，占总统计量的 58.5%。

自 2019 年至今，不同功能的 DAO 开始逐渐涌现，包括基础设施类、协议类、资助类、投资类、服务类、收藏类、社交类及媒体类等，如今 DAO 在多元化目的的实现、多场景应用和生态中不断探索其效用与价值。根据投票方式的不同，DAO 可分为基于 Token 投票和基于股份投票，根据 DAO 代码执行环境又可分为链上治理和链下治理两种。值得一提的是，在 2021 年 9 月，拥有 100 人以上成员的 DAO 仅有 44 个，这再次证明了 DAO 生态系统的快速发展。主要的 DAO 类型包括如下几种。

（1）协议 DAO（Protocol DAO）。协议 DAO 赋予每个用户对网络决策的投票权，任何用户都可以提出改进项目的方法，代币持有者可以投票决定是否推进该提案，拥有更多代币就拥有更多投票权。主要项目有 Uniswap、Compound 和 MakerDAO 等。

（2）数据 DAO（Data DAO）。数据 DAO 旨在将用户数据聚集在一起，或开发独特的数据产品卖给第三方用户，如 dClimate，其专注于提供气候数据市场和碳影响量化等服务。

（3）投资 DAO（Investment DAO）。相较于传统金融投资机构，投资 DAO 具有更加丰富的投资领域，通过社区人员的资本和关系网络，形成一种新的合作与投资方式。主要项目有 Gitcoin Grants、The LAO 和 DAO Maker 等。

（4）服务 DAO（Service DAO）。服务 DAO 将来自世界各地的陌生人聚集在一起以构建产品和服务。例如，DXdao 的所有贡献者都可通过链上治理参与提案并获得报酬。其他早期的服务 DAO 有 DXdao、RaidGuild 和 PartyDAO 等。

（5）收藏者 DAO（Collector DAO）。收藏者 DAO 提供了一种快捷、高效的资本形成方式，且更加透明公平，允许所有成员直接审计链上交易。通过注入资金可获得投票权,从而决定投资特定资产。例如,购买稀有的历史收藏品或职业体育特许经营权等,并共同创建符合其使命和投资目标的投资组合。主要项目有 ConstitutionDAO、PleasrDAO、KrauseDAO 和 Flamingo 等。

(6)社交 DAO(Social DAO)。社交 DAO 更关注社会资本而非金融资本,在在线社区中围绕 Token 进行协调和组织参与,共同创建一个有价值的分享社区。社交 DAO 目前还处于起步阶段,需要时间来了解和验证各个模型的有效性,社交 DAO 的迅速崛起也表明它代表了一种强大的新型社会组织形式。主要项目有 Friends With Benefits、Meta Gamma Delta、Minty、Proof of Humanity 和 Seed Club 等。

(7)媒体 DAO(Media DAO)。媒体 DAO 旨在重塑内容生产者、消费者与媒体互动的方式,它和传统媒体的最大区别在于其通过激励贡献来重新定义生产者和消费者的权利,用户可以通过制作内容、研究、设计、翻译、营销服务,以及对指导 DAO 的关键决策进行投票来赚取收益。主要项目有 BanklessDAO、Rekt、Global Coin Research 和 Decrypt 等。

综上,DAO 是一个公开透明、基于智能合约的组织形式,受控于所有利益相关者,不受中心化机构的影响,其金融交易记录和程序规则保存在区块链中,通过公开的管理规则和代币经济模型的激励,实现自运转、自治理和自演化,进而实现组织的最大效能和价值流转的组织形态。DAO 最早起源于对分散自治要求更高的去中心化金融 DeFi,通过这种自治形式可以实现智能合约、链上交易及公平的项目和平台管理。目前世界上绝大多数 DeFi 项目都使用 DAO 来管理其资金并发行代币。

然而,我国对加密货币进行严格的监管,从代币治理的角度来说,国内现在并没有真正意义上的 DAO。2021 年,中国人民银行等部委印发了《关于进一步防范和处置虚拟货币交易炒作风险的通知》,明确虚拟货币不具有与法定货币等同的法律地位,虚拟货币相关业务活动属于非法金融活动。也就是说,虚拟货币发行、代币发行融资等均属于非法金融活动,主要涉嫌集资诈骗罪,组织、领导传销活动罪,以及非法吸收公众存款罪;利用虚拟货币洗钱等行为则涉嫌洗钱罪,掩饰、隐瞒犯罪所得罪和帮助信息网络犯罪活动罪等罪名。

目前大多数的 DAO 都在早期有融资行为(如 ICO)。由于境内对 ICO 行为的严格监管,所以境内 DAO 通过发币筹措资金的行为容易涉嫌非法发行证券、非法集资、金融诈骗、传销等违法犯罪活动。除通过贡献获得一定数量的代币外,购买代币是普通民众加入、参与 DAO 的重要方式,并且参与者可按照持有代币的数量享受分红。缺少代币这一重要工具,DAO 将难以实现激励机制和鼓励 DAO 内成员积极参与 DAO 内社区自治,从而丧失 DAO 灵活高效的活力。ICO 的严格监管与 DAO 的运行目前存在一定的冲突。

9.4.5 去中心化金融(DeFi)生态

DeFi 是建立在区块链之上的金融应用生态系统,旨在创造新形态的金融产品,打造分布式且更有竞争力的金融系统,并在全球市场上实现分布式交易。该生态系统包含底层基础设施、金融基础设施、用户交互界面等，是一个充满机遇、价值亿万美元的蓬勃发展的领域。在 2021 年 12 月去中心化金融（DeFi）生态达到顶峰时，DeFi 在多个区块链生态系统和应用程序中的总锁仓价值（TVL）高达 2 479.6 亿美元。然而，由于宏观经济具有不确定性、地缘政治紧张局势、DeFi 黑客攻击和漏洞增加、市场普遍低迷，以及相关事件（如 Terra、3AC、Celsius "爆雷"）的影响，DeFi 的前景已变得越来越悲观，其 TVL 在 2022 年 10 月跌至 556 亿美元的低点。

当然，我们也见证了从 2020 至 2021 年非常多成功的 DeFi 项目，如 Aave、Compound、Uniswap、MakerDAO、PancakeSwap、SushiSwap 和 Nexus Mutual 等。这些项目已经在借贷服务、兑换服务、货币服务等各种应用程序中得到广泛部署，提供了银行服务（如稳定币的发行）、Token 服务或其他金融工具（如衍生品和预测市场）。

DeFi 的长期愿景是从最底层的金融 "乐高积木" 开始，以金融原语（一组交互智能合约）构建一个功能齐全、完全自动化、无须信任的互操作金融服务生态系统。DeFi 生态系统及其架构如图 9-15 所示。

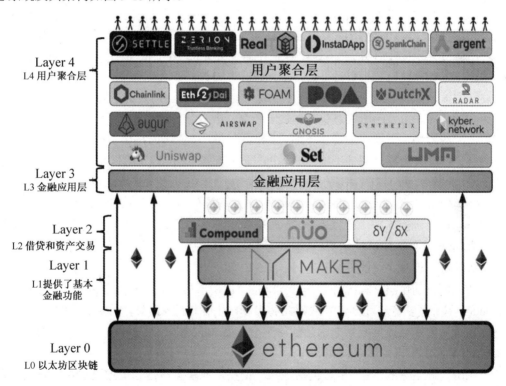

图 9-15　DeFi 生态系统及其架构

在 DeFi 中，区块链（在本例中称为 L0 层）提供了信任和安全级别。L0 层之上是 L1 层，在这一层中，建立了基本的金融功能，如稳定币（如 DAI）。L2 层为用户提供了更复杂的功能，如借贷和资产交易。L3 层为金融应用层，提供了复杂的金融服务平台（如去中心化交易所 Uniswap 或预测市场 Augur 等），L4 层为用户聚合层，为用户提供了友好的 DApp，组合了不同的功能，类似于我们从今天的银行应用程序中了解到的服务：存储、转账、投资、借贷（杠杆交易）等。

目前，我国法律体系中并不存在针对 DeFi 的规定，但根据中国人民银行等十部委印发的《关于进一步防范和处置虚拟货币交易炒作风险的通知》，凡涉及虚拟货币的 DeFi 项目在我国均属于非法金融活动。因此，DeFi 项目在我国目前基本被禁止。与我国类似，同样对虚拟资产采取强监管措施的美国也在考虑针对 DeFi 进行专门立法。

9.4.6 非同质化代币（NFT）生态

非同质化代币（Non-Fungible Token，NFT）是在区块链技术支持下的加密数字凭证，用来记录艺术品或收藏品等虚拟数字资产的所有权，具有独一无二、不可替代、不可分割、可编程、可追溯、永久保存等特点。基于以上特点，NFT 能够实现数字资产版权确权、赋能数字资产交易流转，并为用户提供收藏性、投资性与功能性等多种消费价值，构成元宇宙经济体系的重要底层设施。

NFT 的创作、铸造和流通应用构成行业完整价值链。产业链上游和中游包含基础设施层和项目创作层。前者指提供公链、侧链、代币标准、智能钱包等服务的底层技术商，后者指各界艺术创作者或 IP 方。产业链中游主要完成 NFT 的生产、发行及初次交易。其中，一类参与者为专业交易平台，作为媒介连接技术商和创作者；另一类参与者为项目发行方，以自有 NFT 项目搭建平台完成一级市场发行。产业链下游为 NFT 的应用渠道和二次交易平台，应用渠道包括策展、社交、金融等多种功能平台；二次交易平台多横跨一二级市场，贯穿产业链中下游，因此是 NFT 产业链的重要节点。

（1）基础设施层。基础设施层为 NFT 提供存储、智能钱包等技术，负责 NFT 价值的记录与结算，为 NFT 生态的安全性和可扩展性提供了技术支撑。在国外，主要采用公链及其侧链技术，以太坊公链的 NFT 生态发展较早，形成了 ERC-721、ERC-1155 等非同质化通证协议标准，是目前 NFT 领域的主流基础设施。在国内，主要采用联盟链技术为 NFT 提供区块链技术支持，如阿里巴巴的蚂蚁链、腾讯的至信链、百度超级链、京东智臻链、天舟文化的天河文链等。

（2）项目创作层。在国外，一些知名的 NFT 项目（如 CryptoPunks、Cargo、The Sandbox 等）大多是通过自建官网或社交媒体自主发行的。此外，国外的 NFT 发行平台主要为个人艺术家提供数字艺术品创作平台，如 SuperRare、CryptoKitties，以及为个人铸造 NFT 提供平台，如 Rarible 等。

在国内，主流的 NFT 平台包括鲸探、幻核、元视觉等，它们通过自主研发区块链技术或与区块链公司合作的方式为项目发行提供区块链技术和流量支持。目前，这些平台仅支持机构或签约艺术家发行数字藏品，不允许个人自行铸造 NFT。

（3）衍生应用层（发行方）。互联网数字内容平台及其上游的内容发行方（网文、音乐、影视动漫、游戏发行方）拥有较多的 IP 储备，可以从 3 个方面切入 NFT 发行领域：一是数字内容的资产化发行；二是实现 IP 价值衍生变现，即将网文、漫画、影视动漫或游戏 IP 制作成图片、3D 模型、动画等形式的数字藏品以实现衍生变现。

　　从国内现状看，以区块链游戏、虚拟房产、跨境贸易单证为代表的高互动性 NFT 在未来大有可为。国内将 NFT 更名为"数字藏品"，法律性质、监督主体将逐步明确。2021 年 9 月，中国人民银行等有关部门发布《关于进一步防范和处置虚拟货币交易炒作风险的通知》打击虚拟货币交易炒作行为。2021 年 10 月，监管部门约谈部分互联网企业，相关企业的 NFT 平台均将"NFT"改为"数字藏品"。国内 NFT 的发展模式将去币化，重点发展 NFT 数字产权证明功能在版权保护和资产确权领域的应用，建立数字藏品的发行、销售、流通等方面的规则。2021 年 10 月 14 日，中国移动通信联合会、北京航空航天大学数字社会与区块链实验室、清华大学信息国家研究中心等单位联合发布了《非同质化权益（NFR）白皮书——数字权益中的区块链技术应用》。正如该白皮书中所说："NFR 与 NFT 截然不同，代表全新的艺术与科技的结合。NFR 的核心优势是具备法律监管框架，而且可以由科技执行，由法律框架赋权。"

第10章　企业级区块链技术

自比特币诞生以来，人们开始意识到从其底层架构中提取出的区块链技术不仅能够应用于数字货币，还能够在无须相互信任与不需要可信中介的场景下实现可信的价值传输。为此，以以太坊为代表的实现数字资产交易的区块链平台相继出现。这些区块链平台分为两类，一类是公有链（Public Blockchain）[又被称为非许可链（Permissionless Blockchain）]；另一类是企业级区块链（Enterprise Blockchain）、联盟链（Consortium Blockchain）[又被称为许可链（Permissioned Blockchain）]。公有链是任何节点无须许可就能够随时加入/退出的区块链，而企业级区块链则由相互协作的多家企业组成联盟，只有联盟成员才可加入区块链并参与交易。公有链和企业级区块链针对的应用场景不同，其主要区别如表 10-1 所示。

表 10-1　公有链和企业级区块链对比

	公有链	企业级区块链
节点准入	节点自由加入	节点须经许可才能加入
用户管理	任何用户均可加入，用户身份匿名	用户须经身份核实才可加入，用户身份实名
去中心化	部署在全球范围，实现的是完全去中心化	部署在企业联盟内，实现的是弱中心化
共识机制	采用 PoW、PoS 等基于证明的共识机制	采用 PBFT、Raft 等基于投票的共识机制
数字货币	发行数字货币，激励更多节点参与记账和运营	为实现企业间业务而构建，无须发行数字货币与激励
节点数量	<3 000 个	<100 个
交易存储	每个节点全量存储着全网交易数据	由于涉及商业机密，各节点只存储与自己业务相关的交易数据，以及其他联盟方交易数据的哈希值，以保证数据的一致性

基于比特币、以太坊等公有链的成功经验及企业级应用需求，业界推出了一批支持企业级应用的区块链平台。2015 年 12 月，Linux 基金会发起了 Hyperledger 开源企业级区块链项目，分别提出了 Fabric、Sawtooth、Iroha、Burrow 和 Indy 等多个企业级区块链平台，以适应不同的需求和场景。其中，Hyperledger Fabric 应用最为广泛，其采用了合约执行与共识机制相分离的系统架构，模块化地实现了共识服务、成员服务等的即插即用。Hyperledger Sawtooth 基于 Intel SGX（Software Guard Extensions）可信硬件实现了一种所用时间证明共识机制，即 PoET（Proof of Elapsed Time）共识机制，相较于 PoW

共识，PoET 共识无须挖矿且出块间隔更短。Hyperledger Iroha 主要针对移动应用，其实现了基于链复制（Chain Replication）的共识机制 Sumeragi。Hyperledger Burrow 集成了以太坊虚拟机并可运行以太坊智能合约，其使用了 Tendermint 共识机制。Hyperledger Indy 是基于区块链的去中心化的数字身份平台，其使用了 RBFT（Redundant Byzantine Fault Tolerance）共识机制。

2016 年 4 月，R3 金融区块链联盟提出了 Corda 平台，着重服务于受监管的金融行业，强调业务数据仅对交易双方及监管可见的数据具有隐私性，反对数据全网广播及每个节点拥有全部数据。Corda 平台自称是受到区块链启发的分布式账本，在技术架构上有许多特色与创新。2016 年 9 月，摩根大通提出了基于以太坊构建的企业级区块链平台 Quorum，其通过分别处理公有交易和私有交易实现了交易与合约的隐私保护，并用 Raft 共识替换了以太坊的 PoW 共识。2017 年 2 月，企业以太坊联盟（Enterprise Ethereum Alliance，EEA）成立，旨在合作开发标准和技术以拓展以太坊适用于企业级应用，Quorum 是 EEA 的技术参考实现。ChainCore 是由 Chain 公司提出的企业级区块链平台，主要专注于金融行业的数字资产服务，其基于 Chain Protocol 实现了资产的发行、传输和控制。MultiChain 是由 Coin Sciences 公司提出的企业级区块链平台，其兼容比特币系统，侧重于数字资产类应用，可快速部署在 Windows、Linux 和 macOS 多种操作系统之上。Ripple 是瑞波公司提出的基于分布式账本的实时跨境支付网络，其通过 ILP（Interledger Protocol）实现了不同账本与支付系统间的互联。BigchainDB 是由 BigchainDB 公司提出的可扩展的区块链数据库，其声称既拥有高吞吐量、低延迟、大容量、丰富查询和权限等分布式数据库的优点，又拥有去中心化、不可篡改、资产传输等区块链的特性，由此在分布式数据库中加入了区块链特性。2017 年 7 月，微众银行、万向区块链和矩阵元联合提出了开源企业级区块链平台 BCOS，为了适用于企业级应用，其在以太坊基础上加入了 CA 身份认证、PBFT 共识机制、隐私保护等组件，率先在国内应用于金融领域并取得了商用实践成果。随后，他们又联合金链盟提出了着重于解决金融行业高频交易、安全性及合规方面需求的 BCOS 分支版本 FISCO BCOS。表 10-2 分别从数据模型、共识机制、智能合约语言、智能合约沙箱、底层数据库几个方面对比了常见的企业级区块链平台。

表 10-2　企业级区块链平台对比

企业级区块链平台	数据模型	共识机制	智能合约语言	智能合约沙箱	底层数据库
Hyperledger Fabric	基于账户	Solo、Kafka、PBFT	Go、Node.js、Java	Docker	LevelDB、CouchDB
Hyperledger Sawtooth	基于账户	PoET	Transaction Family	—	—
Hyperledger Iroha	基于账户	Sumeragi	—	—	PostgreSQL
Hyperledger Burrow	基于账户	Tendermint	Solidity	EVM	LevelDB
Hyperledger Indy	基于账户	RBFT	—	—	RocksDB
Quorum	基于账户	Raft、PBFT	Solidity	EVM	LevelDB
Ripple	基于账户	RPCA	—	—	SQLite、RocksDB
BCOS	基于账户	Raft、PBFT	Solidity	EVM	LevelDB

企业级区块链	数据模型	共识机制	智能合约语言	智能合约沙箱	底层数据库
Corda	基于账户	Notary（Raft、PBFT）	Java、Kotlin	JVM	常用关系数据库
ChainCore	基于交易	Federated Consensus	Ivy	CVM	PostgreSQL、RocksDB
Multichain	基于交易	Randomised Round-robin	—	—	LevelDB
BigchainDB	基于交易	Majority Voting	Crypto-Conditions	—	RethinkDB、MongoDB

企业级区块链产品种类繁多，其中以 Linux 基金会的 Hyperledger Fabric、R3 联盟的 Corda 和 EEA 的 Quorum 最具影响力。目前，Hyperledger 拥有 200 多家成员，包括 IBM、Intel、百度等；R3 联盟则以金融机构为主，有花旗银行、汇丰银行、德意志银行等 200 多家成员；EEA 拥有 400 多家成员，包括摩根大通、微软、Intel 等。这些平台都拥有成熟的软件实现、广泛的用户群体和丰富的运营实践，其产品版本均在 1.0 以上且系统代码开源。下面将结合 Hyperledger Fabric、Corda 和 Quorum 的共性与差异进行对比分析。

10.1　Fabric

10.1.1　Fabric 交易流程

区块链系统的核心是交易数据和智能合约。交易数据是区块链中的基本逻辑单元，智能合约则是处理这些交易数据的关键。交易的完整流程动态展示了区块链系统内部各组件间是如何协作的。

Hyperledger Fabric（以下简称 Fabric）的架构设计着重于模块化，将系统分为了背书节点（Endorsing Peer）、排序服务（Order Service）和提交节点（Commit Peer）三部分。背书节点执行智能合约，排序服务执行共识以对交易排序并生成区块，提交节点持久化区块数据和状态数据。模块化设计实现了各模块间的相互解耦，使得各种服务均可独立地横向扩展。Fabric 执行交易的完整流程如图 10-1 所示。

（1）客户端对新的交易数据签名并发送到一至多个背书节点。

（2）背书节点以交易数据为输入执行智能合约并生成读写集（Read-Write Set）。

（3）背书节点对读写集进行签名并返回至客户端。

（4）客户端收集读写集，验证符合背书策略（Endorsement Policy）后将其广播至排序服务。

（5）排序服务基于共识机制对多笔交易的读写集排序并将其打包成区块。

（6）排序服务将区块同时传播至背书节点和提交节点。

（7）背书节点对排序服务收到的区块中的读写集进行背书策略验证和读集（Read Set）版本验证。

（8）验证通过后，提交节点将区块追加至区块链，并将写集（Write Set）写入状态数据库。

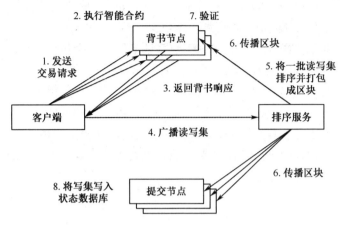

图 10-1　Fabric 执行交易的完整流程

　　传统区块链平台采用的是先排序后执行的主动复制（Active Replication）模型，如果智能合约中含有非确定性（Non-determinism）代码，就会造成节点间的数据不一致，从而发生分叉。相比之下，Fabric 采用了先执行后排序再验证的系统架构，实际上是一种结合被动复制（Passive Replication）与主动复制的混合模型。在 Fabric 中，多个背书节点并行地执行智能合约，如果它们返回的执行结果不一致，那么系统可以在提交交易前通过验证机制识别非确定性代码，避免写入不一致的数据。这种架构不仅能提高系统交易吞吐量，还有助于实现系统的可扩展性。Fabric 的模块化架构使得背书节点、排序服务和提交节点间相互解耦，各种服务均可独立地横向扩展。在交易流程中，背书节点执行智能合约并签名交易，排序服务收集签名并生成区块，提交节点持久化区块数据和状态数据，最终达成一致的状态。与传统区块链不同的是，Fabric 仅在部分可信的背书节点上执行交易，然后将执行结果传播到所有节点，从而达到状态一致，这一点有别于将交易数据传播到所有节点，并在所有节点上执行的传统区块链方式。

10.1.2　Fabric 区块链网络

　　企业级区块链必须提供节点准入机制，使每个节点经过授权才可加入网络。因不适宜采用传统中心化的准入机制，所以目前主要依靠数字证书来识别每个节点，依靠数字签名来鉴别每次操作。公有链网络节点的身份是匿名的，因此需要在网络中将交易数据广播至所有节点，一方面保证在接收节点地址未知的情况下，交易数据仍能被传送到指定的接收方；另一方面，通过在每个节点接收并验证每笔交易，也阻止了双花问题的发生。在企业级区块链网络中，节点身份是已知的，并且需要控制数据的传播范围，所以其传播协议有着不同于公有链的设计。

1. 准入机制

Fabric 节点中的 MSP（Membership Service Provider）模块负责身份管理，主要完成数字证书验证、签名及其验证、私钥管理等功能。Fabric 网络中的各类节点（背书节点、提交节点、排序服务、客户端）由 X.509 数字证书表示其身份，也针对组织、管理员、普通用户生成相应的数字证书。普通用户一般发起与应用有关的商业交易，管理员则发起与系统相关的配置交易。一个组织代表一个机构，其下可包括背书节点、提交节点、管理员及普通用户。组织的证书是自签名的根证书，组织内的实体将该证书作为证书根。智能合约可依据调用者的数字证书、MSP ID 及其属性字段实现多种级别的访问控制。Hyperledger 还提供了独立的 Fabric-CA 项目，其可作为 root CA 和 intermediate CA 为 Fabric 项目生成与撤销数字证书。

2. 网络协议

Gossip 协议因其具有去中心化、可容错、最终一致性等特性非常适用于区块链网络，相较于全网广播协议，随机选取节点广播消息的 Gossip 协议减少了网络负载和攻击面。Fabric 网络采用 Gossip 协议保证了节点间消息传输的一致性，Gossip 协议在 Fabric 网络中主要实现的任务如下。

（1）每个节点定期发送 alive 消息，以便系统能及时发现新的节点并监测离线节点。

（2）为减少与共识服务间的通信，每个组织选取一个主节点，负责从共识服务中获取最新的区块数据，再将区块广播至组织内的其他节点。

（3）缺失区块的节点以点对点的方式与其他节点同步区块数据。Fabric 网络的 Gossip 协议基于 gRPC 构建，并可利用 TLS 实现加密的数据传输。

10.1.3　Fabric 的共识机制

Fabric 提供了开发者使用的 Solo、高吞吐量的 Kafka 和基于 PBFT 的 BFT-SMaRT 这 3 种共识机制。

为实现完全的去中心化，比特币和以太坊采用了 PoW 共识机制。尽管网络节点数以万计，但是交易吞吐量非常低。此外，为防止分叉带来的双花问题，交易提交一定时间后才可确认。然而，这种方案理论上无法保证最终确认所有交易，这显然无法满足对交易结果具有严格确定性要求的企业级应用，尤其是金融行业应用。企业级区块链对交易吞吐量有较高的要求，同时，其网络节点相对较少且规模基本稳定，因此更适合采用基于投票的拜占庭容错（Byzantine Fault Tolerant，BFT）共识算法。企业级区块链节点身份通常是实名的，且具有一定的可信性。为提高整个系统的吞吐量，还可以采用仅容忍宕机错误的崩溃容错（Crash Fault Tolerant，CFT）共识算法。传统的区块链节点既需要执行共识协议，又需要执行智能合约。Fabric 采用了合约执行、共识排序、验证写入相互解耦的系统架构，保证了各功能节点独立地进行扩展。共识服务无须执行交易和存储交易，即无须关心交易的具体内容，因此无状态的共识服务更易插件化。

近年来，针对 BFT 共识的理论研究取得了重要进展，基于这些研究实现了一些原型系统，但很少被部署到真实系统中。实现实用的 BFT 共识具有相当难度，业界成熟可用的产品相对较少。但是，里斯本大学开发的基于 Java 的开源项目 BFT-SMaRT 是一个较为成熟的系统，其基于 BFT 共识实现了状态机复制（State Machine Replication，SMR），这是一种实现容错服务的常规方法，其主要特性如下。

（1）简洁性。着重协议正确性而避免受限于琐碎的优化细节（如采用 Java 语言而非 C++语言）。

（2）模块化。基于模块化设计将系统划分为 SMR 模块（Mod-SMaRT）、状态转换模块（State Transfer）、配置模块（Reconfig）等。

（3）可配置。可以配置 BFT 共识节点的动态加入和动态退出，还支持在同一个网络中同时使用 BFT 共识机制和 CFT 共识机制，以适应不同场景下的需求。

（4）可扩展。基于插件扩展系统功能。

（5）多核感知。基于多核运行开销较高的计算任务（如签名验证）。

（6）高性能。在 4 个节点构成的局域网中，交易吞吐量达 80 000 TPS。

为适应广域网场景，Fabric 借鉴了 WHEAT 的设计思想。WHEAT 是一种改进的BFT-SMaRT 共识算法，主要在假设执行和投票分配模式方面进行了优化。假设执行是指在 PBFT 共识的 prepare 阶段后，系统假设不会出现异常，提前提交请求并异步执行commit 阶段；若在 commit 阶段出现主节点更换，则回滚先前的执行结果。投票分配模式则为广域网中较快的共识节点分配更高的投票权重，以实现使用较少的节点更快地达成共识。

10.1.4　Fabric 区块链数据

区块链的数据结构是一条以区块为节点的链表，每个区块包含了交易数据、前一个区块的哈希值及元数据。一个区块中包含的交易数据是从前一个区块创建到当前区块创建期间的所有交易记录。每个区块都由一个唯一的哈希值标识，这个哈希值是基于区块内容（包括交易数据等）计算出来的。此外，每个区块还包含对前一个区块哈希值的引用，这样就形成了一个链式结构。元数据包含区块创建时间、块内交易数据的哈希值，以及可用于验证区块合法性的其他信息。通过将交易数据组织成区块链，实现了交易数据的不可篡改性和可追溯性。为支持智能合约的执行和展示交易数据的执行结果，区块链系统通常还提供了状态数据库。此外，为支持基于区块高度和区块哈希的区块数据检索，以及基于交易哈希的交易数据检索，区块链系统还提供了索引数据库。

在 Fabric 中，交易主要由读写集（Read-Write Set）表示。读写集是由背书节点在执行智能合约并处理交易数据后生成的。读集（Read Set）表示执行该交易所需读取的数据集，每项读取包含一个键和它的版本号（Key，Version）。写集（Write Set）表示交易执行结果所需写入的数据集，每项写入包含一个键值对（Key，Value）。这种结构使得 Fabric 能够有效地处理并发交易，同时保持数据的一致性和完整性。

　　为方便新块的追加操作，Fabric 区块链数据以日志文件的方式进行存储。除了支持状态数据库和区块索引库，Fabric 还提供了历史索引库，实现了基于主键的历史状态数据查询。Fabric 支持插件化的数据访问，底层数据库可选用 LevelDB 或 CouchDB。根据数据库产品的特性，LevelDB 支持主键查询、复合主键查询、主键范围查询和主键历史查询，而 CouchDB 除了支持以上查询，还支持富查询（Rich Queries）和分页查询。这些查询特性使得 Fabric 能够灵活地处理各种数据访问需求，满足多样化的业务场景。

　　除了包含交易数据的数据区块，Fabric 区块链中还有包含配置数据的配置区块。配置区块主要包含区块链中所有节点的数字证书、共识服务地址、区块切分依据等系统配置参数。在 Fabric 中，每条区块链的创世区块实际上就是一个配置区块。当需要进行增加锚节点、调整区块尺寸等操作时，必须发送一笔配置修改交易。这笔交易经过网络中的共识过程后，会生成一个新的配置区块。这个新的配置区块会被传播到其他节点，从而使网络中的所有节点都能接受并应用新的配置信息。这种机制确保了 Fabric 网络中配置管理的灵活性和安全性。Fabric 区块链数据如图 10-2 所示。

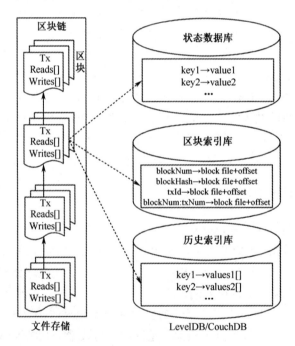

图 10-2　Fabric 区块链数据

10.1.5　Fabric 合约模型

　　区块链技术通过分布式账本实现了数据的不可篡改性，这确保了数据的完整性和安全性。同时，通过共识机制，互不信任的各方对交易的有效性达成一致，这大大增强了数据的可信度和系统的透明性。与此类似，智能合约在区块链上实现了商业逻辑的可信执行。智能合约是一种程序代码，运行在区块链节点上，由多方参与，共同验证执行，不能被单方面修改或停止。智能合约定义了交易规则和数据访问权限，外部应用可以通过调用智能合约来执行各种交易及访问区块链上的数据。交易数据被记录在区块链上，合约执行结果则被记录在状态数据库中。

在 Fabric 中，智能合约被称为 Chaincode，主要用于执行交易和访问状态数据。编写合约需要实现 Chaincode 接口中的 init 函数和 invoke 函数，以执行状态初始化操作和读写状态数据。Chaincode 运行在背书节点上，但不同于传统区块链，Chaincode 无须在所有的背书节点上运行。在部署 Chaincode 时，可以依据背书策略让 Chaincode 运行在部分指定的背书节点上。背书策略定义了执行 Chaincode 所需的背书节点数量及组合，用户可根据不同应用所需的信任模型，灵活地定义背书策略。在可信环境下，执行 Chaincode 背书节点的数量越少，系统资源会被占用得越少，也会越快收集全执行结果；空闲的背书节点可同时执行其他 Chaincode，从而实现 Fabric 智能合约的并行执行。同时，在指定 Chaincode 仅在可信节点上部署运行的情况下，可以避免合约逻辑和交易数据在不可信节点上的传播与泄露。

10.2　Corda

10.2.1　Corda 交易流程

Corda 着重服务于受监管的金融行业，其强调交易数据仅对交易双方及监管可见。由于基于 P2P 协议广播交易数据难以控制数据的传播范围，所以 Corda 交易直接被传送至指定目的节点，Corda 网络中的共识服务则主要由 Notary 实现。如图 10-3 所示，Corda 执行交易的完整流程如下。

（1）发送者创建交易并签名。

（2）发送者发送交易数据及签名至接收者。

（3）接收者验证交易数据及发送者签名无误，就附加上接收者签名。

（4）接收者发送交易数据及交易双方签名至 Notary 共识服务。

（5）Notary 验证交易数据及交易双方签名无误，就附加上 Notary 签名。

（6）Notary 返回交易数据至接收者。

（7）接收者核对 Notary 签名无误后提交交易。

（8）接收者返回交易数据至发送者。

（9）发送者核对接收者及 Notary 签名无误后提交交易。

在验证交易时，除了验证交易涉及的各方签名是否正确，交易双方主要验证交易数据是否符合智能合约中的约束条件，Notary 则主要检查交易是否涉及双花问题。图 10-3 的流程可以用 Corda 的 Flow 来定义，Flow 针对节点间的多轮交互，隐藏了网络、I/O 与并发等编程细节，支持使用领域专用语言（Domain Specific Language，DSL）实现工作流编程。

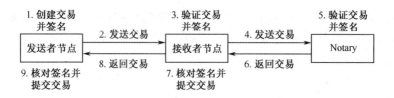

图 10-3　Corda 交易流程

10.2.2　Corda 区块链网络

1. 准入机制

Corda 许可服务被称为 doorman，Corda 节点需要基于节点信息向 doorman 申请到根证书机构签名的 TLS 证书，才能加入对应的 Corda 网络。为了控制交易数据的传播范围，交易发送者需要在发送的消息中直接指定接收者地址。为了便于获取接收者地址，Corda 网络提供了包含节点地址、节点证书和节点服务等节点信息的网络地图（Network Map）服务。每个节点向网络地图服务上传签名的本节点信息，并周期性地下载已签名的其他节点信息。任何节点都可提供网络地图服务，从而实现网络地图服务的去中心化。

2. 网络协议

为了保证交易数据仅对相关参与者可见，Corda 没有使用类似 Gossip 协议的广播通信，而是基于 AMQP 1.0 协议实现了点对点的直接通信。AMQP 1.0 协议报文是二进制的，相较于 REST 的文本格式报文，其传输效率更高。Corda 基于 AMQP 1.0 协议并利用 TLS 实现了加密通信。

10.2.3　Corda 的共识机制

Corda 采用 Notary 服务防止双花问题，并确保交易不会发生冲突。在提交交易前，必须获取 Notary 服务的签名，以证明交易所引用的每个输入状态对应的资产均未被花费。Corda 提供了适用于高信任场景的单节点 Notary、基于 Raft 的 Copycat 和基于 PBFT 的 BFT-SMaRT 这 3 种类型的共识服务。Corda 网络可以同时部署多种 Notary 服务，各 Notary 服务可以并行运行。用户可以根据具体应用场景选择相应的服务。

Corda 交易需要达成有效性共识和唯一性共识。

（1）有效性共识需要确保交易数据被每个涉及的参与者确认为有效。为实现有效性共识，Corda 检查每个输入状态和输出状态所引用的合约的约束条件，并检查相应参与者的签名是否完整。Corda 没有全局统一的总账，每个节点一致性地存储与其业务相关的交易数据，因此，为确保发送者提供的交易来源可靠，需要沿着 UTXO 模型追溯每个输入状态，一直回溯到最初的发行交易，并从其他节点获取当前交易涉及的所有历史交易，并验证每笔交易的有效性。只有当所有涉及的历史交易都是有效的，交易才被认为是有效的。

（2）唯一性共识是指在 Corda 中，通过 Notary 服务确认交易的每个输入状态所引用的输出状态都未被花费过，以阻止双花问题的发生。如果一笔交易的每个输入状态所引用的资产都未被花费，那么 Notary 就会对该交易签名，并将相关信息记录在 Notary 内的一个 Map 中。在 Map 的数据结构中，Key 记录了被花费的上一笔交易的哈希值与输出状态索引，Value 则记录了当前被 Notary 签名的交易哈希值、输入状态索引及请求节点地址。Notary 基于 Map 中由其签名过的所有已花费交易，可快速验证一笔交易是否涉及双花问题。在检查一笔交易时，交易的所有输入状态必须指向同一个 Notary 节点，否则就需要将所有状态先迁移到同一个 Notary 节点，以避免在 Notary 服务中涉及两阶段提交。如果不涉及数据隐私，那么 Notary 服务也可以运行有效性共识。由于 Notary 节点可以访问每笔交易的输入状态，因此在参与者互不信任且没有可信第三方的场景中，Notary 由哪方维护将成为问题。

10.2.4　Corda 分布式账本

Corda 是一种分布式账本技术，其设计摒弃了区块链系统中不适合金融场景的设计元素。例如，以区块为单位提交交易会延迟交易的执行及增加端到端的延时。Corda 系统主要服务于数据可见范围严格受限的金融领域，因此不维护一个全局账本，而是每个节点通过数据库一致性地维护与自己业务相关的当前状态数据和历史状态数据，这个数据库被称为 Vault。

Corda 采用 UTXO 模型来组织交易数据，一个交易可以包含一到多个输入状态和一到多个输出状态。输入状态来源于之前某笔交易的输出状态，执行交易就是花费之前交易中的一批输出状态，并生成一批新的输出状态。被花费的状态成为合约的历史状态，而新的输出状态则成为合约的当前状态。如图 10-4 所示，交易 n 包含 3 个输入状态和 2 个输出状态，表示分别向 2 个账户转了 70 美元和 50 美元。其中，有 80 美元来自交易 m，另外 10 美元和 30 美元则分别来自其他交易。

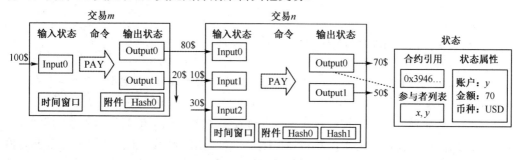

图 10-4　Corda 的交易与状态

每个输入状态通过交易哈希值（txHash）和输出状态索引（outputIndex）两个属性作为引用，指明自己花费的是哪笔交易中的哪个输出状态。输入状态按照交易执行顺序将各个交易链接起来构成交易链。每笔交易可以一直向前追溯至源头的原始发行交易（交易不包含输入状态），向后可追踪至尚未花费的交易（没有任何交易的输入状态指向该交易的输出状态）。为了防止双花问题出现，一个交易中被花费过的输出状态不能被再次使用。与比特币的 UTXO 模型相比，Corda 的 UTXO 模型不仅支持数字货币转账，还支持用户定义的通用数字资产的流转。

Corda 交易还包含命令、附件、时间窗口等内容。命令指明了交易类型（如转账、借贷），还提供了一个公钥列表，列出了需要对交易进行签名的各交易者的公钥。附件是执行交易所需的一些数据文件，交易基于文件哈希来访问这些文件。时间窗口限定了交易执行的时间段。Corda 还提供了 Oracle 服务，其作为权威机构提供了交易所需的一些外部信息（如股价、汇率等），Oracle 提供的外部信息主要被嵌在交易的命令或附件中。

输入状态在 Corda 中实质上是输出状态的引用，因此状态通常指的是输出状态。输出状态包含状态属性、合约引用和参与者列表。状态属性定义了交易涉及的各项状态数据，可以表示任意的业务对象（如股票、债券）。合约引用定义了用于验证交易的智能合约的地址，参与者列表定义了该状态涉及的交易参与者。

为保留每笔交易的原始事实，Corda 中的状态对象是不可变的，以反映合约各阶段的真实状态。执行交易并没有直接修改账本中的状态数据，实际上是将该状态标记为历史状态（已花费），并创建新的状态以反映修改后的当前状态。所有历史状态和当前状态构成的序列展现了完整的业务事实，这非常适合注重原始单据合法合规性的金融行业。

与基于账户的模型不同，UTXO 模型中的每个输出状态是独立且不可变的。花费一个输出状态不会影响其他输出状态，因此多笔交易可以并行执行。Corda 底层采用通用关系数据库（缺省是 H2 数据库）存储交易数据和状态数据，可以实现 Corda 账本与企业内部信息系统在数据库层面上的无缝整合，避免了跨系统汇总查询引起的数据迁移、核对及同步。Corda 支持基于 Java 持久化 API（Java Persistence API，JPA）规范的数据持久化，可以实现复杂的 SQL 查询及与链下数据的连接查询。传统区块链系统节点丢失数据时，主要通过其他对等节点同步缺失的区块恢复数据，但 Corda 主要利用底层关系数据库的容灾备份机制来恢复丢失的数据。

10.2.5　Corda 合约模型

Corda 交易包含多个输入/输出状态，每个状态都有一个引用指向一个智能合约。在执行交易时，需要对交易中的每个状态所引用的合约进行验证。为了满足金融行业对审计需求的严格要求，Corda 智能合约主要验证交易数据，以保证其符合各项约束条件。编写 Corda 合约的关键在于实现 Contract 接口中的 verify 函数，该函数以交易数据为输入，定义了具体的验证规则。若交易数据不符合规则，则该函数会抛出异常。Corda 的智能合约是无状态的，因此不负责存储任何数据。在共识达成后，数据由 Flow 存储在参与交易的双方节点中。为确保业务合法合规，Corda 智能合约会引用与其相关的原始法律文档的哈希值，以作为处理纠纷时的法律依据。

10.3 Quorum

10.3.1 Quorum 交易流程

Quorum 是由摩根大通推出的企业级以太坊区块链平台,它是以太坊 Go 版本(go-ethereum)的一个分支,并且被改进和扩展,以适应企业级区块链的需求。Quorum 的主要改进功能体现在以下几个方面:首先,它区分了公开交易和私有交易,其中私有交易的信息仅在交易参与方之间共享,保障了敏感信息的安全性;其次,它采用了 Raft 共识机制和 Istanbul BFT 共识机制,这两种共识机制提高了网络的安全性和效率。

Quorum 系统由 Quorum 节点和 Constellation 模块组成。Quorum 节点是基于以太坊 Go 版本(go-ethereum)构建的,主要用于执行智能合约、维护区块链和状态数据。状态数据分为存储公有交易执行结果的公有状态数据和存储私有交易执行结果的私有状态数据。Quorum 系统的私有交易功能需要依赖 Transaction Manager 客户端对私有交易进行加密处理和解密处理。Quorum 客户端和它的依赖项(Transaction Manager、Peers 和 Enclave)使用传统的 TCP/UDP 传输协议进行通信。

Constellation 模块是一个基于 Haskell 开发的 P2P 加密消息交换机,主要用于保证 Quorum 中私有交易数据的安全传输和存储。它包含两个子模块:Constellation 事务管理器和 Enclave。Constellation 事务管理器负责保护交易隐私,存储和访问加密的交易数据,与其他参与方的 Constellation 事务管理器交换加密的交易负载,但没有访问任何敏感私钥的权限。Constellation 事务管理器使用 Enclave 进行加密,尽管 Enclave 可以由 Constellation 事务管理器托管。Enclave 是一个分布式账本协议,通常利用密码学技术来保证交易真实性、参与者身份验证和历史数据存储。为实现相关事务的隔离和性能优化,包括系统密钥生成和数据加解密在内的密码学工作会被委托给 Enclave。

Quorum 公有交易的执行流程与以太坊类似,而 Quorum 私有交易的执行流程如图 10-5 所示。

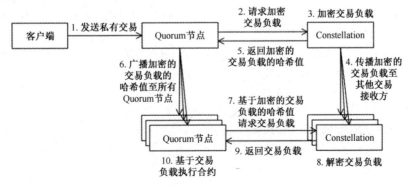

图 10-5 Quorum 私有交易的执行流程

（1）发送私有交易：客户端发送私有交易到 Quorum 节点，并在交易中直接指明每个接收者的公钥。

（2）请求加密交易负载：Quorum 节点将私有交易传送至对应的 Constellation 进行加密。

（3）加密交易负载：Constellation 生成一个对称密钥，先用该对称密钥加密私有交易负载（Payload），再分别用每个接收者的公钥分别加密该对称密钥，最后还要基于加密的私有交易负载计算其哈希值。

（4）传播加密的交易负载至其他交易接收方：Constellation 将加密的私有交易负载、加密的私有交易负载的哈希值、加密的对称密钥分别点对点地传播至每个交易接收方的 Constellation。

（5）返回加密的交易负载的哈希值：数据传播成功后，Constellation 将加密的私有交易负载的哈希值返回至对应的 Quorum 节点。

（6）广播加密的交易负载的哈希值至所有 Quorum 节点：Quorum 节点将加密的私有交易负载的哈希值打包为一个以太坊交易，经以太坊 P2P 协议广播至所有 Quorum 节点。

（7）基于加密的交易负载的哈希值请求交易负载：该以太坊交易经过共识被打包进 Quorum 区块。当每个 Quorum 节点执行该以太坊交易时，需要基于该以太坊交易的负载（加密的私有交易负载的哈希值）向对应的 Constellation 请求原始的私有交易负载。

（8）解密交易负载：根据 Quorum 节点的请求，各交易接收方的 Constellation 基于自己的私钥、公钥加密的对称密钥、对称密钥加密的私有交易负载解密出原始的私有交易负载。

（9）返回交易负载：交易接收方的 Constellation 将原始的私有交易负载返回至对应的 Quorum 节点。非交易接收方的 Constellation 没有接收过加密的私有交易负载，其向 Quorum 节点返回的是"NotARecipient"消息。

（10）基于交易负载执行合约：交易涉及的每个 Quorum 节点将私有交易提交至智能合约运行，智能合约会将执行私有交易时生成的状态数据存储至私有状态数据库。

Quorum 是基于以太坊的企业级区块链，经历了全球范围的应用考验，并得到了强大的开发社区支持。与以太坊相比，Quorum 具有独特的技术优势，如支持公有交易和私有交易、基于 Raft 共识机制和 Istanbul BFT 共识机制等特性。在智能合约和 DApp 开发方面，Quorum 与以太坊基本一致，可以轻松移植以太坊中的智能合约和 DApp，并直接使用以太坊生态下的集成开发工具和开发框架。同时，Quorum 保留与以太坊的兼容性和互操作性，并以最小化修改 go-ethereum 的原则，及时跟随 go-ethereum 的版本变化，促进以太坊最新技术在企业级区块链中的应用。

10.3.2 Quorum 区块链网络

1. 准入机制

Quorum 扩展了以太坊的 P2P 层，以确保只有被授权的节点才能加入。在 Quorum

中，每个节点都设置了一个 JSON 配置文件，其中定义了所有被授权的网络节点。如果要添加或移除节点，那么需要修改所有节点的配置文件。为实现动态添加和移除节点的功能，Quorum 计划基于智能合约实现节点准入机制。

2. 网络协议

Quorum 使用基于 go-ethereum 的 P2P 传输层在节点间传播公共交易，同时通过在私有交易中指定接收者公钥，Constellation 直接将私有交易通过 HTTPS 发送到接收者的 Constellation 节点，不参与私有交易的节点将不会接收到交易信息。为提高区块传输效率，Quorum 使用 etcdRaft 的 HTTP 传输层来传播区块数据。

10.3.3　Quorum 的共识机制

Quorum 没有采用以太坊的 PoW 共识机制。相反，Quorum 提供了 Raft 共识机制和 Istanbul BFT 共识机制，用于维护公有状态数据和私有状态数据。公有状态数据需要在全网所有节点间达成共识，而私有状态数据只需要在交易参与者间达成共识。Quorum 曾实现了基于 PoS 的 QuorumChain 共识服务，但在 Quorum 2.0 中已被弃用。

以太坊支持的共识算法包括基于 PoW 共识机制的 Ethash 和基于 PoA 共识机制的 Clique。为了引入 PBFT 共识机制，AMIS 公司发布了基于 Go 语言的开源项目 Istanbul BFT，该项目根据 PBFT 实现了专门适用于以太坊的共识模块，其主要特性如下。

（1）每个节点都会将其在 PBFT 共识上收到的 $2f+1$ 条 commit 签名消息写在区块头部的扩展字段中，使每个区块在共识上都是自验证的。

（2）基于投票实现了共识节点的动态加入或退出。

（3）利用 backlog 缓存失序的消息，避免了重传。

（4）已接收到 $2f+1$ 条 commit 消息的节点，即使未接收到全部 $2f+1$ 条 prepare 消息，也可提前进入 commit 阶段。

（5）所有节点间可以基于 Gossip 协议建立间接连接，而不需要建立一对一的直接连接。

10.3.4　Quorum 区块链数据

在以太坊中，所有交易数据存储在区块链上，每个交易的执行结果存储在状态数据库中，区块链和状态数据库都构建在 LevelDB 数据库上。以太坊的数据对所有人都可见，这显然无法满足企业级区块链的隐私需求。因此，Quorum 将系统中的交易分为公有交易和私有交易，并采用不同的交易流程和存储方式。相较于公有交易，私有交易加入了一个可选参数 privateFor，它包含多个接收者公钥的列表，指明了该私有交易应该只发送给这些接收者。Quorum 区块链数据的组织方式如图 10-6 所示。

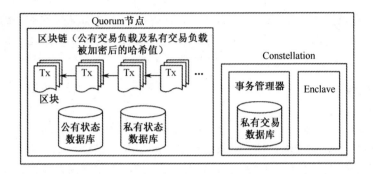

图 10-6　Quorum 区块链数据的组织方式

　　Quorum 节点的区块中存储的是公有交易负载及私有交易负载被加密后的哈希值，它们保护了私有交易隐私，并实现了私有交易和公有交易参与统一的共识。私有交易数据存储在链外，也就是存储在 Constellation 模块中。私有交易在智能合约中的执行结果存储在 Quorum 节点的私有状态数据库中。Quorum 节点需要同时维护公有状态 Merkle Patricia 树和私有状态 Merkle Patricia 树，以存储公有状态数据和私有状态数据。所有节点都可以访问的数据是公有状态数据和交易数据哈希值，因此，Quorum 区块的验证工作主要是检查公有状态 Merkle Patricia 树的根和交易 Merkle Patricia 树的根。

10.3.5　Quorum 合约模型

　　Quorum 智能合约分为公有合约和私有合约，它们在编程实现上并无区别：公有合约运行在所有节点中，以公有交易数据为输入，将执行结果存储在公有状态数据库中；私有合约仅运行在与交易相关的参与者节点中，以私有交易数据为输入，将执行结果存储在私有状态数据库中。由于私有状态数据具有访问限制，所以 Quorum 公有合约不能调用私有合约。私有合约可以调用公有合约，但仅允许执行读操作，不能执行写操作。Quorum 沿用了以太坊的智能合约模型，但以太坊执行合约按 Gas 计费的设计并不适用于企业级区块链。为避免长时间运行的合约阻塞整个系统，Quorum 平台执行合约仍然消耗 Gas，只是将 Gas 的价格（Gas 费）设置为 0。

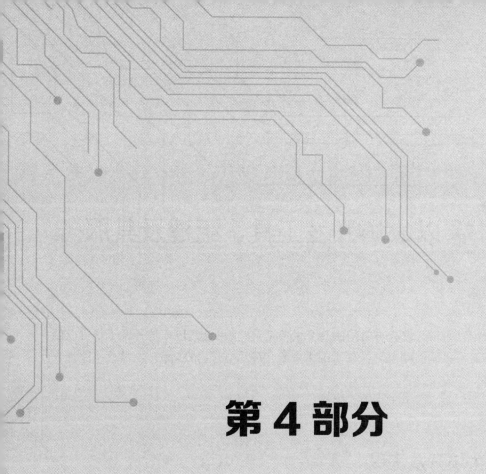

第 4 部分

区块链应用开发

第*11*章 以太坊开发工具、组建及其服务

本章将介绍以太坊开发人员常用的几个重要工具，使用这些以太坊开发工具可以创建复杂的、满足可扩展性和安全性要求的去中心化应用程序（DApp），以及功能强大的智能合约。

11.1 以太坊开发工具

以太坊开发工具包括各种框架和组件，如智能合约的开发语言及其部署工具、网络测试工具、安全工具、数据分析工具，以及集成开发环境（IDE）。此外，还有用于模拟、仿真测试和实际运行的区块链网络，以及用于数据存储的分布式系统和各种开发范式。接下来，我们将详细介绍几个重要的开发工具和开源库，包括以太坊开发框架、以太坊网络、以太坊开发语言与集成开发环境，以及以太坊交互工具。

11.1.1 以太坊开发框架

使用以太坊开发框架的目的是在开发环境中创建智能合约，在该环境中测试代码并对其进行验证，创建更高质量的代码，从而提高开发速度。有几个开发框架可以提供实用的智能合约案例，开发者可以利用这些案例来提高开发速度。以下是一些较流行的开发框架介绍。

1. Truffle

Truffle 是一个用于开发 DApp 和智能合约的最大框架之一，使用 Solidity 语言（可以从官网获取该框架）。它提供了智能合约的编译、部署和测试工具，通过它可以极大地简化开发、编译、部署、测试和打包等流程，具体功能描述如下。

（1）提供了深度集成的客户端，简化了开发、测试和部署过程，无须进行烦琐的配

置更改和记忆众多命令及地址。

（2）提供了类似 Maven 或 Gradle 的项目构建机制，能够自动生成相关目录（默认是基于 Web 的目录），并支持自定义打包流程。

（3）提供了合约抽象接口，可以直接通过 var meta＝MetaCoin.deployed()获取合约对象，在 JavaScript 中操作对应的合约函数。使用基于 Web3.js 封装的 Ether Pudding 工具包，简化了开发流程。

（4）提供了控制台，可在命令行调用输出结果，极大地方便了开发调试。同时提供了监控合约、配置变化的自动发布及部署流程的简化等功能。

2. Waffle

Waffle 是一个开源的智能合约编写与测试框架，其设计宗旨是简化和加速智能合约的开发流程。与 Truffle 框架相比，使用者只需要合约和测试文件夹即可开始工作。通过"npx waffle"命令，Waffle 可以轻松地编译智能合约，并且其简化的设置及功能降低了用户的学习难度，优化了用户的开发体验，用户可以通过执行"npm i -S ethereum-waffle"来安装此框架。

3. OxCERT

OxCERT 专注于创建和部署先进的 ERC-721 非同质化智能合约代币，其中每一枚代币都具有独特性。ERC-721 代币标准已经被广泛接受，并且已被用于创建许多知名的应用程序，如 CryptoKitties。CryptoKitties 使用 ERC-721 代币来生成具有独特属性的数字虚拟宠物，并根据其稀缺程度设定价格。

11.1.2　以太坊网络

在以太坊中，根据不同的用途和特征，有多种不同的网络可以选择，包括主网、公共测试网和本地测试网等。此外，在不同的网络中，其 ChainId 和 NetworkId 也是不同的。ChainId 用于防止交易在不同的以太坊同构网络中被重放，主要用于交易签名和验证；而 NetworkId 则用于标识区块链网络，在节点之间握手并相互检验的时候使用，不同的 NetworkId 不能进行连接。ChainId 需要在 genesis 文件中指定，NetworkId 需要在启动参数中指定；ChainId 和 NetworkId 的值不需要相同。

1. 主网

以太坊主网 Mainnet 是一个实时运行、公开的以太坊公有区块链。在以太坊主网中，以太币只能通过参与网络共识机制（如挖矿）来获取，或者在各大交易所进行购买。因此，发生在以太坊分布式账本上的交易具有真实的经济价值。在网络设置中，其 NetworkId 和 ChainId 的取值都为 1。

2. 公共测试网

在主网上，任何合约的执行都会消耗真实的以太币，不适合开发、调试和测试。因此，以太坊专门提供了测试网，在其中可以很容易地获得免费的以太币用于测试。测试网与以太坊主网一样，都是全球网络，主要用于进行各阶段的开发测试和发布前的最终验证。测试网也是向世界公开的公共网络环境。

目前，以太坊的公共测试网包括以下几种。

① Ropsten。Ropsten 使用的共识机制为 PoW，其挖矿难度很低，普通笔记本电脑的 CPU 就可以支持，其 NetworkId 和 ChainId 的取值均为 3。

② Rinkeby。Rinkeby 使用了权威证明（Proof of Authority，PoA）共识机制。其 NetworkId 和 ChainId 的取值均为 4。

③ Kovan。Kovan 也使用了 PoA 共识机制，但其出块时间为 4 秒。目前，Kovan 网络仅被 Parity 钱包支持，其 NetworkId 和 ChainId 的取值均为 42。

④ Goerli。Goerli 是为升级到以太坊 2.0 而准备的测试网，其 NetworkId 和 ChainId 的取值均为 5。

3. 本地测试网

以太坊开发者可以根据自己的需求，在本地搭建不同类型的以太坊环境，如 Ganache、eth-tester 和私有客户端网络集群。其中，Ganache 是一款本地区块链工具，专门用于在以太坊区块链上开发去中心化应用程序（DApp）。Ganache 模拟了以太坊网络，使开发者可以在其发布到生产环境之前预先测试 DApp 的执行效果。Ganache 可以通过多种方式使用，包括作为命令行工具使用、通过 Node.js 进行编程，或在浏览器中使用。

默认情况下，Ganache 提供了 10 个测试账户，每个测试账户有 1 000 个模拟分配的以太币，以及相应的私钥和用于生成私钥的助记词。在开发过程中，开发者可以使用这个助记词将账户导入 MetaMask 等钱包。

11.1.3 以太坊开发语言与集成开发环境

以太坊开发语言 Solidity 是一门面向合约的高级编程语言，旨在为实现智能合约而创建。Solidity 编程语言的设计受 C++、Python 和 JavaScript 等语言的影响，目标是能够在以太坊虚拟机（EVM）上运行智能合约。作为一种静态类型语言，Solidity 支持继承、库和复杂的用户自定义类型等。除了拥有常见编程语言的标准类型，Solidity 还包括一些以太坊特有的类型，如 address。Solidity 的源代码文件通常以.sol 为扩展名。

目前，使用 Remix 是编写 Solidity 智能合约的最佳方式。Remix 是一个基于浏览器的集成开发环境（IDE），可用于编写、编译、部署和运行 Solidity 智能合约。

Solidity 的语法接近于 JavaScript，是一种面向对象的语言，但作为一种真正意义运行在网络上的去中心化合约，它又有很多特性，列举如下。

（1）以太坊底层采用基于账户的模型，而非基于 UTXO 的模型，因此使用了特殊的 address 类型来定位用户、合约和合约代码（合约本身也是一个账户）。

（2）Solidity 语言内置框架支持支付功能，通过关键字 payable，可以在语言层面直接支持支付操作。

（3）数据存储在以太坊区块链网络上，每个状态都可以永久存储，因此需要确定变量是存储在内存中还是存储在区块链上。

（4）运行环境为去中心化网络，合约或函数的执行方式和调用方式非常重要，因为一个简单的函数调用将变成网络上节点的代码执行，具有分布式的特征。

（5）以太坊的异常机制与传统编程语言有所不同。一旦出现异常，所有执行将被回撤，以保证合约执行的原子性，避免中间状态出现的数据不一致情况。

以太坊的集成开发环境 Remix 是一款功能强大的工具，由以太坊官方支持，可用于创建和部署智能合约与 DApp。它包含一个 Solidity 代码排错器，可以将 Solidity 代码编译为以太坊虚拟机可识别的字节码。此外，与以太坊节点客户端进行交互需要使用 Web3.js API，客户端与以太坊节点进行底层通信交互则需要使用 JSON-RPC API。

目前，Remix 支持两种开发语言：Solidity 和 Vyper。通过访问 Remix 的官方网站，开发者可以进入 Remix 编译环境，选择相应的编译器环境（Solidity），并进行开发、编译、部署、非断点调试和插件安装等操作。Remix IDE 集成开发环境界面如图 11-1 所示。

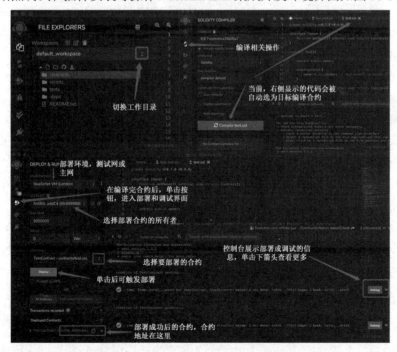

图 11-1　Remix IDE 集成开发环境界面

11.1.4　以太坊交互工具

以太坊的智能合约、DApp 和 Web 应用的开发需要使用多个相互连接的组件与工具。这些组件包括前端的以太坊 API，这些 API 使得传统的 Web 应用开发者能够使用他们熟悉的工具、库和框架与以太坊进行交互。这种交互通常是通过 Web 浏览器的扩展程序实现的，如通过 MetaMask 来签署消息、发送交易和管理密钥等。可用的前端以太坊 API 包括 Web3.js、Nethereum 和 Drizzle 等。

后端以太坊 API 通常通过 IPC 或 HTTP 通信接口连接到以太坊区块链节点，包括与业务逻辑相关的智能合约设计。提供的主要工具包括 Web3.py、Eventeum 等。前端和后端之间的通信通常使用节点提供的 JSON-RPC API 或 GraphQL API。

1. 前端以太坊 API

（1）Web3.js。Web3.js 是一个 JavaScript 库，提供了一组 API，用于与以太坊网络进行交互。它使用 JSON-RPC 协议与以太坊节点进行通信，并且可以与支持 JSON-RPC 协议的所有以太坊节点进行交互。Web3.js 不仅支持与以太坊核心 API 的交互，还支持与 Whisper 和 Swarm 等附加服务 API 的交互。

（2）Nethereum。Nethereum 是专门针对以太坊开发的.NET 集成库，它提供了简化智能合约管理和与以太坊节点交互的功能，无论这些节点是公共的（如 Geth 和 Parity）还是私有的（如 Quorum 和 Besu）。Nethereum 是针对 NET Standard 1.1、NET 4.5.1 和便携式库开发的，因此，它与所有主要操作系统（包括 Windows、Linux、macOS、Android 和 OS X）兼容，并已在云平台、移动端、台式机、Xbox、Hololens 和 Windows IoT 上进行了测试。Nethereum 即将发布的版本将与以太坊 2.0 兼容，包括 DevP2P、Plasma、微支付等功能。

（3）Drizzle。针对 DApp 的 Redux 集成，Drizzle 提供了方便的开发模板，其中包含在 React 应用中使用 Drizzle 访问以太坊智能合约的所有依赖，以便开发人员能够轻松地管理状态和进行数据存储。Drizzle 作为 Truffle Suite 的重要组成部分，是一款专门针对前端的开发工具。其核心功能是从区块链上获取智能合约和交易数据，并将这些数据同步至应用状态容器（Redux Store）。Drizzle 的基础库不仅提供了与以太坊智能合约交互的功能，还对一些复杂操作和流程进行了抽象，以便简化开发过程和提高开发效率。为了更好地与 React 集成，Drizzle 还提供了用于 React 兼容的工具（Drizzle React），以及一组现成的 React 组件（Drizzle React Components）。

2. 后端以太坊 API

（1）Web3.py。Web3.py 是一个用于与以太坊交互的 Python 第三方库，它移植了 Web3.js 的 API，并提供了 Python API，使开发者能够使用 Python 与以太坊节点进行交互，包括通过 HTTP、IPC 或 WebSocket 协议发送交易、与智能合约交互、读取区块数据等。Web3.py 通常应用于 DApp，并提供了各种用例的支持。

（2）Eventeum。Eventeum 是一个以太坊事件监听服务，为智能合约和中间件层之间提供了桥接功能。它支持动态订阅以太坊智能合约事件，当以太坊智能合约事件被触发时，包含事件详情的消息将被广播到消息总线（如 Kafka 或 RabbitMQ），供后端服务使用。Eventeum 的主要特点如下。

① 可动态配置。可以使用 Eventeum 提供的 REST API 动态订阅或取消订阅以太坊智能合约事件。

② 高可用性。Eventeum 实例相互通信，确保所有实例订阅相同的以太坊智能合约事件集。

③ 弹性。具备自动检测节点故障的能力，并且当节点恢复运行后，它能从发生故障的区块重新开始订阅数据。

④ 分叉容错。Eventeum 允许配置事件确认所需的区块数。如果在确认期间发生了区块链分叉，那么 Eventeum 会通知后端服务响应分叉。

3. 以太坊 ABI 工具

应用程序二进制接口（Application Binary Interface，ABI）是以太坊智能合约与外部世界交互的接口，类似于 API（应用程序接口）。ABI 定义了与二进制合约交互的方法和结构，以及如何将信息编码为 EVM 可理解的格式。ABI 指示函数的调用者将所需的信息（如函数签名和变量声明）编码为 ABI 格式，以便在字节码中调用该函数。合约 ABI 使用 JSON 格式表示，ABI 对于如何编码合约和解码合约有明确的规范。ABI 编码大部分是自动化的，由与区块链交互的编译器负责，如 Remix 或钱包等。

EVM 是以太坊网络的核心组件，智能合约是存储在以太坊区块链上的代码片段，它在 EVM 上执行。用 Solidity 或 Vyper 等高级语言编写的智能合约需要用 EVM 可执行字节码编译。当部署智能合约时，这个字节码存储在区块链上，并与一个地址相关联。对以太坊和 EVM 来说，智能合约就是这个字节码序列。为了访问在高级语言中定义的函数，用户需要将名称和参数转换为字节表示，以便字节代码使用。为了解析响应中发送的字节数据，用户需要将其转换回在高级语言中定义的返回值元组形式。EVM 编译的语言对这些转换有严格的规定，然而为了执行这些转换，用户必须准确知道与操作相关的变量名称和类型。ABI 精确地记录了这些名称和类型，格式易于解析且可以在方法调用和智能合约操作之间进行转换。

目前，在用于解码以太坊交易中数据参数和事件的 ABI 工具中，由 ConsenSys 开发的 ABI 解码小工具采用 JavaScript 语言。它与区块链交互解码经过加密的和难以理解的复杂事务数据与日志，以便调试 DApp。该工具可以解码被编码为 ABI 格式的交易数据，并生成可读的输出，从而帮助开发者理解以太坊上的交易和事件。

11.2　以太坊开源库与中间件

当创建新的智能合约或开发 DApp 时，开发人员可以使用一些安全实用的开源资源库或中间件，以最省时或最经济的方式创建符合项目需求的工程。在诸如 Github 的开源代码托管平台中，许多开发人员或科技公司都提供了最常用、经过测试和最安全的代码库，这些开源资源库或中间件已被以太坊生态系统中众多项目使用数十万次，并已经过认证或安全测试。这无疑对开发和创建高质量的代码至关重要，同时也使得我们开发的产品更具竞争力。本节将介绍几种具有强大功能的常用开源库和中间件。

11.2.1　ZeppelinOS

ZeppelinOS 是一个平台，用于以太坊，并在所有其他 EVM 和 eWASM 支持的区块链上开发、部署和运行智能合约或 DApp 项目。ZeppelinOS 提供的功能主要有如下几项。

（1）交互式命令。直接从命令行发送交易记录、查询余额，以及与合同进行交互。

（2）可升级智能合约。为了不断迭代智能合约，加快本地开发，或者消除生产中的错误，ZeppelinOS 提供了可升级的智能合约框架。

（3）链接 EVM 包。直接在以太坊项目上使用已部署到区块链合同中的代码，从而节省部署成本并安全地管理依赖关系。

（4）构建 DApp。提供了初学者工具包，预配置了 OpenZeppelin Contents、ZeppelinOS、Reaction 和 Infura 开发工具，可以快速启动 DApp。

OpenZeppelin 智能合约开源库如图 11-2 所示。

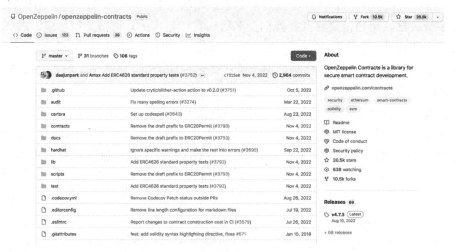

图 11-2　OpenZeppelin 智能合约开源库

OpenZeppelin 智能合约开源库提供了经过社区审核的 ERC-20 和 ERC-721 等标准、可重用的 Solidity 组件，以及可实现安全访问控制的辅助工具，可以用于构建自定义智能合约和复杂的 DApp。使用 OpenZeppelin 的代码库可以帮助开发人员专注于业务逻辑，提高代码安全性和开发效率。它的主要合约模块如下。

（1）access：提供地址白名单和基于签名的权限管理。

（2）crowdsale：用于管理代币众筹的一系列智能合约，它们允许投资者使用以太币购买特定的代币。

（3）examples：一组简单的智能合约，演示如何通过多重继承向基础合约添加新功能。

（4）introspection：对 ERC-165 标准的简单实现，ERC-165 标准用于创建标准方法，以发布和检测实现智能合约的接口。

（5）lifecycle：一个用于管理合约及其资金生命周期和行为的基础合约集合。

（6）math：对发生错误的操作进行安全检查的库。

（7）mocks：主要用于单元测试的抽象合约集合。

（8）ownership：一个用于管理合约及 Token 所有权的集合。

（9）payment：可以通过托管安排、取款、索赔管理来支付的智能合约集合，支持单个收款人和多个收款人。

（10）proposals：对 EIP 1046 标准的实现，EIP 1046 标准对 ERC-20 标准做了简单的扩展。

（11）token：一组 ERC 标准接口，主要为 ERC-20 标准和 ERC-721 标准。

此外，OpenZeppelin 还新增了跨链合约，以支持侧链 Polygon 及 Layer2 上的 Rollups（Optimism 和 Arbitrum），并提供了一个通用工具 AMB（Arbitrary Message Bridge），可用于在两条链之间转发任何数据。其主要合约接口是 CrossChainEnabled.sol，支持的 4 个功能均基于此实现。此外，还有一个名为 AccessControlCrossChain.sol 的智能合约，它支持跨链的安全访问控制角色功能。

通过命令（$ npm install @openzeppelin/contracts）可以安装 OpenZeppelin 稳定版的智能合约 API。一旦安装完毕，在编写自定义智能合约时，可通过导入的方式继承合约库，从而进行功能的扩展。比如，当需要发行符合 ERC-721 标准的 NFT 代币时，具体示例如下。

```
pragma solidity ^0.8.0;
import "@openzeppelin/contracts/token/ERC721/ERC721.sol";
contract MyCollectible is ERC721 {
    constructor() ERC721("MyCollectible", "MCO") {
    }
}
```

11.2.2　ChainLink 中间件

区块链智能合约存在一个内在矛盾，需要输入数据（如航班起飞信息）来执行命令，但大部分数据并不储存在区块链上。智能合约本身也无法连接链下数据，因为区块链是封闭的。由于资产价格、比赛分数、物联网传感器、Web 数据和企业系统等各种真实世界的数据集完全无法传输到区块链上，因此这束缚了智能合约开发者的创造力。预言机技术作为一种中间件，是将链下数据高效地传输到区块链上的唯一方法。但如何保证预言机与底层区块链具有同样的安全性和可靠性，是实现安全保障的最大挑战。

2017 年 6 月，旧金山金融科技公司 SmartContract 推出了一种安全的区块链中间件——ChainLink。ChainLink 的目标是构建一个去中心化的预言机网络，将区块链智能合约与链下系统安全、可靠地连接起来，解决链上链下数据传输问题，以便与区块链外部的资源进行交互，如加密保护数据馈送机制和促进区块链之间的互操作性等。其中一个典型的应用是喂价机制，喂价机制的价格是通过多个层级的数据聚合得到的，包括价格数据源聚合、节点运营商聚合和预言机网络聚合。

在如图 11-3 所示的多层级数据聚合模式中，最原始的价格数据主要来源于中心化交易平台和去中心化交易平台（如 Uniswap、SushiSwap 等）。此外，也有一些专门的数据聚合服务提供商（如 Amberdata、CoinGecko）会从这些交易平台中收集原始价格数据，并对这些数据源进行加工整合。例如，根据交易量、流动性、时间等进行加权计算。

图 11-3　多层级数据聚合模式

（1）价格数据源聚合器。拥有可靠的价格数据源的关键是要有全面的市场覆盖，这样才能保证一个价格点能代表所有交易环境的精确聚合价格点，而不是代表单个交易所或少数交易所的价格点，从而防止数据被人为操纵和出现价格偏差。因此，为了保证价格数据的可靠性和防篡改性，ChainLink 链下数据馈送功能只会从全面覆盖市场的优质数据聚合服务提供商处获取数据。这意味着每个数据源代表的都是经过可靠性审核的交易量价格，这些价格是从中心化交易所和去中心化交易所中聚合的。

（2）ChainLink 节点运营。该层是 ChainLink 中的节点操作层，主要由 ChainLink 节

点运营商负责运行 ChainLink 核心软件。ChainLink 节点运营商从多个独立的数据聚合服务提供商处获取价格数据，并计算它们之间的中值，以剔除异常值和 API 停机时间。例如，从 A 数据聚合服务提供商处获取的价格点为 7.0，从 B 数据聚合服务提供商处获取的价格点为 7.2，那么中值为 7.1。这意味着每个单独的数据源反映了来自所有交易环境的聚合价格点，并且每个单独节点的响应代表了来自多个数据源的聚合。这进一步防止了任何单一来源成为故障点，避免了单点故障的发生。

（3）预言机网络聚合。在 ChainLink 的预言机网络层聚合方案中，主要通过 ETH/USD 数据源将以太币价格信息传输到区块链上。ChainLink 使用了大量独立的预言机节点和数据源来获取并传输价格数据，共设置了 21 个预言机节点。当 21 个预言机节点响应后，ChainLink 会从中获取中间值作为最终价格。然而，并非每一轮的价格结果都会更新到链上，只有在满足偏差阈值（Deviation Threshold）和心跳阈值（Heartbeat Threshold）两个触发参数之一的情况下才会更新。这种机制旨在确保数据的可靠性和防篡改性，并减少误差和不必要的交易成本。

综上，ChainLink 喂价机制在价格数据源、ChainLink 节点运营商和预言机网络层面都实现了数据聚合与安全可靠的理念。ChainLink 网络的各层面都通过聚合和去除异常值等方式，保证了数据的精准性和可靠性。接入 ChainLink 喂价机制的应用系统可以放心地执行智能合约，并稳健地扩展规模。ChainLink 喂价机制在 DeFi 应用中发挥着至关重要的作用，可以为 DeFi 应用提供安全可靠的价格数据，并帮助其管理用户资金。正因如此，ChainLink 喂价机制为 DeFi 经济中的链上价格数据提供了主流且安全的链下价格数据来源，保障了 DeFi 生态的可靠性和稳定性。

ChainLink 预言机网络除了去中心化，还建立了多层安全机制，最大限度地为用户提供保障。

通用的基础架构：ChainLink 框架灵活性极高，可以在其上开发和运行预言机网络。用户可以选择打造自己的预言机网络，也可以连接至专属的预言机网络，无须依赖其他预言机网络。

数据签名：ChainLink 预言机会使用独特的加密签名技术对发送到链上的数据进行签名，用户可以证明数据来自某一个预言机节点，确保数据的真实性和完整性。

优质数据：ChainLink 预言机可以将智能合约连接至包括付费数据提供商在内的所有链下系统，智能合约还可以向其他系统发送指令，例如，向传统支付系统发送支付指令。

兼容所有区块链：ChainLink 预言机可以在任何区块链上运行，无须依赖其他外部区块链，这意味着 ChainLink 预言机可以支持公链和企业级区块链等各种区块链环境，满足不同用户的需求。

服务水平协议：ChainLink 预言机最终将允许用户自定义链上智能合约的预言机服务条款，其中，预言机节点需要支付一笔保证金，预言机节点只有在按照服务条款完成任务后（如按时传输数据）才能拿回保证金，确保预言机节点的服务质量。

声誉系统：ChainLink 预言机的历史性能参数都可以在链上公开查看，而且数据经过签名验证。用户可以根据平均响应时间、任务完成率和平均保证金等各种历史性能参数筛选预言机，ChainLink 节点运营商也可以选择性地提供额外数据，如身份信息、地理位置和第三方认证。

其他功能：ChainLink 预言机目前还在研发更多的安全功能，这些新功能包括预言机的进一步优化、数据隐私保护、高级预言机计算等，旨在不断提升链上智能合约的安全性和可靠性。

ChainLink 预言机实现了可以与底层区块链媲美的安全性和可靠性，由此催生出了更多的高级智能合约应用。

第*12*章　去中心化应用开发

12.1　去中心化应用概述

12.1.1　什么是去中心化应用

早在 2008 年，比特币区块链 1.0 就利用分布式账本技术实现了点对点的去中心化数字货币交易，确保了交易的透明性和不可篡改性。虽然比特币只服务于加密货币交易，但在 2014 年，以太坊区块链 2.0 的出现引领了一场区块链应用的革命。以太坊不仅支持加密货币交易，还允许在其平台上构建去中心化应用程序（DApp），以满足不同的业务功能需求。

以太坊 DApp 的开发从一开始就引起了开发人员的兴趣。这是因为目前传统的 Web 2.0 应用程序开发或 Web 应用程序开发通常涉及在 AWS 或 Azure 等云服务器上创建、存储和部署应用程序及其数据。为降低运维和硬件资源的投入成本，委托方将所有数据存储在中央服务器的应用程序上。这些服务器上的数据很容易受到网络攻击和恶意黑客的攻击。随着以太坊 DApp 的发展，应用程序的开发过渡到了 Web 3.0 时代；计算和存储由 P2P 网络进行交互，并由参与节点进行验证或共识，与集中式的云服务存储和管理数据模式完全不同；其源代码开源，同时应用程序中的数据和身份均为自我控制与管理，不存在能够完全控制 DApp 的节点，极大地提升了系统的数据安全性。最重要的是，以太坊 DApp 的开发提供了图灵完备的智能合约功能，除用于管理资金外，还可以执行其他的计算逻辑和业务逻辑。

以太坊 DApp 的开发无论是使用 HTML、CSS 和 JavaScript 进行的 Web 前端应用程序开发，还是使用 Reaction Native 进行的移动端应用程序开发，都可以通过以太坊特定 Web3.0 接口和 JSON-RPC 的数据交换规范与以太坊区块链进行高效通信。这些功能为政务服务、流媒体、数字物流和电子商务等不同行业开发不同类型的区块链应用程序提供了可能。

以太坊区块链上的前端采用 Web 应用程序开发技术或移动应用程序开发技术构建 DApp。DApp 将通过 Web3.js 提供的 API 接口与以太坊区块链后端节点进行交互。

以太坊 DApp 开发框架如图 12-1 所示。

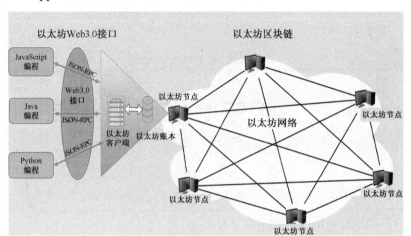

图 12-1   以太坊 DApp 开发框架

智能合约是以太坊 DApp 开发中最重要的部分，其编码用于在 DApp 中实施业务逻辑和功能，Solidity 是用来在以太坊上写智能合约的语言。智能合约部署在区块链上，当某个条件触发或调用时，智能合约代码被各节点执行。

交易在所有节点经过计算并确认达成共识后执行。根据以太坊共识激励机制，需要支付一定数量的加密货币，节点才能执行计算。完成以太坊 DApp 的开发后，将其托管和部署在去中心化文件共享系统上，如 IPFS（星际文件系统）。

综上所述，表 12-1 列出了 DApp 与传统中心化应用的对比。

表 12-1   DApp 与传统中心化应用的对比

项目类别	传统中心化应用	DApp
代码开源	闭源代码托管在中心服务器中	完全开源
数据存放	中心化存储、云存储	存放在智能合约或链上，数据公开化
安全性	不透明，数据身份不可控	透明，数据与身份自主可控
运行效率	取决于服务器配置，效率较高	运行效率取决于公链节点，不可控
手续费	不需要手续费，体验好	需要手续费，手续费多少取决于代码量

12.1.2   DApp 程序设计架构与分析

以太坊区块链作为一个可全球访问的状态机，由一个对等节点网络进行管理和维护。状态的变化受到共识规则的约束，并且记录在账本中的数据无法被篡改。在以太坊虚拟机（EVM）中运行的智能合约通常由 Solidity 或 Vyper 编写，任何人都能查看和分析智能合约的执行结果。当 DApp 前端与区块链进行交互时，任何节点都可以广播执行交易的请求至 EVM，然后每个节点将广播交易执行结果改变的状态，以便全网达成共识。前端与后端的交互通常采用以下两种方式。

（1）用户需要自行安装和配置可以运行的以太坊区块链。

（2）使用第三方提供的服务进行交互，如 Infura、Alchemy 和 QuickNode 等。DApp 的开发逻辑和架构如图 12-2 所示。

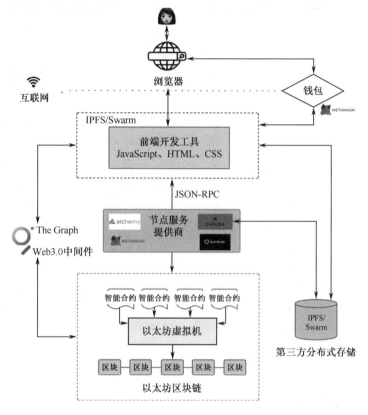

图 12-2　DApp 的开发逻辑和架构

Infura 是以太坊生态系统中重要的节点服务提供商，为 DApp 开发者提供了稳定的以太坊网络接口服务，也是以太坊网络从 PoW 升级为 PoS 的第一个同步的节点服务提供商。Infura 在以太坊升级后继续保持了以太坊网络接口的稳定性和安全性，并积极部署其他网络接口。例如，支持 StarkNet 网络 API 的服务进一步丰富了 Infura 的生态网络；同时，Infura 还宣布即将推出去中心化基础设施网络服务（Decentralized Infrastructure Network），开发者基于 Infura 提供的开发套件将更轻松地连接 DApp 和以太坊网络，这也是 Infura 逐步实现去中心化的重要一步，有望解决此前产品过于集中的中心化问题。

每个以太坊客户端都实现了 JSON-RPC 规范，这个规范使用一种轻量级的数据交换格式（JSON，遵循 RFC-4627 规定）的无状态远程过程调用（RPC）协议，以确保与区块链的交互。这种协议支持通过 HTTPS、WebSocket 等多种方式进行数据传输。为实现身份的验证和签名服务，以太坊 MetaMask 将私钥存储在浏览器或钱包中。为解决以太坊存储容量小和出块效率低导致的成本高问题，一般采用去中心化的链下存储方案。其中，IPFS 和 Swarm 为 Web3.0 应用的开发提供了高效的去中心化存储服务。IPFS 和 Swarm 都是完全开源的，通过创建一个协作节点网络，并提供相应的激励机制为每个节

点的安全健壮运行提供保障，实现了存储和检索任何内容的通信协议客户端，以此激励
参与者提供多余的存储容量和带宽，共同创建去中心化的分布式存储平台。

目前，开发人员可以利用去中心化查询协议 The Graph，使用 GraphQL 查询语言从
以太坊和 IPFS 等区块链网络中索引与查询数据，为前端开发人员提供了一种比传统
REST API 更优秀的解决方案。前端开发人员可以调用 The Graph 的 API 查询以太坊区
块链上的数据，相比传统的 REST API 更具吸引力。因此，The Graph 是实现全栈去中
心化过程的关键。The Graph 作为 Web3.0 协议栈的中间件，可以对区块链数据进行结构
化和分类，使用户可以轻松、高效地对其进行检索。它允许应用程序高效地查询区块链数
据，而无须依赖中心化服务提供商，并有助于使完全去中心化的应用程序成为现实。The
Graph 目前支持索引来自以太坊、IPFS 和 PoA 的数据，并将在未来支持更多的网络。

随着以太坊生态的不断扩展，Layer2 scaling 解决方案已经成为 DApp 架构的一部
分。开发人员不再需要面对以太坊高昂的交易成本、链上区块容量限制和低效的交易确
认，而是可以将 DApp 扩展到以太坊 L2 层上，从而节约成本并提高效率。此举不仅使
区块链应用能够扩展到金融领域以外的其他领域，而且使得 ZK Rollups、Optimistic Rollups
和 ZK EVM 等项目得以实施，从而增强了 Web3.0 应用程序的安全性。因此，最终的
DApp 在 Layer2 scaling 上的开发框架如图 12-3 所示。

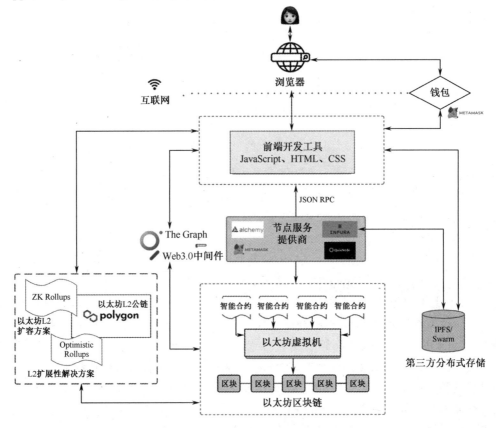

图 12-3　DApp 在 Layer2 scaling 上的开发框架

12.1.3　DApp 中的用户身份

DApp 的主要优点是它通常能够保证用户的匿名性，但目前区块链 3.0 的应用要求用户必须经过身份验证这个过程才能使用应用，因为 DApp 中没有引入证书颁发机构（Certificate Authority，CA）之类的权威机构作为背书，所以验证用户身份成为一个挑战。

在中心化应用程序中，用户需要提交特定文件并进行 OTP（One-Time Password）验证以验证用户身份，这一过程称为"了解您的客户"（Know Your Customer，KYC）。但在 DApp 中，没有人负责验证用户身份，因此，DApp 必须自己验证用户身份。DApp 显然无法理解和验证扫描的文档，也不能发送短信，因此需要用户提供它们可以理解和验证的数字标识符。主要问题是拥有数字身份的 DApp 很少，只有少数人知道如何获取它们。

数字身份有多种形式，目前最受推崇、最热门的形式就是数字证书。数字证书（公钥证书或者标识证书）是一个用来证明公钥所有权的电子文档。基本上，一个用户拥有私钥（Private Key）、公钥（Public Key）和数字证书（Digital Certificate）。私钥是秘密的，用户不应与其他人分享；公钥可以与其他人分享；数字证书包含公钥和公钥信息的拥有者。显然，生产这种证书并不难，因此，数字证书总是由用户可以信任的授权机构颁发。数字证书有一个加密部分是用 CA 的私钥加密的。为了验证证书的真实性，我们只需要使用 CA 的公钥解码该部分，如果成功解码，那么证书就是合法的。

即使用户成功获得数字身份并通过 DApp 验证，仍然存在一个关键问题，即存在各种各样的数字证书颁发机构。为了验证数字证书，我们需要相应 CA 的公钥，而掌握所有 CA 的公钥、更新/添加新的 CA 的公钥是非常困难的。因此，数字身份验证程序通常在客户端进行，这样可以方便地进行更新。但是，仅将验证程序转移到客户端并不能完全解决问题，因为颁发数字证书的机构有很多，跟踪所有这些机构并将它们添加到客户端中是非常烦琐的。

12.1.4　热门的 DApp

现在我们已经掌握了一些关于 DApp 是什么、它与中心化应用有何区别等知识，下面让我们探索一些热门的、有用的 DApp。学习这些 DApp 时，我们只要理解其工作原理和它们如何处理不同问题即可。

（1）比特币。比特币（Bitcoin）是一种去中心化的货币，是最热门的 DApp 之一，它的成功展示了 DApp 有多么强大，并鼓励人们自己创建其他的 DApp。

（2）以太坊。以太坊（Ethereum）是一个去中心化平台，可以在其上运行使用智能合约编写的 DApp。一个或多个智能合约可以一起构建 DApp。使用以太坊运行智能合约的主要优点是方便智能合约彼此交互，而且不需要担心整合共识协议等事情，只需要编写应用所需的业务逻辑即可。DappRadar 网站收录了全球范围内不同领域的 DApp，

如图 12-4 所示，DappRadar 是全球最大的 DApp 市场数据和分发平台之一。DappRadar
向开发者和用户提供便利的应用市场数据追踪服务，包括以太坊、EOS 和 TRON（波场
链）的 DApp 数据信息。

图 12-4　DappRadar 网站收录的不同领域的 DApp

12.2　基于以太坊的投票系统设计

随着社会的不断发展，越来越多的应用场景需要进行投票表决。然而，在当前的
电子投票系统中，存在投票数据不够公开透明、容易被篡改伪造的问题，同时选民无
法验证投票结果，私密信息也面临被泄露的风险。因此，本节将利用区块链及智能合
约技术开发一个安全可信的投票系统。该投票系统通过智能合约自动执行机制，取代
传统的可信第三方计票机构，实现自我计票。同时，该投票系统加入密码学算法，有
效确保投票者身份的合法性，保护选票内容的隐私性，区块链的匿名性也确保了投票
系统的匿名性。

基于以太坊的投票系统的设计目的如下。

① 熟悉建立开发环境的过程。

② 学习编写智能合约、编译合约和将合约部署到开发环境中的过程。

③ 学习通过 Node.js 控制台与区块链上的智能合约交互。

④ 通过一个简单的网页与智能合约交互，通过页面进行投票，显示候选人的票数。

整个应用程序运行在 Windows 10 系统上，并已通过在 Ubuntu 上的测试。DApp 的
程序设计框架如图 12-5 所示。

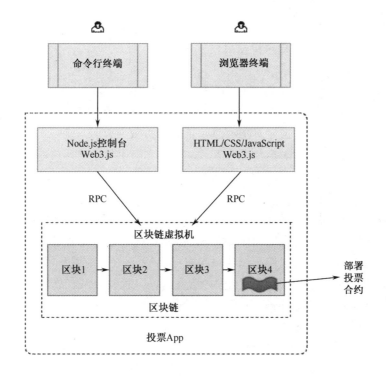

图 12-5　DApp 的程序设计框架

12.2.1　环境搭建

在本章的实验中,需要安装的软件包括:Node.js、npm、Truffle、Web3、solc 和 Ganache 等。下面我们将开始安装和使用这些软件。推荐使用 Ubuntu 20 及以上版本或 Windows 10/11 作为实验环境,在本章的实验中,我们将在 Windows 10 系统下进行操作。

1. Node.js 和 npm 的安装与配置

Node.js 是让 JavaScript 在服务器端进行编译的工具,后续在前端开发过程中将会使用到。可以通过 Node.js 提供的网址下载适合的版本,我们推荐选择 Windows 64 位的.msi 格式的安装包。

安装成功后,系统环境变量中会自动添加 Node.js 的安装路径。如果没有添加,那么可以按照后续步骤配置环境变量。按下 Win+R 键打开运行窗口,输入 cmd 打开命令提示符窗口,输入 node-v 查看 Node.js 的版本号,若输出版本号则证明安装成功。

在安装完 Node.js 后,npm 也会自动安装。npm 是 Node.js 中用于下载依赖包的命令,可辅助我们接下来下载 Truffle 和 Web3 等工具,并可用于管理 Node.js 中的依赖包。下载依赖包时,默认会下载到路径"\应用程序\Roaming\npm\node_modules"中。可以通过输入 npm root-g 命令,查看依赖包的下载路径是否设置正确。

我们推荐把依赖包的路径设置在 Node.js 安装路径下的 node_global 和 node_cache

文件夹中。因此，我们先在 Node.js 的安装路径下创建这两个文件夹，用作依赖包的新路径。之后，再次打开命令提示符窗口依次输入以下命令。

npm config set prefix "D：\Program Files\nodejs\node_global"

npm config set cache "D：\Program Files\nodejs\node_cache"

输入命令后，若没有显示错误，则表示我们已将新的文件保存地址更改为自定义文件夹。接下来，检查是否配置了环境变量。进入"设置"界面，选择"系统"选项，单击"关于"按钮，选择"高级系统设置"，在新的界面中单击"环境变量"，查看或创建名为 NODE_HOME 的系统变量，变量值通常为 Node.js。在本实验中，这个地址为"~\Program Files\nodejs"。

安装 npm 后，每次安装软件包时，我们的计算机都需要访问 npm 服务器来检索软件包。由于远程 npm 服务器位于中国境外，因此可能会出现下载缓慢甚至无法访问的情况。为了解决这个问题，我们可以使用国内提供的 npm 镜像服务器，它每隔 10 分钟将国外 npm 仓库中的所有内容同步到国内服务器，从而提高我们访问和下载这些内容的速度与稳定性。通过直接访问国内服务器，我们可以下载必要的软件包。将 npm 注册表地址替换为淘宝镜像地址的命令如下。

npm config set registry 镜像网址

我们可以使用命令 npm config get registry 来检查更新是否成功。

2. 安装 Truffle

Truffle 是目前最流行的以太坊 DApp 开发框架之一，可提供智能合约的编译运行部署服务，用它辅助开发智能合约会极大地提升效率。下面是 Truffle 的安装过程，它需要在 npm 安装完毕后进行。

首先，打开命令提示符窗口并输入命令：npm install -g truffle。等待 Truffle 安装完成，输入命令：truffle version，以检查版本信息。

3. 安装 Web3

Web3 是与智能合约进行交互的工具，主要用在服务器端，通过 Web3 可以调用底层智能合约中的函数。安装 Web3 前需要安装 Python，可访问 Python 官方网址或镜像服务器下载和安装合适的版本，本机实验环境为 Python 3.8.5。

首先打开命令提示符窗口，输入命令：npm install -g windows-build-tools，以安装 Windows 构建工具。其次输入命令：npm install web3，从而安装 Web3。Web3 安装完成后，在命令提示符窗口中输入：node，进入 Node.js 控制台。最后输入命令：Web3 = require('web3')，从而使用 Web3。

4. 安装 solc

Solidity 是以太坊智能合约的开发语言。要想测试智能合约和开发区块链应用就需要安装智能合约编译器 solc，它的作用是将编写好的智能合约编译成机器可识别的代码。

首先打开命令提示符窗口，输入命令：npm install -g solc。等待 solc 安装完成，其次输入 solcjs --version 查看安装版本。

5. 安装 Ganache

Ganache 是一个运行在个人桌面上的以太坊开发者的个人区块链，是 Truffle Suite 的一部分，我们可以在 Truffle 官网下载最新版本。通过安装 Ganache，可以快速启动一个个人以太坊区块链，它可以用来运行测试代码、执行命令、检查状态，还可以控制区块链的运行方式。此外，Ganache 还提供了一个功能强大的界面，可以查看所有账户的当前状态，包括它们的地址、私钥、交易历史和余额，还可以查看 Ganache 内部区块链的日志输出，包括响应、调试信息，以及其他重要信息。此外，它还允许我们检查所有区块和交易，以便我们获取相关问题的信息。

Ganache 的安装包是一个以.appx 为后缀名的文件，可在 Windows 系统中直接通过鼠标右击选择安装。安装完成后，我们可以看到 Ganache 提供了创建新的自定义工作区和使用默认选项快速启动两种搭建区块链的方式。当选择"quickly start"快速启动一个工作区时，进入工作区后，屏幕会显示有关服务器的一些详细信息，并默认列出 10 个账户，每个账户都有 100 枚以太币，这使得我们可以专注于开发应用程序，如图 12-6 所示。

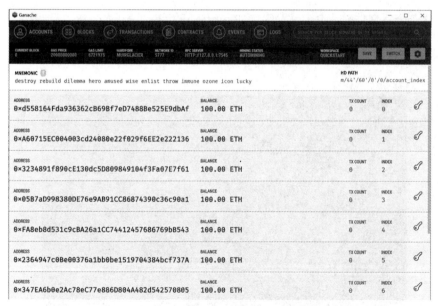

图 12-6　默认账户中包含的信息

界面首行有 6 个选项，具体介绍如下。

（1）ACCOUNTS：显示生成的账户及其余额，这是默认视图。

（2）BLOCKS：区块界面，显示了在区块链上挖出的每个区块，以及其消耗的 Gas 费和包含的交易。

（3）TRANSACTIONS：交易信息界面，列出了针对区块链运行的所有交易信息。

（4）CONTRACTS：合同界面，列出了工作区的 Truffle 项目中包含的合同。

（5）EVENTS：事件界面，列出了自此工作区创建以来已触发的所有事件，Ganache 将尝试解码由用户的 Truffle 项目中的合约触发的事件。

（6）LOGS：日志界面，显示服务器的日志，该日志有助于调试。

为了方便系统的重复运行和调试，建议选择 NEW WORKSPACE 创建自己的工作站，仅需要输入自定义的工作站名称，其他信息为默认。

12.2.2　系统搭建与测试

本节将介绍如何使用 Truffle 框架编写、编译和部署智能合约，并通过一个 demo 进行测试。同时，还将介绍如何启动前端页面，以及如何通过前端调用底层部署的智能合约并返回数据。

首先，我们将搭建一个 demo 进行测试，以检验之前环境安装配置的结果。测试包括以下几个步骤。

1. Truffle 框架初始化

创建一个新文件夹，自定义命名，如 truffle-Voting。打开命令提示符窗口，使用 cd 命令进入该文件夹，输入 truffle init，以创建我们的工程目录。Truffle 框架的初始化过程如图 12-7 所示，显示图中效果即创建成功，若失败则尝试重新创建。

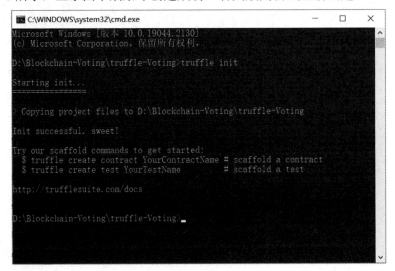

图 12-7　Truffle 框架的初始化过程

新文件夹创建成功后，在对应的文件夹下将出现以下文件和文件夹。

（1）文件夹"contracts"：存放 Solidity 合约文件的目录。

（2）文件夹"migrations"：存放部署脚本文件的目录。

（3）文件夹"test"：存放测试脚本的目录。

（4）文件"truffle-config.js"：Truffle 的配置文件。

2. 编写智能合约

Truffle 框架初始化后，在生成的一系列文件夹中进入"contracts"文件夹，创建一个自己的合约文件，命名为"Voting.sol"。

用户可以选择使用 Remix IDE 在浏览器中编写智能合约，在编译通过后将内容复制到 voting.sol 文件中。如果用户对 Solidity 语言不太熟悉，那么可以参考其他介绍 Solidity 语言的书籍进行系统学习。

我们首先编写一个如图 12-8 所示的"hello world"合约。

3. 编译智能合约代码

在"migrations"文件夹下新建一个文本文档，命名为 2_deploy_contracts，增加以下代码。

```
const Voting = artifacts.require("./Voting");
module.exports = function(deployer){
deployer.deploy(Voting);
};
```

将文件后缀名改为.js，最终文件名为 2_deploy_contracts.js。

打开命令提示符窗口，进入项目目录，输入如图 12-8（a）所示的命令编译智能合约代码 [见图 12-8（b）]。

显示如图 12-8（a）的页面即编译成功，若合约后续进行了修改，则需要再次编译部署。

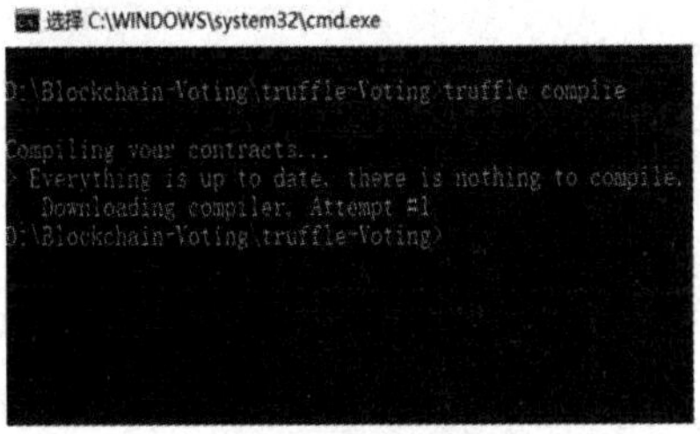

```
pragma solidity ^0.5.0;
contract Voting {
    string hello;
    constructor() public {
        hello ="hello world!";
    function gethello() public view returns(string memory)
        return hello;
    }
}
```

（a）编译项目代码的命令　　　　　　　　　（b）智能合约代码

图 12-8　智能合约代码及其编译过程

4. 启动 Ganache 网络

打开 Ganache，选择"quickly start"进行启动。Ganache 图形化界面可以实时显示账户的余额变化及交易情况。

修改 truffle-config.js 文件，增加如下的 Ganache 网络配置。

```
module.exports ={
```

```
//See <http://truffleframework.com/docs/advanced/configuration>
//for more about customizing your Truffle configuration!
networks:{
    development:{
        host: "127.0.0.1",
        port: 7545,
        network_id: "*" // Match any network id
    }
  }
}
```

5. 部署智能合约

打开命令提示符窗口，在运行 truffle compile 命令后，再运行 truffle migrations 命令，显示如图 12-9 所示的控制台输出，即表示智能合约部署成功。

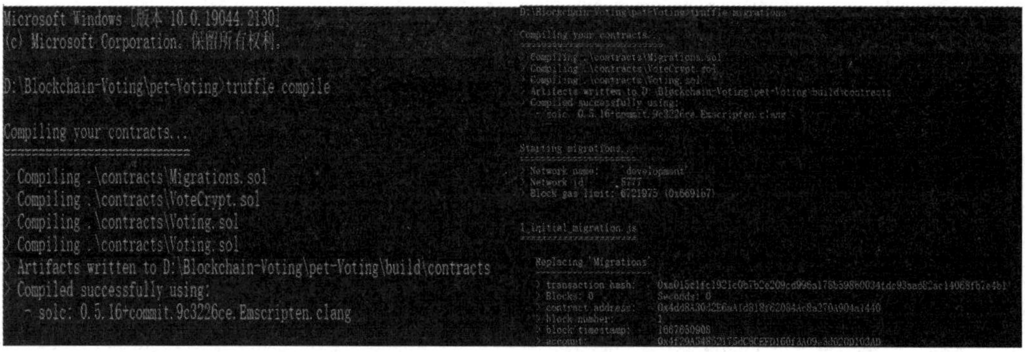

图 12-9　智能合约的部署过程

6. 安装 MetaMask 钱包

MetaMask 是一个浏览器插件，用作以太坊钱包，可以像任何常规插件一样安装。MetaMask 允许用户存储以太币和其他 ERC-20 代币，从而使他们能够进行交易和转账，而无须下载以太坊区块链，只需要一个插件即可访问各种 DApp。在本章的实验中，MetaMask 用于用户投票交易过程。MetaMask 的安装过程如下：首先下载 MetaMask-5.3.4 并解压，其次在浏览器中添加扩展项。推荐使用谷歌浏览器或 Edge 浏览器，并且需要打开开发者模式，然后添加解压后的 MetaMask-5.3.4 文件。

MetaMask 插件安装完成后，要添加 Ganache 网络。在 MetaMask 界面中，单击"网络"下拉菜单，选择"自定义 RPC"选项。在弹出的窗口中输入："网络名称"为 ganache，"RPC URL"为 http://127.0.0.1:7545，"链 ID"为 0x539，"货币符号"可自定义，这里将其设置为 VOT，单击"保存"按钮完成添加。

在 Ganache 中，单击第一个账户的右侧钥匙图标（见图 12-6），复制其私钥。在 MetaMask 钱包界面中单击头像，选择"导入账户"，将复制的私钥粘贴到此处，单击

"导入"后，即可看到钱包账户中的余额信息。现在开发人员就可通过 MetaMask 钱包和 Ganache 进行以太坊区块链的应用开发了。

7. 编写前端代码

随后编写投票系统的前端代码，在项目目录下创建 src 文件夹，采用 HTML、CSS、JavaScript 编写页面代码并保存至 index.html 文件中。在如图 12-10 所示的代码中，通过 index.js 调用区块链上的智能合约。

```html
<body class="bg-light">
  <div class="container">

    <div class="row">
      <form class="needs-validation" novalidate>
      <div class="mb-3">
        <input type="text" class="form-control" id="hello_id" placeholder="">
      </div>

      </form>

      <hr class="mb-4">
      <button class="btn btn-primary btn-lg btn-block" type="submit">测试</button>
      </div>
  </div>
</body>

<script src="http://libs.baidu.com/jquery/2.0.0/jquery.min.js"></script>
<script src="js/web3.min.js"></script>
<script src="js/truffle-contract.js"></script>
<script src="js/index.js"></script>
<script src="js/bootstrap.min.js"></script>
</body>
```

```
Index.contracts.Voting.deployed().then(function (instance){
    VotingInstance=instance;

    //get hello
    VotingInstance.gethello.call({from:account}).then((result) => {
    consolelog("Success! Got result: "+result);

    $("#hello_id").html("你好：" + result);
```

通过前端JavaScript文件index.js与区块链后端的智能合约进行交互

图 12-10　投票系统前端代码及与区块链合约的交互过程

为实现前端代码与区块链合约的交互。在 src 文件夹下创建名为 js 的文件夹，在该文件夹下创建 index.js 文件，编写前端代码，具体内容如图 12-10 所示。在 Index.contracts.Voting.deployed().then 中调用后端区块链上智能合约的 VotingInstance.gethello 函数，并将信息返回给前端。

随后打开命令提示符窗口，输入命令"npm run dev"，系统自动启动浏览器，打开 index.html 页面。按 F12 键打开开发者工具，在控制台可看到输出结果。

综上，通过 Truffle 框架，我们实现了一个完整的 demo 代码的开发和测试，这个过程使得我们对 Web3 的开发流程和基本架构有了初步的了解。因此，下面章节就从如何编写投票系统前端代码与后端智能合约入手，详细介绍如何搭建一个完整的投票系统。

12.2.3　投票智能合约设计

在本节中，我们将开始进行投票系统项目中的智能合约设计。根据该项目创建的文件夹目录结构，我们需要将 contracts 文件夹下的 Voting.sol 合约代码更改为进行投票的功能代码。

在如下的 Voting.sol 合约代码中，首先需要建立投票系统的参数映射，votesReceived 用于存储投票选项和投票数据的键值对，voters 和 register 记录投票者与注册者的状态，voteData 用于存储某个投票者对某个选项的投票内容，其他参数可直观看出含义。其次，我们需要进行投票状态、获得的投票数量和投票起始时间等过程的代码设计。需要注意的是，智能合约代码采用 Solidity 语言编写，其编程关键字和语法规则不在本书中赘述。如果遇到编程方面的问题，可以查阅 Solidity 语言的相关指南和教程。

```solidity
pragma solidity ^0.5.0;
contract Voting {
    mapping (bytes32 => uint8) public votesReceived;   //投票选项和投票数据

    mapping (address=>bool) public voters;   //投票者
    mapping (address=>bool) public register;       //注册者
    mapping (address=>string) public voteData;  //投票内容
    string[] public candidateList;
    bytes32[] public registerIdList;

    string ProjectName;  //投票项目名称
    string RegisterStartTime = "2022-11-05 10:00";   //注册开始时间
    string RegisterEndTime = "2022-11-05 10:00";    //注册截止时间
    string VoteStartTime ="2022-11-05 10:00";       //投票开始时间
    string VoteEndTime = "2022-11-05 10:00";        //投票截止时间
    string PrivateKey;

    uint8 registerCount = 0;
    uint8 voteCount = 0;
    }
```

以下为构造函数，用于定义项目部署的初始化函数、设定投票的人员，如候选人、投票人等。

```solidity
constructor() public {
//candidateList.push("xxx");
    }
```

以下为创建项目函数，该函数的第一个参数是项目名，第 2～4 个参数是选项，后续会在项目创建时调用。

```solidity
function projectSetup(string memory title, string memory select1, string memory select2, string memory select3) public {
        ProjectName = title;
```

```
            candidateList=[select1, select2, select3];
    }
```

以下为设置注册码函数，第 1~8 个参数是注册码内容，供投票用户注册使用，后续会在注册码设置时调用。

```
    function registerIdSetup(bytes32 register1, bytes32 register2, bytes32 register3, bytes32 register4,
bytes32 register5, bytes32 register6, bytes32 register7, bytes32 register8) public{
        registerIdList.push(register1);
        registerIdList.push(register2);
        registerIdList.push(register3);
        registerIdList.push(register4);
        registerIdList.push(register5);
        registerIdList.push(register6);
        registerIdList.push(register7);
        registerIdList.push(register8);
    }
```

以下为设置投票时间函数，参数分别为注册起止时间和投票起止时间，后续会在项目时间设置时调用。

```
    function TimeSetSetup(string memory register_start_time,string memory register_end_time,
string memory vote_start_time, string memory vote_end_time) public{
        RegisterStartTime = register_start_time;
        RegisterEndTime = register_end_time;
        VoteStartTime = vote_start_time;
        VoteEndTime = vote_end_time;
    }
```

此外，智能合约中还包含一系列 get 函数，用于从区块链中获取项目名称、项目时间、选项内容、注册人数、投票人数、投票数据等信息。这些函数的具体代码如下。

```
    function getProjectName() public view returns (string memory){
        return ProjectName;
    }
    function getRegisterStartTime() public view returns (string memory){
        return RegisterStartTime;
    }
    function getRegisterEndTime() public view returns (string memory){
        return RegisterEndTime;
    }
    function getVoteStartTime() public view returns (string memory){
        return VoteStartTime;
    }
    function getVoteEndTime() public view returns (string memory){
        return VoteEndTime;
    }
    function getCandidateList(uint index) public view returns (string memory){
```

```
            return candidateList[index];
        }
    function getRegisterCount() public view returns (uint8){
            return registerCount;
        }
    function getVoteCount() public view returns (uint8){
            return voteCount;
        }
    function getVoteData() public view returns (string memory){
            return voteData[msg.sender];
        }
```

以下为获取某个选项的总投票数据函数。在投票合约中，votesReceived 用于存储投票选项和投票数据的键值对。在该函数中，输入选项名即可返回该选项的总投票数据。

```
    function totalVotesFor(bytes32 candidate) view public returns (uint8) {
            require(validCandidate(candidate));
        return votesReceived[candidate];
        }
```

以下 voteForCandidate 函数的功能为给某选项进行投票并记录该用户已投票。在该函数中，votesReceived 存储投票选项和投票数据的键值对，输入某选项，则对该选项的总投票数据加 1。同时，在 voteDataStore 函数中，选民的状态被转换成已投票状态（true），voteData 增加该投票者对该选项的投票记录，投票人数 voteCount 加 1。

```
    function voteForCandidate(bytes32 candidate) public {
        votesReceived[candidate] += 1;
    }
    function voteDataStore(string memory candidate) public {
        require(!voters[msg.sender]);
        //require(validCandidate(candidate));//the candidate is true
        //记录该用户已投票
        voters[msg.sender] = true;
        voteData[msg.sender] = candidate;
        voteCount += 1;
    }
```

以下为用户注册投票项目函数，若用户注册了某投票项目，则 register 的状态被转换成已注册状态（true），对应的注册码失效（0x0），注册人数 registerCount 加 1。

```
    function someoneRegister(bytes32 registerId) public{
        for(uint i = 0; i < registerIdList.length; i++){
            if(registerIdList[i] == registerId){
                register[msg.sender] = true;
                registerIdList[i] = "0x0";
                registerCount += 1;
            }
```

```
        }
    }
```

ValidID 函数和 isVoted 函数分别用于检查用户是否已注册和检查用户是否已投票,即检查 register（注册者）的状态和 voters（投票者）的状态。

```
//判断该用户是否已注册
function ValidID() public view returns (bool) {
    if(register[msg.sender]) {
        return true;
    }
    return false;
}

//判断该用户是否已投票
function isVoted() public view returns (bool) {
    if(voters[msg.sender]) {
        return true;
    }
    return false;
}
//在区块链系统中，用户存储私钥和获取私钥的两个函数
function doGenerate(string memory privatekey) public{
    PrivateKey = privatekey;
}

//get privatekey
function getPrivateKey() public view returns (string memory){
    return PrivateKey;
}
```

到目前为止,我们已经按照投票系统的具体功能编写了基于区块链的智能合约代码,将投票过程和行为在区块链上进行了记录。接下来,我们将开始探讨如何在前端和后端与这些智能合约建立连接。

12.3　投票系统前后端设计

本节我们将进一步了解投票系统前端、后端代码的工作原理,深入学习如何调用智能合约中的函数,以及如何对合约变量进行赋值、修改和查询操作。

投票系统中存在管理员和投票者两种身份,对于管理员来说,其涉及的页面如下。

（1）登录页面。

（2）设置投票项目页面。

（3）设置注册码页面。

（4）设置投票时间页面。

（5）通知页面。

（6）投票结果页面。

对于投票者来说，其涉及的页面如下。

（1）登录页面。

（2）注册页面。

（3）投票页面。

（4）投票结果页面。

12.3.1 登录功能的前后端设计

1. 登录功能的前端页面设计

在前端页面 index.html 中，用户需要输入以太坊账户 ID，并登录 MetaMask，单击"保存"按钮即可完成登录并跳转页面。其核心代码包括以下内容：首先，用户输入的以太坊账户 ID 将被设置为"user_id"；其次，用户通过页面按钮触发后端的登录处理功能。前端通过导入 index.js 代码与后端连接。具体页面设计可以根据需求进行个性化定制。

2. 登录功能的后端代码设计

在登录功能的后端代码设计中，首先，对项目进行初始化和对投票合约 Web3 接口进行初始化，代码的功能是为连接区块链创建了一个 Web3 接口实例。部分代码如下。

```
Index = {
    web3Provider: null,
    contracts: {},
    initWeb3: function () {
        if (typeof web3 !== 'undefined') {
            Index.web3Provider = web3.currentProvider;
        } else {
            Index.web3Provider = new Web3.providers.HttpProvider('http://localhost:7545');
        }
        web3 = new Web3(Index.web3Provider);
        Index.initContract();
    },
    initContract: function () {
        $.getJSON('Voting.json', function (data) {
            var Artifact = data;
            Index.contracts.Voting = TruffleContract(Artifact);
```

```
            Index.contracts.Voting.setProvider(Index.web3Provider);
        });
            Index.bindEvents();
    },
```

其次，通过"登录"按钮触发 Index.handleSignin 函数，其部分代码如下。

```
bindEvents: function () {
        $(document).on('click', '.btn-block', Index.handleSignin);
    },
```

Index.handleSignin 函数首先获取前端用户输入的账户信息。time 用于获取当前时间，包括年月日的信息。account 用于获取用户登录的 MetaMask 账号，accounts[0]即为 MetaMask 当前登录的账户。部分代码如下。

```
handleSignin: function() {
        var VotingInstance;
        var user_id = $("#user_id").val();
        var frontAccount = user_id.toLowerCase();
        var RegisterStartTime;
        var VoteEndTime;
        var date = new Date();
        var month = date.getMonth() + 1;
        var time = date.getFullYear() +"-"+ month +"-"+ date.getDate()+" "+date.getHours()+
":"+date.getMinutes(); //获取当前时间，格式为"年-月-日 时：分"
        var timeDate = new Date(time.replace(/-/g,"\/"));
        console.log("Success! Got result: " + time);

        // 获取用户账户
        web3.eth.getAccounts(function (error, accounts) {
            if (error) {
                console.log(error);
            }
            var account = accounts[0];
            console.log(account);
```

创建一个合约实例，并调用合约中的 get 函数，可以获取注册开始时间和投票结束时间。调用函数使用.call()方法，而返回值需要通过.then((result) =>获取。部分代码如下。

```
Index.contracts.Voting.deployed().then(function (instance)) {
        VotingInstance = instance;
        //获得注册开始时间
        VotingInstance.getRegisterStartTime.call({from:account}).then((result) => {
            console.log("Success! Got result: " + result);
            RegisterStartTime = new Date(result.replace(/-/g,"\/"));

        VotingInstance.getVoteEndTime.call({from:account}).then((result) => {
```

```
                    console.log("Success! Got result: " + result);
                    VoteEndTime = new Date(result.replace(/-/g,"\/"));
```

最后，根据用户的账户角色（管理员或投票者）和当前时间跳转到下一个页面。若为管理员（需要设置自己的管理员账户，此处将 Ganache 网络中生成的第一个账户设定为管理员），且当前时间大于注册时间并小于投票时间，则跳转到通知页面；若当前时间大于投票结束时间，则跳转到投票结果页面；否则跳转到设置投票项目页面。跳转操作可通过 "window.location.href = 跳转页面地址" 实现。部分代码如下。

```
//根据时间进行页面的跳转
if(user_id == "0x4f29A54852175dC8CEFD160f3A09e3d020D103AD"){
//该账户设置为管理员账户
            if(account == 管理员账户的以太坊地址){
                if(timeDate > RegisterStartTime   && timeDate   < VoteEndTime){
                    window.location.href="note.html";
                }
                else if (timeDate> VoteEndTime ) {
                    window.location.href="result.html";
                }
                else{
                    window.location.href="project.html";
                }
            }
            else {
                alert("请同时用管理员账户登录 MetaMask");
            }
        }
```

若用户为投票者，且当前时间小于注册开始时间，则返回登录页面；若当前时间大于投票结束时间，则返回投票结果页面；否则，判断该投票者是否已注册。若未注册，则跳转到注册页面；若已注册，则直接跳转到投票页面。部分代码如下。

```
    else{
            if(frontAccount == account){
            if(timeDate < RegisterStartTime ){
                alert("投票系统还未开放");
                window.location.href="index.html";
            }
            else if(timeDate > VoteEndTime ){
                alert("投票已截止");
                window.location.href="result.html";
            }
            else{
                VotingInstance.ValidID.call({from:account}).then((validornot) => {
                console.log("Success! Got Vote: " + validornot);
```

```
                    if(!validornot){
                        alert("请先注册！");
                        window.location.href="login.html";
                    }
                    else{
                        window.location.href="vote.html";
                    }
                }).catch((err) => {
                    console.log("Failed with error: " + err);
                });
            }
        }
```

至此，我们已了解了基于区块链投票系统的登录页面的前后端实现原理，下一节我们将讲解如何对智能合约进行参数赋值和参数修改的操作。

12.3.2　投票功能的前后端设计

投票前端页面展示功能包括：输入投票项目名称、选项，同时用管理员账户登录MetaMask，单击"保存"按钮即可初始化投票项目并跳转页面。

前端通过导入 project.js 代码与后端连接，这里需要另外导入 project.js 代码。部分代码如下。

```
<script src="http://libs.baidu.com/jquery/2.0.0/jquery.min.js"></script>
<script src="js/web3.min.js"></script>
<script src="js/truffle-contract.js"></script>
<script src="js/project.js"></script>
<script src="js/bootstrap.min.js"></script>
```

在投票后端的设计中，登录页面针对投票合约初始化后，创建 Web3 API 实例，并通过具有.btn-block 属性的按钮单击触发，随后会启动代码中的 Project.handleProject函数。部分代码如下。

```
bindEvents: function () {
        $(document).on('click', '.btn-block', Project.handleProject);
},
```

在 handleProject 函数中，首先获取前端管理员输入的项目数据，通过获取前端各项id 的.val()获取对应的值。部分代码如下。

```
handleProject: function() {
        var VotingInstance;
        var project_name = $("#project_name").val();
        //alert(project_name);
        var select1_name = $("#select1_name").val();
        var select2_name = $("#select2_name").val();
```

```
                  var select3_name = $("#select3_name").val();
```

通过获取用户登录的 MetaMask 账号信息，创建一个合约实例，然后调用合约中的 projectSetup 函数进行投票项目的初始化操作，将参数 project_name、select1_name、select2_name、select3_name 作为函数的输入参数。这里调用的 projectSetup 函数并没有返回值，不需要加上.then((result) =>代码。成功设置投票项目后，会跳转到设置注册码页面 registerId.html 以设置注册码。部分代码如下。

```
        // 获取用户账户
            web3.eth.getAccounts(function (error, accounts) {
                if (error) {
                    console.log(error);
                }

                var account = accounts[0];
                if(account == 0x4f29A54852175dC8CEFD160f3A09e3d020D103AD)
                {
                    Project.contracts.Voting.deployed().then(function (instance) {
                        VotingInstance = instance;
                        VotingInstance.projectSetup(project_name, select1_name, select2_name, select3_name,
{from: account});
                        window.location.href="registerId.html";
                    });
                }
```

最后，若用户登录的 MetaMask 账户与管理员账户不一致，则会跳转到登录页面 index.html。部分代码如下。

```
        else{
                alert("账户错误，请用管理员账户登录 MetaMask");
                window.location.href="index.html";
            }
        });
        }
    }
```

以上代码说明了基于区块链的投票系统的设置及投票页面的前后端实现方法，接下来我们将学习投票页面的具体细节。

投票页面包括以下功能：若用户未注册，则需要单击"注册"按钮进行注册，成为合格的投票者；若用户已注册，则只需要输入意向的选票并加密，单击"投票"按钮即可投票成功。

（1）投票页面设置了投票项目的内容 id，并在后面都留有空白内容，用于接收后端传输的各 id 的值。另外，用户通过后端生成的公钥对选票数据进行加密，并单击 class 为"btn btn-primary btn-lg btn-block"的按钮触发后端的投票功能。

前端通过导入 vote.js 代码与后端连接，这里需要导入以下 vote.js 代码。

```
    <script src="js/vote.js"></script>
```

投票功能后端 vote.js 实现的具体功能的部分代码如下。

```
Vote = {
    web3Provider: null,
    contracts: {},
    initWeb3: function () {
        if (typeof web3 !== 'undefined') {
            Vote.web3Provider = web3.currentProvider;
        } else {
            Vote.web3Provider = new Web3.providers.HttpProvider('http://localhost:7545');
        }
        web3 = new Web3(Vote.web3Provider);
        Vote.initContract();
    },
    initContract: function () {
        $.getJSON('Voting.json', function (data) {
            var Artifact = data;
            Vote.contracts.Voting = TruffleContract(Artifact);
            Vote.contracts.Voting.setProvider(Vote.web3Provider);
        });
        Vote.doGenerate();
    },
    doGenerate: function () {
        // function body goes here
    }
}
```

（2）生成密钥对函数。服务器端调用 SM2 加密算法生成公私钥对，并将公钥传输至前端显示，私钥存储在合约中。其中，将公钥传输至前端并显示的命令为$("#pubkey1").html(pubkey1)，这一命令将后端的 pubkey1 传输至前端 id 为 pubkey1 的位置。部分代码如下。

```
doGenerate: function(){
    var f1 = document.form1;
    var curve = f1.curve1.value;
    var ec = new KJUR.crypto.ECDSA({"curve": curve});
    var keypair = ec.generateKeyPairHex();

    f1.pubkey1.value = keypair.ecpubhex;
    var prvkey1 = keypair.ecprvhex+" ";
    var pubkey1 = f1.pubkey1.value;
    var Instance;
    // 获取用户账户
    web3.eth.getAccounts(function (error, accounts) {
        if (error) {
```

```
                    console.log(error);
                }
            var account = accounts[0];
            //alert(account);
            //console.log(account);
            Vote.contracts.Voting.deployed().then(function (instance) {
                    Instance = instance;
                    Instance.doGenerate(prvkey1, {from: account});
                    $("#pubkey1").html(pubkey1);
                });
        });
        Vote.handleRegister();
    },
```

（3）从区块链获取投票项目。首先生成一个合约实例，调用合约的 getProjectName
函数并获取返回值 Vote，将该值赋给 projectName，并通过 $("#projectName").
html(projectName)传输至前端 id 为 projectName 的位置。部分代码如下。

```
    var account = accounts[0];
            Vote.contracts.Voting.deployed().then(function (instance) {
                Instance = instance;
                Instance.getProjectName.call({from:account}).then((Vote) => {
                  console.log("Success! Got Vote: " + Vote);
                  var projectName = Vote;

                  $("#projectName").html(projectName);
                }).catch((err) => {
                    console.log("Failed with error: " + err);
                });

                Instance.getCandidateList.call(0,{from:account}).then((Vote) => {
                  console.log("Success! Got Vote: " + Vote);
                  var select1 = Vote;

                    $("#select1").html(select1);
                }).catch((err) => {
                    console.log("Failed with error: " + err);
                });
                Instance.getCandidateList.call(1,{from:account}).then((Vote) => {
                  console.log("Success! Got Vote: " + Vote);
                  var select2 = Vote;
                    $("#select2").html(select2);
                }).catch((err) => {
                    console.log("Failed with error: " + err);
```

```
        });

        Instance.getCandidateList.call(2,{from:account}).then((Vote) => {
            console.log("Success! Got Vote: " + Vote);
            var select3 = Vote;
            //alert(select1);
            $("#select3").html(select3);
        }).catch((err) => {
            console.log("Failed with error: " + err);
        });
    });
});
Vote.vote();
},
```

（4）单击"投票"按钮触发 Vote.handleVote 函数，"投票"按钮触发的操作在获取投票项目数据后，说明用户在单击"投票"按钮前，投票数据已显示至前端页面。部分代码如下。

```
vote: function () {
    $(document).on('click', '.btn', Vote.handleVote);
},
```

在 handleVote 函数中，首先通过合约调用 ValidID 函数，获取当前 MetaMask 账户是否被注册过，若未注册则跳转到注册页面；若已注册则通过合约调用 isVoted 函数获取当前账户是否投过票，若已投票则返回该账户的已投选票信息，若未投票则运行接下来的投票步骤。部分代码如下。

```
Vote.contracts.Voting.deployed().then(function (instance) {
    VotingInstance = instance;
    VotingInstance.VaildID.call({from:account}).then((vaildornot) => {
        console.log("Success! Got Vote: " + vaildornot);
        if(!vaildornot){
            alert("请先注册！ ");
            window.location.href="login.html";
        }
        else{
        VotingInstance.isVoted.call({from:account}).then((votedornot) => {
            console.log("Success! Got Vote: " + votedornot);
            if(votedornot){
            VotingInstance.getVoteData.call({from:account}).then((votedata) => {
                console.log("Success! Got Vote: " + votedata);
                alert("您已投过票！您投票的对象是: "+votedata);
                Vote.initWeb3();
            }).catch((err) => {
```

```
                    console.log("Failed with error: " + err);
                });
            }
```

投票步骤如下：首先，服务器端实例化合约，调用 getPrivateKey 函数提取私钥，对加密的选票进行解密；其次，调用合约的 voteDataStore 函数存储投票账户和投票数据，调用合约的 voteForCandidate 函数将对应的选票数据加 1，同时标记该用户已投票；最后，调用合约的 getVoteEndTime 函数获取投票项目的截止时间，并将该截止时间在前端页面投票成功后进行弹窗显示。部分代码如下。

```
    else{

        VotingInstance.getPrivateKey.call({from:account}).then((result) => {
        console.log("Success! Got result: " + result);
        var prvkey = result;
        console.log(prvkey);
        var privateKey = new BigInteger(prvkey, 16);
        //var prvkey = f1.prvkey1.value;
        //console.log(prvkey);
        var encryptData = f1.sigval1.value;
        console.log(encryptData);
        var privateKey = new BigInteger(prvkey, 16);
        console.log(privateKey);
        var cipherMode = f1.cipherMode.value;
        console.log(cipherMode);
        var cipher = new SM2Cipher(cipherMode);
        console.log(cipher);
        var data = cipher.Decrypt(privateKey, encryptData);
        console.log(data);

        var candidateName = data;
        VotingInstance.voteDataStore(candidateName, {from: account});
        VotingInstance.voteForCandidate(candidateName, {from: account});
        VotingInstance.getVoteEndTime.call({from:account}).then((result) => {
         console.log("Success! Got result: " + result);

         alert("投票成功！结果将会于"+ result +"公布！")

        }).catch((err) => {
            console.log("Failed with error: " + err);
        });
    });
```

至此，我们熟悉了基于区块链的投票系统的设置投票项目页面和投票页面的前后端实现原理。本质上，设置投票项目页面实现对智能合约中参数赋值的操作，投票页面从区块链中读取数据并显示至前端，并对智能合约某选项的总票数进行修改操作。下面我们将讲解该项目中加密算法的设计及实现。

12.4　基于区块链的投票系统之加密算法解析

在这一节中，我们将学习上述投票系统代码中使用的 SM2 加密算法，实现投票过程的隐私保护。在设置注册码页面、注册页面、投票页面都会使用 SM2 加密算法对数据进行加密，从而传输加密数据以保护用户的隐私。SM2 加密算法是由国家密码管理局发布的基于椭圆曲线的公钥密码算法，256 位 SM2 密码的强度高于 2 048 位 RSA 密码，具有更高的安全性。

在本系统中，SM2 密码的加解密过程设计如下。

（1）进入带有 SM2 加密算法的模块（设置注册码页面、注册页面、投票页面），服务器端启动生成密钥对函数。

（2）服务器端生成 SM2 加密算法的密钥对，并将公钥返回前端页面显示。

（3）用户在前端页面用公钥对私密数据（如注册码、选票）进行加密，并将密文发送给服务器。

（4）服务器端拿到数据，使用存储的私钥对接收到的数据进行解密获取明文数据，再调用合约中的方法对数据进行后续操作。

下面以设置注册码页面为例，讲解 SM2 加密算法在投票系统中的应用原理，注册页面和投票页面的原理与其一致，不再赘述。

12.4.1　前端页面的设计

依据 12.3 节投票系统前后端设计，图 12-11 显示了投票系统相关页面，包括添加区块链网络、导入账户、投票系统初始化、设置注册码和设置投票时间等。

在采用加密算法实现投票功能的前端页面设计中，进入设置注册码页面后，服务器端就会生成密钥对，并将公钥发送至前端页面。管理员输入 8 个注册码，并单击"加密注册码"，注册码会被一一加密。之后单击底部的"确定"按钮，将加密的注册码传输至服务器端。

图 12-11　投票系统相关页面

首先在前端页面引入 SM2 加密函数 doCrypt 的 js 代码，通过公钥将注册码数据进行加密，并展示加密后的数据。设置注册码页面（registerId.html）的核心代码如下。

```
function doCrypt() {
    var f1 = document.form1;

    var curve = f1.curve1.value;
    var msg1 = f1.register_id1.value;
    var msgData1 = CryptoJS.enc.Utf8.parse(msg1);
    var msg2 = f1.register_id2.value;
    var msgData2 = CryptoJS.enc.Utf8.parse(msg2);
    var msg3 = f1.register_id3.value;
    var msgData3 = CryptoJS.enc.Utf8.parse(msg3);
    var msg4 = f1.register_id4.value;
    var msgData4 = CryptoJS.enc.Utf8.parse(msg4);
    var msg5 = f1.register_id5.value;
    var msgData5 = CryptoJS.enc.Utf8.parse(msg5);
    var msg6 = f1.register_id6.value;
    var msgData6 = CryptoJS.enc.Utf8.parse(msg6);
    var msg7 = f1.register_id7.value;
    var msgData7 = CryptoJS.enc.Utf8.parse(msg7);
    var msg8 = f1.register_id8.value;
    var msgData8 = CryptoJS.enc.Utf8.parse(msg8);

    var pubkeyHex = f1.pubkey1.value;
```

```
            if (pubkeyHex.length > 64 * 2) {
                pubkeyHex = pubkeyHex.substr(pubkeyHex.length - 64 * 2);
            }

            var xHex = pubkeyHex.substr(0, 64);
            var yHex = pubkeyHex.substr(64);

        var cipherMode = f1.cipherMode.value;

            var cipher = new SM2Cipher(cipherMode);
            var userKey = cipher.CreatePoint(xHex, yHex);

        msgData1 = cipher.GetWords(msgData1.toString());
            msgData2 = cipher.GetWords(msgData2.toString());
            msgData3 = cipher.GetWords(msgData3.toString());
            msgData4 = cipher.GetWords(msgData4.toString());
            msgData5 = cipher.GetWords(msgData5.toString());
            msgData6 = cipher.GetWords(msgData6.toString());
            msgData7 = cipher.GetWords(msgData7.toString());
            msgData8 = cipher.GetWords(msgData8.toString());

            var encryptData1 = cipher.Encrypt(userKey, msgData1);
            var encryptData2 = cipher.Encrypt(userKey, msgData2);
            var encryptData3 = cipher.Encrypt(userKey, msgData3);
            var encryptData4 = cipher.Encrypt(userKey, msgData4);
            var encryptData5 = cipher.Encrypt(userKey, msgData5);
            var encryptData6 = cipher.Encrypt(userKey, msgData6);
            var encryptData7 = cipher.Encrypt(userKey, msgData7);
            var encryptData8 = cipher.Encrypt(userKey, msgData8);
            f1.sigval1.value = encryptData1;
            f1.sigval2.value = encryptData2;
            f1.sigval3.value = encryptData3;
            f1.sigval4.value = encryptData4;
            f1.sigval5.value = encryptData5;
            f1.sigval6.value = encryptData6;
            f1.sigval7.value = encryptData7;
            f1.sigval8.value = encryptData8;
    }
```

输入注册码，单击"加密注册码"按钮触发前端 js 中的 SM2 加密函数 doCrypt。部分代码如下。

```
    <body class="bg-light">
```

```
<div class="container">
    <div class="py-5 text-center">
        <img src="images/title1.svg" alt="" width="" height="">
        <h2>设置注册码</h2>
    </div>

    <div class="row">

        <section id="main_content" class="inner">
            <!-- now editing -->
            <form name="form1" class="needs-validation"    novalidate>
                <div class="mb-3">
                    <label>1、密钥对</label><br/>
                椭圆曲线加密名称：
                <select name="curve1">
                    <option value="sm2">SM2
                </select>
                <!--input type="button" value="生成密钥对" onClick="doGenerate();"/><br/-->
                <br>
                    <!--私钥 (十六进制): <input type="text"    class="form-control" name="prvkey1"
id="prvkey1" /-->

                    公钥 (十六进制): <input type="text"    class="form-control" name="pubkey1"
id="pubkey1" />

                </div>

                <hr class="mb-4">
                <!-- ============================================================ -->
                <div class="mb-3">
                    <label>2、输入需要加密的注册码:</label><br/>

                加密方式：
                <select id="cipherMode" name="cipherMode">
                    <option value="1" selected="selected">C1C3C2
                </select>
                <br/>
                    注册码 1：<input type="text" class="form-control" id="register_id1" name=
"register_id1" />

                    注册码 2：<input type="text" class="form-control" id="register_id2" name=
"register_id2" />

                    注册码 3：<input type="text" class="form-control"id="register_id3" name=
"register_id3" />

                    注册码 4：<input type="text" class="form-control" id="register_id4" name=
```

```
"register_id4" />
                            注册码 5：<input type="text" class="form-control" id="register_id5" name=
"register_id5" />
                            注册码 6：<input type="text" class="form-control" id="register_id6" name=
"register_id6" />
                            注册码 7：<input type="text" class="form-control" id="register_id7" name=
"register_id7" />
                            注册码 8：<input type="text" class="form-control" id="register_id8" name=
"register_id8" />
                            <input type="button" value="加密注册码" onClick="doCrypt();"/>
```

register_id1, register_id2,…, register_id8 是从页面获取的未加密的注册码，这些注册码会被加密为密文，加密后的注册码的 id 被标识为 sigval1, sigval2,…, sigval8，用户通过 class 为"btn btn-primary btn-lg btn-block"的按钮触发服务器端的设置注册码功能。部分代码如下。

```
        <div class="mb-3">
                <label>3、加密后的注册码 (十六进制): </label><br/>
                注册码 1：<input type="text" class="form-control" id="sigval1" name="sigval1"
value="" />
                注册码 2：<input type="text" class="form-control" id="sigval2" name="sigval2"
value="" />
                注册码 3：<input type="text" class="form-control" id="sigval3" name="sigval3"
value="" />
                注册码 4：<input type="text" class="form-control" id="sigval4" name="sigval4"
value="" />
                注册码 5：<input type="text" class="form-control" id="sigval5" name="sigval5"
value="" />
                注册码 6：<input type="text" class="form-control" id="sigval6" name="sigval6"
value="" />
                注册码 7：<input type="text" class="form-control" id="sigval7" name="sigval7"
value="" />
                注册码 8：<input type="text" class="form-control" id="sigval8" name="sigval8"
value="" />
        </div>

    </form>
    <hr class="mb-4">
    <button class="btn btn-primary btn-lg btn-block" type="submit">确定</button>
```

前端通过导入 registerId.js 代码与后端连接。部分代码如下。

```
    <script src="http://libs.baidu.com/jquery/2.0.0/jquery.min.js"></script>
    <script src="js/web3.min.js"></script>
    <script src="js/truffle-contract.js"></script>
    <script src="js/registerId.js"></script>
```

```
<script src="js/bootstrap.min.js"></script>
```

12.4.2 后端智能合约的设计

后端智能合约设计的主要内容包括项目初始化函数和投票合约的 Web3 接口，部分代码如下。

```
RegisterId = {
    web3Provider: null,
    contracts: {},

    initWeb3: function () {
        if (typeof web3 !== 'undefined') {
            RegisterId.web3Provider = web3.currentProvider;
        } clsc {
            RegisterId.web3Provider = new Web3.providers.HttpProvider('http://localhost:7545');
        }
        web3 = new Web3(RegisterId.web3Provider);
        RegisterId.initContract();
    },

    initContract: function () {

        $.getJSON('Voting.json', function (data) {
            var Artifact = data;

            RegisterId.contracts.Voting = TruffleContract(Artifact);

            RegisterId.contracts.Voting.setProvider(RegisterId.web3Provider);
            //console.log(RegisterId.contracts.Voting);
            //RegisterId.setCounts();
        });
        RegisterId.doGenerate();
    },
```

初始化后生成公私钥对函数，通过系统库函数完成生成公私钥的操作，将私钥存储，将公钥传输至前端页面。部分代码如下。

```
doGenerate: function(){
    var f1 = document.form1;
    var curve = f1.curve1.value;
    var ec = new KJUR.crypto.ECDSA({"curve": curve});
    var keypair = ec.generateKeyPairHex();
```

```
//f1.prvkey1.value = keypair.ecprvhex;
f1.pubkey1.value = keypair.ecpubhex;
var prvkey1 = keypair.ecprvhex+" ";
var pubkey1 = f1.pubkey1.value;
var Instance;
```

通过 web3.eth.getAccounts 函数获取用户账户后，单击页面设计中的"注册"按钮触发 RegisterId.handleRegisterId 函数，其部分代码如下。

```
bindEvents: function () {
        $(document).on('click', '.btn-block', RegisterId.handleRegisterId);
    },
```

handleRegisterId 函数：获取前端管理员输入的加密的注册码数据。部分代码如下。

```
handleRegisterId: function() {
    var f1 = document.form1;
    var encryptData1 = f1.sigval1.value;
    var encryptData2 = f1.sigval2.value;
    var encryptData3 = f1.sigval3.value;
    var encryptData4 = f1.sigval4.value;
    var encryptData5 = f1.sigval5.value;
    var encryptData6 = f1.sigval6.value;
    var encryptData7 = f1.sigval7.value;
    var encryptData8 = f1.sigval8.value;
    //console.log(encryptData);
```

web3.eth.getAccounts 函数的功能为获取用户登录的 MetaMask 账户，其实现的部分代码如下。

```
// 获取用户登录的 MetaMask 账户
web3.eth.getAccounts(function (error, accounts) {
    if (error) {
        console.log(error);
    }

    var account = accounts[0];
    //alert(account);
    //console.log(account);
    if(account == 管理员账户的以太坊地址)
    {
```

若该账户与管理员账户一致，则创建一个合约实例，并调用合约中的 getPrivateKey 函数，获取私钥，通过前端用户选择的加密模式还原最初的私钥，并对加密的注册码进行解密。然后，调用合约的 registerIdSetup 函数，将注册码存储至合约中。成功设置注册码后跳转到设置投票时间页面（timeSet.html）。部分代码如下。

```
RegisterId.contracts.Voting.deployed().then(function (instance) {
        Instance2 = instance;
```

```
                    //get privatekey
                    Instance2.getPrivateKey.call({from:account}).then((result) => {
                    console.log("Success! Got result: " + result);
                    var prvkey = result;
                    console.log(prvkey);
                    var privateKey = new BigInteger(prvkey, 16);
                    //console.log(privateKey);
                var cipherMode = f1.cipherMode.value;
                    //console.log(cipherMode);
                    var cipher = new SM2Cipher(cipherMode);
                    //console.log(cipher);
                    var data1 = cipher.Decrypt(privateKey, encryptData1);
                    var data2 = cipher.Decrypt(privateKey, encryptData2);
                    var data3 = cipher.Decrypt(privateKey, encryptData3);
                    var data4 = cipher.Decrypt(privateKey, encryptData4);
                    var data5 = cipher.Decrypt(privateKey, encryptData5);
                    var data6 = cipher.Decrypt(privateKey, encryptData6);
                    var data7 = cipher.Decrypt(privateKey, encryptData7);
                    var data8 = cipher.Decrypt(privateKey, encryptData8);
                    console.log(data1);
                    console.log(data2);
                    console.log(data3);
                    console.log(data4);
                    console.log(data5);
                    console.log(data6);
                    console.log(data7);
                    console.log(data8);

                    Instance2.registerIdSetup(data1, data2, data3, data4, data5, data6, data7,
            data8, {from: account});

                    window.location.href="timeSet.html";
                    //alert(count1);
                }).catch((err) => {
                    console.log("Failed with error: " + err);
                });
            });
        }
```

最后，若用户登录的 MetaMask 账户与管理员账户不一致，则会跳转到登录页面（index.html）。部分代码如下。

```
    else{
                alert("账户错误，请用管理员账户登录 MetaMask");
                window.location.href="index.html";

            }
```

以上，我们以设置注册码页面为例学习了 SM2 加密算法在投票系统中的实现原理，其他涉及加密的模块原理与此一致，读者可以根据自己的项目需求进行相应调整。

当核心功能模块完成后，经过代码编译、部署和运行，投票系统 DApp 开发结束，随后以管理员账户登录系统，对系统项目进行初始化，主要过程包括以下内容。

（1）管理员账户登录。

（2）设置投票项目和项目注册码。

（3）设置投票时间，从而转到通知页面。

（4）投票结果页面展示。

之后，投票者登录系统，对管理员设置的投票项目进行投票，主要过程如下。

（1）注册并登录。

（2）跳转至投票页面进行投票。

（3）投票结果页面展示。

需要注意的是，JavaScript 代码中的默认管理员账户需要更改为在 Ganache 中创建的用户自己的区块链账号。启动 Ganache 后，我们将第一个账户设置为管理员账户。复制账户并替换 index.js、project.js、registerId.js、timeSet.js、note.js 和 result.js 中的管理员账户。某些页面可能有多个地方需要替换。

综上所述，投票系统代码可以根据用户的具体项目需求进行修改、编译、部署和执行。

第13章　区块链应用案例

　　随着数字经济的快速发展，区块链技术作为"信任网络""信任机器"的关键作用将持续放大，在数字经济中扮演着越来越重要的角色。它可以通过技术信任来解决传统信任机制中存在的风险难题，从而释放数据要素的价值。本章将通过跨境无纸化贸易和政务信息资源共享领域的应用，揭示区块链技术在优化业务流程、降低运营成本等方面发挥的作用。

　　在跨境无纸化贸易方面，区块链技术可以解决各国参与方在贸易单证数据交互和业务协同中存在的问题。通过分析当前世界贸易组织（WTO）和世界海关组织（WCO）的跨境贸易商务流程与监管规则，本章结合区块链技术的发展，从贸易单证数据的隐私保护、所有权保护和真实性保障的要求，以及实现贸易无纸化、提升贸易便利化的需求出发，对区块链技术应用于跨境贸易单证数据安全共享及其保护机制的意义进行讨论，并讨论关键功能设计、技术实现及其适用性和可行性。

　　在政务信息资源共享方面，区块链技术可以解决跨部门相互信任困难、数据隐私保护薄弱、交换不及时、数据不一致、业务协同困难、数据可溯性差及信息共享和公开范围不广等问题。通过深入分析当前政务信息资源共享及公开的关键因素和运行机制，结合P2P网络、密码学及人工智能理论，本章提出了去中心化政务信息资源共享及公开的解决思路，并给出了基于区块链技术的模型总体架构，从而构建了政务信息资源共享与交换网络体系、政务信息资源共享与交换区块链目录体系、去中心化数字证书及信任体系及信息资源共享安全智能交换体系。该模型对有效解决政务信息资源共享应用中的信任孤岛、数据所有权、对等管理、标准一致性和非实时交换等问题具有较好的理论价值与实际应用价值，使政务信息资源共享及公开在政府及公众多元主体参与的背景下具有较强的适应性，对促进政府管理和公共服务的科学化、民主化、智能化与高效化具有积极意义。

13.1　区块链与跨境无纸化贸易

13.1.1　跨境无纸化贸易背景

跨境无纸化贸易是指政府、银行、保险公司、物流公司、进出口企业利用信息技术，通过网络手段，按照标准规范传输和处理与国际贸易单证有关的电子数据。从广义上看，无纸化贸易可以理解为国际贸易、电子商务、电子政务相结合的产物，更侧重于公共服务环境（主要涉及通关、政府管理、国际运输、国际结算等）的建设和贸易链的整体应用层面。据世界贸易组织统计，受新冠疫情影响，2020 年第三季度全球服务贸易较 2019 年同期下降 24%，而计算机服务增长 9%。总体而言，全球贸易复苏的前景仍不明朗。然而，根据欧盟委员会公布的 2020 年数字经济与社会指数（DESI），数字经济已成为抵御风险、推动经济增长的重要力量。此外，《区域全面经济伙伴关系协定》（RCEP）的正式签署标志着东亚自由贸易区开启了一种新的数字贸易形式，该协定涉及电子商务、知识产权、政府采购等现代话题。其中，电子商务类的规则包括促进无纸化贸易、推进电子认证和电子签名、保护电子商务用户的个人信息、保护在线消费者权益、加强对未经请求的商业电子信息的监管合作等。

在此背景下，如何利用新一代信息技术推动数字贸易、提高跨境清关支付结算效率、降低贸易成本、缓解全球跨境贸易摩擦的影响、促进全球贸易持续增长，成为各大权威机构和国家政府的目标。同时，世界海关组织也积极推广国际贸易的安全与便利化，包括对海关流程的简化和协同，促进数据要素的跨境流通，减少贸易过程中的时间和成本，这有利于实现国际贸易和全球数字经济的增长。

在跨境贸易中，单证无疑是贯穿整个业务流程的重要因素，其按照单证形式分为纸质单证和电子单证；如果按照电子数据交换（Electronic Data Interchange，EDI）国际通用标准分类，可以归纳为生产、订购、销售、银行、保险、货运代理服务、运输、出口、进口/转口九大类单证。跨境贸易各参与方颁发的贸易单证如图 13-1 所示。

根据波士顿咨询的统计数据，在整个交易流程中，每笔交易涉及的贸易参与方多达 20～30 个，需要交换的单证有 40 多种及 5 000 多个数据字段。因此，单证的准确性、真实性、可信度和及时性对于跨境贸易的顺利进行至关重要。

目前，跨境贸易的无纸化已经成为各国的共识。对于数字文档技术，如 PDF、数据交易接口（Data-Trader Interface，DTI）及基于 UN/EDIFACT、XML、JSON 等格式构建的 EDI 消息已经在电子商务等平台、跨境电子商务等领域得到广泛应用。然而，还存在以下问题。

（1）涉及原产地证明、银行信用证、检验检疫证等贸易单证时，仍然使用传统纸质、手写签名和第三方代理的方式进行单证的跨境申报与查验，这容易导致贸易单证的错误、丢失和伪造，并影响跨境贸易的处理效率，也会增加各参与方协调和管理的成本，直接导致单证及数据处理费用占贸易总额的 5%～10%。

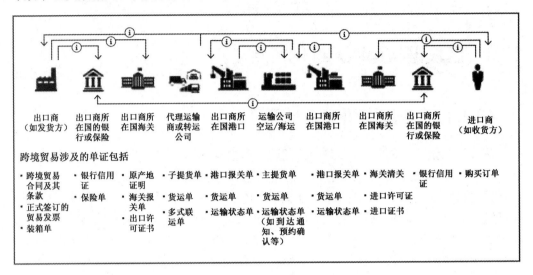

出口商（如发货方） 出口商所在国的银行或保险 出口商所在国海关 代理运输商或转运公司 出口商所在国港口 运输公司空运/海运 出口商所在国港口 出口商所在国海关 出口商所在国的银行或保险 进口商（如收货方）

跨境贸易涉及的单证包括

· 跨境贸易合同及其条款 · 正式签订的贸易发票 · 装箱单	· 银行信用证 · 保险单	· 原产地证明 · 海关报关单 · 出口许可证书	· 子提货单 · 货运单 · 多式联运单	· 港口报关单 · 货运单 · 运输状态单	· 主提货单 · 货运单 · 运输状态单（如到达通知、预约确认等）	· 港口报关单 · 货运单 · 运输状态单	· 海关清关 · 进口许可证	· 银行信用证 · 进口证书	· 购买订单

图 13-1　跨境贸易各参与方颁发的贸易单证（来源：Accenture）

（2）业务流程协同低效。以联合国贸易便利化和电子商务中心（UN/CEFACT）定义的模型为参考，跨境贸易至少包含 27 个主要环节，其中大部分环节涉及不同国家的多个参与方，包括跨境政府监管机构间的协同合作。如果在物流、资金流和信息流任何一个环节上出现问题，那么都可能导致整个业务流程的协同低效，进而直接影响贸易及通关效率。

（3）缺乏可信的数据共享机制。不同国家参与主体的自有系统或单一窗口平台等缺乏互信机制，导致封闭不互通、数据碎片化、信息严重不对称。以口岸管理办公室为例，各地口岸管理办公室无法获取海关通关的所有明细信息，仅有整体的通关时间统计平均值，难以对具体数据进行充分利用，发挥其价值。

综上所述，跨境贸易具有复杂性和大量参与者，同时具有缺乏信任的特点，对采用无纸化贸易构成了挑战，导致单一文件数据共享不足，缺乏数据保护机制。这些挑战增加了政府监管机构核实交易合法性和合规性的难度与成本，从而降低了国际贸易的效率，并增加了企业的运营成本。这对通过电子化、智能化监管实现跨境贸易、支付结算、物流治理体系和治理能力的现代化提出了新的挑战。

作为比特币的底层技术，区块链在对等 P2P 网络环境下，采用分布式账本，通过共识算法来生成和更新区块数据，利用密码学方式保证数据传输和访问安全，利用可编程智能合约的链上自动执行操作数据，实现了一种全新的分布式基础架构与计算范式。它具有的弱中心化、不可篡改、透明性和数据可追溯等特点，是建立面向异构信任体系的跨境贸易电子化，实现数据安全共享与交换的自动化，以及业务协同智能化较好的解决方案。

因此，该研究对有效实施"一带一路"倡议，丰富跨境贸易金融、贸易便利化和数字贸易现有的理论与实践方法，以及在全球范围内建立基于区块链的跨境电子交易、跨境通关协作、跨境支付清算及跨境物流融合的生态体系具有重要的现实意义，主要体现在以下 3 个方面。

（1）推动跨境贸易无纸化数据交换流程，进一步提升国际贸易便利化水平，实现企业信息、商品及服务信息、单证信息的在线交换与共享；提升交易的透明度、商品交易行为的可追溯性，以及跨境物流、跨境电子认证、跨境交易和跨境支付的效率与水平。

（2）有利于各参与方统一共识、互联互通，推动监管数据互认，促进国际海关通关的电子化、统一化和标准化，简化海关通关手续，实现国际贸易单一窗口跨境数据协作。

（3）降低中小微企业进行国际贸易的门槛，降低行政和业务协同成本，在跨境融资领域利用区块链技术搭建信息共享平台，助力企业融资效率的提升，消除中小微企业进入国际贸易的壁垒。

13.1.2　跨境无纸化贸易的发展历程

随着全球一体化的加速，跨境贸易要求各国参与者之间实现更高水平的数据连接、分享和协作。无纸化贸易的服务可以简化跨境 B2B、B2G 和 G2G 之间的工作程序，提高贸易运行效率，为中小型企业提供更多商业信息和贸易机会，使市场机制在全球范围内发挥更大的效应。因此，无纸化贸易是 APEC、WTO 等国际组织所强调的促进国际贸易平稳增长的重要内容，也是 UN/CEFACT 33 号建议书提出的建设跨境一体化"单一窗口"、实现贸易便利化的重要途径。根据不同经济体的无纸化贸易发展历程，单证电子化数据传输与共享交换技术可以大致总结为以下 3 个方面。

1. 基于 UN/EDIFACT 标准的 VAN/EDI 技术

随着电子数据交换（EDI）技术的引入，单证电子化数据的传输和交换成为无纸化贸易发展的第一阶段。EDI 基础框架包含计算机应用系统、通信网络和数据标准化 3 个方面的内容。企业采用 EDI 应用系统，通过增值网络服务（Value Added Network，VAN）提供商建立点对点的传输连接，将符合 UN/EDIFACT 标准代码表的单证报文加密传输到合作方 EDI 应用系统邮箱，最终由系统解密并转换成特定格式的数据。EDI 技术主要应用于国际运输、贸易管理和国际采购等方面，具有安全可靠、标准规范、迅速准确等优点，在某种程度上降低了时间成本，提高了工作效率。但是，受其封闭技术环境、实现的复杂性、高昂的运行成本及 EDI 标准灵活性差带来的数据交换困难等影响，EDI 技术主要应用于大型跨国公司，对于众多的中小型企业而言，其成本较高且难以实现。

2. XML/EDI 融合技术

20 世纪 90 年代末期，随着互联网技术在商业领域的广泛应用，XML 成为定义数据交换格式的首选方案，它具有平台扩展性好、层次化高和开放性好等特点，可以解决 EDI 系统中数据可重用性差、语义能力有限等问题。在这一阶段，XML/EDI 体系应运而生，旨在通过将 EDI 数据转换成更易理解的 XML 消息格式，借助 SOAP、WSDL 和 XML 形式的代码与标识符标准，完成电子单证数据的交换，降低贸易成本，有利于提高中小型企业参与跨境无纸化贸易的积极性。然而，在实际应用中，该体系仍然面临着缺乏商务流程和管理、集成度不高、部署标准不统一和使用门槛高等问题，因此在市场上难以广泛应用和推广。尽管如此，XML/EDI 体系作为一种具有一定学术理论价值的技术和方法，为后续无纸化贸易发展提供了重要的经验。

3. PKI 体系下的 ebXML/XML 技术

ebXML 作为强调互联网电子商务流程的体系架构，在保留 XML/EDI 框架的基础上，采用模块化的设计，通过业务过程定义、消息服务机制、贸易伙伴概要和协定（CPP/CPA）、注册表/知识库及其核心组件，实现面向中小型企业的 B2B 商业方案，进而实现最大限度的互联互通和互操作性。此外，针对 ebXML 体系架构中存在的安全问题，采用 PKI 体系的信任和安全服务基础设施，通过第三方公认的 CA 中心解决网上身份认证、公钥分发及信息完整性检验等一系列问题；使用 SSL 和 S/MIME 技术保障端到端的消息传输安全；采用基于身份验证的授权机制实现数据的访问控制。在实际应用中，ebXML 已经成为多个国家实现单一窗口的技术标准之一。例如，韩国和中国台湾地区的技术服务提供商 KTNET 与 TRADE-VAN 在泛亚电子商贸联盟（PAA）框架下，采用基于 ebXML 框架的系统实现了电子原产地证书的跨境传输，提高了贸易的效率和可靠性。此外，东盟各国在东盟经济一体化倡导下建立了基于 ebXML 框架的区域性东盟单一窗口（ASW），并实现了区域内 Form D 单证的共享和交换，促进了区域内贸易的发展和合作。

2017 年，中国（上海）国际贸易单一窗口 3.0 版全面上线运行，共有 23 个政府部门参与，采用 EDI 报文标准，实现 100%的货物申报、全部的船舶申报和出口退税业务，最终期望在跨境贸易的全球网络中实现单一窗口互联互通和国际供应链信息共享。然而，从全球单一窗口发展的角度来看，我国仍处于跨境无纸化贸易的成长阶段。

因此，在实现跨境无纸化贸易的过程中，各国的首要任务都是通过布局新一代信息技术，加强国家层面的双边连接和多边连接，推动相关设施和信息的互联互通。目前，各国跨境 G2G、G2B、B2G 和 B2B 信息共享系统采用了基于 EDI、XML、ebXML 标准的框架体系，在中心化架构下通过安全网关实现了跨境数据的共享和安全交换。然而，在区域经济合作及全球经济合作需求不断增长的背景下，以"共识互信、互联互通、信息互换和监管互认"为目标的跨境贸易单证数据安全共享仍然是一个难点，并制约着全球一体化无纸化贸易的进程。主要存在以下 5 个方面的问题。

（1）信任孤岛问题。跨境贸易各参与方在进行商务交易活动时，各国家、地区、行业拥有不同的数字证书认证体系，存在不同的密码系统，这些数字证书认证体系之间没有建立互信、互通、互认的机制，缺乏数字证书互认的通用技术解决方案，从而导致异构系统不兼容，形成了多个信任孤岛。

（2）数据主权与本地化问题。数据主权在国际贸易无纸化进程中，是数据跨域、跨组织和跨境交换中不可避免的问题。因为信息化系统一旦跨域、跨组织、跨境，必然会碰到数据主权的问题。同时，信息技术的强弱差异会导致各国对跨境数据流动政策的选择具有本质的区别，而数据本地化则是新兴经济体和发展中国家战略上的诉求。

（3）中心化平台的信任瓶颈问题。目前，实现跨境无纸化贸易的技术方案提供的均为中心化的服务或平台。这类涉及跨境贸易的数据交换平台或系统在技术层面和治理层面都具有高度集权的特点，导致数据垄断及权利和义务的不对称，从而造成不同主权国家的参与方对中心化平台缺失信任。

（4）贸易单证的隐私保护问题。跨境贸易中由各参与方生产并拥有的单证数据普遍具有高度商业机密性，属于敏感、隐私的商业资产，在跨境贸易各参与方之间进行全过程业务流转时，会导致竞争对手不愿参与共享和交换，从而形成数据孤岛和信息的不对称。

（5）数据源真实性问题。跨境贸易中各数据源及参与方不仅数量众多、类型复杂，还因跨境的业务特点，分布在不同国家和地区的管辖区，难免涉及线上交易、线上支付、线上金融等活动，在没有实现网络虚拟身份与现实身份可靠映射的情况下，业务链中任意一方想要确认其他各环节参与方身份的真实性、避免贸易欺诈风险都面临着巨大的挑战。

从跨境无纸化贸易的发展情况来看，无纸化贸易平台的建设主要集中在国家或区域性联盟的层面，通常采用中心化技术模式实现。然而，这种中心化技术模式难以消除参与方对数据泄露和所有权归属的担忧，同时也缺乏足够的影响力和强制手段来推动跨境信息的交流与大规模推广，这些问题的存在对海关监管也构成了障碍。作为监管部门，海关审查聚焦于交易的真实性及交易的合法合规性，数据经过层层传递，其数据源缺失、数据难以整合，导致跨境贸易中仅信息核查便需要投入大量的时间成本和人力成本，进而降低业务流程的协同效率。

近年来，随着区块链技术价值的逐渐显现，区块链以其去中心化、交易透明可追溯、数据不可篡改和自动可执行等特点备受学术界、产业界和政府部门的关注。UN/CEFACT、WCO、WTO、UNCTAD/UNECE 等国际组织先后发布了将区块链技术应用于跨境贸易的研究报告，并一致认为区块链技术能够与国际贸易业务紧密结合，不仅将推进国际贸易转型，降低国际贸易壁垒，提高海关相关业务的运营效率，还将为发展中国家的中小微企业带来新的发展机遇。区块链技术应用的价值主要体现在以下 4 个方面。

（1）数据共享互通。通过构建区块链网络，跨境贸易中的大部分业务参与方以数据生产者和消费者的身份参与，数据的上传共享、交换和审核查验等交易记录经过共识机制的验证后，以加密的区块链式数据结构记录在网络内所有跨境贸易参与者共有的"账本"中，消除了全流程中数据共享互通的壁垒，实现了监管信息在层层传递过程中的可溯源性和透明性。

（2）多方信任，统一共识。区块链技术提供的去中心化网络机制或弱中心化网络机制，通过共识算法获得了参与方的广泛认可，不再需要传统权威机构进行认证和信用背书。这种机制采用技术手段，在各贸易方和参与方之间建立了一种相互信任的网络，由此转变了传统的信用生成方式，为信用建构提供了一种全新的途径。所有通过共识验证成功上链的数据经过签名确权，确保了贸易参与方与政府监管部门能够高效地核实数据真伪，有效地替代了传统纸质文件，保证了数据的不可篡改、不可伪造和可审计。

（3）提升业务协同效率。区块链网络提供的对等信任机制为跨境贸易流程中各环节的参与方提供了协同合作的基础。通过引入智能合约的自动触发和全网验证，实现了跨境 G2G、B2B、B2G 和 G2B 之间协作和交流的互信互认与无缝对接。这不仅提高了效率和自动化程度，而且在一定程度上规避了信用欺诈风险和操作风险。

13.1.3　区块链技术在跨境贸易相关领域的研究

受区块链技术在众多行业领域的成功应用的启发，全球各国和各地区的监管部门、金融机构、商业公司都纷纷加大了对区块链技术应用的力度。人们希望在涉及多方跨境交易的场景中解决各参与方的数据权益保护问题，降低交易过程的延迟和费用，实现政府、企业间的跨境数据共享及可信交换，以及企业间的跨币种支付结算、物流追溯和跨境可信交易等。目前，跨境贸易中区块链技术应用的典型案例如下。

1. 国外典型案例

（1）2019 年，马士基和 IBM 合作推出了 TradeLens，这是一种支持区块链的航运解决方案，旨在促进高效且安全的全球贸易。TradeLens 集结了多达 150 个参与方，支持信息的共享和交换，每天有超过 200 万笔业务及 15 000 个单证在此平台上交易和流转。

（2）2018 年，新加坡国际商会（SICC）和新加坡 vCargo Cloud 合作成立了世界上第一个基于区块链的电子原产地证书平台（eCOs）。该平台旨在提高认证贸易文件的透明度、安全性和效率。

（3）2018 年，美国海关与边境保护局将区块链技术应用于进口北美自由贸易协定（NAFTA）和中美洲自由贸易协定（DR-CAFTA）产品时的原产地证书查验与追溯。

（4）2018 年，韩国海关宣布开发区块链进口通关平台，并与电子商务公司签署了谅解备忘录，旨在提高商品的清关放行效率，实现实时信息的共享和安全交换，防止欺诈和走私行为。

（5）针对现有贸易单证跨境交换和验证困难的问题，新加坡金融科技公司 GeTS 于 2018 年推出了跨境贸易区块链平台——Open Trade Blockchain，主要用于解决贸易单证跨境验证的问题。该平台有 4 个节点，支持 15 种单证文件的有效验证，目前在区块链上已经有 250 万个单证文件的验证记录。

（6）CargoX 基于以太坊网络，创建了一个区块链文档交易系统（BDTS）开源协议，提供了对电子提单及贸易流程中所需文档的数字资产化、加密存储和共享交换服务，并提供了 API 接口对接参与方的 ERP 系统。

2. 国内典型案例

随着政府、产业界和学术界的积极探索，区块链技术的发展日新月异，围绕着区块链落地应用的关键技术推陈出新和不断迭代，使得区块链规模化应用的目标越来越近。

中国国内的区块链项目数量为 786 个，占全球区块链项目总数的 48.5%。从行业类别来看，金融行业区块链项目最多，占总项目的 78.1%，如供应链金融、贸易金融等。基于区块链的跨境贸易应用如下。

（1）2017 年 7 月，云象区块链帮助中国民生银行推出基于区块链技术的国内信用证信息传输系统（BCLC），改变了银行在信贷业务中的传统商业模式。

（2）2016 年 9 月，金融科技初创公司 Wave 与巴克莱银行、Ornua 公司合作，使用概念验证模型简化了信用证支付流程，并开发了首个基于区块链的实时贸易融资交易系统，将信用证交易流程从 7～10 天缩短到 4 小时内。之后，它与以色列航运公司 ZIM 和总部位于香港的物流公司 Sparx Logistics 完成了航运业的第一个试点项目。该项目的解决方案已在 ZIM 航运公司推出，并在 67 家银行、5 家运输公司和数百家其他类型公司中进行了进一步测试。

（3）2019 年 4 月，天津港选择空运和海运作为区块链验证试点项目线上试用的两种业务场景，在全国首次实现区块链技术与跨境贸易中交易、金融、物流、监管等各环节的深度融合。

总体而言，区块链的透明、去中心化和不可篡改等特点已经引起全球企业和政府的关注，大家都愿意探讨和尝试这项技术在提高贸易效率方面的潜力。但就跨境贸易而言，国内外真正落地和推广使用的项目仍然很少，多数仍处于概念证明、先导项目和研究试点阶段。此外，国内这些案例中，大多数加入的联盟节点均为国内企业和银行，主要业务也仅涉及国内段，未能实现真正意义上的跨境贸易业务协同。这其中的原因在于区块链技术面临的"不可能三角"问题（可扩展性、去中心化和安全性），尤其对非金融领域的跨境无纸化贸易应用来说，确保单证的安全共享和交换非常重要，包括交易数据的隐私保护、数据源真实性追溯和数据安全交换等。

13.1.4　区块链数据安全共享现状

近年来，产业界和学术界在应用需求的推动下，对区块链技术的理解越来越深入。通过引入安全多方计算、同态加密、零知识证明等新型隐私保护技术，构建基于区块链的数据安全交换、共享、传输、访问控制和数据计算的解决方案，推动区块链安全防护体系建设已经成为共识。

1. 区块链数据共享与访问控制的国内外研究现状

数据已经成为重要的资产，只有对数据进行共享和使用才能体现其价值。因此，如何高效地对数据进行存储、管理及访问控制，已成为应用系统必须面临的一项关键挑战。与此同时，相较于传统的集中式数据存储方法，人们越来越关注那些基于区块链技术的数据存储和共享解决方案，这些方案因其独特的研究和应用价值而备受瞩目。随着区块链技术的快速发展，越来越多的区块链数据共享与访问控制方法已经应用于不同的学科领域。

例如，在物联网（IoT）应用中，Xu 等人针对物联网设备集中式授权访问服务面临的挑战，在权能访问控制的基础上，提出了一种去中心化的 BlendCAC 模型。通过仿真实验，证明该模型可以为物联网系统提供可扩展、轻量级和细粒度的访问控制解决方案。Ahsan Manzoor 等人针对物联网云中心架构及第三方机构参与导致的信任、扩展性和付费问题，提出了基于区块链的物联网数据共享与交易方案。采用代理重加密方案，以安全、匿名的方式将数据从数据生产者传输到数据消费者，实现无须中心权威机构参与的安全高效的传感器数据存储、交易和管理平台。Obour Agyekum 针对云上物联网数据共享安全和隐私问题，结合内积加密（IPE）机制，提出了一种安全高效的代理重加密（PRE）方案，确保了数据的机密性和防止串通攻击，并实现了 IoT 数据的细粒度访问控制。

在使用移动边缘计算的车载网络中，Kang 提出采用联盟链和智能合约技术实现数据的安全存储与共享，通过权重主观逻辑模型计算车辆信誉度，有效阻止未经授权的数据源，以确保车辆之间的高质量数据共享。实验结果表明，该方案具有很高的效率和高度的安全性。

在医疗数据共享及其访问控制方面，国内外学者针对当前医疗数据（电子医疗病例）碎片化严重、共享效率低、传输过程不安全、缺乏数据完整性校验及隐私信息保护不足的问题，使用以太坊平台的智能合约实现对医疗数据的访问控制。美国麻省理工学院（MIT）开发的 MedRec 框架将智能合约与访问控制相结合进行自动化的权限管理，实现了跨医疗组织的医疗数据去中心化整合，有利于数据的隐私保护。Fu 为解决医疗系统间信息共享难及隐私保护问题，提出了一个基于区块链的医疗数据轻量级隐私保护模型，采用秘密共享的门限区块链方案，实现跨机构的医疗数据共享机制。通过密码学安全性证明和分析，该方案可以保护患者医疗信息的隐私和安全。

在电子政务的应用中，相关文献从概念模型的角度，阐述了区块链技术在智慧城市构建、政府治理和公共服务基础设施建设方面的巨大应用潜力，不仅安全可靠，而且可以降低行政成本，提高政府透明度，从而促进公民、企业和政府三者之间的数据共享。Carter 系统阐述了区块链技术在电子政务应用中存在的问题和优势，并从安全性、灵活性和可扩展性方面分析了在实践应用中面临的挑战。Engelenburg 结合商务规则及事件设计了基于区块链技术的 B2G 信息共享软件架构，通过建立业务规则实现企业数据的加密存储和授权访问机制，确保数据的安全共享、不可篡改和隐私保护。余益民提出了基于区块链技术的政务信息资源共享模型，以解决跨部门信任困难、缺乏数据隐私保护和业务协同等问题，该模型总体架构包括政务信息资源共享与交换网络体系、政务信息资源共享与交换区块链目录体系、去中心化数字证书及信任体系，以及信息资源共享安全智能交换体系。

此外，Sara Rouhani 从智能合约访问控制、数据共享访问控制、云联盟访问控制、跨组织访问控制、共享区块链访问控制、自治身份访问控制 6 个方面对基于区块链的门禁系统进行了文献综述和分析，并总结了现有系统的优势和面临的挑战，如链上和链下数据的融合、访问控制的动态性及区块链的可扩展性。王秀利提出了一种基于区块链的数据访问控制和共享模型，用于解决企业内部和企业间数据的访问控制与安全共享问题，利用基于属性的加密实现细粒度访问控制和安全共享。刘敖迪针对当前主流大数据集中式访问控制机制存在权限管理效率低、灵活性不足、扩展性差等问题，以 ABAC 模型为基础，提出了一种基于区块链的大数据访问控制模型与架构，并结合智能合约的访问控制方法实现了对大数据资源自动化的访问控制，最后通过仿真验证了该机制的有效性。

从目前国内外的研究现状来看，各国研究人员已经充分认识到基于区块链的数据共享技术在物联网、电子政务、医疗保健、贸易、供应链等各领域的潜在价值。目前，我国相关领域的理论研究已达到较先进的水平，但主要集中在概念模型和仿真分析阶段。另外，从国外发表的研究论文来看，很多项目已处于系统架构设计和原型系统开发的阶段，一些源代码已经在 Github 等平台上公开，如 MIT 的 MedRec 项目。

2. 区块链数据安全及隐私保护技术的国内外研究现状

区块链作为一种分布式账本网络共享系统，通过不同的共识算法来实现和验证数据的真实性、一致性，以及交易的有效性，解决了分布式节点的信任建立问题。然而，它也存在一些问题。例如，这种机制允许任何人都能够查询所有的匿名交易记录，通过机器学习算法，可以分析和发现地址间的关联关系，获取交易记录背后的知识，破坏数据的机密性。对于传统的联盟链或公有链应用、DApp 等的链上区块数据，或者链下长数据的存储而言，这些存储于链上或链下的元数据可能完全公开且无任何隐私保护，或者缺乏有效的身份真实性的认证和管理机制，易导致敏感数据的严重泄露。

因此，在区块链网络中保证数据的安全性及其隐私保护是一个非常值得研究的问题。近年来，国内外研究者已经提出一系列方案和算法。刘敖迪分析和总结了基于区块链的用户身份及证书管理的国内外研究现状，认为基于区块链的用户身份及证书管理能够有效地解决证书透明度低及单点故障的问题，并且能够有效降低中心 PKI 建设的成本，实现用户身份的轻量级认证。王震设计了一种可监管匿名身份认证方案，通过匿名证书的方式确定用户的资源访问权限和使用权限，同时，方案中引入监管机制、证书授权（CA）中心对匿名认证过程进行监管。该方案主要采用群签名和零知识证明算法构建，通过安全性的分析证明，能够高效实现可监管的匿名身份认证，适宜在区块链（联盟链）和其他具有匿名认证需求及可监管需求的系统中使用。马晓婷提出了一种基于区块链的跨异构域认证方案，在 IBC 域设置区块链域代理服务器参与国密 SM9 算法中的密钥生成，并与 PKI 域区块链证书服务器等构成联盟链模型，设计了跨域认证协议与重认证协议，并进行了 SOV 逻辑证明。这些方案和算法为区块链的进一步发展提供了有益的指导。

针对区块链的隐私保护问题，密码学中的零知识证明、同态加密、环/群签名、Pedersen 承诺、属性基加密等密码学技术被用于加密货币（如 Monero 和 ZeroCash）的匿名交易、智能合约的隐私保护和区块链数据的隐私保护等中。杨亚涛为解决区块链交易过程中的隐私泄露问题，对国密 SM9 算法进行改进，以联盟链为基础，提出了基于身份认证的多 KGC 群签名方案；王瑞锦在环签名的隐私数据存储协议、智能合约访问控制管理机制的基础上，构建了基于环签名的去中心化医疗大数据共享模型；Georg

Bramm 将密文属性基加密方案（CP-ABE）与区块链结合，提升了分布式系统密钥管理的安全性及效率。田有亮提出了基于属性加密的区块链数据溯源算法，设计了适用于区块链的策略更新算法和区块结构，实现了区块内容可见性的动态更新，完成了交易隐私的动态保护。此外，许多综述性文献分别对区块链应用中的隐私保护策略进行了介绍和分析，列举了典型的应用案例及场景。

总体来看，随着区块链逐渐成为价值互联网的重要基础设施，面对当前区块链大范围应用和技术成熟度上的挑战，国内外学者已经将现代密码学理论与现有区块链原生系统深度融合，将其作为区块链数据安全交换与共享方面的一个热点研究课题。然而，从目前的研究成果可知，每一种新型加密技术都存在一定的优势和一些问题，没有哪一种密码体制能够完全满足区块链数据共享交换的隐私保护和安全性要求。因此，如何利用区块链技术建立分布式信任及激励机制，并与新型密码学进行深度融合，实现高效数据安全交换与共享仍然是目前研究的难点。

在新型公钥加密体系下，我们面临的挑战包括计算规模大、密钥难以进行审计追踪，以及由中心权威机构进行密钥生成与分发。这些问题导致密钥管理成本的增加、密钥滥用和泄露的风险升高，已经构成密码学发展的瓶颈。因此，我们需要融合多种密码学技术，并利用区块链技术的去中心化、可追溯和交易透明性等特性，构建一个可证明安全的区块链加密体系。在此基础上，我们就能实现跨境无纸化贸易单证的安全交换、共享和隐私保护。通过区块链和多种密码学技术的融合互补，区块链价值得以倍增，同时密码算法的灵活性、高效性和可证明安全性也得以提升。如图 13-2 所示，这种融合可以应用于跨境贸易中，实现数据安全交换、共享和隐私保护。

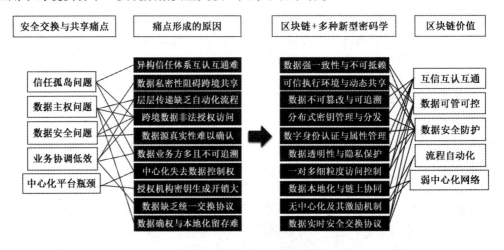

图 13-2　区块链技术应用于跨境贸易的优势

目前，跨境无纸化贸易已经经历了两个重要的发展阶段：第一个阶段是基于 EDI 的跨境贸易电子数据共享与交换体系；第二个阶段是基于互联网的 EDI、XML、ebXML 框架下的跨境贸易电子数据共享与交换体系。随着区块链技术的发展，跨境无纸化贸易正进入区块链时代，必将构建出跨境贸易电子交易的区块链安全交换与共享体系。

13.1.5　跨境贸易数字身份及其认证方案

跨境无纸化贸易作为推动数字经济增长和体现国家经济实力的重要组成部分,其核心是数据的跨境流动与共享。目前,"区块链+跨境无纸化贸易"已成为 WTO、WCO、ICC 等国际组织的共识。虽然区块链在数据确权、可追溯和防篡改等方面不断取得突破,但仍不能充分保障贸易数据共享交换的安全性与隐私性。因此,分属于不同国家、地区和行业的跨境贸易参与方普遍采用较为成熟的基于公钥基础设施(PKI)的身份认证技术确保信息的安全。然而,跨境贸易涉及多个国家和地区,各自使用不同的信任体系,以典型的数字证书认证系统 CA 为例,各个国家、地区、行业拥有不同的数字证书认证体系,这些数字证书认证体系之间没有建立互信、互认的机制。跨境贸易的相关机构和相关企业分别使用不同 CA 签发的数字证书,各国政府部门也分别使用不同 CA(自建或第三方)签发的数字证书,并基于这些 CA 构建了相关信息系统的信任机制,这些系统各自孤立,形成了多个信任孤岛。因此,如何解决各国、各地区之间跨境跨区贸易系统及监管查验系统之间存在的跨域身份验证需求问题,支持 CA 的互认、兼容和通用,是跨境无纸化贸易需要解决的首要问题。

近年来,随着区块链技术的发展,其去中心化、公开透明、可追溯、不可篡改等特性备受关注,许多学者也将区块链技术应用于数字身份管理系统的设计中,并提出了不同的方案,可以归纳为以下 3 种主要架构。

第一,基于区块链分布式账本的数字身份架构。由于区块链分布式账本具备公开透明、不可篡改、多边维护的特性,可用于克服基于 PKI 的 CA 等架构中的恶意证书颁发、证书撤销列表管理不方便、异构 CA 跨域认证困难等问题。目前,针对中心化 PKI 体系存在的问题,学者们提出了利用区块链的分布式账本存储和管理 CA 数字证书与身份信息的哈希摘要,并基于现代密码学算法进行可信身份认证和授权服务等的方法。

第二,基于区块链智能合约的数字身份架构。智能合约具有可编程、不可篡改、状态同步、公开透明的特性,用户与身份提供商(Identity Provider,IDP)之间很容易构建起分布式身份声明和在身份链上核验与发布的数字身份体系。由于智能合约的不可篡改特性,合约地址可用作统一数字身份标识符,便于数字身份的管理。因此,学者们构建了多种基于区块链的智能合约数字身份系统。

第三,基于区块链可验证凭证(Verifiable Credentials,VC)的数字身份架构。基于区块链分布式账本和智能合约的公开透明特性,前两种架构存在的身份隐私泄露风险能够有效减小。前两种架构在区块链上存储了数字身份的哈希摘要或加密信息,在身份认证和授权时仍需要提交身份的明文信息,存在身份泄露风险;而基于 VC 的数字身份架构,让用户自主管理身份数据,同时不利用区块链直接存储数字身份相关信息,仅仅利用其锚定数字身份标识符与真实身份的映射关系,存储身份的撤销信息,公开验证身份的有效性等。这种架构在不损失身份可信性的同时,也提高了区块链的效率和可伸缩性。

因此,在跨境贸易中,将区块链智能合约与零知识证明相结合,可以构建具有隐私保护的基于区块链的可验证凭证数字身份架构。具体方案如下。

首先,利用非交互式零知识证明(Zero-knowledge Succinct Non-interactive Arguments of Knowledges，zk-SNARKs）改善基于区块链的可验证凭证数字身份架构的身份隐私特性。在改进的架构中，服务提供商（Service Provider，SP）根据服务属性需求构造零知识证明程序。用户可以利用 VC 生成零知识证据，并调用智能合约，在不泄露敏感信息的同时证明其身份，同时验证用户是 VC 的持有者，从而实现隐私性和安全性的双重保障。

其次，在证明证据有效性和持有者身份的同时，该架构还验证了凭证颁发机构（身份提供商）的有效性。这些证明都是通过链上代码智能合约实现的，即零知识证据的有效性验证、凭证中身份提供商的验证、凭证的状态管理等都将由公开透明、安全可信的区块链智能合约实现，保证了认证的可信。

最后，跨境贸易参与方的身份属性可验证凭证被定义为仅包含单一身份属性的格式，以保障隐私最小化披露。同时，该架构给出了从凭证申请到完成验证的完整系统框架流程。

1. 数字认证架构与智能合约

数字身份管理系统架构最显著的特征是采用基于 ZoKrates 的可验证凭证的零知识证明，并利用智能合约完成所有零知识身份证明。ZoKrates 是一个工具集，包括领域特定语言（DSL）处理器、编译器（包括解析器和扁平器，这些工具可以将 DSL 翻译为扁平代码）、zk-SNARKs 零知识证据生成器，以及以太坊零知识证据验证的智能合约生成器。ZoKrates 的主要优势在于它能够掩盖 zk-SNARKs 零知识证明的复杂性，并为开发者提供了一个相对简单的方式，通过使用领域特定语言来描述零知识证明问题。此外，ZoKrates 能够实现在链下生成零知识证据，同时在链上使用智能合约进行零知识证据的验证。这种方法降低了链上验证计算的复杂性，提高了验证效率。同时，通过使用智能合约，验证过程的可信度得以提升，同时验证结果具有可追溯性。为了方便架构描述，本节在表 13-1 中给出了架构描述中用到的一些符号及其描述。

表 13-1　符号及描述

符号	描述
G	椭圆曲线 G 点
（SK_{user}，PK_{user}）	用户的私钥和公钥
H_k（·）	keccak256 哈希函数
Sign_H	H_k(Attribute ‖ User DID ‖ IDP DID)
Sign（·）	IDP 数字签名
ZK_Proof	VC 生成的零知识证据
Hash_P	ZK_Proof 的哈希值
Z	ZoKrates 的零知识证明程序
Private_in	零知识证明程序的私有输入
Public_in	零知识证明程序的公共输入
Sign_EthAddress	签名者的以太坊账户地址
Attribute	用户的单一身份属性的值

续表

符号	描述
User DID	用户的身份标识符
IDP DID	身份提供商的身份标识符
IDP Signature	身份提供商对凭证的数字签名

跨境贸易数字身份认证框架包含以下 3 种角色。

（1）用户。用户是 VC 的持有者，为获得凭证，用户需要生成私钥和公钥，然后将公钥和身份真实信息提交给身份提供商（IDP）。IDP 完成身份核验后，为用户颁发可验证凭证。用户获得可验证凭证后，为获得相关服务，需要向相应的服务提供商获取零知识证明程序 Z 和 Proving key，并利用 ZoKrates 生成可验证凭证的零知识证据 ZK_Proof。最后，用户向服务提供商提交零知识证据和可验证凭证中的 IDP 数字签名，以请求零知识身份认证和获取服务。

（2）身份提供商（IDP）。身份提供商是可验证凭证的颁发机构，其在收到用户的公钥和真实身份信息后，会核验用户真实身份的有效性，然后为用户生成如表13-1 所示格式的可验证凭证。其中，User DID 是用户的公钥经过 keccak256 哈希函数得到的结果，IDP DID 是身份提供商的身份标识符，IDP Signature 是身份提供商利用以太坊账户私钥对可验证凭证的哈希值 Sign_H 的数字签名。此外，为了管理凭证的撤销状态，身份提供商会在颁发凭证的同时，将凭证状态激活，并将其存储到凭证状态智能合约中。

（3）服务提供商（SP）。服务提供商是应用服务的提供机构，其将根据服务需要的属性，生成属性的零知识证明程序 Z、Proving key、Verification key、零知识证据验证智能合约。在用户请求服务前，服务提供商将属性的零知识证明程序 Z 和 Proving key 返回给用户。用户生成零知识证据后，调用零知识证据验证智能合约完成证据的验证和服务的返回。

图 13-3 展示了数字身份管理系统架构，采用智能合约对可验证凭证进行管理和认证。具体合约包括以下内容。

（1）凭证状态智能合约（Cert_Status_SC）。该合约由身份提供商管理，用于在颁发凭证后激活凭证状态，或在需要撤销凭证时撤销凭证。

（2）可验证凭证有效性验证智能合约（VerifySignature）。该合约用于验证可验证凭证中的身份提供商对凭证的数字签名（IDP Signature），以保证生成零知识证据的可验证凭证由身份提供商所颁发。

（3）零知识证据使用状态智能合约（Cert_isused_SC）。该合约用于防止已经提交的零知识证据被他人非法截获，并冒充合法用户获取服务。因此，每次使用后的零知识证据都要重新生成，并利用该合约进行记录，以防止重放攻击。

（4）零知识证据验证智能合约（Cert_ZK_Proof_SC）。该合约是服务提供商基于其构建的零知识证明程序 Z，利用 ZoKrates 生成的。当用户提交零知识证据后，服务提供商将其作为参数提交给该合约，若证据满足条件，则该合约返回真值，否则返回假值。

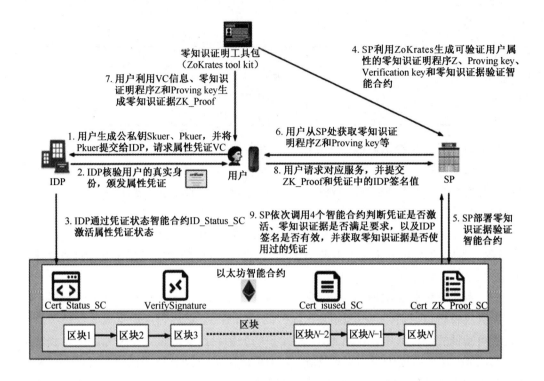

图 13-3　数字身份管理系统架构

图 13-4 以合约调用的方式展示了服务提供商在收到用户的请求及零知识证据等参数后，依次调用上述 4 个智能合约，完成可验证凭证的有效性验证的架构图。

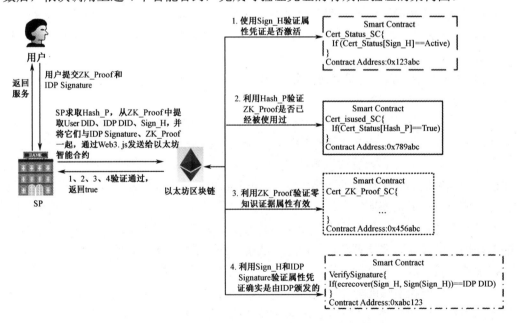

图 13-4　可验证凭证的零知识证据智能合约架构

2. 关键流程设计

1）身份属性的可验证凭证颁发流程

用户身份属性的可验证凭证（VC）的颁发流程是图 13-3 中步骤 1～3 的操作过程的细化，下面说明其中的具体内容，其时序流程如图 13-5 所示。

（1）GenKey→(SKuser, PKuser)：用户使用 ZoKrates 支持的 ECDSA 椭圆曲线算法生成私钥 SKuser 和公钥 PKuser。

（2）Require(issue_VC, PKuser)：用户根据 SP 的服务需求，请求身份提供商颁发基于属性的 VC，并提交其公钥 PKuser，以用于生成用户的身份标识符 User DID，而私钥自持以保证安全。

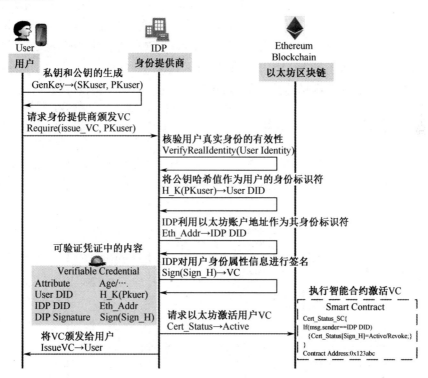

图 13-5　用户身份属性的可验证凭证的颁发时序流程

（3）VerifyRealIdentity(User Identity)：IDP 核验用户真实身份的有效性。

（4）H_K(PKuser)→User DID：IDP 利用 keccak256 哈希函数求取用户公钥的哈希值，并将结果作为用户的身份标识符 User DID。

（5）Eth_Addr→IDP DID：IDP 利用以太坊账户地址作为其身份标识符 IDP DID。

（6）Sign(Sign_H)→VC：IDP 利用以太坊账户私钥对用户申请的身份属性信息进行签名，同时生成基于身份属性的 VC。

（7）Cert_Status→Active：IDP 以 Sign_H 为参数，调用凭证状态智能合约 ID_Status_SC，将 VC 激活，以说明 VC 可用。

（8）IssueVC→User：IDP 将身份属性的 VC 颁发给用户。

2）零知识验证的证据生成流程

VC 的零知识证据验证智能合约和零知识证据的生成流程是图 13-3 中步骤 4～7 的操作过程的细化，图 13-6 给出了证据生成的时序流程，下面说明其中的具体内容。

（1）GenZok→Z。服务提供商（SP）利用 ZoKrates 的 DSL 生成零知识证明程序 Z。该程序的伪代码如算法 13-1 所示，它能够使用户在不透露其 VC 中的属性值的情况下，证明用户确实是 VC 的持有者。在不透露私钥的情况下，算法 13-1 中的步骤①～⑦证明用户公钥由用户私钥生成，而私钥由用户自己持有，因此说明用户是 VC 的持有者。在不透露隐私属性和公钥的情况下，算法 13-1 中的步骤⑧～⑲证明满足 SP 要求的属性值确实包含在用户的 VC 中，进一步证明 VC 的所有权。在不透露属性值的情况下，算法 13-1 中的步骤⑳～㉔证明 VC 中的属性满足 SP 授权服务的要求。因此，零知识证明程序 Z 的隐私输入应该包括用户的属性值 Attribute、用户的私钥 SKuser、用户的公钥 PKuser，公共输入应该包括 VC 中用户的身份标识符 User DID、身份提供商的身份标识符 IDP DID、VC 的相关信息的哈希值 Sign_H。

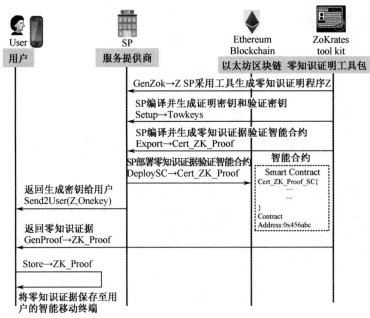

图 13-6　证据生成的时序流程

算法 13-1　ZoKrates 零知识证明程序 Z。

输入：隐私输入 Private_input(Attribute, SKuser, PKuser)，公共输入 Public_input (User DID, IDP DID, Sign_H)

输出：True 或 False

① G = [Gx, Gy];

② pk = SKuser * G

③ if pk== PKuser then

④ 　return True;

⑤ else

⑥ 　return False;

⑦ end if;

⑧ Uscr_DID' =H_K(PKuser);

⑨ if User_DID' == User_DID then

⑩ 　return True;

⑪ else

⑫ 　return False;

⑬ 　end if;

⑭ Sign_H' = H_K(Attribute || User DID || IDP DID);

⑮ if Sign_H' 　== Sign_H then

⑯ 　return True;

⑰ else

⑱ 　return False;

⑲ end if;

⑳ if Attribute in Attribute_Range then

㉑ 　return True;

㉒ else

㉓ 　return False;

㉔ end if;

㉕ 算法 1 结束

（2）Setup→Towkeys。服务提供商（SP）利用 ZoKrates 编译并生成证明密钥 Proving key 和验证密钥 Verification key。

（3）Export→Cert_ZK_Proof_SC。服务提供商（SP）利用 ZoKrates 生成零知识证据验证智能合约 Cert_ZK_Proof_SC。

（4）DeploySC→Cert_ZK_Proof_SC。服务提供商（SP）将零知识证据验证智能合约 Cert_ZK_Proof_SC 部署到以太坊区块链中。

（5）Send2User(Z, Onekey)。服务提供商（SP）将零知识证明程序 Z 和 Proving key 返回给用户。

（6）GenProof→ZK_Proof。用户将 VC 中属性值 Attribute 的私钥 SKuser 和公钥 PKuser 作为 Z 的隐私输入，将 VC 中的 User DID、IDP DID 及求取的 Sign_H 作为 Z 的公共输入，与 Proving key 一起，利用 ZoKrates 生成凭证的零知识证据 ZK_Proof。

（7）Store→ZK_Proof。用户将 ZK_Proof 保存到其智能移动终端。

3）零知识身份验证智能合约与服务授权

SP 通过调用零知识身份验证智能合约，实现了在不泄露任何用户身份信息的情况下完成服务授权的流程，该流程是图 13-3 中步骤 8～9 的操作过程的细化，如图 13-7 所示，下面说明其中的具体内容。

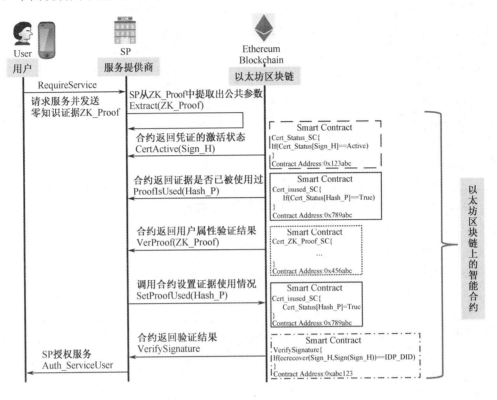

图 13-7　零知识身份证明的智能合约验证与服务授权

（1）RequireService(ZK_Proof, Sign(Sign_H))。用户向 SP 请求相应的服务，并将服务所需的零知识证据 ZK_Proof 提交给 SP，同时，提交 VC 中的数字签名 Sign(Sign_H)。

（2）Extract(ZK_Proof)→Public_in。SP 从 ZK_Proof 中提取用户的公共参数，包括 User DID、IDP DID、Sign_H。

（3）CertActive(Sign_H)。SP 以 Sign_H 为输入参数，调用凭证状态智能合约 ID_Status_SC，合约返回凭证的激活状态。

（4）ProofIsUsed(Hash_P)。如果凭证是激活的，那么 SP 求取 ZK_Proof 的哈希值 Hash_P，并以该哈希值为参数，调用 Cert_isused_SC 智能合约，以判断凭证的零知识证据 ZK_Proof 是否已经被使用过，以防止 ZK_Proof 和用户的 VC 相关信息被非法截获后，从 SP 处非法获取服务。

（5）VerProof(ZK_Proof)。如果 ZK_Proof 没有被使用过，那么 SP 以 ZK_Proof 为输入参数，调用 Cert_ZK_Proof_SC 智能合约，以验证用户属性满足服务授权要求，同时，该合约返回用户属性验证结果。

（6）SetProofUsed(Hash_P)。如果 ZK_Proof 验证通过，那么 SP 以 Hash_P 为输入参数，调用 Cert_isused_SC 智能合约，此时，如果用户想再次使用 SP 提供的服务，那么需要重新利用 ZoKrates 生成新的 ZK_Proof，由于 ZoKrates 每次生成的 ZK_Proof 中，除了用户的公共输入不变，其余数据均具有随机特性，因此，通过智能合约设置 ZK_Proof 的使用情况可以有效地防止重放攻击。

（7）VerifySignature(Sign_H,Sign(Sign_H))。SP 以 ZK_Proof 的公共输入中的 Sign_H 和用户提交的 VC 中的数字签名 Sign(Sign_H)为输入参数，调用 VerifySignature 智能合约，其中，该合约的签名验证算法中使用了以太坊内置的椭圆曲线数字签名算法 ECDSA，其函数为 ecrecover(Sign_H,Sign(Sign_H))，对于该函数，当哈希值 Sign_H 与哈希的签名结果 Sign(Sign_H) 配对时，可以返回签名者的以太坊账户地址 Sign_Eth_address，此时，将 Sign_Eth_address 与 ZK_Proof 的公共输入中的 IDP DID 进行比较，如果相等，那么说明生成 ZK_Proof 的 VC 的数字签名确实是身份提供商（IDP）签署的，VC 是合法的。最终，VerifySignature 智能合约返回验证结果。

（8）Auth_ServiceUser。SP 向用户授权相应的服务。

3. 技术实现与实验测试

1）技术实现

在跨境贸易场景中，参与方来自不同的信任域，这些信任域也被认为是 IDP。为了确保广义身份资源的统一 DID 注册和可验证凭证生成，用户需要持有他们所在 IDP 信任域的数字证书及相关的贸易关系声明。因此，用户节点的跨域身份认证需求可以通过代理 SP 来提供验证证据，负责零知识证明承诺值的可信传递，同时进行 CA 数字证书异构密码算法可信互操作身份验证，以完成异构多信任体系下的多元主体安全通信和异构 PKI/CA 零知识数字证书认证。这对于跨境数据安全流动与共享至关重要。

为验证提出的框架并评估其在实际场景中的相关性能，我们以年龄属性的零知识证明与授权服务为例设计了一个原型系统。该原型系统利用 ZoKrates、Remix 和 Solidity 实现了系统中相关智能合约的生成与设计，并将智能合约部署到自主搭建的以太坊私有链中。同时，我们利用 HTML、JavaScript 和 Web3.js 架构设计了以太坊 DApp 客户端（图 13-8 展示了其中的 SP 客户端页面）。

在该原型系统中，用户首先按照图 13-3 中的步骤 1～3 从 IDP 处获得一个年龄身份属性 Age 可验证凭证，如下。

User DID	0x6631c2d300000000025350fc000000009462b13c00000000e865b48e00000000
IDP DID	0x6e819b34c53dc81400d95ab87bfdbe3ae80e2ea2
IDP Signature	0x6c8e7d5d6f13dcc32db36aafaa87b988944f5ba6ab7bed1f2949d21187cf300a45d5ab9ab4f394896f04dfaf20e26dc4cb56c936b313d8db6d9b4182808634331b

用户在拿到该凭证后，按照图 13-3 中的步骤 4～7 将凭证转换为零知识证据 ZK_Proof。接着，用户按照图 13-3 中的步骤 8～9，将 ZK_Proof、凭证中的 IDP Signature

发送给 SP，SP 调用相关智能合约完成用户的属性可验证凭证的零知识证明，并在证明通过后，向用户授权服务。

在图 13-8 中，ZK_Proof 为用户提交的零知识证据，signature of IDP 为 IDP 对用户年龄凭证的数字签名（IDP Signature）。当 SP 收到这两个值后，客户端会自动提取 ZK_Proof 公共输入中的用户身份标识符 User DID、IDP 的身份标识符 IDP DID、用户年龄凭证的哈希值 Sign_H。然后，客户端将以手动或者自动的方式，以 User DID、ZK_Proof、IDP DID、Sign_H、IDP Signature 为参数，分别调用 Cert_Status_SC、Cert_ZK_Proof、Cert_isused_SC、VerifySignature 智能合约完成年龄凭证的零知识证明，证明成功后，即可向用户进行服务授权。显然，用户在不需要提交任何年龄相关的明文信息的情况下，可以完成对年龄大小、年龄凭证拥有权及年龄凭证有效性的证明，由此原型系统我们可以发现，该系统框架是有效的。

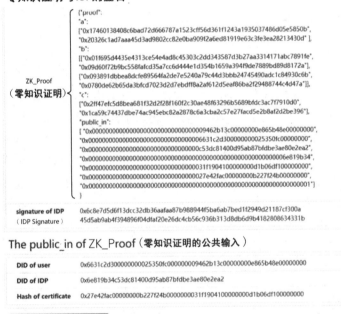

图 13-8　SP 客户端页面

虽然不同应用的零知识证明程序 Z 中的属性判断部分不同，但是最终生成的用于提交给 SP 的零知识证明相关参数（User DID、ZK_Proof、IDP DID、Sign_H、IDP Signature）结构是相同的（仅数值上存在差异）。因为对于不同应用的参数，ZK_Proof 可能仅仅会因为输入属性的不同而不同，但对 ZK_Proof 而言，其生成结构仅与公共输入有关，而对于数字身份认证架构不同的应用，公共输入是不变的，仅仅是隐私输入部分的属性项 Attribute 发生变化，而该变化并不影响 ZK_Proof 的生成结构。

　　2）实验评估分析

　　（1）成本分析。在区块链中，任何操作都需要产生交易，而交易需要支付一定的手续费。在以太坊区块链中，手续费主要通过 Gas 消耗量来衡量，因此，Gas 消耗量可以用来衡量一个操作或一组操作所需的成本。在该原型系统中，Gas 消耗量主要包括部署合约时的 Gas 消耗量和执行合约时的 Gas 消耗量两部分。其中，执行 Cert_isused_SC 智能合约和 Cert_Status_SC 智能合约时的 Gas 消耗量包括合约变量设置与读取时的 Gas 消耗量，Cert_isused_SC 设置合约变量状态时的 Gas 消耗量为 43 424，读取合约变量状态时的 Gas 消耗量为 26 354；User_Cert_SC 设置合约变量状态时的 Gas 消耗量为 43 467，读取合约变量状态时的 Gas 消耗量为 23 324。

　　通常情况下，为估算智能合约的成本，需要将 Gas 消耗量转换为实际的以太币，具体的转换公式为 $num_{ether} = Gas_{used} \times Gas_{price}$，其中，$num_{ether}$ 为以太币的数量，Gas_{used} 为调用智能合约时的 Gas 消耗量，Gas_{price} 为当前的 Gas 价格。在此，Gas_{price} 按照 2020 年以太坊公有链中调用智能合约的平均费用 75 Gwei 来计算，可以计算出，部署合约总共消耗了 0.292 枚以太币，而完成一次可验证凭证的零知识证据验证智能合共消耗了约 0.075 枚以太币。显然，从该结果可以看出，完成一次零知识证据验证消耗的以太币并不多，而且在此是以公有链的 Gas 价格计算得到的结果，如果该系统架构部署在一个机构或某些应用中，那么此时的区块链多以以太坊联盟链为主，其中的 Gas 价格要低得多（也可不需要交易费用），对应的消耗量将更低，因此，该架构的成本并不高。

　　（2）TPS 分析。公有链具备较强的去中心化特性，但是当前公有链的吞吐量（TPS）仅为每秒 15 笔左右，很难满足系统框架在多用户场景下的并发服务需求和授权应用的吞吐量要求，因此，将应用部署到私有链或者联盟链上是一种提高系统整体处理能力和吞吐量的可行方法，尽管本章的模型系统是在私有链中部署验证的，但是根据成本分析所述，真实应用场景中多以联盟链为主，此处分析的系统吞吐量适用于以太坊联盟链。

　　以太坊区块链系统的吞吐量（TPS）通常可以通过以下理论公式进行评估：

$$TPS = \frac{Gas_{limit}}{Tx_{Gas} \times Block_{Time}}$$

其中，Gas_{limit} 是一个区块 Gas 的上限，Tx_{Gas} 是执行交易的 Gas 消耗量，$Block_{Time}$ 是生成一个区块的间隔时间。Gas_{limit} 和 $Block_{Time}$ 可以根据部署的区块链进行设置，而 Tx_{Gas} 需要根据完成具体行为操作所需的 Gas 进行评估。根据 Gas 的消耗情况，当系统完成一次基于属性的可验证凭证颁发和零知识证据验证智能合约时，该智能合约的 Gas 消耗量为 999 549，因此，将 Tx_{Gas} 设为 999 549；而对 $Block_{Time}$ 的值而言，为避免影响区块同步速度，通常可设置为 5 秒。因此，可以设置不同的 Gas_{limit} 来获得不同的 TPS，对大多数应用系统的数字身份管理业务而言，TPS 在每秒 100 笔左右完全能够满足实际应用需求，故可以将 Gas$_{limit}$ 设置为 499 774 500。

（3）安全性分析。系统框架的安全性包括区块链底层的安全及应用层的安全，因此我们分别对两者进行介绍。

① 区块链底层的安全。

系统框架的安全：本章的系统框架均为基于属性凭证的框架，其中属性凭证和私钥由用户自主持有，区块链中并不存储任何与属性凭证明文信息相关的内容。仅使用属性凭证中的哈希值 Sign_H 查看凭证是否激活，以及使用零知识证据 ZK_Proof 的哈希值 Proof_H 查看零知识证据是否被使用过。

零知识证明的安全：零知识证明智能合约和相关参数的构建依托于 ZoKrates 工具集，该工具集基于非交互式零知识证明 zk-SNARKs 中的 Groth17 算法，该算法的安全性已在学术界得到认证。

凭证的零知识证明验证过程和结果的安全：本章的所有验证过程都在区块链上利用智能合约完成。智能合约在部署后无法随意更改，执行代码是公开透明的，智能合约的调用和执行过程都将产生交易记录，方便审计和追溯。此外，本章的零知识验证不仅验证了用户的身份属性是否满足要求，还验证了用户是否是凭证的持有者，以及验证了凭证的签名是否合法。

② 应用层的安全。

凭证属性信息最小化：在本章的系统框架中，可验证凭证仅包含一种属性信息，但如果用户有多种属性信息，那么用户可通过多个不同的 IDP 签发的属性凭证来证明自己的身份，从而确保了属性信息的最小化披露。

可防止重放攻击：虽然 ZK_Proof 可能在用户与 SP 的通信过程中泄露，或者是被不诚实的 SP 透露给其他人，但是由于每个 ZK_Proof 仅可以使用一次，所以用户要再次访问 SP 时需要生成新的 ZK_Proof，从而防止重放攻击的发生。

零知识规则由 SP 制定：零知识证明的验证规则由 SP 根据服务的属性需求来制定，并将验证的智能合约代码部署到区块链上，保证了服务授权的自主性和安全性。

13.1.6 跨境贸易单证数据的隐私保护方案

根据联合国贸易便利化和电子商务中心（UN/CEFACT）定义的购买—运输—支付数据流模型（见图 13-9），跨境无纸化贸易涉及购买、运输和支付三个部分，其中，购买流程确定了贸易双方的商务合约关系，明确了资金流及物流的方向。麦肯锡全球研究院的报告《数字全球化：全球流动的新时代》指出，自 2008 年以来，数据流对全球经济增长的贡献已超过传统的跨境贸易和投资。此外，随着数字贸易的发展，跨境数据流和数据共享已成为影响国家间政治、经济和社会关系的核心问题。

然而，跨境贸易文件数据共享至少涉及两个不同的管辖实体，世界各国都出台了一系列关于数据出境安全和隐私保护的法律法规，如欧盟的《通用数据保护条例》（GDPR）、我国的《中华人民共和国电子签名法》和《中华人民共和国网络安全法》。因此，提供符合国家各项数据监管规定的数据主权和本地化的技术解决方案，将有助于实现数据的开放和自由流动。

出于信息安全和保密，以及自身的商业利益的考虑，交易方不能也不愿意与任何第三方，特别是直接或间接的竞争对手共享和交换数据。因此，数据隐私保护是跨境贸易单证共享和交换的关键问题。

随着国际供应链的发展，以及提供供应链流动服务的中介机构（如货运代理、报关行和佣金代理）的数量和复杂性的不断增加，贸易参与者变得越来越多和复杂。此外，各种文件沿着业务链传递，导致其来源的真实性和可信度显著降低。例如，海关通常需要贸易服务提供商（如报关行或认证运营商）提供数据，但是，这些企业的数据并不总是第一手获得的。因此，确保单证数据源的可追溯性和可靠性也是跨境贸易数据共享的要求。

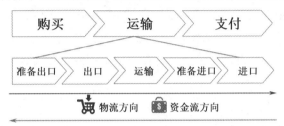

图 13-9　国际贸易中购买—运输—支付数据流模型

鉴于上述分析，针对跨境贸易场景下的单证数据安全共享要求，我们提出了一种基于区块链的代理密钥封装属性基加密算法（Proxy Key Encapsulation Mechanism Ciphertext Policy Attribute-Based Encryption，PKEM-CPABE）。该算法融合了密文策略属性基加密算法 CP-ABE 的细粒度访问控制能力和数据密文存储能力，并利用区块链技术实现了分布式密钥管理和信任建立。区块链节点作为权威机构参与属性管理和密钥管理，以分布式账本和共识机制解决用户和授权机构的信任、责任认定和密钥泄露责任追溯问题。同时，通过改进的 CP-ABE 算法实现数据隐私保护，并设计了高效的双链架构和区块结构，实现贸易单证共享过程中的信息追踪溯源，该算法的主要贡献如下。

（1）改进了 Waters 提出的 CP-ABE 算法，通过代理密钥封装机制实现了主密钥的分布式计算和用户属性的管理，无须可信第三方的参与。

（2）设计了一种结合 PKEM-CPABE 的双链架构。在主链网络中，采用 PoW 共识机制来激励更多节点参与交易验证，并给予信誉积分作为奖励；而在子链网络中，通过 PoA 共识机制选举出许可计算节点，从而提高了通信效率和密钥分发的安全性与效率。

（3）设计了支持 PKEM-CPABE 的区块结构，对算法中参数的生成、使用和分发全流程进行了优化，实现了对节点用户行为的全过程管理。同时，通过定位盗版密钥的来源，解决了用户的责任认定问题，实现了密钥传递的可追责性和可审计性。

1. 属性基加密概述

属性基加密（ABE）是传统公钥加密的一种扩展，Sahai 和 Waters 最初于 2005 年提出基于模糊身份（Fuzzy Identity）的加密方式，后演化为基于属性的加密方式。ABE 包括密钥策略属性基加密（Key Policy Attribute Based Encryption，KP-ABE）和密文策略属性基加密（Ciphertext Policy Attribute Based Encryption，CP-ABE）。在 KP-ABE 中，密文与属性相关联，而密钥与访问策略相关联；在 CP-ABE 中，密钥与属性相关联，而密文与访问策略相关联。因此，CP-ABE 允许数据拥有者自由制定访问策略，拥有对数据灵活的访问控制权。与 KP-ABE 相比，CP-ABE 更适合分布式存储及解密方不确定的环境。

属性基加密是一种新兴的加密技术，Bethencourt 等人于 2007 年详细描述了密文策略属性基加密（CP-ABE）算法，如图 13-10 所示。该算法针对一个解密的对象群体，采取树结构描述访问控制策略 A_{C-CP}，实现了由消息发送方决定的访问控制策略。用户密钥与属性集合 A_u 相关，只有当 A_u 满足 A_{C-CP} 时，用户才能解密密文。与基本 ABE 算法不同，CP-ABE 算法中 PK 和 MSK 的长度与系统属性数量无关。CP-ABE 的 KeyGen 算法采用两级随机掩码方式防止用户串谋，用户私钥构件与第 2 级随机数相关。在 Encrypt 算法中，访问叶节点对应密文构件 E_i。与 KP-ABE 类似，Decrypt 算法利用用户相关属性及其用户对象间的相互信任关系作为授权依据，设计访问控制结构，但这将导致双线性映射的计算量倍增。

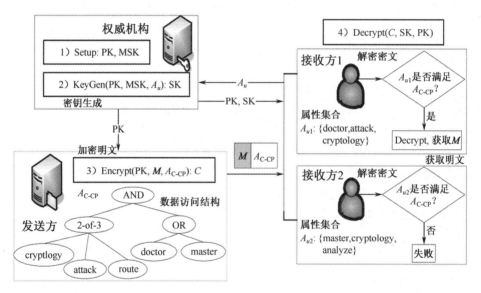

图 13-10　传统的 CP-ABE 算法

如图 13-10 所示，CP-ABE 通过一个中心权威机构实现加解密原语的计算，只有当属性满足访问结构时，用户才能成功解密密文，身份与一系列属性绑定，密文与访问控制结构绑定，通过对用户私钥设置属性集合与访问控制结构，即 A_{u1} 满足 A_{C-CP}，解密需要计算的树中内部节点集合 S 为{OR, 2-of-3, AND}，只有当属性集合与访问控制结构相匹配时，才能解密出该密文的明文数据。因此，CP-ABE 实现了一对多加密及细粒度的访问控制。为解决中心权威机构带来的计算瓶颈和高信任成本问题，Chase 在 2007 年提出了多授权机构的属性基加密（Multi-Authority Attribute Based Encryption，MA-ABE）算法。MA-ABE 算法允许多个权威机构引入全局身份标识符（GID），并将其嵌入用户的密钥中，以防止用户之间的共谋行为；此外，允许多个属性权威机构共同进行属性管理和密钥分发，从而实现了跨信任域的数据共享方案，密钥生成机构也实现了从单一到多元化的转变。

随着对 CP-ABE 算法研究的不断深入，2008 年，Waters 等人首次采用判定性并行双线性 Diffie-Hellman 指数（Decisional Parallel Bilinear Diffie-Hellman Exponent，DPBDHE）假设和 LSSS（Linear Secret Sharing Scheme，LSSS）矩阵访问控制结构，实现了强数值假设下支持属性与、或和门限操作的 CP-ABE 算法。2010 年，Lewko 等人采用双系统加密算法，使用完全可行的方法实现了 CCA 安全的 CP-ABE 算法，同样采用了 LSSS 矩阵作为访问控制结构，支持任何单调访问控制策略，将一次使用的 CP-ABE 算法转换为属性多次使用的 ABE 算法。2011 年，Waters 在标准模型下证明了 CP-ABE 算法的安全性，并提出了一个采用线性秘密共享方案实现秘密共享的 CP-ABE 算法，显著提高了计算和存储效率。2012 年，Okamoto 等人提出了第一个无界内积属性基加密算法，解除了以往属性基加密算法对谓词和属性大小的限制。2013 年，Gorbunov 提出了基于多项式逻辑电路的属性基加密算法，其公开参数和密文大小随着电路深度线性增长，实现了从基于布尔公式到基于电路的转变，可以有效抵御合谋攻击。2014 年，Waters 受 Rouselakis 等人的启发，提出了 Online-Offline 属性基加密算法，将所有配对操作进行离线处理，减少了在线阶段的计算开销，从而引起了国内外学者的广泛关注。2015 年，De 等人提出了一种快速加密的多授权机构加密算法，但存在用户隐私保护的问题。2017年，仲红等人提出了一种高效且可验证的多授权机构属性基加密算法，通过外包解密方式减少了解密计算开销，但其私钥仍由多个属性授权机构生成。此外，算法的正确性和安全性、密钥管理、可扩展性是安全协议研究的核心。当前的 CP-ABE 算法由于其属性密钥仅与属性集合相关，而与用户标识无关，因此无法预防和追溯非法用户持有合法用户的私钥。

2. 参数定义与相关定义

PKEM-CPABE 算法涉及的主要参数如表 13-2 所示。

表 13-2　PKEM-CPABE 算法涉及的主要参数

参数	含义
k, φ	系统安全参数
U	系统属性集合
PK	系统主公钥
MSK	系统主密钥
pk	用户公钥
sk	用户私钥
S	用户属性集合
M	$l \times n$ 型矩阵
$p(i)$	与第 i 行相关联的参与方
s	秘密共享密钥

参数	含义
λ	秘密共享密钥份额
$\boldsymbol{v}$	加密算法选择随机向量
m	共享数据明文
CT	共享数据密文
CT_{MSK}	主密钥密文
Tx	事务信息

定义 13.1：双线性映射

设 G_0、G_1 是两个素数阶为 p 的乘法循环群，g 为群 G_0 的生成元，定义双线性映射 $e:G_0\times G_0\to G_1$，满足以下性质。

（1）双线性。对任意 $g\in G_0$，$a,b\in Z_p$，有 $e(g^a,g^b)=e(g^b,g^a)=e(g,g)^{ab}$，其中，$Z_p$ 为一个模 p 的乘法群。

（2）非退化性。存在 $g\in G_0$，$e(g,g)\neq 1$。

（3）可计算性。存在有效计算 $e(g,g)$。

定义 13.2：线性秘密共享方案（LSSS）

参与方集合 p 上的秘密共享方案 Γ 若满足下列条件，则称为 Z_p 上的线性秘密共享方案。

每个共享秘密的份额组成 Z_p 上的一个向量。

对于秘密共享方案 Γ，存在一个 $l\times n$ 型矩阵 $\boldsymbol{M}$，映射函数 p 为 $\boldsymbol{M}$ 的行指定属性。对于 $i=1,2,\cdots,l$，$p(i)$ 是与第 i 行相关联的参与方。考虑一个列向量 $\boldsymbol{v}=(s,y_2,\cdots,y_n)$，$s$ 是秘密共享密钥，r_i 是随机选取的 $i=2,3,\cdots,n$，根据方案 Γ，$\boldsymbol{Mv}$ 是秘密共享密钥 s 被共享的 l 个秘密份额，$\lambda_i=\boldsymbol{v}_i\cdot\boldsymbol{M}_i(i=1,2,\cdots,l)$ 表示秘密共享密钥份额。

线性秘密共享方案具有线性重构的特性，如果 S 是一个访问授权集合，那么存在一个常数 $\omega_i\in Z_p$，使得 $\sum_{i\in I}\omega_i\lambda_i=s$ 成立，其中，λ_i 是秘密共享密钥 s 的有效份额，$I=\{i:p(i)\in S\}$。

3. PKEM-CPABE 算法

PKEM-CPABE 算法由以下 9 个算法构成，其关系如图 13-11 所示。

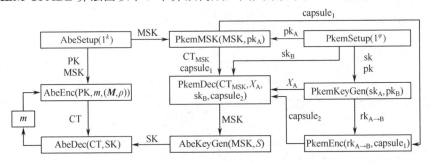

图 13-11　PKEM-CPABE 算法流程

（1）AbeSetup(1^k)→(PK, MSK)。系统初始化算法通过输入系统安全参数 k 和系统属性集合 U，输出系统公钥对(PK, MSK)。

设 G_0、G_1 是两个素数阶为 p 的乘法循环群，令 g 为群 G_0 的生成元，定义双线性映射 $e: G_0 \times G_0 \to G_1$。安全参数 k 决定群的大小，属性记为 U，大小为 $|U|$，随机选择 α，$\beta \in Z_p$ 及群 G_0 的元素 $h_1, h_2, \cdots, h_u$，其中，$\{1, 2, \cdots, u\}$ 表示属性集合 U 对应的属性标号，系统输出密钥对(PK, MSK)为

$$PK = \{g, e(g,g)^{\alpha}, g^{\beta}, h_1, h_2, \cdots, h_u\}$$
$$MSK = \{g^{\alpha}\}$$

（2）PkemSetup(1^{φ})→(pk, sk)。用户初始化算法输入系统安全参数 φ，输出用户公私钥对(pk, sk)。

定义 G_2 为 Z_q 阶数为 q 的循环群，令 f 为群 G_2 的生成元，定义哈希函数 H_i，随机选择 $a \in Z_q$，输出用户密钥对为(pk, sk)：

$$pk = f^a$$
$$sk = a$$

（3）PkemMSK(MSK, pk_A)→(CT_{MSK}, capsule₁)。主密钥封装算法通过输入系统主密钥 MSK 和用户公钥 pk_A，输出封装后的主密钥密文 CT_{MSK} 和胶囊 capsule₁。

定义哈希函数 H_2，随机选择 $e, v \in Z_q$，定义 G 为 AES 对称加密函数：E_{AES}，D_{AES}。输出主密钥密文 CT_{MSK} 和胶囊 capsule₁ 为

$$CT_{MSK} = \mathcal{E}_{AES}(MSK, K_{MSK}), capsule_1 = (E, V, s_p)$$

其中，$E = f^e$，$V = f^v$，$s_p = v + e \cdot H_2(E, V)$，$K_{MSK} = \mathcal{G}((pk_A)^{e+v})$。

（4）PkemKeyGen(sk_A，pk_B)→(X_A，$rk_{A \to B}$)。用户私钥转换算法通过输入 A 的用户私钥 sk_A 和 B 的用户公钥 pk_B，输出转换密钥 $rk_{A \to B}$。

随机选择 $x_A \in Z_q$，定义哈希函数 H_3，计算转换密钥 $rk_{A \to B}$：

$$rk_{A \to B} = sk_A \cdot d^{-1}$$

其中，$X_A = f^{x_A}$，$d = H_3(X_A, pk_B, pk_B^{x_A})$。

（5）PkemEnc($rk_{A \to B}$, capsule₁)→capsule₂。用户私钥重加密算法通过输入转换密钥 $rk_{A \to B}$ 和胶囊 capsule₁，输出胶囊 capsule₂：

$$capsule_1 = (E, V, s_p)$$
$$capsule_2 = (E', V', s_p)$$

其中，当 $g^{s_p} = V \cdot E^{H_2(E,V)}$ 时，$E' = E^{rk}, V' = V^{rk}$。

（6）PkemDec(CT_{MSK}, X_A, sk_B, capsule₂)→MSK。主密钥解密算法通过输入主密钥密文 CT_{MSK}、用户私钥 sk_B 和 capsule₂，输出系统主密钥 MSK。

定义哈希函数 H_3，计算系统主密钥 MSK：

$$MSK = \mathcal{D}_{AES}(CT_{MSK}, K_{MSK})$$

其中，$K_{MSK} = \mathcal{G}((E', V')^d)$，$d = H_3(X_A, pk_B, X_A^{sk_B})$。

（7）AbeEnc(PK, *m*, (**M**, ρ)) →CT。系统加密算法通过输入系统主公钥 PK、共享数据明文 *m* 和访问控制策略(**M**, ρ)，输出共享数据密文 CT。

加密过程中，**M** 是 $l \times n$ 型的访问矩阵，函数 ρ 为 **M** 的行指定属性。加密算法选择随机向量 $v = (s, y_2, \cdots, y_n)$ 分割秘密共享密钥 *s*，生成密文信息。$\lambda_i = v_i \cdot M_i (i = 1, 2, \cdots, l)$ 是分割 *s* 得到的第 *i* 个份额，表示秘密共享密钥份额。$C_i (i = 1, 2, \cdots, l)$ 将关联到第 $\rho(i)$ 个属性。最终创建密文 CT：

$$CT = \{C = m \cdot e(g,g)^{\alpha s}, C' = g^s, (C_i = g^{\beta \lambda_i} h_{\rho(i)}^{-r_i}, D_i = g^{r_i})\}$$

（8）AbeKeyGen(MSK, *S*) →SK。属性私钥生成算法通过输入系统主密钥 MSK 和用户属性集合 *S*，输出用户属性私钥 SK。

用户得到解密的系统主密钥 MSK 后，输入系统主密钥 MSK 和用户属性集合 $S = \{x_1, x_2, \cdots, x_n\}$，选择随机参数 $t \in Z_p$，输出用户属性私钥 SK 为

$$SK = (K, L, K_x, \forall x \in S)$$

其中，$K = g^{\alpha} g^{\beta t}$，$L = g^t$，$K_x = h_x^t$。

（9）AbeDec(CT, SK) →*m*。解密算法的输入为访问结构对应的共享数据密文 CT、用户属性集合 *S* 对应的私钥 SK，假定 *S* 满足访问结构，则输出共享数据明文 *m*，反之，则解密失败。

定义 $I = \{i : \rho(i) \in S\} \subset \{1, 2, \cdots, l\}$，令 $\{\omega_i \in Z_p | i \in I\}$，使得如果 $\{\lambda_i\}$ 是秘密共享密钥 *s* 对于 **M** 的有效份额，那么 $\sum_{i \in I} \omega_i \lambda_i = s$（$\omega_i$ 的选择不唯一）。解密计算式为

$$\frac{\prod_{i \in I} (e(C_i, L) \cdot e(D_i . K_{\rho(i)}))^{\omega_i}}{e(C', K)}$$
$$= \frac{\prod_{i \in I} e(g,g)^{t \beta \lambda_i \omega_i}}{e(g,g)^{\alpha s} \cdot e(g,g)^{\beta st}}$$
$$= \frac{1}{e(g,g)^{\alpha s}}$$

最终的明文信息为

$$m = \frac{C}{e(g,g)^{\alpha s}}$$

4. 安全模型

PKEM-CPABE 算法是在选择访问属性和选择明文攻击下的不可区分性（In-distinguish Ability Against Selective Access Structure and Chosen Plaintext Attack，IND-SAS-CPA）模型下进行的一种安全性游戏，该游戏涉及一个挑战者（Challenger）和一个敌手（Adversary）的交互。在此模型中，敌手可以选择他们想要攻击的属性集，然后挑战者会产生两个不同的明文，并对其中一个进行加密。敌手的任务是尝试区分这两个明文，而挑战者的目标则是阻止敌手成功区分明文。如果敌手不能在统计上显著地区分这两个明文，那么我们就说该加密方案在选择访问属性和选择明文攻击下是不可区分的。具体如下。

（1）初始化。挑战者初始化系统 AbeSetup（1^k），保存用于应答的秘密参数 mk，并将用户公钥 pk 发送给敌手，敌手宣布要挑战的旧访问控制策略 $(\boldsymbol{M}, \rho)$ 和新访问控制策略 $(\boldsymbol{M}^*, \rho^*)$。

（2）询问。敌手向挑战者发送多个属性集合 $S_1, S_2, \cdots, S_n$，这些属性不满足访问控制策略 $(\boldsymbol{M}, \rho)$ 和 $(\boldsymbol{M}^*, \rho^*)$，挑战者运行 AbeKeyGen(MSK, S)将生成的相应属性私钥发送给敌手。

（3）挑战明文。① 敌手发送两条等长明文 m_0、m_1 给挑战者，挑战者随机选取 $c \in \{0,1\}$，使用旧访问控制策略进行 m_c 加密；② 挑战者根据 $(\boldsymbol{M}^*, \rho^*)$ 进行策略更新，生成相应的更新密文 CT*；③ 挑战者将更新密文 CT*发送至敌手。

（4）重复步骤（2），敌手向挑战者发送属性集合 $S_{n+1}, S_{n+2}, \cdots, S_{n+m}$，申请相应的私钥，其属性不满足访问控制策略 $(\boldsymbol{M}^*, \rho^*)$。

（5）猜测。敌手输出 c 的判断结果 $c \in \{0,1\}$。

定义 13.3　若对于任意多项式时间的敌手以可忽略的优势 $\varepsilon = |\Pr[c = c']| - \dfrac{1}{2}$ 攻破上述安全模型，则我们说本算法是 IND-SAS-CPA 安全的。

5. 混合双链架构

数据共享模型采用混合双链架构，分别为基于 PoW 共识算法的主链（Public Chain，PC）和基于 PoA 共识算法的子链（Child Chain，CC）。

（1）混合双链架构中的主链采用 PoW 共识算法，并设计信誉积分作为主链网络的激励机制，以吸引更多节点参与共识，并在主链上获得信誉积分的奖励，用以抵抗网络中作恶节点的攻击和确保网络安全，同时通过较高的交易验证成本确保系统在数据存储上的高容错性，从而有效增加参与节点的数量和参与度。此外，主链还通过选举产生许可计算节点，如主密钥代理存储节点（Proxy Storage Node，PSN）、转换密钥计算节点（Re-Key Compute Node，RKCN）等，它们与数据拥有者（Data Owner，DO）和数据使用者（Data User，DU）共同维护子链账本。PC 中的区块（Public Block，PB）包含 DO 上传的共享数据密文 CT 的哈希值和各节点的信誉积分（Rating Score，RS）信息。这种设计可以有效保障系统的可信度，同时实现对数据的安全存储和高效访问。

（2）混合双链架构中的子链由主链中选举出的 PSN、RKCN、DO、DU 节点组成的临时计算委员会控制，其读取权限仅对子链中的节点开放。同时，子链采用 PoA 共识机制，通过许可计算节点对其计算量进行验证与共识，并不进行信誉积分的奖励，有效提高了子链事务处理速度和读写吞吐量，降低了交易成本。在子链的区块（Child Block，CB）中存储着 PKEM-CPABE 中各参数传递过程的事务信息，实现了密钥传递的可追溯性。

在混合双链架构中，通过区块 PB 和 CB 锁定同一个哈希值，实现了主链和子链之间的连接，为减轻区块链的容量压力，实现大容量数据的存储访问，DO 将共享数据密文 CT 存储于 IPFS 数据库中，将共享数据密文 CT 的地址摘要记录在主链上。子链中各节点通过智能合约进行交互。

6. 信誉积分与投票机制

在基于 PKEM-CPABE 算法的混合双链架构中，提出了信誉积分（RS）机制。RS 记录公开存储于 PC 上，任何节点均可查询，RS 作为节点的量化评价指标，可以客观反映出该节点的好坏，RS 越高，代表该节点在之前的行为表现越良好，信任度越高；反之则表示该节点可能为危险节点，RS 采取连带责任制，对于表现好的节点，根据其贡献程度奖励相应的 RS，而为其投票的节点也将获得相应的奖励；对于故障节点或恶意节点，则扣除相应的 RS，为其投票的节点也将获得相应的惩罚。

（1）投票机制。下面结合 RS 提出一种新的计算节点总票数（Votes）的公式，即

$$\text{Votes} = \left(\sum_1^m \text{AV} \cdot \frac{\text{RS}_i}{\sum\limits_1^m \text{RS}_i} - \sum_1^n \text{NV} \cdot \frac{\text{RS}_j}{\sum\limits_1^m \text{RS}_j} \right) + \text{RS}$$

其中，AV（Affirmative Vote）表示赞成票数，NV（Negative Vote）表示反对票数，RS_i 为第 i 个节点拥有的 RS 值，m 为该节点获得赞成票的个数，n 为该节点获得反对票的个数。$\text{RS}_i / \sum\limits_1^m \text{RS}_i$ 为第 i 个节点投票所占权重。总赞成票数减去总反对票数，与节点自身的 RS 值相加，获得最终票数 Votes。

（2）节点选举。在基于 PKEM-CPABE 算法的混合双链架构中，子链节点负责对密钥进行代理重加密的计算，实现分布式的密钥管理。对于 Votes 值小于 0 的节点，默认其 Votes 值为 0。在一轮投票中，对所有参与节点的 Votes 值进行由高到低排序，将节点分为以下不同类型。

- PSN：Votes 值为前 20%的节点。
- RKCN：Votes 值为 20%～80%的节点。
- 危险节点：Votes 值为最后 20%的节点。

（3）RS 及奖惩机制。在 CC 中，对成功贡献的节点会给予一定的奖励；反之，则给予一定的惩罚。设共有 k 个节点参与，单个节点的工作量为 WL（Work Load），奖励系数为 τ，根据其工作量所占权重，进行奖励或惩罚。

以某积极节点为例，当其成功完成工作时，工作量为 WL_i，节点获得奖励，即

$$\text{Score} = \frac{\text{WL}_i}{\sum\limits_1^k \text{WL}_i} \cdot \tau \tag{13-1}$$

投赞成票的节点也将获得奖励，设共有 m 个节点为该节点投赞成票，奖励系数为 γ，即

$$\text{Score} = \frac{\text{WL}}{\sum\limits_1^k \text{WL}_i} \cdot \gamma \cdot \frac{\text{RS}_i}{\sum\limits_1^m \text{RS}_i}$$

该节点的最终 RS 为 $\text{RS}_{\text{Final}} = \text{RS} + \text{Score}$。

如果该节点需要受到惩罚，那么 Score 的计算方法同式（13-1），投反对票的节点也将受到惩罚，该节点的最终 RS 为 $\mathrm{RS_{Final}} = \mathrm{RS} - \mathrm{Score}$。

7. 区块结构与区块结构设计

1）双链及区块结构

基于 PKEM-CPABE 算法的混合双链架构如图 13-12 所示。

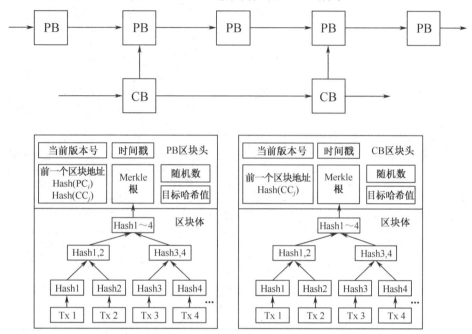

图 13-12　基于 PKEM-CPABE 算法的混合双链架构

每个数据块一般包含区块头和区块体两部分。区块头封装了当前版本号、前一个区块地址、当前区块的目标哈希值、Merkle 根、随机数及时间戳信息。其中，PC 的前一个区块信息中包括前一个 PB 区块的哈希值和挂接于当前区块的 CB 区块的哈希值，而 CB 区块的前一个区块信息中包括前一个 CB 区块的哈希值。

2）事务结构

为实现基于 PKEM-CPABE 算法的混合双链架构中密钥流转的来源追溯，定位各节点行为，下面基于 PKEM-CPABE 算法对区块结构进行设计，利用区块链进行密钥传递过程的行为追责。事务结构 7 元组定义如下。

$$\mathrm{Tx} = \left(\mathrm{ID}, \mathrm{From}, \mathrm{To}, \mathrm{TxType}, \mathrm{TimeStamp}, \mathrm{Sig}, \mathrm{Data}\right)$$

其中，ID 表示事务标识号；From 和 To 分别表示该事务的发送方与接收方；TxType 表示该事务类型，该事务类型有两个状态 Y 和 N，其中 Y 为可公开，N 为不可公开；TimeStamp 表示事务发布时间戳；Sig 表示发布者签名；Data 表示事务包含的可选数据域。某共识节点在收到一笔事务后进行状态初始化，提取事务信息并将其下载至本地，根据 TxType 字段判断该事务是否可公开，从 Data 字段中获取事务的公共参数。

在基于区块链的 PKEM-CPABE 数据共享模型中，主链负责与子链中各节点计算工作量相关的 RS 结算，以及子链中许可计算节点的选举，子链负责数据共享和密钥代理封装过程的参数传递。因此，在主链和子链两个相对独立的区块链账本间需要进行跨链数据交互与信息同步。

3）主链存证子链事务信息

在 PKEM-CPABE 系统架构中，子链负责数据共享和密钥代理封装过程中所有的参数传递。如图 13-13 所示，子链中各许可计算节点采用 PoA 共识机制选举出拥有记账权的代理通信节点（Proxy Communication Node，PCN），PCN 负责子链与主链间的数据同步。

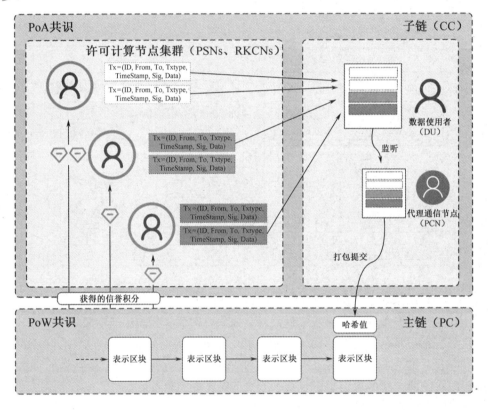

图 13-13　PKEM-CPABE 系统架构

（1）子链中各许可计算节点在生成数据共享和密钥代理封装相关的事务（Tx）后上链。

（2）DU 选取与自己相关的 Tx。

（3）PCN 通过前端接口 Web3.js 监听合约的事件（Event），等待区块产生后，将其转发至主链存证。

（4）子链中各节点切换为主链状态，验证本节点相关事务是否被写入主链。

4）RS 的跨链同步

基于区块链的 PKEM-CPABE 数据共享模型中 RS 的跨链同步过程如图 13-14 所示。

（1）子链中 PCN 发起 Work Load Tx 请求共识，各许可计算节点确认其工作量（Work Load)后使用secp256k1算法对事务签名，以便签名能够高效地被智能合约验证。

（2）PCN 将所有节点签名后的 Signer Tx 转发至主链，子链中各许可计算节点切换至主链状态。

（3）主链上各节点共识后根据工作量选举出记账节点并发起 RS 转账事务。

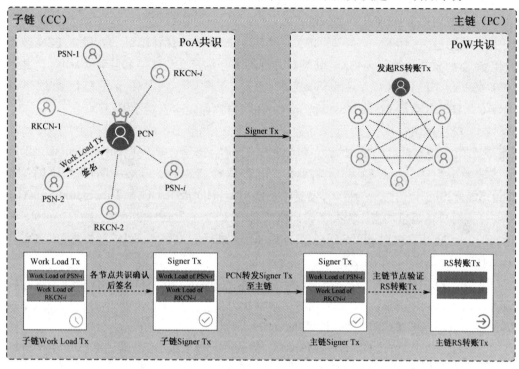

图 13-14　RS 的跨链同步过程

8. PKEM-CPABE 数据共享模型

PKEM-CPABE 数据共享模型如图 13-15 所示，共包含 6 个参与方，分别是数据拥有者（DO）、数据使用者（DU）、主密钥代理存储节点（PSN）、转换密钥计算节点（RKCN）、区块链（BlockChain，BC）节点。同时，PKEM-CPABE 数据共享模型中数据的链下存储采用星际文件系统（Inter Planetary File System，IPFS）。

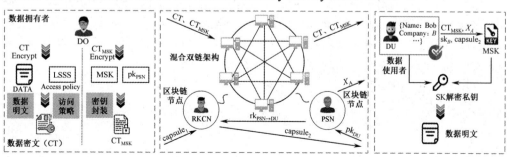

图 13-15　PKEM-CPABE 数据共享模型

1）算法构造

（1）初始化。DO 通过算法 AbeSetup(1^k) 生成系统主密钥对 (PK, MSK)。各节点通过算法 PkemSetup(1^p) 生成各自的用户公私钥对 (pk, sk)。

（2）加密。DO 输入系统主公钥 PK、共享数据明文 m 及访问控制策略 (M, ρ)，通过算法 AbeEnc$(PK, m, (M, \rho))$ 输出共享数据密文 CT，DO 将 CT 发送给 IPFS，事务信息为 Tx = (ID, Do, IPFS, Y, TimeStamp, Sig, CT)。

（3）系统主密钥 MSK 封装。DO 通过算法 PkemMSK(MSK, pk_A)，输入 PSN 节点公钥 pk_{PSN} 和系统主密钥 MSK，获得封装好的主密钥密文 CT_{MSK} 和胶囊 $capsule_1$，并通过事务 Tx = (ID, DO, CC, Y, TimeStamp, Sig, CT_{MSK}) 将 CT_{MSK} 上传至子链，通过事务 Tx = (ID, DO, RKCN, N, TimeStamp, Sig, $capsule_1$) 将 $capsule_1$ 发送给 RKCN。

（4）用户私钥转换。DU 请求获取系统主密钥 MSK，向 PSN 发送请求，PSN 验证 Sig 签名后，输入自己的私钥 sk_{PSN} 和 DU 公钥 pk_{DU}，通过算法 PkenKeyGen(sk_A, pk_B) 生成转换密钥 $rk_{PSN \to DU}$ 和 X_A。将 $rk_{PSN \to DU}$ 发送给 RKCN：Tx = (ID, PSN, RKCN, N, TimeStamp, Sig, $rk_{PSN \to DU}$)，将 X_A 发送给 DU：Tx = (ID, PSN, DU, N, TimeStamp, Sig, X_A)。

（5）用户私钥重加密。转换密钥计算节点（RKCN）收到计算请求，输入 $capsule_1$ 和 $rk_{PSN \to DU}$，通过算法 PkemEnc$(rk_{A \to B}, capsule_1)$ 生成新的胶囊 $capsule_2$，并发送给 DU。Tx = (ID, RKCN, DU, N, TimeStamp, Sig, $capsule_2$)。

（6）系统主密钥解密。DU 获得 X_A 和 $capsule_2$ 后，从链上获得系统主密钥密文 CT_{MSK}，输入 X_A、$capsule_2$ 和 sk_{DU}，通过算法 PkemDec$(CT_{MSK}, X_A, sk_B, capsule_2)$ 获得系统主密钥 MSK：Tx = (ID, CC, DU, Y, TimeStamp, Sig, CT_{MSK})。

（7）属性私钥生成。DU 获得 MSK 后，输入用户属性集合 S，通过算法 AbeKeyGen (MSK, S) 获得用户属性私钥 SK。

（8）解密。DU 通过事务 Tx = (ID, PC, DU, Y, TimeStamp, Sig, CT) 获得共享数据密文 CT，输入用户属性私钥 SK，通过算法 AbeDec(CT, SK) 获得共享数据明文 m。

2）方案分析

（1）算法安全性分析。

定理 13.1 若判定性 q-parallel BDHE 假设成立，则不存在多项式时间敌手能够选择挑战访问控制策略 (M^*, ρ^*) 攻破该方案的情况。

证明： 在选定的模型下，如果存在多项式时间的敌手 A 以 ε 的优势攻破本文方案，那么存在另一个敌手 B 以 $\varepsilon/2$ 的优势解决判定性 q-parallel BDHE 假设。

挑战者做出如下设置：选取两个乘法循环群 G_0（包括生成元 g）、G_1 及双线性映射 $e: G_0 \times G_0 \to G_1$，随机选择 $\beta, s, b_1, \cdots, b_q \in Z_p$，公开给定的元组：

$$y = \{g, g^s, g^\beta, \cdots, g^{\beta^q}, g^{\beta^{q+1}}, g^{\beta^{q+2}}, \cdots, g^{\beta^{2q}},$$
$$\forall_{1 \le j \le q} g^{s \cdot b_j}, g^{\beta/b_j}, \cdots, g^{\beta^q/b_j}, g^{\beta^{q+1}/b_j}, g^{\beta^{q+2}/b_j}, \cdots, g^{\beta^{2q}/b_j},$$
$$\forall_{1 \le j, k \le q, k \ne j} g^{\beta \cdot s \cdot b_k/b_j}, \cdots, g^{\beta^q \cdot s \cdot b_k/b_j}\}$$

随机选取 $\theta \in \{0,1\}$，若 $\theta = 0$，则取 $Z = e(g,g)^{\beta^{q+1}s}$，设置 $T = (y, Z)$；若 $\theta = 1$，则取 $Z \in G_1$，设置 $T = (y, Z)$。

B 收到多元组 T 后，通过与 A 进行以下游戏，以判断 $T \in P_{q\text{-parallelBDHE}}$ 或 $T \in R_{q\text{-parallelBDHE}}$。在游戏开始前，$B$ 首先获得 A 欲挑战的访问控制策略 (M^*, ρ^*)，其中 M^* 有 n^* 列。

① 初始化。B 选择随机数 $\alpha' \in Z_p$，计算 $e(g,g)^\alpha = e(g^\beta, g^{\beta^q})e(g,g)^{\alpha'}$，敌手 B 随机选择 $\alpha = \alpha' + \beta^{q+1}$，并按以下方式编排群元素 $h_1, h_2, \cdots, h_{|u|}$。对于每个 $x(1 \leqslant x \leqslant |U|)$ 都选择一个对应的随机数 z_x，设 X 是使 $p^*(i) = x$ 的指标 i 的集合。求 h_x：

$$h_x = g^{z_x} \prod_{i \in X} g^{\beta M_{i,1}^*/b_i} \cdot g^{\beta^2 M_{i,2}^*/b_i} \cdots g^{\beta^{n^*} M_{i,n^*}^*/b_i}$$

由于 g^{z_x} 具有随机性，所以 h_x 是随机分布的。如果 $X \neq \phi$，那么有 $h_x = g^{z_x}$。

② 阶段 1。A 对不满足矩阵 M^* 的集合 S 发出私钥请求。B 选择随机数 $r \in Z_p$，求向量 $\omega = (\omega_1, \omega_2, \cdots, \omega_{n^*}) \in Z_p^{n^*}$，使 $\omega_1 = -1$ 且对所有满足 $p^*(i) \in S$ 的 i，有 $\omega M_i^* = 0$。由 LSSS 的定义可知，这样的向量一定存在，否则，向量 $(1, 0, 0, \cdots, 0)$ 在 S 的张成空间中。求

$$L = g^r \prod_{i=1}^{n^*} (g^{\beta^{q+1-i}})^{\omega_i}$$

定义 $t = r + \omega_1 \beta^q + \omega_2 \beta^{q-1} + \omega_{n^*} \beta^{q-n^*+1}$，因此，有 $g^t = L$。通过这样的定义 t，使 $g^{\beta t}$ 包含项 $g^{-\beta^{q+1}}$，构造 K 时消去未知项 g^β。B 按照以下方式计算 K：

$$K = g^{\alpha'} g^{\beta r} \prod_{i=2}^{n^*} (g^{\beta^{q+2-i}})^{\omega_i}$$

对 $\forall x \in S$，计算 K_x。当 $x \in S$，且没有 i 使得 $p^*(i) = x$ 时，令 $K_x = L^{z_x}$。当 $x \in S$，且有多个 i 使得 $p^*(i) = x$ 时，因为 $M_i^* \omega = 0$，所以可以消除 K_x 中包含的 g^{β^{q+1}/b_i}。再次用 X 表示使 $p^*(i) = x$ 的指标 i 的集合，B 可以按照以下方式构造 K_x：

$$K_x = L^{z_x} \prod_{i \in X} \prod_{j=1}^{n^*} \left(g^{(\beta^j/b_i)r} \prod_{\substack{k=1,2,\cdots,n^* \\ k \neq j}} (g^{\beta^{q+1+j-k}/b_i})^{\omega_k} \right)^{M_{i,j}^*}$$

③ 挑战。敌手发送两个等长挑战消息 m_0 和 m_1。B 随机选择 $\beta \in \{0,1\}$，计算 m_β 的密文的各分量：$C = m_\beta \cdot Z \cdot e(g,g)^{\alpha s}$ 和 $C' = g^s$。

B 选择随机数 $y_2', y_3', \cdots, y_{n^*}'$，通过以下向量对 s 进行分割：

$$v = (s, s\beta + y_2', s\beta^2 + y_3', \cdots, s\beta^{n-1} + y_{n^*}') \in Z_p^{n^*}$$

选择随机数 $r_1', r_2', \cdots, r_l'$。对于 $i = 1, 2, \cdots, n^*$，定义 R_i 为满足 $k \neq i$，而使 $\rho^*(i)$ 等于 $\rho^*(k)$ 的所有 k 的集合，即与第 i 行具有相同属性的其他行的行指标集合。挑战密文中的 (C_i, D_i)，重新生成如下密文：

$$C_i = h_{\rho^*(i)}^{r_i'} \left(\prod_{j=2}^{n^*} (g^\beta)^{M_{i,j}^* y_j'} \right) (g^{b_i \cdot s})^{-z\rho^*(i)} \cdot \left(\prod_{k \in R_i} \prod_{j=1} (g^{\beta^j \cdot s \cdot (b_i/b_k)})^{M_{k,j}^*} \right)$$

$$D_i = g^{r_i'} g^{-sb_i}$$

④ 阶段 2。与阶段 1 类似。

⑤ 猜测。A 输出对 c 的猜测 c'，如果 $c' = c$，那么 B 输出 $\theta = 0$，表示 $T \in P_{q\text{-parallelBDHE}}$，此时敌手的优势 $\Pr[c = c' \mid \theta = 0] = \frac{1}{2} + \varepsilon$；如果 $\theta \neq 0$，那么表示 $T \in R_{q\text{-parallelBDHE}}$。此时敌手的优势为 $\Pr[c = c' \mid \theta = 0] = \frac{1}{2}$。敌手 B 攻击 q-parallel BDHE 假设的优势为

$$\frac{1}{2} \Pr[c = c' \mid \theta = 0] + \frac{1}{2} \Pr[c = c' \mid \theta = 1] - \frac{1}{2} = \frac{\varepsilon}{2}$$

故任何多项式时间敌手赢得 IND-SAS-CPA 游戏的优势可以忽略。

证毕。

定理 2 令 $\Gamma = (\text{KG}, \text{RG}, E, R, D)$ 是一种单向代理密钥封装方案。

标准（密文）安全：底层密码系统 (KG, E, D) 是语义安全的，不会被未获得解密权的挑战者攻破。

证明：对所有 PPT 算法 A_k，$E_i \in E$，$m_0, m_1 \in M_k$，则以下式子成立：

$$\Pr[(\text{pk}_B, \text{sk}_B) \leftarrow \text{KG}(1^\lambda), \{(\text{pk}_q, \text{sk}_q) \leftarrow \text{KG}(1^\lambda)\},$$
$$\{\text{rk}_{q \to B} \leftarrow \text{RG}(\text{pk}_q, \text{sk}_q, \text{pk}_B, \text{sk}_B^*)\},$$
$$\{(\text{pk}_h, \text{sk}_h) \leftarrow \text{KG}(1^\lambda)\},$$
$$\{\text{rk}_{B \to h} \leftarrow \text{RG}(\text{pk}_B, \text{sk}_B, \text{pk}_h, \text{sk}_h^*)\},$$
$$\{\text{rk}_{h \to B} \leftarrow \text{RG}(\text{pk}_h, \text{sk}_h, \text{pk}_B, \text{sk}_B^*)\},$$
$$(m_0, m_1, \alpha) \leftarrow A_k(\text{pk}_B, \{(\text{pk}_q, \text{sk}_q)\}, \{\text{pk}_h\}, \{\text{rk}_{q \to B}\}, \{\text{rk}_{B \to h}\}),$$
$$b \leftarrow \{0,1\}, b' \leftarrow A_k(\alpha, E_i(\text{pk}_B, m_b)) : b = b'] = v(k).$$

密钥安全：即使发动合谋攻击，委托人或被委托人的密钥仍无法被计算或推算。

证明：对于所有 PPT 算法 A_k，则以下式子成立：

$$\Pr[(\text{pk}_B, \text{sk}_B) \leftarrow \text{KG}(1^\lambda), \{(\text{pk}_q, \text{sk}_q) \leftarrow \text{KG}(1^\lambda)\},$$
$$\{\text{rk}_{B \to q} \leftarrow \text{RG}(\text{pk}_B, \text{sk}_B, \text{pk}_q, \text{sk}_q^*)\},$$
$$\{\text{rk}_{q \to B} \leftarrow \text{RG}(\text{pk}_q, \text{sk}_q, \text{pk}_B, \text{sk}_B^*)\},$$
$$\alpha \leftarrow A_k(\text{pk}_B, \{(\text{pk}_q, \text{sk}_q)\}, \{\text{rk}_{B \to q}\}, \{\text{rk}_{q \to B}\}) : \alpha = \text{sk}_B] = v(k).$$

证毕。

（2）许可计算节点恶意行为分析。

① PSN。DO 在使用 PkemMSK(MSK, pk_{PSN}) 对主密钥进行封装时，为防止 PSN 作恶，将密钥 E, V 嵌入 K_{MSK}，即 PSN 需要同时持有 $\text{pk}_{\text{PSN}}, E, V$ 才可生成解密密钥 K_{MSK}；而 DO 将 E, V 封装进 capsule_1 并发送给 RKCN，PSN 仅持有 pk_{PSN}，无法通过生成 K_{MSK} 来解密 CT_{MSK}，因此可有效防止 PSN 作恶。

② RKCN。为防止 RKCN 作恶，PSN 使用 PkemKeyGen($\text{sk}_{\text{PSN}}, \text{pk}_{\text{DU}}$)生成转换密钥 $\text{rk}_{\text{PSN} \to \text{DU}}$ 时，使用密钥 X_{A}、pk_{DU} 对 sk_{PSN} 进行加密，RKCN 需要再持有 X_{A} 和 sk_{DU} 才可生成解密密钥 K_{MSK}。因此可有效防止 RKCN 作恶。

③ 此外，DO 会公开 DU 的公钥列表，PSN 和 RKCN 可通过公钥匹配进一步防止对方作恶。

综上所述，PKEM-CPABE 数据共享模型通过权力分散的方式实现了各节点之间的相互制约，各节点仅持有生成 K_{MSK} 的部分参数，有效缓解了各节点的临时作恶问题。

（3）双链性能分析。

基于 PKEM-CPABE 算法的混合双链架构在 PC 采用传统的 PoW 共识机制。为更好地契合 PKEM-CPABE 算法，在 CC 采用响应速度更快的 PoA 共识机制，其优势如表 13-3 所示。

相较于 PoW 共识机制，PoA 共识机制在响应时间、交易确认延迟、可扩展性方面都有明显的优势，而对于其安全性问题，设计的 RS 机制和投票机制，以及引入的 PKEM-CPABE 算法可有效避免验证者节点作恶和隐私保护问题。

表 13-3　共识机制对比

共识机制	响应时间	交易确认延迟	安全性	可扩展性
PoW	10 min	高	遭受 51%攻击、日蚀攻击、自私挖矿攻击	差
PoA	5 s	低	验证者节点作恶、隐私保护问题	好

（4）方案测试与实验。

基于区块链的 PKEM-CPABE 数据共享模型利用基于配对的 PBC 密码库和编程语言 Python 来构建实验框架，实验数据在条件相同的情况下，重复实验 50 次取得平均值。

如图 13-16（a）所示，当数据大小设置为 308 B，访问策略属性个数设置为 4 个、8 个、12 个和 16 个时，随着属性个数的增加，由于本方案在加密时需要引入代理密钥封装机制，所以本方案的加解密时间代价总体高于 Waters 方案，加解密时间代价平均比 Waters 方案多出 50 ms。

如图 13-16（b）所示，当数据大小设置为 308 B，访问策略属性个数设置为 4 个、8 个、12 个和 16 个时，随着属性个数的增加，密钥生成时间代价平均比 Waters 方案多 27 ms。

如图 13-16（c）所示，当数据大小设置为 308 B，访问策略属性个数设置为 4 个，用户数量分别为 4 个、8 个、12 个、16 个时，随着用户数量的增加，设计方案密钥生成时间对比 Waters 方案有明显的优势。由于 Waters 方案的用户属性私钥 SK 由密钥中心生成，而本方案由各用户单独生成，因此在大规模分布式应用时 Waters 方案具有明显优势。

对 RS 机制和投票机制进行模拟，实验基于 Python 语言模拟 100 个网络节点进行投票，其中，设置优秀节点、普通节点和恶意节点的概率为 20%、60% 和 20%，初始 RS 设置为 60，共进行 50 轮投票。

如图 13-16（d）所示，在多轮投票过程中，优秀节点所得票数明显逐渐升高，并在后续投票过程保持领先，表示该节点表现优秀，无不良记录，其他节点便更倾向于给它投票以获得更高的 RS；普通节点整体表现稳定；恶意节点的初始 RS 与其他节点相似，随着轮数的增加，其他节点会向恶意节点投反对票来维持系统稳定，恶意节点的 RS 逐渐减少，有效阻止了恶意节点进入子链。

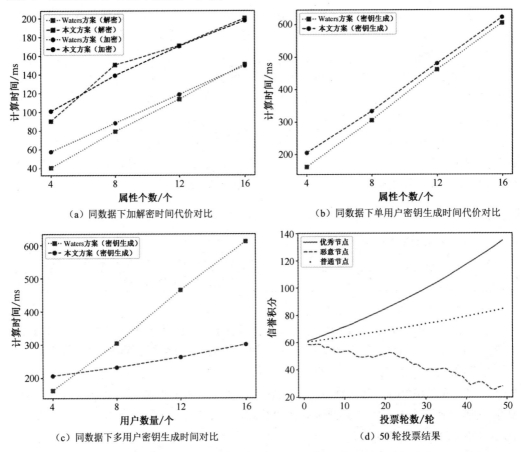

图 13-16　方案的实验结果

当前的"区块链+CP-ABE"数据共享方案仍采用一个或多个权威机构来进行密钥的生成、分发，以及属性的管理工作，工作量巨大且影响工作效率，还容易造成单点故障和用户隐私泄露等问题。因此，该算法引入密钥封装机制，设计了一种 PKEM-CPABE 算法，能够实现无授权机构参与的可证明数据安全共享及其隐私保护。基于这种可分布式计算的 CP-ABE 算法，设计了适用于该算法的混合双链架构、区块结构和 RS 机制，混合双链架构的设计能够为跨境贸易单证共享提出一种可行的解决方案，从而实现安全、高效和细粒度的数据访问控制，显著减少私钥生成时间，提高系统效率，同时利用双链特性使各节点能够诚实、并行和去中心化地为用户分发私钥，从而实现密钥的全过程管理和操作行为可追溯的链上监管。

13.2　区块链与政务信息资源共享

政务信息资源共享是政府信息化建设的重要内容,旨在提高政府工作效率和服务水平。近年来,我国电子政务建设发展迅猛,已经进入信息资源共享和业务协同建设的新时代。2017 年 5 月,国务院办公厅印发《政务信息系统整合共享实施方案》,对政务信息系统整合共享的时间节点和任务提出了明确要求。然而,政府数据共享开放仍面临着政府及公众对政务信息资源共享的需求与共享的不充分、不平衡之间的矛盾。如何有效地管理政务信息资源,发挥政务信息的最大价值,是政府改革和自我发展的需要,是推动政府服务创新的前提和基础,是建设智慧型、服务型政府的关键。

为了解决政务信息资源共享的安全和信任问题,国内外学者已经围绕安全保障机制、共享模式、技术方法及模型进行了深入研究和梳理。他们提出了各种模型,如统一政务信息资源库模型、信息资源共享子系统与业务子系统的协同模型、ERP 综合政务信息资源集成模型、电子政务信息资源整合模型、基于网络知识的政务信息资源整合框架模型及云政务信息共享模型等。这些模型各有不同的特征和优缺点,也有各自不同的应用场景。

然而,在政务信息资源共享及公开的实践中,仍然存在相互信任困难、隐私保护薄弱、数据安全风险大、效率不高、交换不及时、数据不一致、业务协同困难、数据可溯性差及信息共享范围不广等诸多问题。这些问题使得政务信息资源共享面临巨大的挑战和风险,已经成为当前政务信息资源共享及开放研究和应用中迫切需要解决的关键问题。

因此,根据区块链技术具有去中心化、安全可信、防篡改和可溯性等优势与特点,许多国内外学者已经开始研究和探讨区块链技术在电子政务领域的应用。利用区块链技术构建基于区块链的政务信息资源共享平台和框架模型,可以有效整合分散异构系统的数据资源,实现政务数据可信共享交换,确保数据文件的安全性,并记录每个业务人员的操作流程,形成完整可信的证据链条,解决政务信息归集、追溯和分析难的问题。同时,基于区块链的政务信息资源共享平台,还可以进一步解决政务信息资源共享与交换中存在的信任孤岛、数据所有权和对等管理、标准一致性控制,以及非实时交换等问题,为电子政务领域提供新的技术实现路径。

13.2.1　政务信息资源共享的区块链技术研究

1. 基于区块链的电子政务研究现状

针对区块链技术,国内外研究者在各种应用背景下(如数字加密货币、金融交易及清算、智能合约、公司治理、电子政务等)展开了大量的研究。同时,国内外研究者也探讨了区块链技术支持政务信息资源共享的可行性。Swan 研究了部分国家将区块链技术应用在公共服务领域的实践，认为该技术可广泛应用于房产登记及交易、选举、专利、知识产权等政府业务的数据处理中，具有去中心化安全认证的特点。Svein Ølnes 研究了区块链技术在构建智慧政府服务方面的巨大潜力，并对基于该技术建立去中心化、安全可信的电子政务信息基础设施进行了分析。奥斯卡详细论述了区块链技术的运行机制，认为它可以实现公民、企业和政府部门之间的安全数据平台访问验证。Taylor 认为政府部门采用区块链技术不仅安全可靠，而且可以降低行政成本，提高政府透明度，从而促进公民、企业和政府三者之间的数据共享。Adegboyega Ojo 等人通过对英国、美国、爱沙尼亚、新西兰和以色列 5 个国家开展的 13 个电子政务区块链技术项目（涵盖金融、经济、社保、能源和公共服务等领域）进行深入研究，认为区块链技术可以应用于政府治理、公共服务和政务信息资源共享的基础设施建设中。虽然区块链技术在互联网金融、电子商务和物流等领域的研究较为深入，但如何将区块链技术应用于电子政务的理论研究较少。近年来，各国政府已经开展的电子政务区块链基础设施试点项目充分显示了该技术在电子政务及政务信息资源共享研究中的前景和实际应用价值。

我国在政务信息资源共享方面的区块链技术应用研究相对较晚，仅有少数研究者进行了相关研究。这些研究者分析了区块链技术在增强政府数据安全、构建全新社会信用机制方面的积极作用，并探讨了基于区块链技术的智能化政府治理模式创新及发展方向。同时，他们提出了系统框架和运行流程，为区块链技术在我国政务信息资源共享领域的理论研究打下了良好的基础。

2. 区块链技术对政务信息资源共享的理论研究价值

目前，政务信息资源共享方案多采用中心化的管理控制模式，面临着极大的安全风险，阻碍了政府部门与其他组织和公众的数据共享与交换。然而，基于区块链的去中心化政务信息资源共享模型的研究突破了当前政务信息资源共享研究的认识框架，为认识和理解去中心化政务信息资源共享模型提供了新视角。这种研究具有以下理论意义和研究价值。

（1）在政务信息资源目录体系和交换体系的总体框架下，对基于分布式哈希表的P2P（DHT-P2P）组网技术、政务信息资源共享的区块链目录服务、命名服务、智能交换服务、认证与信任服务进行分析和研究，为构建基于区块链的政务信息资源协同共享理论体系奠定了基础。

（2）运用区块链技术，建立对各部门遵循信息标准行为有激励作用和约束作用的共识机制，是实现政务信息资源共享标准一致性及信息价值增值的重要保障，也是体现政务信息资源共享成效的重要显性指标。

（3）在政务部门参与信息资源共享与交换的过程中，区块链的智能合约引导政务信息资源的交换方式由非实时的静态交换转向实时、动态可控的智能交换，有利于拓展政务信息资源共享应用理论范畴，创新基于智能合约的政务信息资源管理理论。

3. 区块链技术对政务信息资源共享的应用前景

政务信息资源共享是涉及不同主体的复杂过程，是跨层级、跨部门、跨平台、跨系统的业务信息交换协同共享，使政府部门间、系统间面临多元主体之间的互信、互认、互操作、标准数据格式一致性等问题，这些问题导致很多部门不愿意信息共享，害怕担责。此外，共享信息的实时性、数据所有权，以及数据的产生、使用和流动全生命周期的归管问题，也阻碍了政府部门与其他组织和公众的数据共享与交换。因此，政务数据流通、共享和业务协同是现阶段电子政务实现阶段跨越必须具备的能力，是实现智慧政府的必由之路。"数据孤岛"的存在使不同部门间数据的流通和共享存在一定的难度，增加了后续业务协同及数据汇集、分析、利用的难度。

数据是构建智慧政府的基础，数据的协同共享则是构建智慧政府的核心。政务服务的基本数据包括医疗、教育、婚姻等，这些数据均涉及公民的个人隐私。从目前情况来看，这些政务数据分别由不同的政府部门、机构进行管理和维护。实现智慧政府，必然要实现数据授权共享与业务协同，而各部门的数据共享与业务协同也将导致数据脱离主管部门的掌控，这些涉及公民隐私的数据一旦发生泄露，将对政府的公信力造成巨大的伤害。然而在现有的技术条件下，无法有效界定数据流通过程中的归属权、使用权和管理权，若发生数据泄露事故，将很难追溯数据泄露的源头。此外，现有的法律法规尚未针对政务数据授权共享、业务协同等做出明晰的权责界定，法律法规与标准规范的相对滞后性使得政务数据的授权共享、业务协同面临"无法可依"的局面。

首先，探索基于区块链的去中心化政务信息资源共享理论与研究思路，为构建安全性高、可信任、实时交换、数据一致、可溯源及共享范围广的政务信息资源共享平台提供了新的解决途径。其次，研究基于区块链的去中心化政务信息资源共享模型能够塑造全新的社会信用和对等管理方式。不仅适用于部门内部、部门间、政府与公众间的政务信息资源共享，也适用于跨境政府间的信息交换，为国际贸易、电子商务和证书认证等跨境业务提供可靠支撑。最后，在政府治理过程中，针对信息协同中存在的条块分割和流程不畅的问题，推动各政府部门之间的协作与配合，确保数据信息在部门间能够有效共享。利用区块链中共识机制和智能合约对信息提供者行为影响的机理，强化共识机制和智能合约的激励及约束作用，发挥共识机制和智能合约积极引导信息提供者行为的重要作用，能够实现政务信息资源共享的标准化、实时化和智能化。

13.2.2　政务信息资源共享的区块链模型

通过对国家发布的信息化建设文件进行分析和梳理，如图 13-17 所示，我们可以看到政务信息资源共享的发展呈现两个主要的转变。第一个转变是从纵向信息共享向横向信息共享的方式转变；第二个转变是从便于政府管理的领域间、层级间、专业间的信息共享向面向政府决策和公众服务的跨域、跨部门、跨平台的信息分布式共享转变。这一转变旨在满足信息共享的深度和广度的需求，也是建设智慧政府的需要。

国内政务信息资源共享建设在基础建设阶段取得了明显成绩，同时也暴露了很多问题，主要体现在电子政务的综合应用与资源整合面临"纵强横弱"的局面。随着信息技术的飞速发展，电子政务应用不断深化，政务数据大量产生。各部门业务系统资源无法互联、互通，难以实现信息共享和业务协同。此时，政务信息资源共享普遍的解决方案是建立基于目录与交换平台的信息资源物理分散、逻辑集中的信息共享模式，提供一定范围内跨部门、跨地区的普遍信息共享，方便用户发现、定位和共享多种形态的信息资源，从而实现"横向"综合服务能力与"纵向"业务部门建设、管理、使用相结合的方式，发展从"孤岛"架构走向优化架构，从而实现政务信息资源的共享和协同，提高政府工作效能。但是，在一些政府部门之间、系统之间仍存在信息共享实时性差、标准一致性差和相互信任难的问题，难以构建适应宏观调控、社会管理和公共服务的信息资源管理框架，难以支撑政务信息资源从采集、组织、加工到利用，再到销毁处置的全生命周期的管理。因此，有必要探索和构建一种安全性高、可信任、实时交换、数据标准一致性、可溯源，以及共享范围广的政务信息资源共享与交换模型。

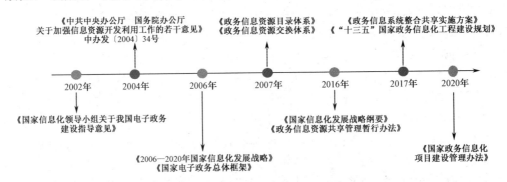

图 13-17　国家信息化建设文件发布时间线

　　近年来，大数据、云计算等新技术、新理念迅猛发展，推动了人们思维方式、行为模式与国家治理理念的全方位变革。习近平总书记在中央政治局第 36 次集体学习时强调："我们要深刻认识互联网在国家管理和社会治理中的作用，以推行电子政务、建设新型智慧城市等为抓手，以数据集中和共享为途径，建设全国一体化的国家大数据中心，推进技术融合、业务融合、数据融合，实现跨层级、跨地域、跨系统、跨部门、跨业务的协同管理和服务。"所以，政府基础信息协同共享在打破条块分割、实现条块数据在条块部门间的有效协作共享的同时，还需要实现不同利益相关者的对等管理，促进政府部门组织结构的扁平化，政府治理及公共服务的透明化、高效化和智能化，同时保证政府数据的安全性，从而塑造全新社会的信用体系。

　　区块链基于点对点的分布式记账技术、共识机制、非对称加密算法及智能合约等多种技术，能够为各参与方建立强大的信任基础，链接链上各方，为链上各方的可信数据交互提供技术支撑。在政务信息化改革中引入区块链技术，能够实现政务数据的授权共享、业务协同，夯实智慧政府基础。在实践中，区块链通过在各政府部门设立区块链节点，实现政务数据共享过程的数据确权、控制信息计算、个性化安全加密等。利用区块链的"去信任化"特性，打通政务数据孤岛，为原有部门条块化的数据授权共享与业务协同提供技术基础。此外，结合多方安全计算等技术，各政府部门可以在无须对外提供原始数据的前提下，实现对其数据相关函数的计算，解决一组互不信任的参与方之间隐私保护的协同计算问题。

　　区块链结合多方安全计算技术，能够实现政务数据跨部门、跨地区、跨层级的共同维护和利用，促进业务协同办理，深化"最多跑一次"改革，为企业、人民群众带来更好的政务服务一站式体验，进一步优化政务服务流程，提高政府部门的服务效率，提升政府部门的服务水平，增强政府服务的公信力。因此，依托多种价值链（公有链、私有链、联盟链），构建可动态扩展、可进行隐私保护、可监管、可审计服务的区块链政务信息资源共享与交换模型，以提升政务信息的效率、安全性和透明度，促进政府间的协同与合作，如图 13-18 所示。

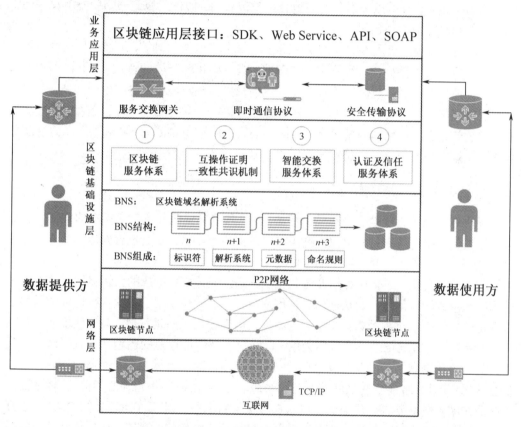

图 13-18　区块链政务信息资源共享与交换模型

　　在区块链政务信息资源共享与交换模型中，主要有两个角色：数据提供方和数据使用方，包括财政、税务、民政、卫生、教育、公安等各政府部门的业务中心，事业单位，企业，社会公众和非营利组织等。在逻辑上，数据提供方和数据使用方组成了由多类型链构成的区块链网络。每条链由不同的节点组成，这些节点维护着各类实体信息，如普通公民、企业、政府机构等产生的数据，且不同链的数据相互隔离。区块链政务信息资源共享与交换模型的逻辑架构主要分为网络层、区块链基础设施层和业务应用层。

1. P2P 网络服务体系

在区块链政务信息资源共享与交换模型的 3 层模型中，网络层的核心任务是在互联网 TCP/IP 协议的基础上为区块链网络提供 P2P 的对等网络服务系统，确保各节点的有效通信。区块链网络服务系统采用基于分布式哈希表的 P2P（DHT－P2P）组网技术，具有去中心、动态变化的特点。为了实现各政务参与节点与区块链网络之间的连接通信，通常需要索取其他节点的地址信息和广播自己的地址信息，地址信息主要指 TCP/IP 中的 IP 地址和端口号。此外，为完成上层业务的通信，网络层需要转发业务信息和同步区块信息，所有业务节点不断和邻居节点交换信息，从而保证整个网络中各节点共同维护、监督和对等地管理信息。

区块链采用基于互联网的 P2P 网络架构，每个节点彼此对等，不存在任何服务器、中心化服务及层级结构，具有天生的伸缩性、去中心化和开放的特点。P2P 网络中的节点具有地理分布广泛、地位平等且功能各异的特点，它们是通信过程中的实体，构成了一个逻辑网络，不同类型的多个节点可以运行在同一个物理服务器上。例如，在 Fabric 架构中，节点类型包括客户端节点、Peer 节点、排序节点和 CA 节点，这些节点负责创建交易、提交交易提案、广播交易、验证区块内容并写入区块等服务。

2. 区块链域名解析系统（BNS）

区块链基础设施层是整个模型的核心，为政务信息资源共享与交换中的互信、互认、互操作提供基础服务支持。目前，区块链中各参与方的账户、智能合约等基本信息，在链上体现为一个地址，区块链中的地址是用户参与区块链业务时的标识。通常，在用户的控制下利用公钥（通常由私钥产生）加密算法生成公钥，生成的公钥将用于业务交易的输入地址或输出地址，而私钥信息由用户自己保存，用于对交易签名。地址通常为一些固定长度的十六进制的数据标识，当业务层需要使用这些地址时，会把地址通过数据库、配置文件等方式记录下来以便调用。这些数字型地址存在的问题在于难以辨识其类型和对应的数据实例，以及难以记忆、书写、复用。区块链域名解析系统（BNS）可以使业务层和用户、智能合约之间的对应关系命名化，让业务层不再关心相关的合约地址。因此，在区块链基础设施层设计了区块链域名解析系统，其工作原理类似 DNS 之于互联网，区块链域名解析系统的使用让用户更容易记住网站的访问方式，也让网站在集群化、迁移扩容方面都获得了巨大的灵活性。

为了让存在的众多相互异构且独立的区块链系统得到统一、规范的命名和管理，为跨链通信提供便利，BNS 加强了对每个参与者的身份信息管理，采用多级命名规则，建立了基于区块链的自主、唯一、安全、持久的命名协议，除了可以对区块链进行命名，还可以实现 DNS 的基础功能，在一定程度上解决传统 DNS 的单点故障问题，使所有参与者通过 BNS 记录的索引轻松识别、定位和调用合约。

如图 13-19 所示，BNS 上存在多种不同功能的区块链，其中一些区块链被称为业务链，业务链以外的链被称为枢纽，每条业务链需要选择一个枢纽进行注册。注册结束后，业务链和枢纽通过信息传输协议进行沟通，不同的业务链可以通过枢纽互通互用。BNS

网络上的第一个枢纽是 BNS 枢纽，因为所有业务链的标识与解析过程都需要通过 BNS
枢纽进行，所以可以在很大程度上保证信息传输和共享的安全。各业务链之间不能直接
通信，只能通过 BNS 枢纽进行信息传输。在这里，BNS 枢纽扮演的角色类似于中央服
务器，但因为其去中心化的特性，所以可避免单点故障等一系列中心化带来的问题。

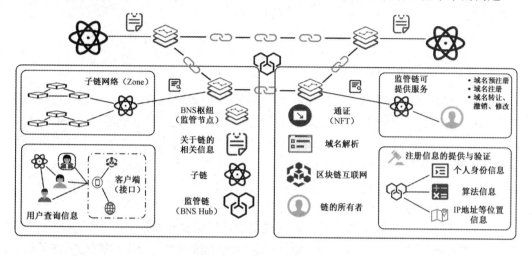

图 13-19　BNS 服务体系

3. 共享区块链目录服务体系

数据共享指双方互为供应方和需求方，在没有货币媒介参与的情况下相互提供数据。
数据共享形式包括政府间数据共享、政企间数据共享、企业间数据共享等。目前，我国
政府间数据共享工作在持续推进，国家数据共享交换平台也在不断完善。截至 2021 年
5 月，国家数据共享交换平台已上线超过 65 万条目录，发布共享接口 1 200 余个，累计
提供数据查询或核验服务超过 37 亿次。其中，公安部的自然人基础信息、教育部的高
校学历学位信息、市场监管总局的企业基本信息、民政部的婚姻登记信息等长期位于共
享调用榜前列，为各类政务服务提供了有力支持。

因此，在政务信息资源共享与交换中，需要对所有参与区块链服务的资源进行统一
管理，明确资源的范围和关系，实现资源的统一注册和组织存储，以及资源定位、订阅
和查询等服务。区块链目录服务体系包括注册管理系统、资源管理系统、授权管理系统、
定位服务系统、订阅服务系统和查询服务系统。其中，具体内容如下。

（1）注册管理系统。统一对参与区块链服务的资源进行注册管理，包括用户资源、
数据资源、业务应用系统资源、第三方证书认证机构（CA）等。

（2）资源管理系统。对参与区块链服务的资源进行管理，包括用户资源管理、业务
资源管理等。用户资源管理涉及参与政务数据交换的用户管理，包括企业用户管理、
政府单位用户管理等。业务资源管理则对跨域业务资源进行管理，包括数据业务资源管
理、相关业务应用系统资源管理、业务凭证模板资源管理等。

（3）授权管理系统。对参与区块链服务的资源进行授权管理，提供集中授权机制和

委托授权机制。

（4）定位服务系统。为参与区块链服务的各种资源提供定位服务，包括区块链基础服务定位和数据存储服务定位。

（5）订阅服务系统。为第三方应用及信息资源提供资源订阅服务，包括用户订阅和服务订阅。

（6）查询服务系统。提供组织机构查询、用户查询、数据查询等功能。

4. 智能交换服务体系

在区块链政务信息资源共享与交换模型中，各部门和机构可以建立一个互相通信的网络。区块链的共识机制和区块数据交换已经能够承载机构之间的交易往来。但随着业务场景的逐渐丰富，实现跨地区、跨部门信息资源的共享交换，关键在于实现信息资源描述、分类、交换等方面的标准化。为此，智能交换服务体系不仅需要提供互操作一致性证明共识机制，还需要提供 4 个功能模块：互操作一致性证明共识机制、即时通信协议、服务交换网关和安全传输协议。

（1）互操作一致性证明共识机制。共识机制是区块链实现分布式去中心化的前提，是区块链节点就区块信息达成全网一致共识的机制。当前主流共识机制包括工作量证明、权益证明、股份授权证明等多种激励机制，但在政务信息资源共享中，其目的是在分布式网络中要求各节点提供交换数据的标准一致性及有效性检验。因此，构建互操作一致性证明共识机制，通过一定的激励与惩罚方案，可以确保政务数据符合既定数据标准的一致性和有效性。

（2）即时通信协议。在政务信息资源共享中，各部门之间不仅要经历面向数据交换的事务性过程，还可能会向另一个部门发出实时通知，或者传递仅在两个机构之间共享的数据，或者在交易达成前需要对一些细节进行多次交互性协商，在这些流程中，各机构并不希望向整个网络广播数据，其部分数据最终也不一定写入链上交易。因此，即时通信协议在各业务部门之间的往来中可以提供灵活的互操作性、点对点的保密通信及跨链通信功能。

（3）服务交换网关。数据服务交换网关系统提供一种链下（Off-chain）的数据交换方式。网关系统监听从节点发出的请求（包括请求命令及合约），该请求是由发起部门、机构或个人加密的签名消息，一旦请求被网关系统验证，那么通过链下交易的方式，系统将允许请求者获得数据交换的权利。

（4）安全传输协议。在区块链体系中，提供各机构间安全可靠通信的协议。通过对所有对话进行非对称加密，使用参与者私人用户 ID 密钥生成的子密钥来保障数据的安全性，所有通信都无法被窃取。因此，在建立了稳定高效网络的前提下，可以使用高效、可靠的安全传输协议来完成消息的传递。

5. 认证与信任服务体系

政务信息资源共享对提高政府治理水平和推动社会信息化具有重要意义。然而，由于跨域安全和信任孤岛问题的存在,政府部门与其他组织和公众之间共享政务信息资源存在障碍。此外,政务信息资源共享与交换通常涉及跨地区和跨系统的业务,这些业务可能由不同的数字证书认证机构发放以不同密码体系签发的数字证书。因此,构建面向电子政务的分布式身份认证服务体系是必要的,该服务体系将分布式身份标识符(DID)、可验证凭证(VC)、公钥基础设施 PKI/CA 认证等技术与区块链技术结合,实现数字证书的互信、互认。这将使得应用不同 CA 数字证书进行数字签名的数据能够验签,对加密数据能够正确解密。认证及信任服务体系为政务信息资源共享与交换的相关实体、资源及应用提供跨地区、跨部门、跨系统的统一信任服务,解决实体互信、凭证互信和系统互信等问题。该服务体系包括以下 6 个主要系统。

（1）认证管理系统。为用户身份和政务数据要素等资源提供认证服务,为注册的第三方应用提供资源认证服务,支持多 CA 数字证书的认证,实现基于不同 CA 体系的数据港用户的互信互认。

（2）鉴权管理系统。为用户和数据资源提供权限鉴别服务,鉴别用户拥有哪些权限,可以使用哪些资源;鉴别数据港有哪些权限,可以使用哪些服务。

（3）行为管理系统。对用户和系统行为进行控制与管理,建立安全可靠的用户行为数据系统和审计系统。

（4）凭证托管系统。为数据存储提供可验证凭证托管服务。

（5）安全中间件系统。为区块链基础设施的各种安全模块提供安全中间件服务,适配各种密码标准、密码算法、数字证书等,并提供安全硬件抽象层服务,对各种数字证书硬件介质、密码卡等提供扩展支持。主要提供密码服务接口、密码算法适配、安全硬件适配等服务。

（6）隐私计算服务系统。为区块链基础设施提供保障数据安全流通的有效服务支持,包括多方安全计算技术、联邦学习技术、可信执行环境软硬件技术和多密码学融合技术等,满足"原始数据不出域、数据可用不可见"的交易范式。

综上所述,网络层和区块链基础设施层提供了去中心化分布式账本的核心服务;而业务应用层提供了针对政务信息资源共享与交换的应用场景的程序和接口,用户可以通过部署在业务应用层的各种应用程序进行交互,而无须考虑区块链的底层技术细节。从电子政务应用系统的角度看,业务应用可以分为 4 类模式:资源共享服务模式、政务协同服务模式、辅助决策模式和公共服务模式。资源共享服务模式支持两个或多个部门之间共享政务信息资源,利用区块链技术的一致性协议同步各节点数据,实现其他各部门共享授权的信息源。在政务协同服务模式中,智能合约能够在满足既定条件时在区块链上自动运行,这一特性促成了多个政府部门在协同完成某项业务过程的同时,保障了数据流通过程的安全、透明和可控,并确保了数据流转在整个生命周期内的归档管理和可追溯。在辅助决策模式中,利用区块链技术对共享数据进行真实性验证及确权,可以为智能决策模型提供一个可信赖的数据来源,实现跨部门信息的动态整合与分析,促使决策过程更加精确和高效。在公共服务模式中,借助区块链的数据交换平台,能够使政务人员或社会公众从烦琐的收集不同部门的各种审批文件中解脱出来,通过授权的方式提供访问权限，满足信息公开服务的要求。此外，随着计算能力的增强和机器学习算法性能的提升，区块链技术的可信任性、安全性和不可篡改性将有助于政务大数据的科学决策，从而获得可靠、科学的决策信息。

13.2.3　区块链政务信息资源共享与交换的业务流程

随着数据技术的发展和数据应用需求的演变，数据在不同的技术和产业背景下逐渐成为促进生产的关键要素。因此，"数据要素"一词是面向数字经济，在讨论生产力和生产关系的语境中对"数据"的指代。数据要素指的是根据特定生产需求汇聚、整理、加工而成的计算机数据及其衍生形态，包括投入生产的原始数据集、标准化数据集、各类数据产品，以及以数据为基础产生的系统、信息和知识等。随着政府和企业数字化转型的不断深入，以及智能化水平的不断提升，各组织对数据的渴求已经超越自身产生的数据。政府希望各级部门的数据实现对接共享，提升政务管理和公共服务水平；企业希望通过获取其他企业或政府部门的数据来丰富自身对数据的挖掘，因此产生了数据流通的需求。对数据提供方来说，数据流通后并不会减损自身持有的数据的价值，相反还有可能将这部分价值变现，带来新的业务增长点，实现双赢乃至多赢的局面。

在传统的政务信息资源共享模式下，政府各职能部门之间大量的数据被重复采集、重复加工和维护，不同职能部门对同一种数据的语法、语义定义也不尽相同，缺乏必要的沟通和数据交换机制，导致同一种数据之间存在不一致的问题。因此，释放政务数据的价值需要依靠数据要素市场及其技术路径。在区块链政务信息资源共享与交换的技术体系中，机构之间可以建立一个互相通信的网络。区块链的共识机制和区块数据交换已经可以承载机构之间的交易往来，但随着业务场景的逐渐丰富，对"互操作性"也提出了更多要求。在业务流程中，互操作证明通过激励及约束机制，实现了标准的一致性，从而达成网络共识，旨在有效促进数据的互操作性并避免不必要的算力消耗。此外，通过区块链上的智能合约机制自动执行检查、验证和存储等过程，保证数据交换过程的实时性和不可篡改性。同时，利用安全传输协议保证数据传输的安全性，从而支撑跨层级、跨部门的信息共享和业务协同。根据区块链的技术特性，政务信息资源共享与交换的流程如图 13-20 所示。

从图 13-20 所示的流程可以看出，在具体场景中，A 和 B 两个部门通过身份标识符 DID 接入区块链系统。接下来，A 部门以合约的形式发布数据共享目录，B 部门向 A 部门申请共享和交换信息。该请求通过智能合约广播至各节点，每个核心节点根据智能合约的访问控制条件进行查询和验证。在此过程中，部门之间可以利用即时通信协议发出实时通知或传递仅两个部门之间的协商数据。核心节点通过有效性和互操作证明将区块信息存储到链上。如果 A 部门的服务交换网关确定了 B 部门有数据要素凭证的共享交换权限，那么 A 部门通过加密通道将需要共享和交换的数据凭证安全地点对点传输给 B 部门。B 部门在接收到数据凭证后，可通过数据凭证中的 URL 地址访问存储在 A 部门中的链下密文数据，并进行解密。在整个流程中，数据仍然保存在 B 部门的数据库系统中，拥有对数据的所有权，确保了对数据本身的可信验证。

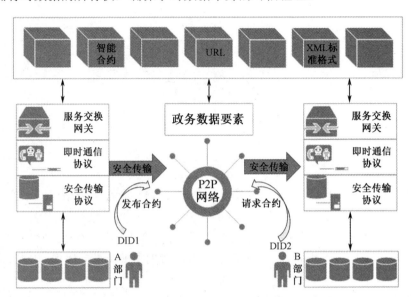

图 13-20　政务信息资源共享与交换的流程

区块链技术凭借其去信任化的优势，可以为各参与方建立坚实的信任基础，实现政务数据的可信授权共享和业务协同，以及将授权的不可篡改、可溯源的记录留存在链上。但是，我国关于政务数据共享和授权的法律法规仍处于起步阶段，需要加快完善相关制度。完善政务数据共享和授权的相关法律法规，是加速推进政务数据共享和授权的重要支撑，也是营造良好发展环境的要求。政务数据在区块链技术的催化下，将实现数据的充分共享和协同，实现科学化的宏观调控、精准化的政府治理、便捷化的公共服务，满足国家治理创新需要和社会公众服务期望。同时，利用区块链公开透明、无法篡改、可溯源的特性，可以有效提高司法公信水平和司法公正水平。利用区块链技术建设跨部门、跨层级市场监管和服务体系工程，促进形成健全有效的市场机制。基于区块链技术探索数据治理和服务模式创新，将为健全国家现代化治理体系和实现治理能力现代化提供有力支撑。

参考文献

[1] 冯萍，杨海余，张庸萍. 无纸贸易发展动因及策略研究[J]. 长沙理工大学学报（社会科学版），2010，25（1）：43-47.

[2] 方少林. APEC 跨境无纸贸易发展模式研究[J]. 亚太经济，2011（4）：23-26.

[3] 胡涵景，李义文，李颖，等. 国际贸易电子数据交换标准应用指南[M]. 北京：电子工业出版社，2012.

[4] 余益民，赵昆，陈韬伟. 跨境电商技术与应用[M]. 北京：电子工业出版社，2017.

[5] 胡涵景. 现代国际贸易单证实用指南[M]. 北京：电子工业出版社，2014.

[6] Chou D C, Tan X, Yen D C. Web technology and supply chain management[J]. Information management & computer security, 2004, 12(4): 338-349.

[7] Moon H C, Shim S R, Kim D Y. Issues in the International Standards of Electronic Documents for Global e-Trade[J]. International Journal on Social Science, Economics and Art, 2011, 1(2): 164-168.

[8] 余益民，陈韬伟，赵昆. 基于 ebXML 的跨境电子商务公共服务平台数据交换模型[J]. 电子商务，2018（2）：52-53.

[9] Hofreiter B, Huemer C, Klas W. ebXML: Status, research issues, and obstacles[C]// Proceedings Twelfth International Workshop on Research Issues in Data Engineering: Engineering E-Commerce/E-Business Systems RIDE-2EC 2002. IEEE, 2002: 7-16.

[10] 张凤，孔庆峰，李艳军. 中国参与 APEC 跨境无纸化贸易合作问题研究——基于电子原产地证书跨境传输的角度[J]. 亚太经济，2014（2）：87-93.

[11] 梁丹虹. 美国单一窗口 ACE/ITDS 的实施及启示[J]. 海关与经贸研究，2016，37（5）：1-17，64.

[12] 余益民，陈韬伟，赵昆. 中国与东盟跨境电子商务发展及对策——基于贸易便利化与国际贸易单一窗口的研究[J]. 经济问题探索，2018（4）：128-136.

[13] 刘金河，崔保国. 数据本地化和数据防御主义的合理性与趋势[J]. 国际展望，2020，12（6）：89-107，149-150.

[14] 汪德嘉，宋超. 数字身份：在数字空间，如何安全地证明你是你[M]. 北京：电子工业出版社，2020.

[15] Deepesh Patel, Emmanuelle Ganne, David Bischof. Blockchain&DLT in Trade: A

Reality Check[R]. ICC/WTO/TFG, 2019.

[16] Xu R, Chen Y, Blasch E, et al. Blendcac: A smart contract enabled decentralized capability-based access control mechanism for the iot[J]. Computers, 2018, 7(3): 39.

[17] Gusmeroli S, Piccione S, Rotondi D. A capability-based security approach to manage access control in the internet of things[J]. Mathematical and Computer Modelling, 2013, 58(5-6): 1189-1205.

[18] Hernández-Ramos J L, Jara A J, Marin L, et al. Distributed capability-based access control for the internet of things[J]. Journal of Internet Services and Information Security (JISIS), 2013, 3(3/4): 1-16.

[19] 沈海波，刘少波. 面向物联网的基于上下文和权能的访问控制架构[J]. 武汉大学学报：理学版，2014，60（5）：424-428.

[20] Manzoor A, Braeken A, Kanhere S S, et al. Proxy re-encryption enabled secure and anonymous IoT data sharing platform based on blockchain[J]. Journal of Network and Computer Applications, 2021, 176: 102917.

[21] Obour Agyekum K O B, Xia Q, Sifah E B, et al. A secured proxy-based data sharing module in IoT environments using blockchain[J]. Sensors, 2019, 19(5): 1235.

[22] Kang J, Yu R, Huang X, et al. Blockchain for secure and efficient data sharing in vehicular edge computing and networks[J]. IEEE internet of things journal, 2018, 6(3): 4660-4670.

[23] Dagher G G, Mohler J, Milojkovic M, et al. Ancile: Privacy-preserving framework for access control and interoperability of electronic health records using blockchain technology[J]. Sustainable cities and society, 2018, 39: 283-297.

[24] Azaria A, Ekblaw A, Vieira T, et al. Medrec: Using blockchain for medical data access and permission management[C]//2016 2nd international conference on open and big data (OBD). IEEE, 2016: 25-30.

[25] Novo O. Blockchain meets IoT: An architecture for scalable access management in IoT[J]. IEEE internet of things journal, 2018, 5(2): 1184-1195.

[26] Kim K J, Hong S P. Study on rule-based data protection system using blockchain in P2P distributed networks[J]. International Journal of Security and its Applications, 2016, 10(11): 201-210.

[27] 刘明达，陈左宁，拾以娟，等. 区块链在数据安全领域的研究进展[J]. 计算机学报，2021，44（1）：1-27.

[28] Fu J, Wang N, Cai Y. Privacy-preserving in healthcare blockchain systems based on lightweight message sharing[J]. Sensors, 2020, 20(7): 1898.

[29] Ølnes S, Ubacht J, Janssen M. Blockchain in government: Benefits and implications of distributed ledger technology for information sharing[J]. Government information quarterly, 2017, 34(3): 355-364.

[30] Sun J, Yan J, Zhang K Z K. Blockchain-based sharing services: What blockchain technology can contribute to smart cities[J]. Financial Innovation, 2016, 2(1): 1-9.

[31] Ojo A, Millard J. Government 3.0–next generation government technology infrastructure and services: Roadmaps, enabling technologies & challenges[M]. Springer, 2017.

[32] Carter L, Ubacht J. Blockchain applications in government[C]//Proceedings of the 19th Annual International Conference on Digital Government Research: governance in the data age. 2018: 1-2.

[33] Engelenburg S, Janssen M, Klievink B. Design of a software architecture supporting business-to-government information sharing to improve public safety and security: Combining business rules, Events and blockchain technology[J]. Journal of Intelligent information systems, 2019, 52: 595-618.

[34] Rouhani S, Deters R. Blockchain based access control systems: State of the art and challenges[C]//IEEE/WIC/ACM International Conference on Web Intelligence. 2019: 423-428.

[35] 王秀利，江晓舟，李洋. 应用区块链的数据访问控制与共享模型[J]. 软件学报，2019，30（6）：1661-1669.

[36] 刘敖迪，杜学绘，王娜，等. 基于区块链的大数据访问控制机制[J]. 软件学报，2019，30（9）：2636-2654.

[37] 李晓峰，冯登国，陈朝武，等. 基于属性的访问控制模型[J]. 通信学报，2008，29（4）：90-98.

[38] 王小明，付红，张立臣. 基于属性的访问控制研究进展[J]. 电子学报，2010，38（7）：1660-1667.

[39] 祝烈煌，高峰，沈蒙，等. 区块链隐私保护研究综述[J]. 计算机研究与发展，2017，54（10）：2170-2186.

[40] 刘敖迪，杜学绘，王娜，等. 区块链技术及其在信息安全领域的研究进展[J]. 软件学报，2018，29（7）：2092-2115.

[41] Lin J Q, Jing J W, Zhang Q L, et al. Recent advances in PKI technologies[J]. Journal of Cryptologic Research, 2015, 2(6): 487-496.

[42] Axon L, Goldsmith M. PB-PKI: A privacy-aware blockchain-based PKI[C]//14th International Conference on Security and Cryptography (SECRYPT 2017). SciTePress, 2016, 6.

[43] Matsumoto S, Reischuk R M. IKP: Turning a PKI around with decentralized automated incentives[C]//2017 IEEE Symposium on Security and Privacy (SP). IEEE, 2017: 410-426.

[44] 王震，范佳，成林，等. 可监管匿名认证方案[J]. 软件学报，2019，30（6）：1705-1720.

[45] 马晓婷，马文平，刘小雪. 基于区块链技术的跨域认证方案[J]. 电子学报，2018，

46（11）：2571-2579.

[46] 夏伏彪，高庆忠，刘军，等. 子弹证明：一种区块链中的隐私保护技术[J]. 网络空间安全，2019，10（1）：89-95.

[47] Goldwasser S, Micali S, Rackoff C. The knowledge complexity of interactive proof-systems[M]//Providing sound foundations for cryptography: On the work of shafi goldwasser and silvio micali. 2019: 203-225.

[48] Rivest R L, Shamir A, Adleman L. A method for obtaining digital signatures and public-key cryptosystems[J]. Communications of the ACM, 1978, 21(2): 120-126.

[49] Rivest R L, Shamir A, Tauman Y. How to leak a secret[C]//Advances in Cryptology—ASIACRYPT 2001: 7th International Conference on the Theory and Application of Cryptology and Information Security Gold Coast, Australia, December 9–13, 2001 Proceedings 7. Springer Berlin Heidelberg, 2001: 552-565.

[50] Pedersen T P. Non-interactive and information-theoretic secure verifiable secret sharing[C]//Annual international cryptology conference. Berlin, Heidelberg: Springer Berlin Heidelberg, 1991: 129-140.

[51] Kosba A, Miller A, Shi E, et al. Hawk: The blockchain model of cryptography and privacy-preserving smart contracts[C]//2016 IEEE symposium on security and privacy (SP). IEEE, 2016: 839-858.

[52] Bethencourt J, Sahai A, Waters B. Ciphertext-policy attribute-based encryption[C]//2007 IEEE symposium on security and privacy (SP'07). IEEE, 2007: 321-334.

[53] Fan Y, Lin X, Liang W, et al. TraceChain: A blockchain‐based scheme to protect data confidentiality and traceability[J]. Software: Practice and Experience, 2022, 52(1): 115-129.

[54] Zhang Y, He D, Choo K K R. BaDS: Blockchain-based architecture for data sharing with ABS and CP-ABE in IoT[J]. Wireless Communications and Mobile Computing, 2018, 2018: 1-9.

[55] 董贵山，陈宇翔，范佳，等. 区块链应用中的隐私保护策略研究[J]. 计算机科学，2019，46（5）：29-35.

[56] 杨亚涛，蔡居良，张筱薇，等. 基于 SM9 算法可证明安全的区块链隐私保护方案[J]. 软件学报，2019，30（6）：1692-1704.

[57] 王瑞锦，余苏喆，李悦，等. 基于环签名的医疗区块链隐私数据共享模型[J]. 电子科技大学学报，2019，48（6）：886-892.

[58] 王化群，张帆，李甜，等. 智能合约中的安全与隐私保护技术[J]. 南京邮电大学学报（自然科学版），2019，39（4）：63-71.

[59] Waters B. Ciphertext-policy attribute-based encryption: An expressive, efficient, and provably secure realization[C]//International workshop on public key cryptography. Berlin, Heidelberg: Springer Berlin Heidelberg, 2011: 53-70.

[60] 田有亮，杨科迪，王缵，等. 基于属性加密的区块链数据溯源算法[J]. 通信学报，2019，40（11）：101-111.

[61] Bramm G, Gall M, Schütte J. Blockchain-based Distributed Attribute based Encryption[C]//Proceedings of the 15th International Joint Conference on e-Business and Telecommunications (ICETE 2018)-Volume. 2018, 2: 99-110.

[62] 苏金树，曹丹，王小峰，等. 属性基加密机制[J]. 软件学报，2011，22（6）：1299-1315.

[63] 余益民，陈韬伟，段正泰，等. 基于区块链的政务信息资源共享模型研究[J]. 电子政务，2019（4）：58-67.

[64] 余益民，陈韬伟，赵昆. 基于区块链技术的原产地证明数据交换模型及应用[J]. 电子商务，2018（3）：53-55.

[65] 高海英，魏铎. 具有小规模公开参数的适应安全的非零内积加密方案[J]. 电子与信息学报，2020，42（11）：2698-2705.

[66] 向伟静，蔡维德. 法律智能合约平台模型的研究与设计[J]. 应用科学学报，2021，39（1）：109-122.

[67] 朱建明，高胜，段美姣，等. 区块链技术与应用[M]. 北京：机械工业出版社，2018.

[68] 袁勇，王飞跃. 区块链理论与方法[M]. 北京：清华大学出版社，2021.

[69] Shermin Voshmgir. Token Economy: How the Web3 reinvents the Internet(Second edition)[M]. Berlin: Token Kitchen, 2020.

[70] Imran Bashir. Mastering Blockchain(Third Edition)[M]. UK: Packt Publishing Ltd, 2020.

[71] Andreas M. Antonopoulos and Dr. Gavin Wood. Mastering Ethereum[M]. CA: O'Reilly, 2019.

[72] Merunas Grincalaitis. Mastering Ethereum-Implement advanced blockchain applications using Ethereum-supported tools, services, and protocols[M]. UK; Packt Publishing Ltd, 2019.

[73] 张晓东，陈韬伟，余益民，等. 基于区块链和密文属性加密的访问控制方案[J]. 计算机应用研究，2022，39（4）：986-991.

[74] 夏清，窦文生，郭凯文，等. 区块链共识协议综述[J]. 软件学报，2021，32（2）：277-299.

[75] 邵奇峰，张召，朱燕超，等. 企业级区块链技术综述[J]. 软件学报，2019，30（9）：2571-2592.

[76] 加崎长门，筱原航. 区块链应用开发最强教科书[M]. 李善同，译. 北京：中国青年出版社，2021.

[77] Jonathan Katz and Yehuda Lindell. Introduction to Modern Cryptography, 3rd Edition[M]. Chapman and Hall/CRC, 2021.

反侵权盗版声明

　　电子工业出版社依法对本作品享有专有出版权。任何未经权利人书面许可，复制、销售或通过信息网络传播本作品的行为；歪曲、篡改、剽窃本作品的行为，均违反《中华人民共和国著作权法》，其行为人应承担相应的民事责任和行政责任，构成犯罪的，将被依法追究刑事责任。

　　为了维护市场秩序，保护权利人的合法权益，我社将依法查处和打击侵权盗版的单位和个人。欢迎社会各界人士积极举报侵权盗版行为，本社将奖励举报有功人员，并保证举报人的信息不被泄露。

举报电话：（010）88254396；（010）88258888
传　　真：（010）88254397
E-mail：　dbqq@phei.com.cn
通信地址：北京市万寿路 173 信箱
　　　　　电子工业出版社总编办公室
邮　　编：100036